Matemàtiques

Aprenentatge Basat en Problemes

1

ESO CODI OBERT

Casals

Rafael-Ángel Martínez
(coordinador)

Pablo Martínez
M.ª Concepción Muñoz
M.ª Isabel de los Santos

La unitat, pas a pas

1 Contextos

Cada unitat desenvolupa els diferents blocs curriculars de l'assignatura de Matemàtiques en un **context proper** als alumnes.

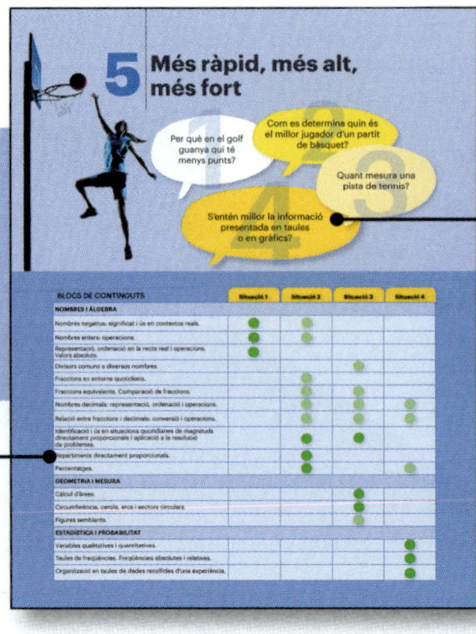

Preguntes inicials per a cada situació d'aprenentatge

Continguts dels diferents blocs curriculars de la unitat

4 Activitats

Hi ha **dos tipus d'activitats** per assegurar l'adquisició de les diferents **competències matemàtiques**.

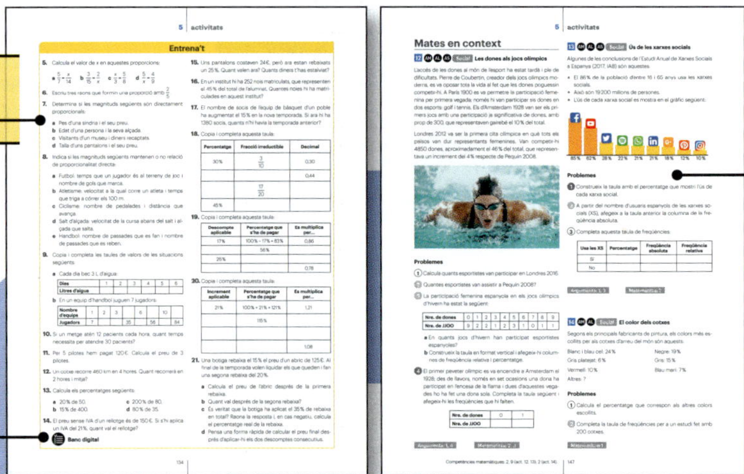

Activitats d'exercitació

Banc digital d'activitats autocorrectives

Problemes contextualitzats que indiquen la gradació dels processos matemàtics (PISA) i les habilitats de la competència matemàtica

5 Organitzo els conceptes

Els continguts s'aniran entrellaçant al llarg de tot el curs fins a completar **tots els coneixements exigits en el currículum**. D'aquesta manera, els alumnes veuran la relació que hi ha entre els diferents blocs.

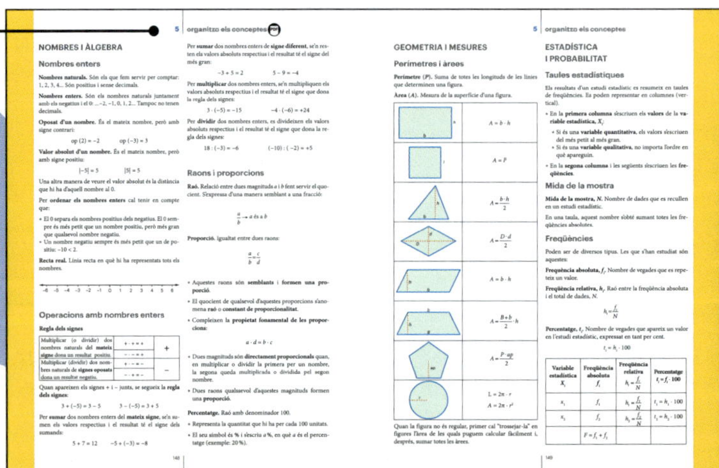

Continguts resumits i organitzats per blocs al final de cada unitat

2 Situacions d'aprenentatge

En cada unitat es plantegen **3 o 4 situacions reals i d'interès** per a l'alumnat, a partir de les quals s'aniran construint diferents coneixements matemàtics.

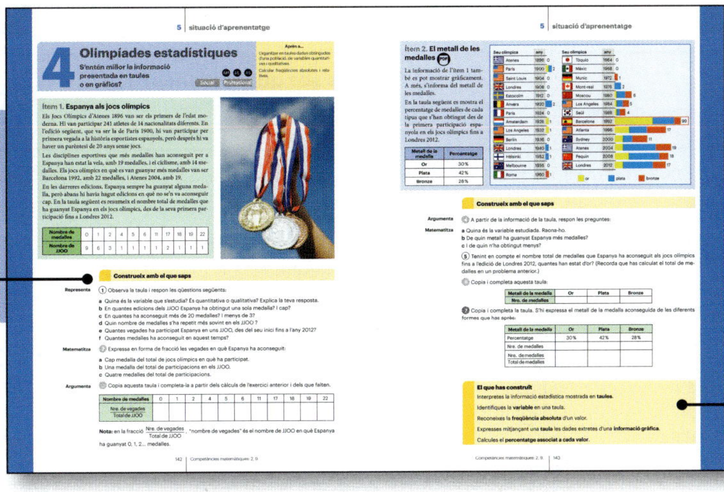

Reptes o problemes que l'alumnat podrà resoldre mitjançant activitats dirigides i orientades

Nou coneixement matemàtic adquirit per fer front a reptes futurs

3 Continguts

Es desenvolupen els continguts de cada situació d'aprenentatge **alternant els coneixements teòrics essencials amb exemples, il·lustracions i recursos digitals.**

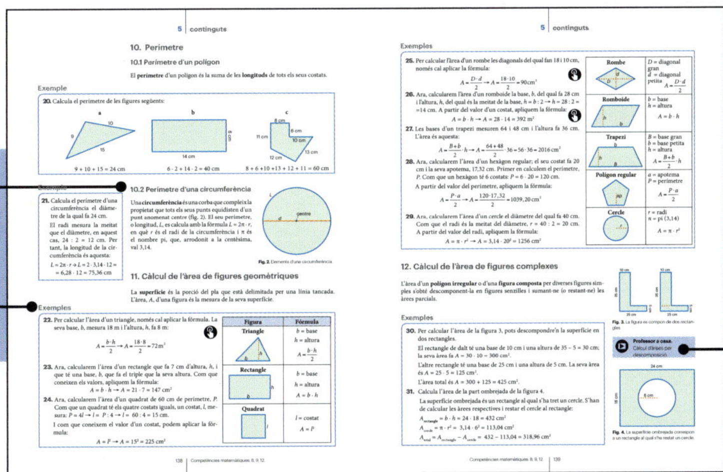

Conceptes teòrics bàsics per al desenvolupament del contingut de cada situació

Exemples resolts

Vídeos "Professor a casa", en què es resolen exercicis i s'expliquen conceptes bàsics

6 Activitats finals i Avalua

Dues tipologies d'activitats que combinen els continguts dels blocs de la unitat

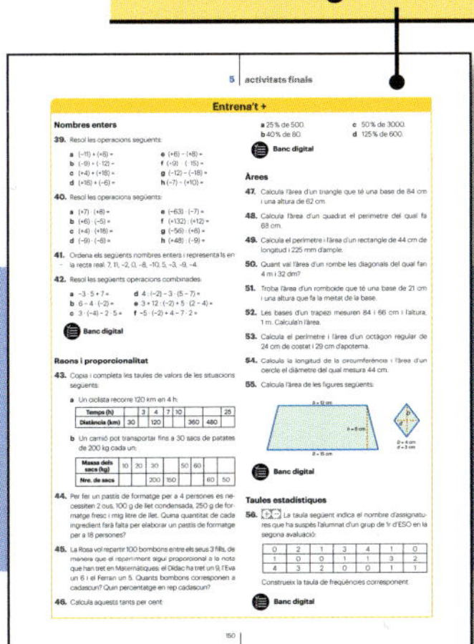

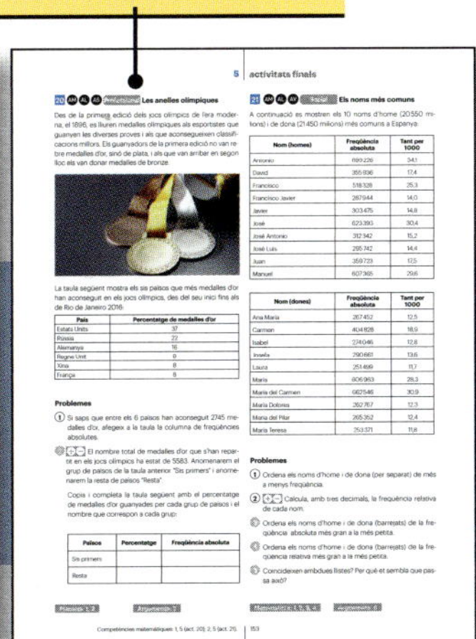

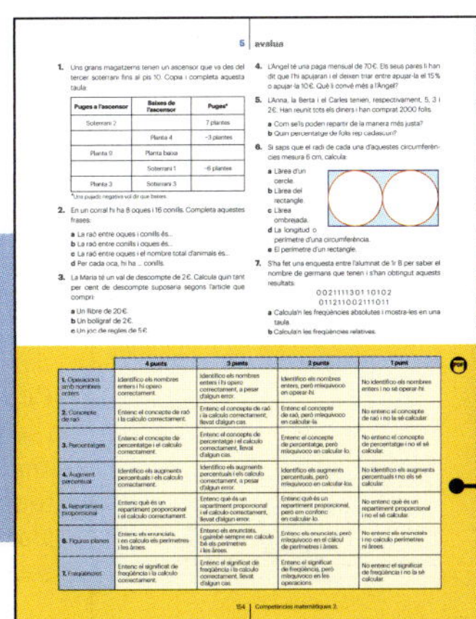

Autoavaluació amb rúbrica

A més, un **projecte** trimestral.

ÍNDEX

Contextos i situacions d'aprenentatge	Continguts			
	Nombres i àlgebra	**Geometria i mesura**	**Estadística i probabilitat**	**Funcions**
PROJECTE 2 Pàg. 95	**Encara vas en cotxe?** Sostenibilitat / Creativitat / Feina en equip			
4 **Històries matemàtiques** **1 El llenguatge de les matemàtiques** **2 Pitàgores i la matemàtica grega** **3 Pascal, pare de la probabilitat** Pàg. 97	• A partir de situacions reals expressades en llenguatge quotidià, traducció a l'algebraic, i viceversa • Ús del llenguatge algebraic per generalitzar propietats i simbolitzar relacions • Obtenció de fórmules i càlcul del valor numèric d'una expressió algebraica • Operacions amb expressions algebraiques senzilles: transformació, equivalència d'identitats i polinomis senzills • Resolució de problemes reals amb equacions de primer grau amb una incògnita, i interpretació i anàlisi de les solucions • Ús i avaluació crítica d'estratègies per resoldre equacions de primer grau • Significat i propietats dels nombres en contextos diferents del càlcul • Quadrats perfectes, arrels quadrades i estimació i obtenció d'arrels	• Càlcul d'àrees i perímetres de figures planes • Teorema de Pitàgores: justificació geomètrica i aplicacions • Figures semblants, criteris de semblança i raó de semblança	• Fenòmens deterministes i aleatoris. Formulació de conjectures sobre el comportament de fenòmens aleatoris senzills i disseny d'experiències • Freqüència relativa d'un esdeveniment i la seva aproximació a la probabilitat mitjançant simulació o experimentació • Esdeveniments elementals equiprobables i no equiprobables. Càlcul de probabilitats mitjançant la regla de Laplace • Espai mostral en experiments senzills	
5 **Més ràpid, més alt, més fort** **1 La puntuació en el golf** **2 Les matemàtiques reinventen el bàsquet** **3 Les dimensions de les pistes** **4 Olimpíades estadístiques** Pàg. 123	• Nombres negatius: significat i ús en contextos reals • Nombres enters: operacions • Representació, ordenació en la recta real i operacions. Valors absoluts • Divisors comuns a diversos nombres • Fraccions en entorns quotidians • Fraccions equivalents. Comparació de fraccions • Nombres decimals: representació, ordenació i operacions • Relació entre fraccions i decimals: conversió i operacions • Identificació i ús en situacions quotidianes de magnituds directament proporcionals i aplicació a la resolució de problemes • Repartiments directament proporcionals • Percentatges	• Càlcul d'àrees • Circumferència, cercle, arcs i sectors circulars • Figures semblants	• Variables qualitatives i quantitatives • Taules de freqüències. Freqüències absolutes i relatives • Organització en taules de dades recollides d'una experiència	
6 **Mengem nombres** **1 La gasolina del cos** **2 Fraccions: exactitud en repartir** **3 La forma del menjar!** Pàg. 155	• Nombres enters: significat i ús en contextos reals • Càlcul amb percentatges. Augments i disminucions percentuals • Raó i proporció. Constant de proporcionalitat • Fraccions en entorns quotidians • Fraccions equivalents • Representació i ordenació de fraccions • Operacions amb fraccions	• Càlcul d'àrees i perímetres de figures planes • Càlcul d'àrees per descomposició en figures simples • Propietats, regularitats i relacions dels poliedres. Càlcul de longituds, superfícies i volums del món físic • Propietats, regularitats i relacions dels poliedres • Càlcul de longituds, superfícies i volums del món físic	• Organització en taules de dades recollides en una experiència • Diagrames de barres i de sectors. Polígons de freqüències • Interpretació de gràfics	

ÍNDEX

PROJECTE 1

TU POTS SER QUI PINTI MÉS

Qui aconseguirà el millor pressupost per pintar l'aula?

4 sessions

Mou les teves capacitats

Resolució de problemes · **Comunicació i argumentació** · **Autonomia i iniciativa**

PRESENTACIÓ DEL PROJECTE

Si volguéssim pintar o reformar l'escola, procuraríem aconseguir la millor qualitat amb el preu més ajustat possible. Amb aquest objectiu, hauríem d'encarregar un pressupost a diverses empreses i escollir el que més ens convencés. I si una d'aquestes empreses fos teva?

Amb aquest projecte:

- Establiràs relacions de proporcionalitat entre diferents unitats de mesura.
- Comunicaràs i defensaràs els avantatges d'un pressupost.

Tu pots guanyar l'encàrrec!

QUÈ HAS DE SABER PER TENIR ÈXIT EN AQUEST PROJECTE?

Per fer un bon projecte, has de conèixer eines i conceptes matemàtics que ja has estudiat, però també altres de nous que aprendràs durant el procés:

- Operar amb nombres racionals.
- Mesurar superfícies i fer canvis d'unitats.
- Saber fer càlculs de percentatge i proporcionalitat.

Recorda que has d'aplicar els teus coneixements tecnològics sobre instruments de mesura, materials, fulls de càlcul i presentacions!

PRODUCTE FINAL

El producte final serà un pressupost que presentaràs a un client potencial a través de cinc o sis diapositives. Hi exposaràs de manera argumentada els càlculs, els tipus de materials que es necessiten, quina quantitat se'n necessita i quin n'és el cost, incloent-hi els impostos corresponents.

En primer lloc, has de treballar a fons aquests coneixements:

- Operacions amb nombres racionals.
- Càlcul d'àrees de polígons.
- Relacions de proporcionalitat.

Si trobes altres dades interessants, no dubtis a incloure-les!

Què aprendré?

Resolució de problemes

Davant d'un problema real, com ara presentar un pressupost, respondràs mitjançant una anàlisi quantitativa dels diferents factors que hi intervenen.

Comunicació i argumentació

Comunicaràs de forma raonada i amb efectivitat el teu pressupost, a través d'un programa de presentació.

Autonomia i iniciativa

En situacions com aquesta, no hi ha només una resposta possible al problema. Qui tingui més esperit emprenedor podrà trobar els millors proveïdors i elaborar un pressupost més encertat.

QUÈ FAREM?

En grups de 4

Sessió 1 **Determinar les dimensions de l'aula i els materials que necessitarem.**	Quina àrea tenen les diverses superfícies que s'han de pintar? Hem de fer servir diferents tipus de pintura? I altres materials, com massilla, brotxes...?
Sessió 2 **Buscar els proveïdors que ofereixin la millor relació qualitat-preu.**	Ens fixarem especialment en el rendiment de la pintura (litres necessaris per metre quadrat). Cal afegir-hi altres costos addicionals, com ara despeses d'enviament o impostos? Hi ha algun tipus de descompte? Prenem acords sobre la manera d'expressar els diferents costos.
Sessió 3 **Pressupostar.**	Preparem el pressupost i una presentació de cinc o sis diapositives en què, a banda del càlcul numèric, mostrem els materials i en destaquem les qualitats. Intercanviem pressupostos amb un altre grup i treballem com a «amics crítics». Es pot millorar? Ho valorem i hi incorporem els comentaris que ens facin.
Sessió 4 **Defensar la presentació.** **Fer una ronda de preguntes per buscar els inconvenients al pressupost.**	Presentem el nostre pressupost a l'aula. Escollim el pressupost que ofereixi una millor relació qualitat-preu.

TU POTS SER QUI PINTI MÉS!

El vostre pressupost és el millor?

L'última sessió del projecte serà un gran dia. Podeu portar-hi convidats!

- En primer lloc, sense el suport de les diapositives, heu d'exposar davant la resta de la classe com heu elaborat el vostre treball tenint en compte els conceptes d'àrea, rendiment i costos, la investigació dels materials a internet, les pàgines web que heu consultat, etc.
- En segon lloc, heu d'exposar el vostre pressupost i defensar-lo davant les crítiques que us puguin fer.

"Més car no sempre vol dir millor. Si el més barat no ofereix qualitat..., a la llarga és més car!"

QUÈ AVALUAREM?

Per avaluar aquest projecte, heu d'acordar una rúbrica d'avaluació durant la sessió 3 amb la resta dels grups i amb el professor o la professora.

Aquesta rúbrica valorarà, com a mínim, aquests aspectes:

- Que el pressupost s'ajusti a les dades reals.
- La capacitat per explicar el vostre projecte d'una manera convincent.
- El treball en equip.

Hi podeu afegir altres aspectes que considereu interessants a l'hora de defensar el treball (per exemple, l'ús de productes respectuosos amb el medi ambient, factors que permetin reduir costos, la relació amb proveïdors locals, etc.).

La tasca s'avaluarà tant individualment com col·lectivament.

Podràs autoavaluar-te i avaluar els altres membres del teu equip i els dels altres equips.

1 El meu entorn i jo

1 Qui soc? Quines són les meves dades?

2 Com és la meva classe? I la meva família?

3 Dormo amb la geometria? Les coses que tinc són geometria?

BLOCS DE CONTINGUTS	Situació 1	Situació 2	Situació 3
NOMBRES I ÀLGEBRA			
Divisibilitat dels nombres naturals. Criteris de divisibilitat.		●	
Nombres primers i compostos. Descomposició d'un nombre en factors primers.		●	
Múltiples i divisors comuns en diversos nombres. Màxim comú divisor i mínim comú múltiple de dos o més nombres naturals.		●	
Potències de nombres naturals. Propietats.		●	
Càlculs amb percentatges (càlcul mental, manual, amb calculadora).	●		
GEOMETRIA I MESURA			
Relacions i propietats de figures en el pla: paral·lelisme i perpendicularitat. Reconeixement dels elements bàsics de la geometria del pla.			●
Angles i les seves relacions.			●
Figures planes elementals: triangle, quadrat, figures poligonals. Classificació.			●
ESTADÍSTICA I PROBABILITAT			
Variables estadístiques qualitatives i quantitatives d'una població.	●		
Organització en taules de dades recollides en un experiment. Freqüències absolutes i relatives.	●		
Càlcul de mesures de tendència central (moda i mitjana aritmètica) i la seva anàlisi.	●		

1 Em conec. Et conec

Qui soc?

Quines són les meves dades?

AL AP AM Personal

Aprèn a...

Reconèixer i proposar variables estadístiques quantitatives i qualitatives.

Organitzar les variables en taules i calcular-ne les freqüències.

Calcular la mitjana aritmètica i la moda i utilitzar-les per resoldre problemes.

Ítem 1. L'estadística i l'INE

Quantes persones es diuen com tu a Espanya? Quin és el nom que està més de moda? Quina és l'alçada mitjana dels nois de la teva edat? Quants metges per habitant hi ha a la teva població? Per conèixer tant aquestes dades com moltes altres sobre demografia, economia, educació i salut, etc., de la societat espanyola, pots consultar el web de l'Institut Nacional d'Estadística (INE).

L'INE és un organisme que, mitjançant l'**estadística**, una branca de les matemàtiques, aplega, classifica i recompta tots els fets amb una determinada característica comuna per poder arribar a conclusions a partir de l'anàlisi numèrica de les dades.

Ítem 2. Les enquestes

Imagina't que es vol saber alguna cosa d'una ciutat que té un milió d'habitants. Normalment es fa una enquesta a una part de la població. De les respostes d'aquesta part es deduiran les respostes de la resta de la població.

Una **enquesta** és un conjunt de preguntes que es fan a moltes persones per recollir dades o per detectar l'opinió d'un grup més gran de gent sobre un assumpte concret. Per exemple, en una enquesta per saber la satisfacció d'un servei es pot respondre assenyalant una d'aquestes emoticones.

Ítem 3. Les variables

Una **variable estadística** és la característica que es vol conèixer i de la qual s'obtenen dades. No totes les variables són iguals:

- **Variable quantitativa** (o numèrica). És la que es fa servir per estudiar una característica que es pot expressar amb valors numèrics, com ara el pes o el nombre de germans.
- **Variable qualitativa** (o categòrica). És la que es fa servir per estudiar una característica que no es pot mesurar, ja que els seus valors són qualitats, com ara el sexe (home o dona), la salut (bona, dolenta, regular) o el color preferit (vermell, blau...).

Construeix amb el que saps

Comunica 1 Entre tots, elaboreu una enquesta per recollir les dades següents: nom, sexe, alçada (en centímetres), número de calçat, esquerrà o dretà, color preferit, nombre de germans, nombre d'avis vius, país de naixement, esport que es practica, mes de naixement, cantant o grup favorit. Afegiu-hi altres variables que considereu que pot ser interessant conèixer.

2 Respon l'enquesta amb les teves dades.

Argumenta 3 De l'enquesta dissenyada, digues quines variables són qualitatives i quines són quantitatives.

Planteja 4 Reuniu les dades de la classe en taules i, si és possible, indiqueu quantes vegades es repeteix cada valor.

Comunica 5 Respon les preguntes següents i d'altres que puguin ser interessants:

a Quants alumnes sou a la classe?
b Hi ha més nois o més noies?
c Quina és l'alçada màxima de la classe?
d Quants calcen un 43 o més?
e Quants alumnes sou esquerrans?
f Quin és el color que més agrada?
g Quants fills únics hi ha a la classe?
h Quants alumnes tenen tots els avis vius?
i Quants alumnes han nascut al mateix país que tu?
j Quants companys practiquen el mateix esport que tu?
k Durant quin mes van néixer més alumnes?
l Quants cantants o grups diferents s'han esmentat?

Ítem 4. Freqüència absoluta

La **freqüència absoluta** és el nombre de vegades que es repeteix cada valor de la variable estadística.

Ítem 5. Paràmetres centrals

Un **paràmetre central** és un nombre que representa el conjunt de dades.

El més utilitzat és la **mitjana aritmètica**, tot i que n'hi ha d'altres, com la **moda**, que és el valor amb més freqüència en una distribució de dades; és a dir, el valor que s'ha obtingut més vegades.

Construeix amb el que saps

Matematitza

6 Amb les dades de l'enquesta, calcula la moda de les variables següents i d'altres que consideris interessants:

a Nombre de germans
b Nombre d'avis vius
c País de naixement
d Esport que es practica.
e Mes de naixement
f Color preferit

7 La Rosa ha obtingut les següents notes en els controls de matemàtiques de la primera avaluació: 7, 8, 7, 8, 9 i 9. Quina nota tindrà al final de l'avaluació. És algun paràmetre central?

Argumenta

8 Imagina't que en els controls d'anglès has tret un 7, un 5, un 8, un 7 i encara et falta un examen. Quina nota hauries de treure per aconseguir un 7 en l'avaluació?

Matematitza

9 Aplica la mateixa tècnica del problema 7 i calcula el valor mitjà de les variables següents i d'altres que consideris interessants:

a Nombre de germans
b Nombre d'avis vius
c Alçada
d Número de calçat

Argumenta

10 Fixa't en el color preferit. Quina és la moda? Pots calcular el color mitjà de la classe? Per què?

Planteja

11 Quan es tenen moltes dades, és feixuc calcular-ne el valor mitjà. A partir de les dades del nombre de germans, dissenya una «fórmula» per calcular ràpidament la mitjana aritmètica

Professor a casa. Càlcul de la mitjana aritmètica amb moltes dades.

El que has construït

Coneixes els conceptes d'**estudi estadístic** i **variable**, així com dels diferents **tipus de variables**.

Obtens la **freqüència absoluta** a partir del recompte de vegades que es repeteix cada valor de la variable.

Calcules la **mitjana aritmètica**, que s'obté sumant el valor de totes les dades i dividint el resultat entre la quantitat de dades.

Obtens la **moda**, que és el valor més freqüent en un grup de dades. La moda sempre es pot calcular, però la mitjana només es pot obtenir quan les variables són quantitatives.

1. Estadística

Fig. 1. En els estudis científics és habitual obtenir les dades a través de l'observació directa, mentre que en els estudis socials s'acostumen a obtenir mitjançant enquestes. Aquestes dues tècniques, però, no són excloents.

L'**estadística** és la part de les matemàtiques que s'encarrega d'aplegar, classificar i comptar fets que tenen alguna característica en comú i que es poden valorar numèricament per tal de comparar-los i extreure'n conclusions. Un estudi estadístic consta de les fases següents:

1 Recollida de dades

2 Organització i representació de les dades

3 Anàlisi de les dades

4 Elaboració de conclusions

2. Valors i dades

- **Valor.** És cadascun dels resultats diferents que es pot obtenir en un estudi estadístic. Els valors es representen mitjançant l'expressió $\boldsymbol{x_i}$.
- **Dada.** És cadascuna de les respostes que s'han obtingut en realitzar un estudi estadístic. El nombre total de dades es representa amb la lletra $\boldsymbol{N}$.

Les dades s'obtenen mitjançant l'observació directa (fig. 1) o mitjançant enquestes.

Exemple

1. S'ha tirat un dau 10 vegades i han sortit aquests resultats: 4, 6, 6, 1, 4, 3, 1, 5, 6, 4. En aquest cas, tenim 6 valors $x_i = \{1, 2, 3, 4, 5, 6\}$ (encara que el 2 no hagi sortit) i 10 dades $N = \{1, 1, 3, 4, 4, 4, 5, 6, 6, 6\}$ (corresponents a cada una de les tirades).

3. Variables estadístiques

Apunt 1

Recorda aquesta regla:

Qualitatiu = qualitat

Quantitatiu = quantitat

Una **variable estadística** és el conjunt de valors de cada una de les característiques o propietats que presenta la població sobre la qual es fa l'estudi estadístic. Poden ser de dos tipus (apunt 1):

- **Variable qualitativa.** És la que pot obtenir com a valors qualitats o categories. **No es pot expressar mitjançant nombres**.
- **Variable quantitativa.** És aquella que **s'expressa mitjançant nombres**. Inclou, alhora, dues categories:
  - **Variable quantitativa discreta. Entre dos valors consecutius no n'hi pot haver un altre**. Només pren en consideració un nombre finit de valors.
  - **Variable quantitativa contínua. Entre dos valors donats sempre n'hi ha algun altre de possible**. Pren en consideració un nombre infinit de valors.

Exemple

2. Són variables **qualitatives** la nacionalitat, el mes de naixement, el color dels ulls, etc.
Són variables **quantitatives discretes** el nombre de germans, els cotxes venuts durant un dia, els naixements d'un any, el número del calçat, etc.
Són variables **quantitatives contínues** el pes, la temperatura atmosfèrica, la velocitat d'un cotxe, etc.

4. Freqüències absolutes i relatives

- **Freqüència absoluta, f_i.** És el nombre de vegades que un determinat valor apareix en un estudi estadístic.

  La suma de totes les freqüències absolutes d'un estudi estadístic coincideix amb el nombre total de dades d'aquest estudi.

- **Freqüència relativa, h_i**, d'un valor. És el quocient (la raó) entre la seva freqüència absoluta i el total de dades (fig. 2).

$$\text{Freqüència relativa} = \frac{\text{Freqüència absoluta}}{\text{Total de dades}} \Rightarrow h_i = \frac{f_i}{N}$$

La suma de totes les freqüències relatives d'una estadística és igual a 1.

$$f_i \underset{\cdot N}{\overset{:N}{\rightleftarrows}} h_i$$

Fig. 2. Si es coneix la freqüència absoluta, f_i, i es divideix entre el nombre de dades, N, s'obté la freqüència relativa, h_i. Això també es pot aplicar a l'inrevés: multiplicant la freqüència relativa pel nombre de dades s'obté la freqüència absoluta.

Exemple

3. S'ha llançat un dau de quatre cares 20 vegades i s'han obtingut aquests resultats:

{1, 4, 2, 2, 1, 3, 3, 4, 2, 2, 1, 3, 4, 4, 4, 3, 1, 1, 2, 1}

El valor 1 ha sortit sis vegades; per tant, la seva freqüència absoluta és 6 i la seva freqüència relativa és $h_i = \frac{f_i}{N} = \frac{6}{20} = 0{,}3$.

x_i	f_i	h_i
1	6	0,3
2	5	0,25
3	4	0,2
4	5	0,25

5. Paràmetres centrals

Els **paràmetres centrals** o de posició són valors que representen el conjunt de les dades.

El paràmetre que es fa servir més és la **mitjana aritmètica** (o, simplement, mitjana o valor mitjà). També s'utilitza força la **moda**, tot i que n'hi ha altres.

- **Moda, *Mo*.** És el valor que té més freqüència absoluta. Es pot calcular tant en variables qualitatives com en variables quantitatives (fig. 3). En un estudi estadístic hi pot haver més d'una moda; si n'hi ha dues, s'anomena **bimodal**.
- **Mitjana aritmètica, $\bar{x}$.** És el valor que s'obté en sumar totes les dades de l'estudi estadístic i dividir-ne el resultat pel nombre total de dades, N. La mitjana aritmètica només es pot calcular en el cas de les **variables quantitatives**.

Fig. 3. En llenguatge quotidià, quan ens referim a "alguna cosa que està de moda", volem dir que, en un moment determinat, aquella cosa té més acceptació o més seguidors. Es pot observar, per tant, que té un significat semblant al concepte matemàtic.

Exemple

4. Després de preguntar als 26 alumnes d'una aula sobre el nombre de germans que tenen, els resultats han estat els de la taula 1. En aquest cas, la moda, *Mo*, és 1, perquè és el valor més freqüent.

La mitjana aritmètica es calcula així:

$$\bar{x} = \frac{0+0+0+0+0+1+1+1+1+1+1+1+1+1+1+1+1+1+1+1+1+1+2+2+3+3}{26} = \frac{27}{26} = 1{,}038$$

Per calcular més ràpidament la suma de totes les dades, es pot multiplicar cada valor pel nombre de vegades que ha aparegut, f_i, i sumar els resultats.

$$\bar{x} = \frac{0 \cdot 5 + 1 \cdot 17 + 2 \cdot 1 + 3 \cdot 2}{26} = \frac{27}{26} = 1{,}038$$

Taula 1

Nombre de germans que té una classe de 26 alumnes.

Nombre de germans	Freqüència absoluta, f_i
0	5
1	17
2	2
3	2

Entrena't

1. Classifica les variables següents en quantitatives i qualitatives:

- **a** Color dels ulls
- **b** Pes d'una persona
- **c** Sexe
- **d** Assignatura que més t'agrada
- **e** Edat.
- **f** Alçada
- **g** Llengua materna

2. Calcula la mitjana aritmètica dels grups de dades següents:

- **a** 5 i 9
- **b** 4, 7 i 10
- **c** 7, 7, 7 i 7
- **d** 4, 7, 8, 12 i 14
- **e** 5, 6, 7, 9, 14 i 15
- **f** 1, 3, 5, 7, 9, 11 i 13
- **g** 3, 4, 7, 9, 1, 4, 6, 8, 2 i 9

3. Les notes numèriques d'un grup d'alumnes en un examen de Matemàtiques han estat aquestes: 8, 4, 5, 7, 3, 6, 7, 8, 2, 2, 6, 7, 7, 9, 5, 6, 7, 4, 6, 2, 8, 5, 6, 5, 5, 6, 8, 6, 5 i 7.

- **a** Elabora una taula de freqüències amb aquestes dades.
- **b** Quants alumnes hi ha a la classe?
- **c** Quants alumnes han aprovat? Quants alumnes han suspès?
- **d** Quina ha estat la nota que més han tret? Quina és la mitjana?

4. En una enquesta sobre l'estat civil de les persones —soltera (S), casada (C), vídua (V), divorciada (D)— s'han obtingut aquestes dades: C, C, S, V, C, D, C, S, S, V, D, C, S, S, V, V, D, D, D, C, C, C, C, S, C, S, S, V, D, S, C, V, V, S, S, S, D, C, D, C.

- **a** Construeix una taula de freqüències (absolutes i relatives) amb aquestes dades.
- **b** Quantes persones vídues hi ha?
- **c** Hi ha més persones casades o més persones solteres?
- **d** Quin és l'estat civil que més apareix?

5. El nombre de vegades que un grup de persones es renten les dents cada dia es recull en la taula següent:

Nombre de vegades	0	1	2	3
Freqüència	24	65	41	20

- **a** A quantes persones es va fer l'enquesta?
- **b** Construeix una taula amb les freqüències relatives.
- **c** Quina és la moda?

Banc digital

Mates en context

1 AM AL AS Social **Medalles en equip**

En els últims 10 anys, en els esports per equips, la selecció espanyola no ha parat d'obtenir èxits i medalles:

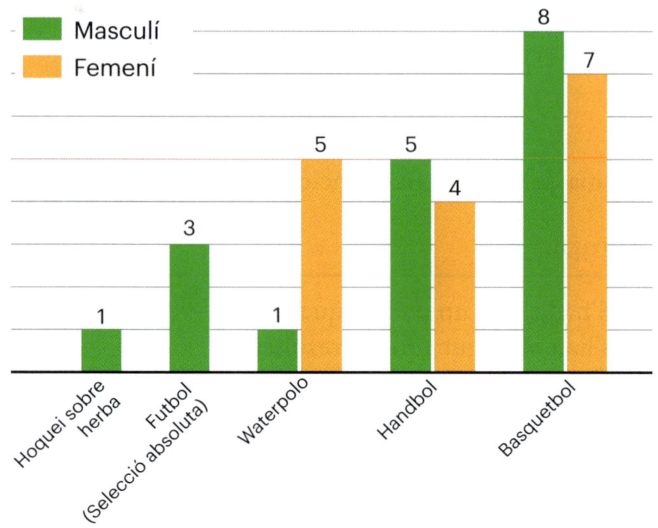

La medalla d'hoquei herba masculí és de plata; les 3 de futbol masculí són d'or; en waterpolo masculí en van aconseguir 1 de plata i en femení, 2 d'or i 3 de plata; en handbol masculí les medalles van ser 2 d'or, 1 de plata i 2 de bronze, i en handbol femení, 2 de plata i 2 de bronze; finalment, en bàsquet masculí se'n van aconseguir 3 d'or, 2 de plata i 3 de bronze, mentre que l'equip femení va aconseguir 2 medalles d'or, 2 de plata i 3 de bronze.

Problemes

① Copia i completa tres taules com la de sota, una per a les medalles dels equips masculins, una altra per a les medalles dels equips femenins i una altra amb totes les medalles juntes.

	Nombre de medalles
Or	
Plata	
Bronze	

② Afegeix una columna en cada taula i escriu-hi les freqüències relatives dels valors.

③ A partir de les taules, respon aquestes preguntes:

- **a** Quantes medalles de plata s'han guanyat en total?
- **b** Quantes medalles de bronze han guanyat els equips masculins?
- **c** Quantes medalles d'or han guanyat els equips femenins?
- **d** Quin tipus de medalla és la que més s'ha aconseguit?
- **e** Qui ha guanyat més medalles d'or?

Matematitza: 1, 2 **Argumenta: 3**

2 AM AL AS Social Els veïns de l'Isaac

L'Isaac viu en un edifici de tres plantes i a cada planta hi ha quatre pisos. Els habitants de l'edifici són aquests:

- 1A Un matrimoni jubilat.
- 1B Una parella amb una filla.
- 1C Tres noies estudiants.
- 1D Un noi sol.
- 2A L'Isaac amb els seus pares i la seva germana.
- 2B Dues noies joves.
- 2C Una mare amb les seves dues filles.
- 2D Una parella sense fills.
- 3A Dos nois joves.
- 3B No hi viu ningú.
- 3C Un matrimoni amb quatre fills (nois).
- 3D Una parella i la mare d'ell.

Problemes

1. Quantes persones viuen a la primera planta?
2. A quin pis viu més gent?
3. A quina planta viu més gent?
4. Quantes dones viuen a l'edifici?
5. Quanta gent viu a l'edifici?
6. Quina és la mitjana de persones que viuen en cada planta?
7. Quina és la mitjana de persones per pis en tot l'edifici?

   Han passat uns quants mesos i hi ha hagut uns quants canvis a l'edifici:

   1C El germà d'una d'elles s'ha instal·lat al pis.

   1D Els pares del noi han anat a viure amb ell.

   2A L'Isaac ha tingut una altra germaneta.

   2C L'àvia ha anat a viure amb la família.

   3B S'hi ha instal·lat una família formada pel matrimoni, quatre fills (dos nois i dues noies) i l'àvia materna.

   3C El fill gran s'ha independitzat.

   3D Ara les dues mares viuen amb la parella.

8. Respon les 7 preguntes anteriors amb aquestes noves dades.

Matematitza: 1, 4, 5, 6, 7, 8

Argumenta: 2, 3, 8

3 AM AP Social Les notes de la Fina

A la classe de llengua de la Fina es treballa en equips de 5. Durant la segona avaluació, cada alumne va lliurar 5 treballs. Mentre la Fina els revisava, li va caure el cafè a sobre de les notes i algunes ja no es van poder llegir. L'ajudes a completar les notes que li falten?

	T1	T2	T3	T4	T5	$\bar{x}$
Alba	7	5	8	9	7	
Bru	3		5	7	6	5,4
Carme	6	7		8	8	7
David						6,8
Elvira	8	7	5			7,08
$\bar{x}$	6,6	7	6,4	8,2		

Problemes

1. Quina és la nota mitjana de l'Alba?
2. Quina és la nota que li falta al Bernat?
3. Quina nota li falta a la Carme?
4. Quina és la nota mitjana del David?
5. Quina és la nota mitjana del 5è treball?
6. Quines van ser les notes dels tres primers treballs del David?
7. Si se sap que les notes dels treballs 4 i 5 també són nombres enters, quines notes van treure el David i l'Elvira en aquests treballs?
8. Amb totes les dades obtingudes, qui ha aconseguit les millors notes en els treballs? I qui té les pitjors notes?
9. Elabora una taula de freqüències (absolutes i relatives) amb totes les notes obtingudes pels cinc alumnes en els seus treballs.
10. Calcula la moda de les notes.
11. Calcula la mitjana de totes les notes.
12. Calcula la mitjana de les mitjanes de cada alumne. A continuació, calcula la mitjana de les mitjanes dels treballs. Finalment, comprova si coincideixen amb la mitjana de totes les notes.

Matematitza: 1, 5, 9, 10, 11, 12 **Argumenta: 2, 3, 4, 6, 8**

Planteja: 7

2 A classe i amb la família

Com és la meva classe?

I la meva família?

AM AP AS Personal Social

Aprèn a...

Fer servir els conceptes divisor, múltiple, nombre primer i nombre compost.

Factoritzar nombres naturals per trobar el m. c. d. i el m. c. m.

Utilitzar les operacions combinades i les potències.

Ítem 1. Una alumna nova a classe

Avui ha arribat una alumna nova a la classe de 1r A. És una bona notícia perquè, a part de tenir la possibilitat de fer noves amistats, ara serà més fàcil fer grups de treball. Abans hi havia 29 alumnes i la professora no podia formar grups amb el mateix nombre d'alumnes. Ara serà possible formar grups de diverses maneres.

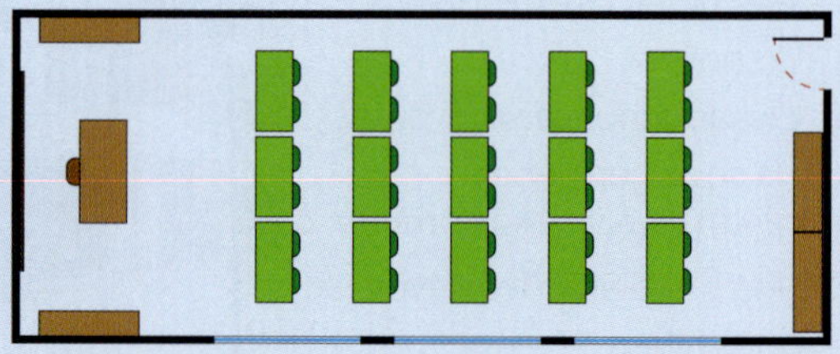

Ítem 2. Múltiples

Un nombre a és múltiple d'un altre nombre b si es pot expressar a com el producte de b per un altre nombre, és a dir, si $a = b \cdot c$.

Exemple: 6 és múltiple de 3 perquè es pot expressar 6 com el producte de $2 \cdot 3$.

Qualsevol nombre es considera múltiple de si mateix perquè qualsevol nombre es pot expressar com el producte de si mateix per 1.

Ítem 3. Divisors

Un nombre a és divisor d'un altre nombre b si la divisió de b entre a és exacta, és a dir, si $b : a$ dona un nombre enter.

Exemple: 3 és divisor de 12 perquè la divisió $12 : 3$ és exacta.

Qualsevol nombre és divisor de si mateix. A més, 1 és divisor de qualsevol nombre.

Ítem 4. Nombres primers i compostos

Un **nombre primer** només es pot dividir per si mateix i per 1; per exemple, el 7.

Un **nombre compost** es pot dividir per si mateix, per 1 i, a més, per altres nombres; per exemple, el 6 és divisible per 1, 2, 3 i 6.

Construeix amb el que saps

Argumenta 1 És veritat que amb 29 alumnes no es poden fer grups que tinguin el mateix nombre de persones sense que sobri ningú?

Planteja 2 Ara que hi ha 30 alumnes a la classe, proposa diferents maneres per fer grups amb el mateix nombre de persones en cada un. Quants grups sortiran en cada cas?

Argumenta 3 Imagina't que un dia falten a classe diversos alumnes i que en total n'hi ha 25. De quines formes es podrien repartir aquests 25 alumnes en grups iguals?

Planteja 4 Compta els alumnes que sou a la classe i pensa de quines formes podríeu fer grups amb el mateix nombre de persones. Comprova si afegint-hi o traient-ne alumnes hi hauria més possibilitats de fer grups.

Argumenta 5 Pensa quants alumnes hi hauria d'haver en una classe perquè no fos possible fer grups amb el mateix nombre de persones, sense que sobrés ni faltés cap alumne. Hi ha diverses possibilitats; troba totes les que puguis.

Matematitza 6 A l'institut es procura fomentar la relació entre els alumnes de diferents cursos; per fer-ho, es volen crear grups de 34 alumnes, 20 de l'ESO i 14 de Batxillerat. Quin és el nombre d'alumnes que ha de tenir l'institut per fer aquests grups?

Ítem 5. Les potències

Fem servir el **sistema decimal** per comptar i, per això, representem els nombres mitjançant potències de 10: unitats (10^0), desenes (10^1), centenes (10^2), unitats de miler (10^3), desenes de miler (10^4), etc.

Però hi ha altres maneres de comptar. Sabies que els ordinadors i els aparells electrònics en general només «saben llegir» zeros i uns? Això s'anomena **codi binari** i només fa servir les potències de 2 per fer els càlculs: 0, 2^0, 2^1, 2^2, 2^3..., és a dir: 0, 1, 2, 4, 8, 16, 32, 64, 128, 256, 512, 1024, 2014..., 286 162 140...

Ítem 6. L'arbre genealògic

Un **arbre genealògic** és una representació gràfica dels avantpassats i els descendents d'una família.

Tots tenim un arbre genealògic format pels nostres avantpassats, és a dir, pares, avis, etc. Recorda que els pares dels teus pares són els teus avis, i els pares dels teus avis són els teus besavis, i els seus pares són els teus rebesavis, i així successivament.

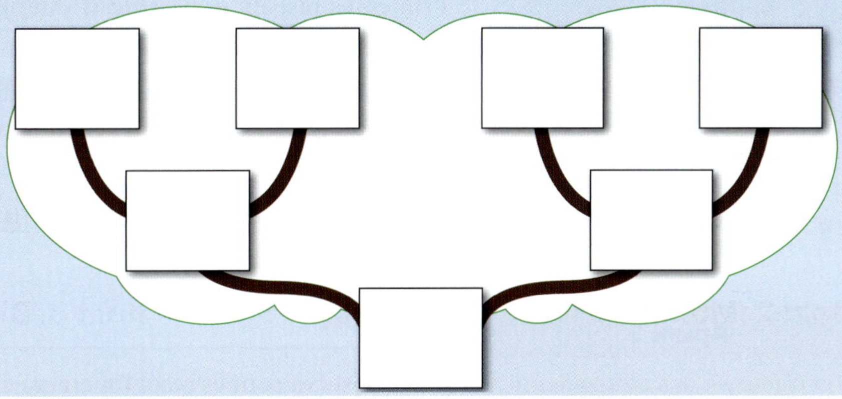

Construeix amb el que saps

Comunica

7 Dibuixa a la llibreta un esquema del teu arbre genealògic i posa't a tu a la part inferior. Per sobre teu hi ha d'haver les dues branques que et connecten amb els teus pares i, per sobre d'ells, hi ha d'haver les branques que els connecten amb els seus pares respectius, és a dir, amb els teus avis.

Matematitza

8 **a** Quantes persones hi ha a la filera dels teus pares? I a la dels teus avis?

b Afegeix-hi una filera més amb els pares dels teus avis, és a dir, amb els teus besavis. Quantes persones hi ha en aquella filera?

9 Si et continues remuntant en els teus avantpassats, podràs trobar els pares dels teus rebesavis, els seus avis, els seus besavis...
Quants besavis dels teus rebesavis tens?

10 Imagina't que al planeta Urneplu hi viuen uns éssers que, en lloc de tenir dos progenitors, en tenen tres. Si fossis urneplenc:

a Quants avis tindries?

b I quants besavis?

c I quants rebesavis tindries?

d I de besavis dels teus rebesavis, quants n'hi hauria?

11 Ara, resol l'exercici 10 suposant que cada urneplenc té cinc progenitors.

El que has construït

Reconeixes que un nombre *a* és **divisor** d'un altre nombre *b* si la divisió $b : a$ és exacta.

Saps que un nombre que només es pot dividir per si mateix i per 1 és un **nombre primer**. Si es pot dividir, a més, per altres nombres, és un **nombre compost**.

Reconeixes que un nombre *a* és **múltiple** d'un altre nombre *b* si es pot posar com a producte de *b* per un altre nombre: $a = b \cdot c$.

Has repassat el concepte de **màxim comú divisor** i **mínim comú múltiple**.

Saps que una **potència** és la multiplicació del nombre que hi ha a la base pel nombre de vegades que indica l'exponent ($5^2 = 5 \cdot 5$). Les potències creixen molt ràpidament: $5^1 = 5$, $5^2 = 25$, $5^3 = 125$...

6. Operacions combinades

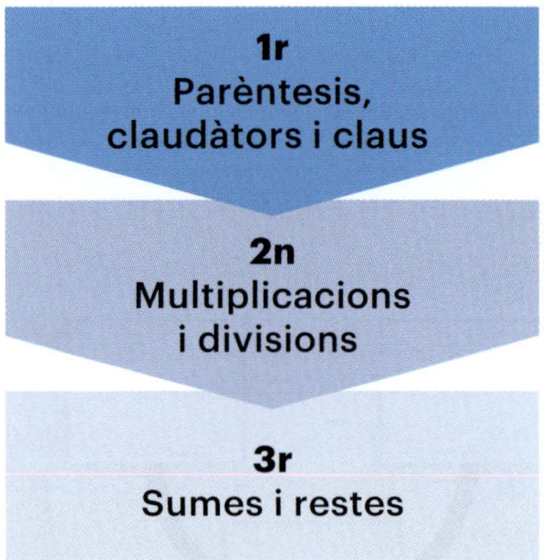

Fig. 4. Prioritats de les operacions.

Quan et trobis amb diverses operacions combinades —la suma, la resta, la multiplicació i la divisió—, has de tenir en compte l'ordre de prioritat per efectuar-les (fig. 4).

1.º Si hi ha **parèntesis** ( ), resol les operacions de dins. Els claudàtors [ ] i les claus { } es fan servir per a les operacions que inclouen més d'un parell de parèntesis. Primer, es resolen el parèntesis interiors, després els claudàtors i, finalment, les claus (apunt 2).

2.º Calcula les **multiplicacions** i les **divisions** ordenadament d'esquerra a dreta. Els productes i les divisions tenen la mateixa prioritat, però sempre més que les sumes i les restes.

3.º Resol les **sumes** i les **restes** ordenadament d'esquerra a dreta. Les sumes i les restes tenen la mateixa prioritat.

Apunt 2

Si et plantegen una operació combinada molt llarga, et pot servir d'ajuda col·locar com et convingui els parèntesis i els claudàtors.

No totes les calculadores respecten la prioritat de les operacions. Has de comprovar si la teva ho fa, escrivint, per exemple, aquesta operació:

| 3 | + | 2 | × | 5 |

Si el resultat és 13, la teva calculadora respecta la prioritat de les operacions.

Si el resultat és 25, no la respecta.

Exemple

5. Observa com es resol l'operació combinada $2 + 3 \cdot 5 - (3 \cdot 3 - 1) : 2$.

1r Efectua les operacions de dins dels pàrentesis, respectant la prioritat:

$$2 + 3 \cdot 5 - (9 - 1) : 2 = 2 + 3 \cdot 5 - 8 : 2$$

2n Fes les multiplicacions i les divisions, d'esquerra a dreta:

$$2 + 3 \cdot 5 - 8 : 2 = 2 + 15 - 4$$

3r Finalment, efectua les sumes i les restes, d'esquerra a dreta:

$$2 + 15 - 4 = 17 - 4 \qquad 17 - 4 = 13$$

L'operació, per passos, queda així:

$$2 + 3 \cdot 5 - (3 \cdot 3 - 1) : 2 = 2 + 3 \cdot 5 - (9 - 1) : 2 =$$
$$= 2 + 3 \cdot 5 - 8 : 2 = 2 + 15 - 4 = 17 - 4 = 13$$

7. Potències

De la mateixa manera que la suma de nombres iguals es pot expressar en forma de multiplicació, el producte de nombres iguals es pot expressar en forma de **potència**. El nombre que es multiplica s'anomena **base** i el nombre de vegades que es multiplica la base s'anomena **exponent**.

Exemple

6. El producte $3 \cdot 3 \cdot 3 \cdot 3 \cdot 3 \cdot 3 \cdot 3$ es pot expressar així: 3^7 (base → 3; exponent → 7)

8. Múltiples

Un **nombre *a* és múltiple d'un altre nombre *b*** si es pot posar el nombre a com a producte de b per un altre nombre, és a dir, si $a = b \cdot c$.

Per tant, perquè a sigui múltiple de b s'ha de complir:

1 Que a sigui més gran que b, és a dir, $a > b$.
2 Que la divisió de a per b sigui exacta, és a dir, que $a : b$ doni un nombre enter.

Exemple

7. El 6 és múltiple de 3 perquè $6 > 3$ i $6 : 3$ té un resultat exacte, que és 2.

9. Divisors

Un nombre ***a* és divisor d'un altre nombre *b*** si la divisió de *b* entre *a* és exacta. Per tant, perquè *a* sigui divisor de *b* ha de complir:

1 Que *a* sigui més petit que *b*, és a dir, $a < b$.
2 Que la divisió de *b* per *a* sigui exacta, és a dir, que $b : a$ doni un nombre enter..

Hi ha diversos **criteris de divisibilitat** per saber si un nombre és divisor d'un altre (apunt 3).

Professor a casa. Factorització de nombres.

10. Factorització

De la mateixa manera que els sumands són els nombres que formen part d'una suma, els **factors** són els nombres que participen en una multiplicació. **Factoritzar** és expressar un nombre com a producte d'altres nombres mes petits pels quals es pot dividir.

Per factoritzar un nombre com un **producte de nombres primers**, s'ha de dividir successivament pels seus diversos primers, començant sempre pel més petit, fins que el quocient sigui 1. El resultat de la factorització és el producte dels divisors primers tantes vegades com hi apareguin.

Exemple

9. Observa la factorització en nombres primers dels nombres 96 i 105:

Per fer les divisions, utilitza una barra vertical. Escriu-hi els quocients a l'esquerra.

$$\begin{array}{r|l} \mathbf{96} & 2 \\ 48 & 2 \\ 24 & 2 \\ 12 & 2 \\ 6 & 2 \\ 3 & 3 \\ 1 & \end{array}$$

A la dreta, escriu-hi els divisors primers.

Així, $96 = 2^5 \cdot 3$.

$$\begin{array}{r|l} \mathbf{105} & 3 \\ 35 & 5 \\ 7 & 7 \\ 1 & \end{array}$$

Resultat de la factorització.

Així, $105 = 3 \cdot 5 \cdot 7$.

11. Màxim comú divisor i mínim comú múltiple

El **màxim comú divisor (m. c. d.)** de dos nombres o més és el més gran dels divisors comuns a tots. Per calcular-lo:

1 Es descomponen els nombres en els seus factors primers.
2 Se seleccionen els **factors comuns elevats a la potència més petita** (apunt 5).
3 Es multipliquen aquells factors entre si.

El **mínim comú múltiple (m. c. m.)** de dos nombres o més és el més petit dels múltiples comuns (llevat del 0). Per calcular-lo:

1 Es descomponen els nombres en els seus factors primers.
2 Se seleccionen els **factors no comuns i els comuns elevats a la potència més alta**.
3 Es multipliquen aquells factors entre si.

Exemple

8. El 3 és divisor de 12 perquè $3 > 12$ i perquè $12 : 3$ té un resultat exacte, que és 4.

Apunt 3

Divisors

El 0 és múltiple de tots els nombres.

Qualsevol nombre natural, llevat de l'1, té almenys dos divisors: ell mateix i l'1.

L'1 només té un divisor, i per això no és ni un nombre primer ni un nombre compost.

Criteris de divisibilitat

2 → Un nombre és divisible per 2 si acaba en 0 o en un nombre parell.

3 → Un nombre és divisible per 3 si la suma de les seves xifres és múltiple de 3.

5 → Un nombre és divisible per 5 si acaba en 0 o en 5.

Exemples de nombres compostos

Nombres compostos	Els seus divisors
4	1, 2, 4
6	1, 2, 3, 6
8	1, 2, 4, 8
15	1, 3, 5, 15
25	1, 5, 25

Apunt 4

Es diu que dos nombres són **coprimers** (o primers entre si) si el seu màxim comú divisor (m. c. d.) és 1.

Professor a casa. Exemples resolts de m. c. d. i m. c. m.

Exemples

10. Busca el màxim comú divisor de 72 i 120.
Factoritzem els dos nombres:
$72 = 2^3 \cdot 3^2$ i $120 = 2^3 \cdot 3 \cdot 5$.
m. c. d. $(72, 120) = 2^3 \cdot 3 = 24$

11. Troba el mínim comú múltiple de 36 i 40.
Factoritzem els dos nombres:
$36 = 2^2 \cdot 3^2$ i $40 = 2^3 \cdot 5$
m. c. m. $(36, 40) = 2^3 \cdot 3^2 \cdot 5 = 360$

Entrena't

6. Resol les operacions combinades següents respectant la prioritat:

a $3 + 5 \cdot 2 + 1 - 8 : 4$
b $(2 + 3) \cdot 5 - 2$
c $[(4 \cdot 2 + 2) : 5 + 1] : 3$
d $2 \cdot 5 - (7 - 4 : 2)$
e $2 \cdot (3 - 1) + 5 - 6 : 2$
f $8 : 4 - 2 \cdot (5 - 1 \cdot 3) : 2 + 1$

7. Expressa aquestes multiplicacions en forma de potències:

a $2 \cdot 2 \cdot 2 \cdot 2$
b $5 \cdot 5 \cdot 5 \cdot 5 \cdot 5 \cdot 5 \cdot 5$
c $12 \cdot 12 \cdot 12 \cdot 12 \cdot 12$
d $7 \cdot 7 \cdot 7 \cdot 7 \cdot 7 \cdot 7 \cdot 7 \cdot 7 \cdot 7 \cdot 7 \cdot 7$
e $1 \cdot 1 \cdot 1 \cdot 1 \cdot 1$

8. Troba tots els divisors que hi ha d'aquests nombres:

a 12 **d** 36
b 100 **e** 20
c 29 **f** 21

9. Factoritza com a producte de nombres primers aquests nombres:

a 24 **c** 105 **e** 108 **g** 66
b 90 **d** 99 **f** 80 **h** 52

10. Troba el m. c. d. i el m. c. m. d'aquestes parelles de nombres:

a 24 i 32
b 90 i 6
c 105 i 25
d 99 i 12
e 108, 12 i 10

11. Quins nombres donen aquestes factoritzacions?

a $2^2 \cdot 3^2$ **d** $2 \cdot 3 \cdot 5 \cdot 11$
b $2 \cdot 5^2 \cdot 7$ **e** $3^2 \cdot 5^2$
c $3 \cdot 7^2$ **f** 5^2

12. En una papereria s'han construït piles de capses de bolígrafs, d'un gruix de 35 mm cadascuna, fins a assolir la mateixa alçada que una altra pila de capses d'esborradors, de 20 mm de gruix. Quina és l'alçada d'ambdues piles? Busca, almenys, tres solucions possibles.

13. Tenim dues cordes de 21 i 75 metres, respectivament, i les volem tallar en trossos iguals, tan grans com sigui possible. Quina longitud hauria de tenir cada tros?

Banc digital

Mates en context

4 AM AL AS Social Cadena de favors

En la pel·lícula *Cadena de favors*, un professor demana als seus alumnes que pensin alguna manera de poder canviar el món. L'endemà, en Trevor explica la seva idea: fer una cadena de favors. Funcionaria d'aquesta manera: en Trevor començaria fent un favor a 3 persones diferents, que, al seu torn, haurien de fer, cadascuna d'elles, 3 favors a altres persones, i així successivament.

Fragment de *Cadena de favors*. (*Pay It Forward*)

Problemes

1. Comenta amb els teus companys què et sembla la idea. Debateu si és interessant i útil.
2. Calcula quantes persones s'haurà ajudat si es realitzen 5 passos d'aquesta cadena. I si se'n duen a terme 10?
3. Quants passos haurà de tenir la cadena si es vol ajudar almenys 100 persones? I si se'n vol ajudar 1000?
4. Imagina't que en Trevor hagués estat una mica més ambiciós i, en comptes d'haver de fer un favor a 3 persones, l'hagués fet a 4. Quantes persones serien ajudades si es completessin 5 passos de la cadena? I amb 10 passos?
5. En la situació de l'exercici 4, quants passos hauria de tenir la cadena si almenys es volgués ajudar 100 persones? I si se'n volgués ajudar 1000?

Comunica: 1 Matematitza: 2, 4 Planteja: 3, 5

5 AM AL Científic Els planetes s'alineen

Un estudiant d'astronomia sap que Venus completa la volta al Sol en 225 dies i que Mart ho fa en 687 dies. Si sap que l'última vegada que Venus, la Terra i Mart es van alinear va ser fa 1805645 dies, d'aquí a quant de temps es tornaran a alinear aquests tres planetes en el mateix punt?

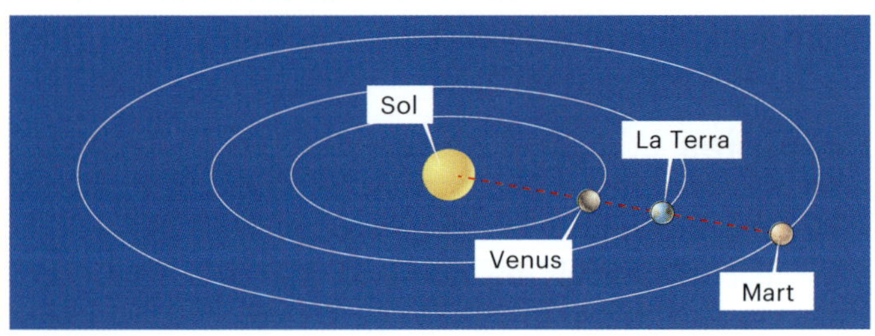

Planteja

Competències matemàtiques: 11, 12 (act. 4), 1, 2 (act 5).

6 AM AL AS Social Volant per Europa

Una aerolínia transporta passatgers a tot Europa en tres models d'avió de diferent capacitat: el model A té una capacitat per a 130 persones, el model B per a 150 i el model C per a 200 persones.

La companyia va registrar el nombre de passatgers que havien comprat un bitllet per a cada destinació:

País	Passatgers
Alemanya	1650
França	1350
Regne Unit	1950
Itàlia	1500
Països Baixos	1200

Problemes

1. Si es pretén que hi hagi el màxim nombre de persones a cada avió i que tots els avions siguin del mateix model:
   - **a** Quants passatgers hi haurà per avió?
   - **b** Quin tipus d'avió convé escollir?
   - **c** Quants avions volaran a cada país?
   - **d** Quants avions volaran en total?
2. Soluciona el problema 1 una altra vegada, però ara afegeix Irlanda a la llista de destinacions, amb 1215 bitllets venuts.

Matematitza: 1 Argumenta: 2

7 AM AL Social El ramat del meu oncle

El meu oncle viu en un poble i té un ramat de menys de 3 dotzenes d'ovelles. Si agrupa les ovelles de 2 en 2, de 3 en 3, de 5 en 5 i de 6 en 6, sempre li'n sobra una.

De la llet que obté d'aquestes ovelles, en fa servir la meitat per embotellar-la i l'altra meitat per fer formatge de dos tipus, fresc i curat.

Problemes

1. Quantes ovelles té el meu oncle?
2. L'últim mes ha elaborat 40 formatges frescos i 24 formatges curats. Si els vol ficar en capses amb el mateix nombre de formatges de cada tipus, però fent servir el mínim nombre de capses, quantes en necessita?
3. Envasa la llet en recipients de 4 L i 6 L i té la mateixa quantitat de llet als recipients d'una quantitat i de l'altra. Quants recipients deu tenir si en total té menys de 30 recipients?

Matematitza: 1 Argumenta: 2 Planteja: 3

8 AM AL AS Social Estudiants a la piscina

En un poble hi ha dos centres educatius que van a la piscina municipal com a activitat de l'assignatura d'Educació física de 1r d'ESO. Els de l'IES Picasso hi van cada 12 dies i els de l'Escola Cim hi van cada 14 dies.

Problemes

1. Cada quants dies coincideixen els dos centres a la piscina?
2. Els alumnes de l'IES Picasso són 30 i els de l'Escola Cim en són 36. Quan coincideixen a la piscina, són massa alumnes per poder fer exercici junts i alhora, i per això es distribueixen en grups. El monitor els distribueix en el màxim nombre possible de grups, de manera que en cada grup sempre hi hagi el màxim nombre d'alumnes dels dos centres.
   - **a** Quin seria el millor repartiment?
   - **b** Quants grups caldria fer?
   - **c** Quants alumnes de l'IES Picasso hi hauria en cada grup?
   - **d** I quants n'hi hauria de l'Escola Cim?

Matematitza: 1, 2

9 AM AP Social El tresor pirata

En una illa del Carib hi ha un tresor enterrat. El pirata que el va amagar hi va deixar un mapa amb la situació del tresor indicada i amb una descripció del que conté: "El tresor conté un total de 3000 monedes d'or repartides equitativament en 3 cofres. A més, en cada cofre també hi ha 200 monedes de plata i 2 vegades més monedes de bronze que de plata".

Problemes

1. Quantes monedes d'or hi ha en cada cofre?
2. Quantes monedes de plata hi ha en total? I de bronze?
3. Quantes monedes hi ha en total en cada cofre?
4. Quantes monedes en total conté el tresor?
5. Si es volgués repartir el tresor en la màxima quantitat de cofres possibles i que tots els cofres continguessin el mateix nombre de monedes de cada tipus, quants cofres es necessitarien? Quantes monedes de cada tipus hi hauria en cada cofre?

Matematitza: 1, 2, 3, 4 Planteja: 5

3 Geometria pertot arreu!

Dormo amb la geometria?

Les coses que tinc són geometria?

AM AL AA

Personal Científic

Aprèn a...

Reconèixer els elements del pla (punt, recta, semirecta i fragment) i els angles.

Descriure els elements i les propietats dels polígons regulars.

Classificar els triangles i els quadrilàters segons els costats i els angles que tenen.

Ítem 1. Ombres

Els objectes del nostre entorn projecten ombres a la paret o a terra.

Observa altres objectes escolars com ara les tanques i les espatlleres del gimnàs.

Ítem 2. Alguns tipus d'angles

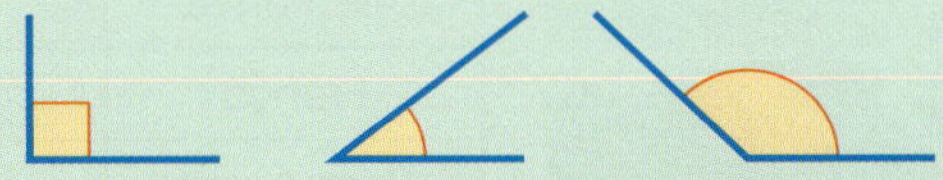

Ítem 3. Posició de dues rectes

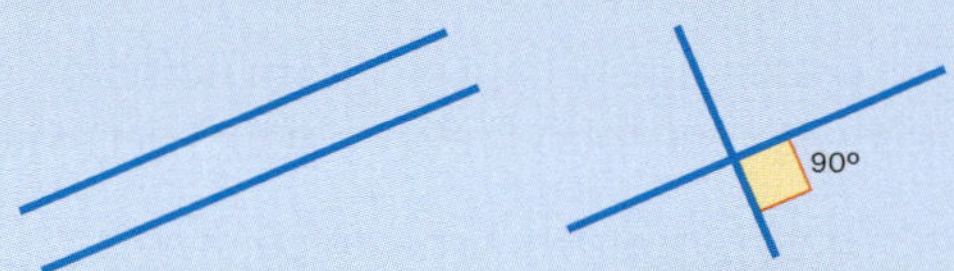

Construeix amb el que saps

Matematitza

1 Observa les imatges de l'ítem 1 i respon les preguntes següents:

a Quin tipus de línies es veuen en les imatges, rectes o corbes?

b Fixa't en l'ombra de les puntes de la forquilla. Quin nom reben els elements geomètrics que són formats per aquest tipus de línia?

c Indica quines de les línies de les imatges són horitzontals i quines són verticals.

2 En les imatges de l'ítem 1 hi ha línies que sembla que no tinguin ni inici ni final (rectes); n'hi ha d'altres que tenen inici, però que no tenen final (semirectes), i n'hi ha unes altres que tenen inici i final (segments). Assenyala en les imatges aquests tres tipus de línies.

Representa

3 Observa les línies de l'espatllera i respon les preguntes:

a Imagina't que mesurem la distància entre dos graons en dos llocs diferents. S'obtindran resultats diferents?

b Imagina't que els graons es prolonguessin indefinidament. Arribarien a tocar-se en algun moment? Per què?

c Com són entre si els graons? I les barres verticals?

d I com són els graons respecte de les barres verticals?

4 Observa la imatge de les forquilles i respon les preguntes:

a Quant mesura l'angle que forma la forquilla amb la seva projecció?

b L'angle que formen les rectes fosques projectades amb les rectes és més gran o més petit que l'anterior?

5 Fixa't en les ombres d'una persiana. Quant mesura l'angle que forma l'ombra de les làmines amb l'ombra de la corda que es fa servir per apujar-la i abaixar-la?

Ítem 4. Una habitació

Observa aquesta habitació.

Tot és ple de figures geomètriques: les prestatgeries, la finestra, els mobles, les estores...

Ítem 5. Un escriptori

Aquesta taula d'estudi podria ser com la teva. Hi pots trobar llibretes, una calculadora, estris de dibuix, llapis, regles, etc.

Construeix amb el que saps

Matematitza

(6) Observa atentament les il·lustracions i cerca-hi quatre figures planes. A continuació, copia i completa la taula següent a la llibreta:

Dibuix de la figura geomètrica	Nom	Objecte o objectes de l'habitació o de l'escriptori en què es troba la figura

Argumenta

(7) Descriu les figures que has apuntat en l'exercici anterior. Per fer-ho, copia a la llibreta la taula següent i escriu-hi les respotes d'aquestes preguntes:

És un polígon? Quants costats té? Els costats, entre si, formen un angle de 90°, més gran o més petit? Quin aspecte general té?

Figura	Polígon	Nombre de costats	Com són els costats i els angles?	Descripció

El que has construït

Saps identificar alguns elements del pla, com ara les **rectes** i els **polígons**.

Reconeixes les **rectes paral·leles**, que no es tallen mai per més que es prolonguin, i les **rectes perpendiculars**, que es tallen i formen un angle recte.

Distingeixes un **polígon** com una figura plana composta per segments rectes que s'anomenen **costats**.

Classifiques els polígons tenint en compte les característiques dels seus **costats** i **angles**.

12. Elements del pla

Un **pla** és una superfície il·limitada de dues dimensions (no té gruix). Els elements bàsics del pla són aquests (fig. 5):

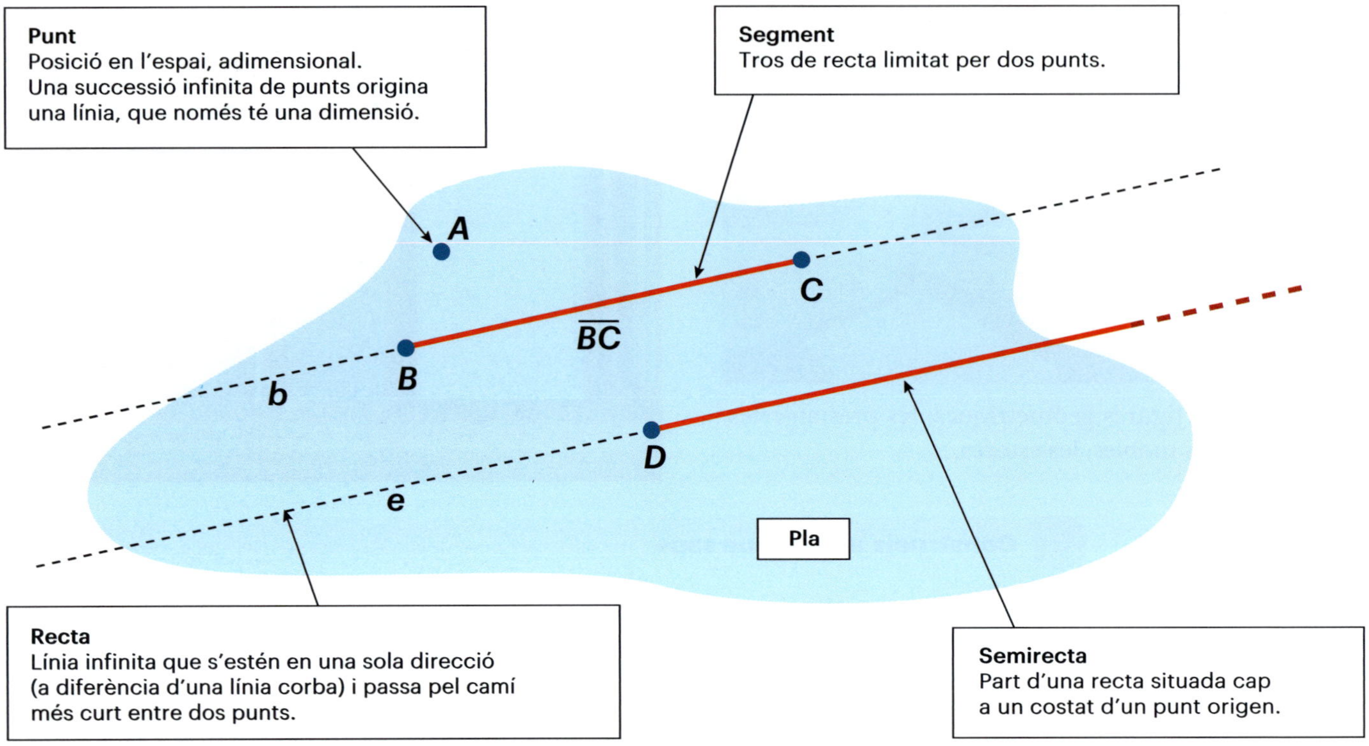

Fig. 5. Elements del pla.

13. Posició relativa entre dues rectes

Dues rectes en un mateix pla poden ser:

Paral·leles
No tenen cap punt en comú encara que es prolonguin.

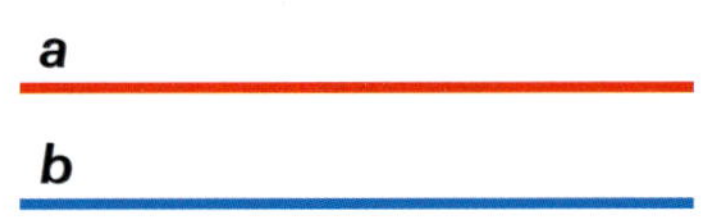

Secants
Es tallen en un únic punt.

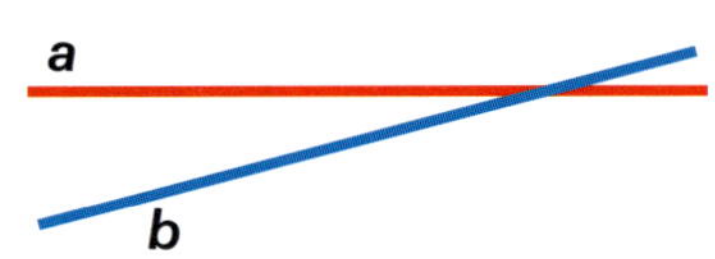

Perpendiculars
Són secants i formen un angle recte.

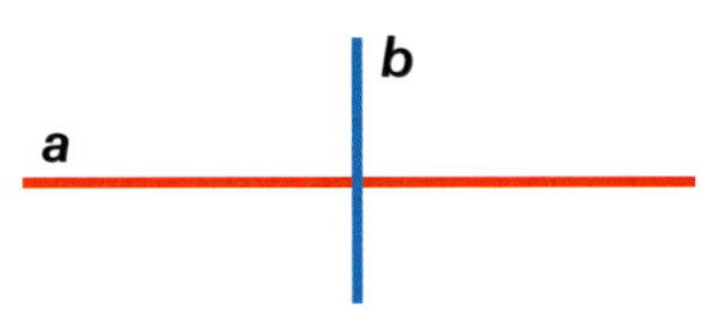

Coincidents
Comparteixen tots els punts.

14. Angles

Un **angle** és la regió del pla limitada per dues semirectes amb un mateix origen. Cada semirecta s'anomena **costat** i el punt d'origen s'anomena **vèrtex** (fig. 6).

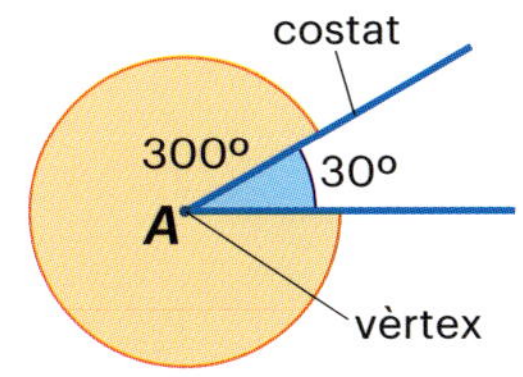

Fig. 6. Dues semirectes sempre formen dos angles. La suma dels dos angles és 360°.

Tipus d'angles segons la seva mesura:

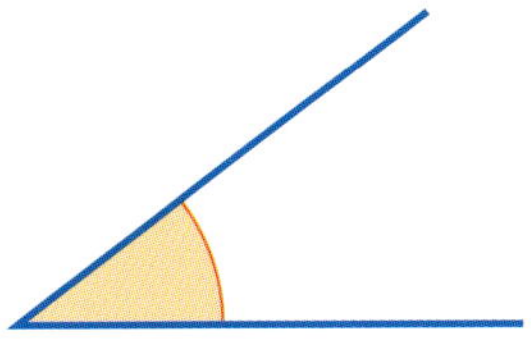

Convex (< 180º)

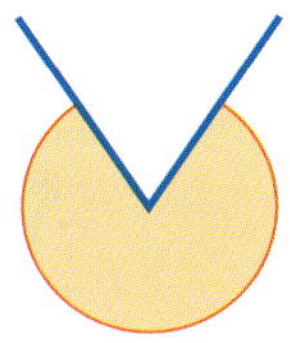

Còncau (> 180º)

Els angles **convexos** es classifiquen en:

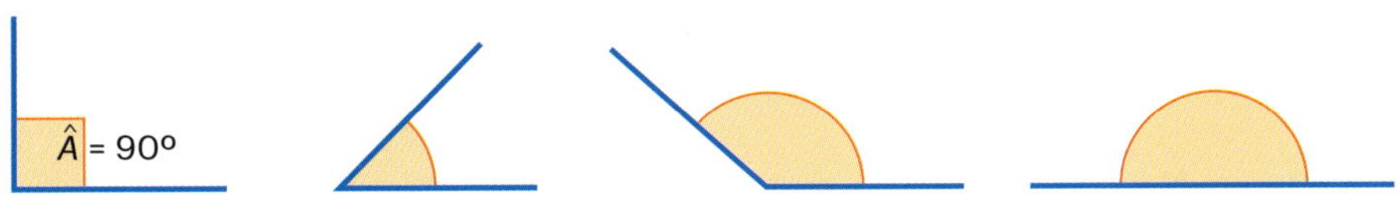

Recte (90º) **Agut (< 90º)** **Obtús (> 90º)** **Pla (180º)**

Els angles també es poden classificar segons la seva **posició** (fig. 7).

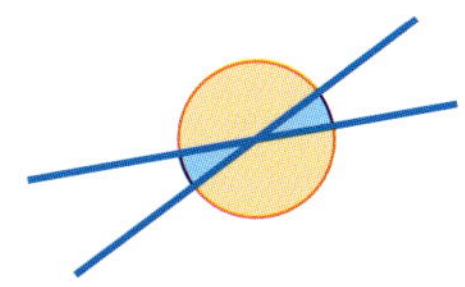

Oposats pel vèrtex

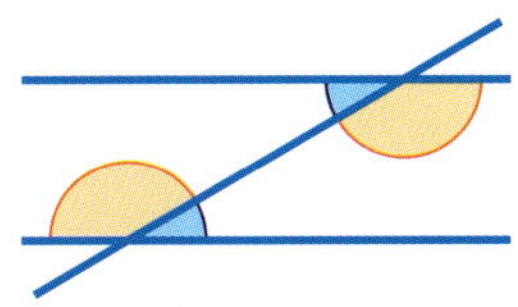

Alterns interns

Fig. 7. Posició relativa dels angles (cal fixar-se en les parelles que tenen el mateix color).

15. Polígons

15.1 Elements d'un polígon

Un **polígon** és una porció del pla limitada per segments (fig. 8).

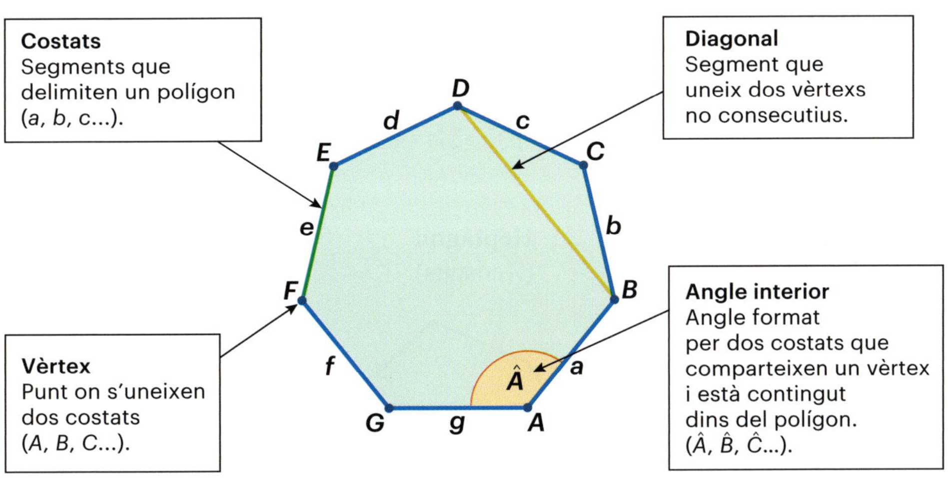

Fig. 8. Elements d'un polígon.

15.2 Els polígons regulars

Un **polígon regular** té tots els costats i els angles iguals. A més, permet traçar una circumferència que passi per tots els seus vèrtexs (fig. 9):

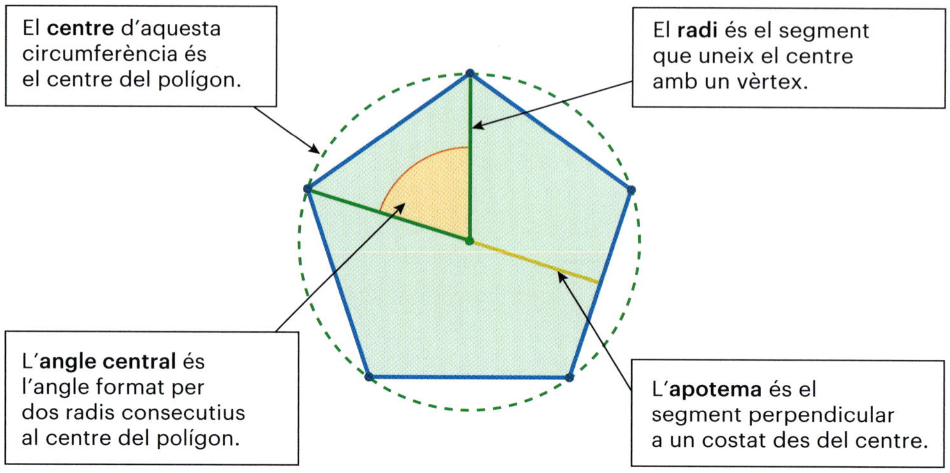

Fig. 9. Elements d'un polígon regular.

15.3 Els polígons irregulars

Un **polígon irregular** és aquell que no té tots els costats i els angles interiors iguals. Els seus vèrtexs no estan inscrits en una circumferència.

15.4 Classificació dels polígons segons el nombre de costats

Tant els polígons regulars com els irregulars es poden classificar segons el nombre de costats que tenen (apunt 5).

Apunt 5

Altres polígons:

Eneàgon o nonàgon	9 costats
Decàgon	10 costats
Endecàgon	11 costats
Dodecàgon	12 costats

Triangle
(3 costats)

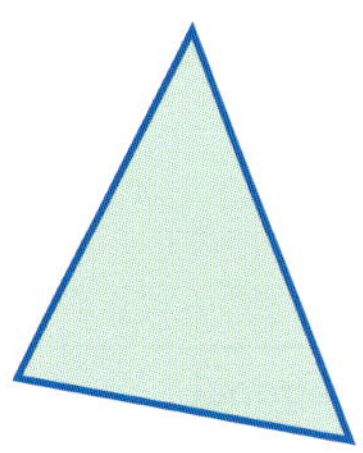

Quadrilàter
(4 costats)

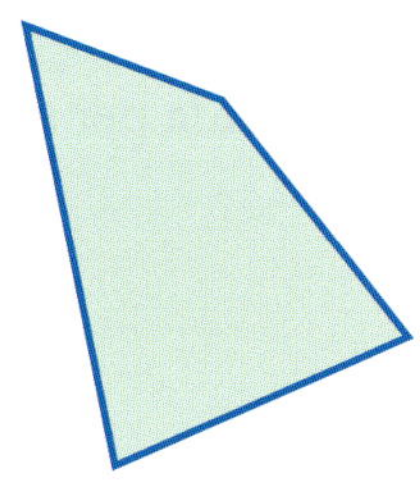

Pentàgon
(5 costats)

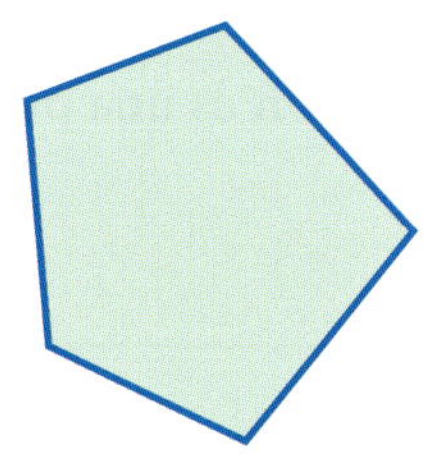

Hexàgon
(6 costats)

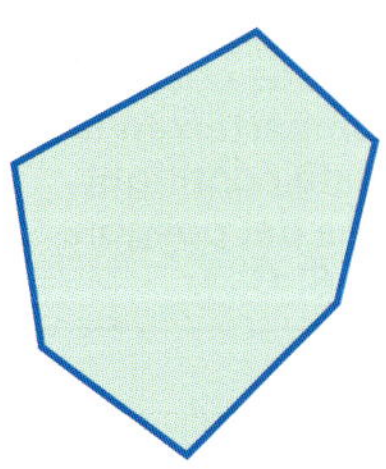

Heptàgon
(7 costats)

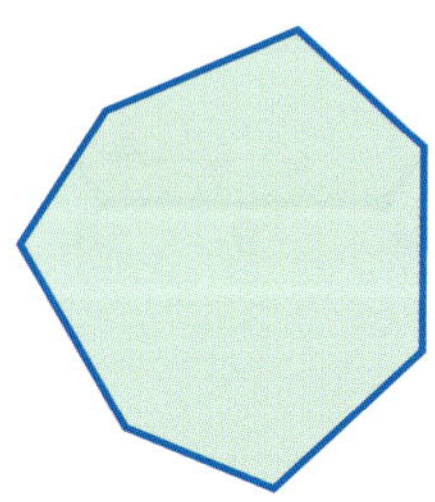

Octàgon
(8 costats)

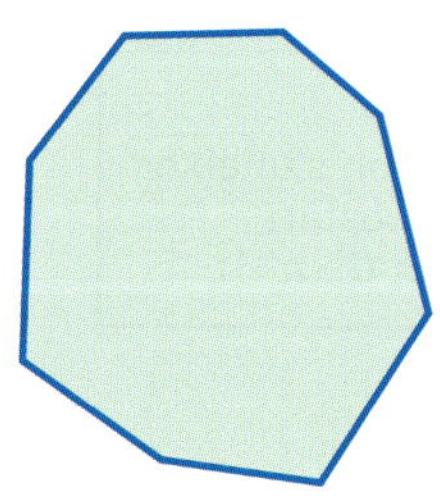

16. Classificació dels triangles

Segons els angles	**Rectangle** Un angle de 90° 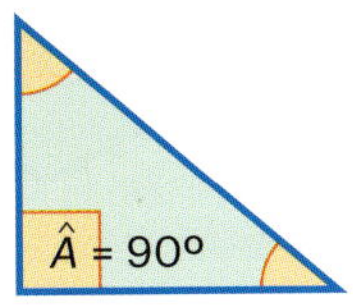	**Acutangle** Tres angles aguts 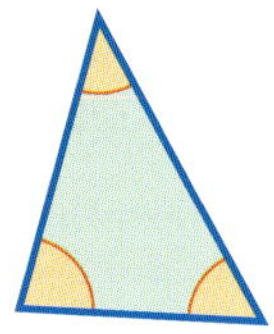	**Obtusangle** Un angle obtús 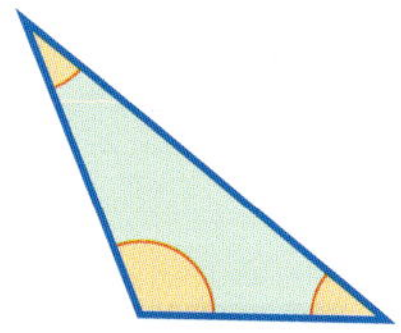
Segons els costats	**Equilàter** Tots els costats iguals 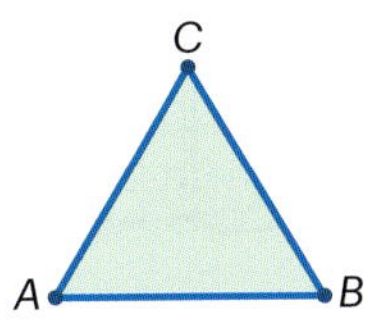 $\overline{AB} = \overline{BC} = \overline{AC}$	**Isòsceles** Dos costats iguals 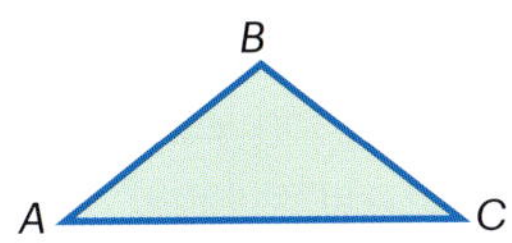 $\overline{AB} = \overline{BC} \neq \overline{AC}$	**Escalè** Tots els costats diferents 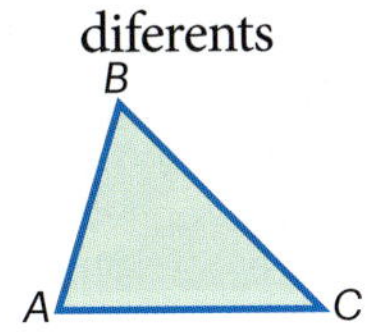 $\overline{AB} \neq \overline{BC} \neq \overline{AC}$

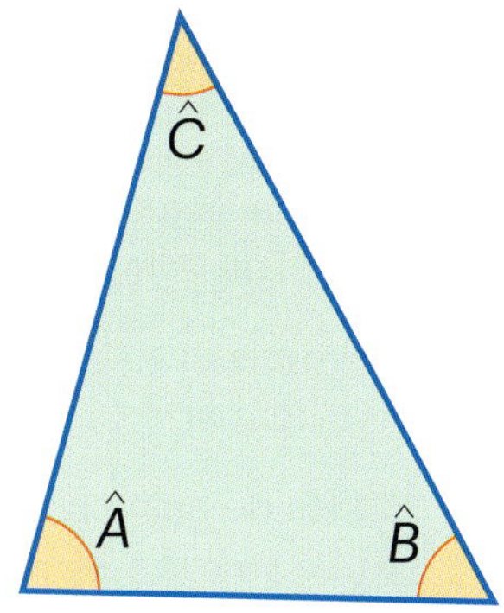

$\hat{A} + \hat{B} + \hat{C} = 180º$

Fig. 10. Els angles interiors d'un triangle sumen 180°.

17. Classificació dels quadrilàters

Paral·lelograms Costats paral·lels 2 a 2			**No paral·lelograms**		
Quadrat	Costats iguals Angles rectes		**Trapezi**	Dos costats paral·lels	
Rectangle	Costats iguals dos a dos Angles rectes				
Rombe	Costats iguals Dos angles aguts i dos angles obtusos	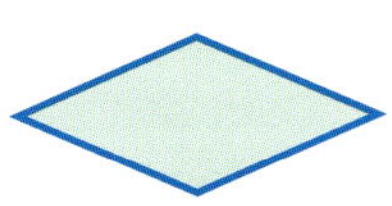	**Trapezoide**	Cap costat paral·lel	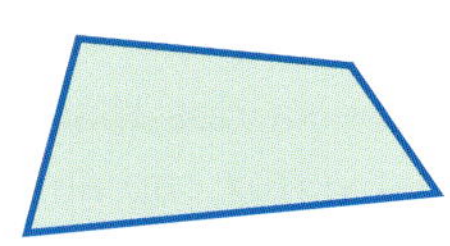
Romboide	Costats iguals dos a dos dos angles aguts i dos angles obtusos				

Entrena't

14. Classifica aquests angles segons si són còncaus o convexos:

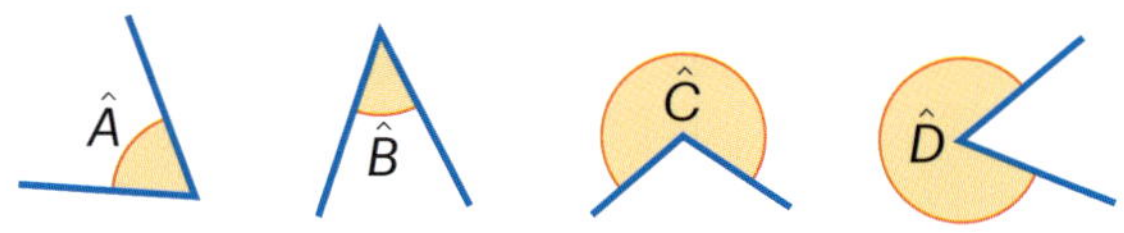

15. Dibuixa a la llibreta un metre plegable com el de la imatge.

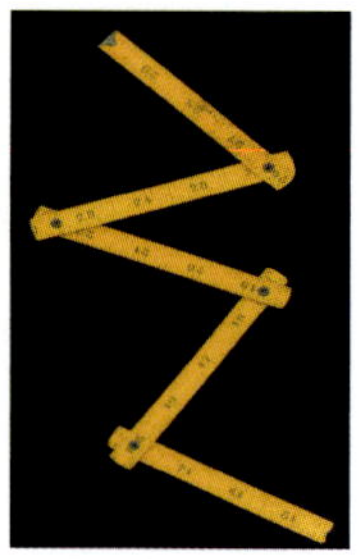

a Assenyala-hi tots els angles que s'han format.

b Digues de quin tipus és cada angle, segons la seva mesura, i indica si són còncaus o convexos.

16. L'angle que es forma en un cantó és còncau o convex? I el d'un racó?

17. Dibuixa un quadrilàter amb un angle còncau.

18. Observa les vies del tren.

a Com són les rectes que formen els rails?

b I les de les travesses?

c Quina relació tenen les vies respecte de les travesses?

19. Troba la mesura de l'angle central d'un triangle equilàter.

20. Són perpendiculats les diagonals d'un quadrat? I les d'un rectangle?

21. Escriu el nom dels polígons següents i digues si són regulars o no:

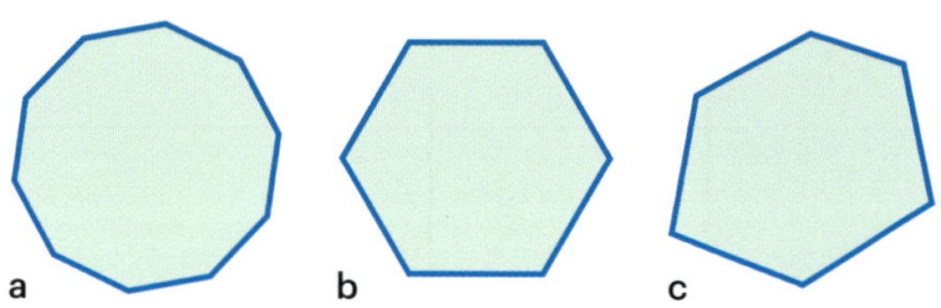

22. Dibuixa un triangle rectangle isòsceles. Quant mesuren els seus angles aguts?

23. Dibuixa dos triangles isòsceles iguals, però un amb un vèrtex cap amunt i l'altre amb el vèrtex cap avall. Uneix-los per un dels costats desiguals. Quin polígon s'obté?

Banc digital

24. Com s'anomena la figura del dibuix?

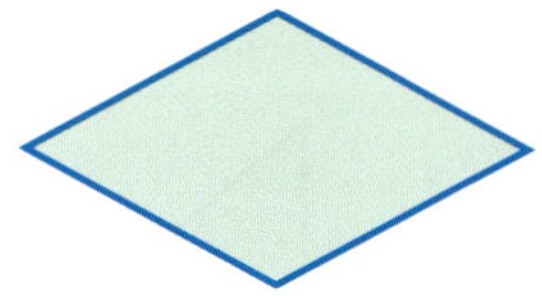

a Dibuixa la diagonal petita i digues com són els polígons en els quals queda dividida.

b Dibuixa l'altra diagonal. Quins polígons en resulten ara?

25. En el dibuix d'aquesta casa hi ha diversos polígons. Escriu-ne els noms i assenyala on els veus. Com són les línies que hi ha a la teulada?

26. Observa el dibuix i respon les preguntes següents:

a El fanal se subjecta a unes barres metàl·liques i una d'aquestes barres està clavada a la paret. Quin angle formen?

b Com és la línia que dibuixa el cable que subjecta el fanal respecte de la barra de la qual penja?

c Com s'anomena el polígon que formen els vidres del fanal?

d Classifica aquest polígon segons el nombre de costats. Tingués en compte el paral·lelisme entre els costats.

e Es pot dibuixar una circumferència que passi per tots els vèrtexs d'aquest polígon? Per què?

f Dibuixa el polígon a la llibreta i afegeix-hi una de les seves diagonals.

g Quins polígons determina la diagonal que has dibuixat? Classifica'ls.

27. Els pintors acostumen a fer servir unes escales de tisora.

a Com són els graons entre si?

b Com són els graons respecte dels muntants que els subjecten?

c Quin polígon determinen els travessers laterals amb la línia del terra? Classifica'l.

d Si l'angle del vèrtex superior fa 30°, quin valor tenen els que es formen amb el terra?

Mates en context

10 AM AA Professional Instruments de música

Una de les aficions del David és la música. A més a més de tocar la guitarra, ara ha començat a aprendre a tocar instruments de percussió.

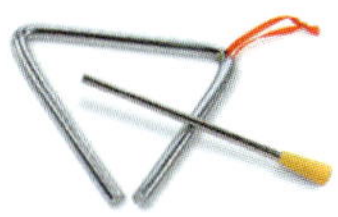

Aviat també començarà a estudiar solfeig i a tocar el piano, que és el que li fa més il·lusió.

Problemes

1. Com són entre si les cordes d'una guitarra? I com són entre si les cordes d'un pentagrama?
2. Quina relació hi ha entre les línies del pentagrama i les verticals que separen un compàs?
3. Quins polígons es poden trobar en els instruments musicals?
4. Dibuixa'ls i classifica'ls.

Matematitza: 1, 3 **Argumenta: 2, 4**

11 AM Científic Naturalesa i geometria

A la natura també hi ha figures geomètriques.

a

b

c

d

Problemes

1. Indica el tipus de polígon de les dues primeres imatges segons el seu nombre de costats. Com són els angles?
2. Quin polígon es pot observar en la imatge *c*?
3. Quin tipus de rectes es veuen en la imatge *d*?

Matematitza: 1 **Comunica: 2, 3**

12 AM Professional Remodelant la casa

Els pares de la Lola han decidit renovar la casa. Han pintat els sostres i les parets i ara volen posar rajoles noves a les parets i el terra de la cuina i del lavabo. Han visitat diverses botigues per veure rajoles i triar les que més els agradin i han vist mostres de com quedarien col·locades. Aquests en són alguns models.

a

c

b

d

Problemes

1. Identifica tots els polígons que hi ha en les quatre imatges.
2. Classifica'ls.

13 AM AA Social Banderins nàutics

En nàutica es fan servir diferents tipus de banderes per comunicar-se entre els vaixells. Aquí en tens algunes de les que s'utilitzen en el codi internacional:

Problemes

1. Indica la forma de cada tipus de bandera.
2. Quines línies s'han dibuixat en la bandera de la *v*? En quines altres banderes hi ha aquestes línies?
3. Quin polígon hi ha de color vermell en la *f*?
4. Com són les franges de la *g*, la *c* i la *t*?
5. I les franges grogues de la *r*?
6. Quants quadrats té la bandera de la *u*?
7. En l'última bandera de la segona línia, quina figura forma la zona blava? I la blanca?

Matematitza: 1, 2, 3, 4, 5 **Argumenta: 6, 7**

NOMBRES I ÀLGEBRA

Nombres naturals

Jerarquia de les operacions

1r Parèntesis.
2n Multiplicacions i divisions.
3r Sumes i restes.

Potències

Una **potència** és una manera curta d'escriure la multiplicació de diversos nombres iguals.

$$\overbrace{a\cdot a\cdot\ldots\cdot a}^{n\text{ vegades}} = a^n \rightarrow \begin{cases} a \rightarrow \text{base} \\ n \rightarrow \text{exponent}\end{cases} \qquad a^0 = 1$$

Divisibilitat

Diem que dos nombres *a* i *b* tenen relació de **divisibilitat** si en dividir el més gran pel més petit la divisió resulta exacta.

Si ***a* : *b* és exacta**, aleshores podem dir que:

- *a* és divisible per *b*.
- *a* és múltiple de *b*.
- *b* és divisor de *a*.

Els **divisors** d'un nombre sempre són **més petits o iguals** que aquest nombre.

Els **múltiples** d'un nombre sempre són **més grans o iguals** que aquest nombre.

Els **criteris de divisibilitat** ajuden a saber de manera ràpida si un nombre és divisible per un altre sense haver de fer la divisió.

Criteris principals		
2	**3**	**5**
És parell.	La suma de les xifres és 3 o un múltiple de 3.	Acaba en 0 o en 5.

El **màxim comú divisor (m. c. d.)** de dos o més nombres és el més gran de tots els divisors comuns a aquests nombres.

El **mínim comú múltiple (m. c. m.)** de dos o més nombres és el nombre més petit que és múltiple de tots aquests nombres.

Per calcular-los:

1 Es descomponen els nombres en factors primers.
2 El **m. c. d.** és el producte dels factors comuns elevats a l'exponent més petit.
3 El **m. c. m.** és el producte dels factors comuns i no comuns elevat a l'exponent més gran.

GEOMETRIA I MESURA

Elements del pla

Punt Infinitament petit, adimensional.	
Recta No té ni origen ni final.	 **Rectes paral·leles**  **Rectes perpendiculars** 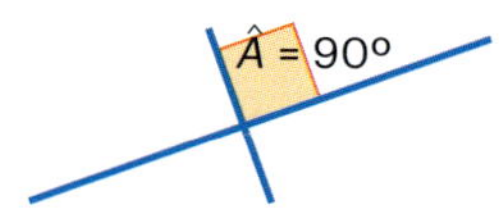
Semirecta Té origen, però no té final.	
Segment Uneix dos punts i té origen i final.	

Angles

Un **angle** és la regió del pla limitada per dues semirectes amb un mateix origen.

Còncau (> 180º)		
Convex (< 180º)	**Recte (90º)**	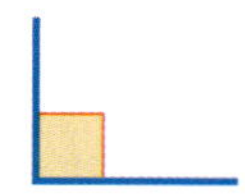
	Agut (< 90º)	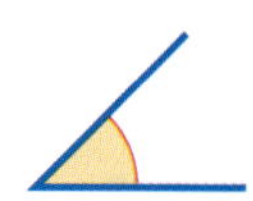
	Obtús (> 90º)	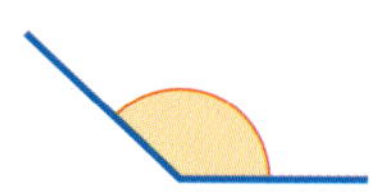
	Pla (180º)	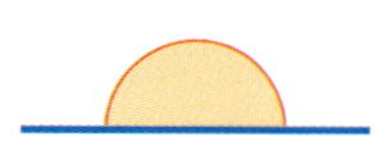

Polígons

Un **polígon** és una porció del pla limitada per segments, que s'anomenen **costats**. Segons el nombre de costats, es classifiquen en triangles (3), quadrilàters (4), pentàgons (5), hexàgons (6), heptàgons (7), octàgons (8), etc.

Els **polígons regulars** tenen tots els costats i tots els angles iguals. En un polígon regular es pot dibuixar una circumferència que passi per tots els seus vèrtexs.

TRIANGLES (Suma dels seus angles = 180º)	
Segons els costats	**Segons els angles**
Equilàter Tots els costats iguals 	**Rectangle** Un angle de 90° 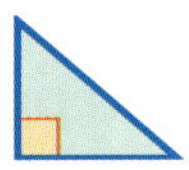
Isòsceles Dos costats iguals 	**Acutangle** Tres angles aguts 
Escalè Tots els costats diferents 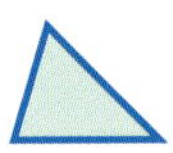	**Obtusangle** Un angle obtús 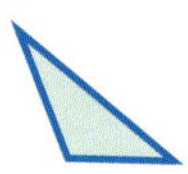
QUADRILÀTERS	
Paral·lelograms: costats paral·lels dos a dos	
Quadrat Tots els costats iguals 	**Rectangle** Costats iguals dos a dos Angles rectes 
Rombe Costats iguals Dos angles aguts i dos d'obtusos 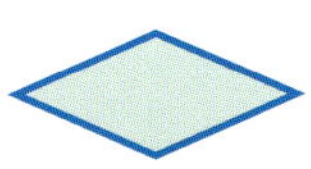	**Romboide** Costats iguals dos a dos Dos angles aguts i dos d'obtusos 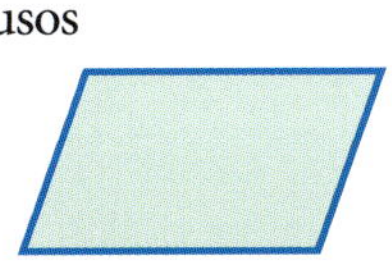
No paral·lelograms	
Trapezi Dos costats paral·lels 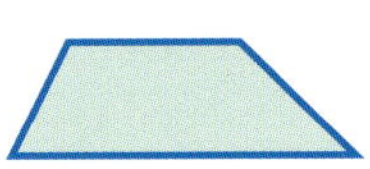	**Trapezoide** Cap costat paral·lel 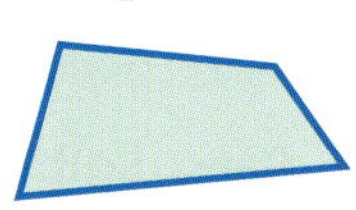

ESTADÍSTICA I PROBABILITAT

Elements estadístics

Una **variable estadística** és el conjunt de valors de cada una de les característiques o propietats de la població sobre la qual es realitza l'estudi estadístic.

Poden ser:

- **Qualitatives.** No es poden expressar mitjançant nombres; per exemple, el color dels cabells.
- **Quantitatives.** Es poden expressar mitjançant nombres. Aquestes variables, alhora, poden ser:
  - **Discretes.** Entre dos valors no n'hi pot haver un altre; per exemple, el nombre de fills.
  - **Contínues.** Entre dos valors sempre n'hi pot haver un altre; per exemple, el pes.

Taules de freqüència

Els resultats d'un estudi estadístic es resumeixen en **taules de freqüència.**

N = nombre de dades

Valors x_i	**Freqüència absoluta** f_i	**Freqüència relativa** h_i
Cadascun dels diferents valors.	Nombre de vegades que apareix un valor.	$h_i = \frac{f_i}{N}$
Total	N	1

La suma de totes les freqüències absolutes coincideix amb el nombre total de dades. La suma de les freqüències reltives sempre és 1.

Paràmetres centrals

Són nombres que representen de forma global el conjunt de dades. Els que més es fan servir són els següents:

- **Moda, *Mo*.** Valor que té una freqüència absoluta més alta. N'hi pot haver més d'una.
- **Mitjana aritmètica, $\bar{x}$.** Valor obtingut de sumar totes les dades de l'estudi i dividir entre el nombre total de dades.

$$\bar{x} = \frac{x_1 + x_2 + ... + x_n}{N}$$

Només es pot calcular per a variables quantitatives.

Entrena't +

Nombres i àlgebra

28. Copia la taula següent i completa-la:

Nombre	Factorització
	$2^2 \cdot 5 \cdot 7$
36	
	$3 \cdot 5^2$
95	
	$2^3 \cdot 3^2 \cdot 5 \cdot 11$

29. Efectua aquestes operacions:

a $2 + 5 \cdot 3 - (4 - 1 \cdot 6 : 3) \cdot 2$
b $[2 \cdot (3 - 1 + 6 \cdot 2 - 10)] \cdot 2 - 1$
c $(6 : 3 + 2) : 4 + 5 - 4 : 2 + 1$
d $2 \cdot 10 : 5 + 3 \cdot 1 - 2 + 5 \cdot 2 - 8 : 2$
e $10 - 3 \cdot (2 + 10 : 5 + 4 - 3 \cdot 3 + 2) + 2 \cdot 4 - 7$

30. Classifica els nombres següents com a primers o compostos i indica'n tots els divisors:

a 12 **c** 7 **e** 29
b 6 **d** 30 **f** 51

31. Troba quatre múltiples i tots els divisors possibles dels nombres següents:

a 9 **d** 14 **g** 3
b 11 **e** 10 **h** 18
c 4 **f** 6 **i** 1

Banc digital

Geometria i mesura

32. Digues el nom d'aquests polígons segons el nombre de costats que tenen:

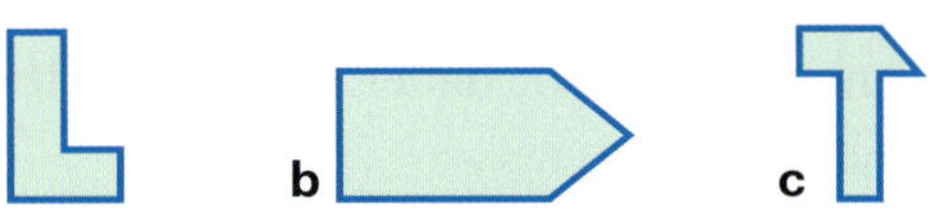

a b c

33. Observa aquests dos tipus de reixetes de ventilació que hi ha a les cases.

a

b

a De quin polígon té forma cada una de les reixetes?
b Les línies que hi ha a dins, les làmines, com són entre si?
c Com són les làmines respecte del costat vertical dels polígons?

34. En les pel·lícules de la saga *Star Wars* es fan servir espases làser. Copia a la llibreta la imatge i resol les activitats:

a Dibuixa els angles que s'han format. Marca amb el mateix color aquells que siguin iguals.
b Són convexos o còncaus? Si són convexos, digues si són rectes, aguts o obtusos.
c Com s'anomenen aquests angles que es formen i que són iguals?

Banc digital

Estadística i probabilitat

35. Els veïns d'un edifici de vuit plantes volen saber com s'utilitza l'ascensor. Per fer-ho, apunten les plantes a les quals l'ascensor para durant un dia (sense comptar quan arriba a la planta baixa):

2, 5, 6, 8, 4, 5, 8, 8, 5, 6, 7, 4, 2, 8, 7, 4, 5, 6, 3, 5, 4, 2,
8, 8, 7, 6, 4, 7, 6, 8, 6, 4, 7, 6, 3, 3, 5, 6, 8, 7

a Elabora una taula amb les freqüències absolutes i relatives.
b Calcula'n la moda i la mitjana aritmètica.

36. En una aula amb 25 alumnes, el nombre d'assignatures suspeses per cada un d'ells és aquest:

3, 1, 0, 0, 3, 0, 2, 2, 1, 0, 0, 2, 0, 0, 4, 3, 5, 1, 0, 4, 1, 3, 2, 0, 1

a Construeix una taula i calcula les freqüències absolutes i relatives.
b Calcula'n la mitjana aritmètica i la moda.

37. Una família té cinc fills que tenen, respectivament: 14, 14, 6, 4 i 2 anys. Calcula'n la mitjana aritmètica, la mediana i la moda.

38. En un camp hi ha 12 pereres i, aquest any, cadascuna ha produït aquests quilos de peres:

4, 6, 5, 7, 3, 5, 9, 9, 7, 6, 7, 8

a Quants quilos de peres en total s'han produït en aquest camp?
b Quina és la mitjana? I la moda?

39. En les proves escrites la Cèlia ha tret aquestes notes: 1, 3, 5, 8, 2, 4 i 5. Calcula'n la mitjana aritmètica i la moda. Si fossis el seu professor, l'aprovaries? Per què?

Banc digital

Mates en context

14 AM AL AV Social El viatge de final de curs

Els alumnes de 1r d'ESO estan preparant el viatge de final de curs i ho han d'organitzar tot perquè surti bé.

Problemes

1. Per recaptar diners, volen vendre capses de bombons. Per això han comprat 210 bombons de xocolata negra, 240 bombons de xocolata amb llet i 150 bombons de xocolata blanca. Si volen fer el màxim nombre de capses iguals sense que els sobrin ni els faltin bombons, quants bombons hi haurà en cada capsa? Quantes capses podran fer?

2. Els bombons de xocolata negra els costen 0,50 € cada un; els de xocolata amb llet, 0,30 €, i els de xocolata blanca, 0,40 €. Han venut cada capsa a 20 €. Quants diners han recaptat? Quants diners han guanyat?

3. Al viatge, hi aniran 60 nois i 54 noies. Estan organitzant els hotels perquè en cada habitació hi hagi el màxim nombre de persones, que no sobri cap llit i que els nois i les noies no comparteixin habitació. Els hotels només tenen un tipus d'habitació. Quants llits hauran de tenir les habitacions?

4. Per fer els àpats volen taules en què puguin seure el màxim nombre d'alumnes i també volem que en cada grup hi hagi el mateix nombre de nois que de noies, sense que sobri cap lloc. Quants grups es poden fer? Quantes persones hi haurà en cada grup? Quants nois? I quantes noies?

5. Planifiquen una excursió a un parc temàtic i tots els nois volen pujar junts a la mateixa atracció. Si l'atracció està dividida en fileres, de quantes places ha de ser cada filera perquè tots puguin pujar i no es quedi ningú sol?

6. Encara queda una hora fins que el parc tanqui. Per aprofitar el temps, decideixen que pujaran tantes vegades com puguin a la mateixa atracció. Si triguen 4 minuts entre un viatge i un altre, quans viatges tindran temps de fer?

7. Al parc temàtic hi ha un espectacle de lloros cada 120 minuts i un altre de ball cada 90 minuts. Cada quants minuts coincideixen els dos espectacles?

Matematitza: 1, 5, 6, 7 **Argumenta: 2, 3, 4**

15 AM AL Social A l'estació d'autobusos

Tres autobusos surten de la mateixa estació: el primer, cada 10 minuts; el segon, cada 12 minuts, i el tercer, cada 15 minuts. A les 8.00 h del matí surt un autobús de cada línia.

a A quina hora tornaran a sortir tots tres junts una altra vegada?

b Quantes vegades coincidiran fins a les 14.00 h?

c Si a les 14.00 h canvia la freqüència dels autobusos i a partir de llavors triguen el doble a sortir, cada quants minuts tornaran a sortir una altra vegada tots tres alhora?

Matematitza i argumenta

16 AM AL Professional Les conserves

Tenim 125 llaunes de tonyina i 175 llaunes de sardines i les volem empaquetar en caixes amb el mateix nombre de llaunes, però sense barrejar llaunes dels dos productes en una mateixa caixa.

a Quin és el nombre mínim de caixes que es necessiten?

b Quantes llaunes aniran en cada caixa?

c Si ara volem barrejar les llaunes dels dos productes i preparar el màxim nombre de caixes amb el mateix contingut, quantes llaunes de cada tipus hi haurà d'haver en cada caixa? Quantes caixes hi haurà en total?

Matematitza

17 AM AL Professional De reformes

El terra de la cuina és un rectangle de 310 cm per 150 cm. El volem cobrir amb rajoles quadrades.

a Quina mida poden tenir les rajoles?

b Segons la mida de les rajoles, quantes en farem servir?

c Quina mida han de tenir les rajoles si volem que siguin el més grans possibles?

Matematitza i argumenta

18 AM AL Professional Bastides

Si es passeja pels carrers d'una ciutat, és fàcil veure edificis que s'estan restaurant. En aquests edificis hi acostuma a haver una bastida, que pot ser d'alumini, d'acer, de fusta o d'altres materials. La bastida serveix perquè els obrers hi pugin i treballin a les zones més altes d'una manera segura. A més, les bastides porten proteccions perquè els vianants passin per aquells llocs sense cap perill. La imatge mostra una bastida en la qual es poden observar molts elements geomètrics.

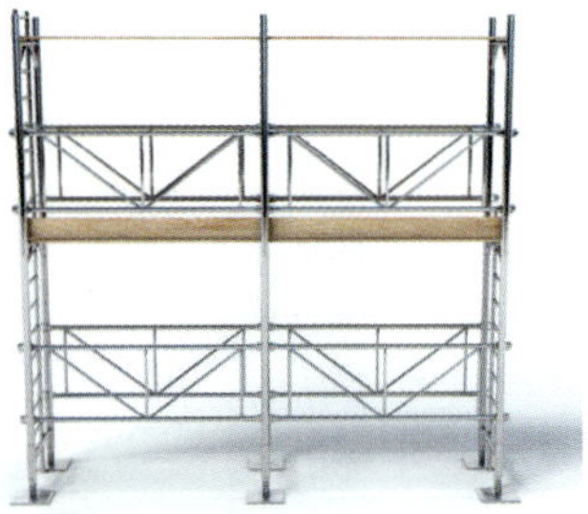

Problemes

1. Apunta a la llibreta els polígons que hi ha a la bastida. A continuació, digues de quin tipus són.
2. Indica els angles que s'hi veuen i classifica'ls segons la mida respecte d'un angle recte.
3. Els segments que es veuen encreuats són elements d'un quadrilàter.
   - **a** Quin nom reben?
   - **b** Com són els angles que formen aquests segments?

Matematitza: 1, 2, 3 **Argumenta: 1, 2, 3**

19 AM AL AA Social Tangram

El tangram és un puzle d'origen xinès format per polígons. S'hi juga formant un mosaic amb tots els polígons, de manera que les peces no se superposin.

1. Quins són els polígons del tangram? Quants n'hi ha? Dibuixa'ls a la llibreta i classifica'ls.
2. La capsa en la qual es guarden les peces també és un polígon. Quin és?
3. Algunes figures del puzle determinen una de les diagonals de la capsa on es col·loquen. Quines són?
4. Quina figura s'ha format en el coet de la imatge amb els triangles de color blau i de color lila?

Matematitza: 1, 2 **Argumenta: 3, 4**

20 AM AL Social El parc infantil

L'Iu té 5 anys i cada tarda va al parc a jugar amb els seus companys de classe, l'Anna i el Víctor. De vegades hi van amb els pares i d'altres hi van amb els avis. Avui, l'Iu hi va amb el seu avi; després arribaran els seus amics, que també hi aniran amb els seus avis. L'avi de l'Iu l'acompanya cada quatre dies; el de l'Anna, cada sis dies, i el del Víctor el pot acompanyar cada deu dies.

Avui al parc també hi ha cinc nens de 4 anys, que juguen al sorral, dos nens de 7 anys, que són als gronxadors, i dos nens més d'11 anys, que estan jugant a la palanca.

Problemes

1. Els avis de l'Iu i dels seus amics avui han coincidit després de molts dies.
   - **a** Quants dies han passat des de l'última vegada que van coincidir?
   - **b** Si avui és 4 de maig, quin va ser l'últim dia que van estar tots tres junts?
2. Elabora una taula de freqüències absolutes i relatives per a la variable d'edat dels nens que hi ha avui al parc.
3. Troba l'edat mitjana dels nens.
4. Escriu el nom dels polígons que pots veure en la imatge i indica on es troben.
5. Quin tipus d'angle formen la palanca i l'ombra que projecta a terra?
6. Com són les línies que dibuixen les cadenes del gronxador?

Planteja: 1 **Matematitza: 2, 3, 4, 5, 6**

21 AM AA Professional La geometria en la pintura

1. Identifica les figures planes del quadre de Picasso i digues-ne el nom.
2. Classifica-les.

Matematitza: 1, 2

22 AM AL AS Social Campions que donen sang

La donació de sang és una necessitat social. Hi ha tres motius molt importants per donar-ne:

1 La sang no es pot fabricar. Només es pot obtenir de donants vius.
2 La sang és imprescindible per a les operacions i les urgències.
3 La sang caduca i no es pot emmagatzemar per un temps indefinit.

A l'Estat espanyol, hi falten donants, perquè es calcula que es necessiten 50 donacions anuals per cada 1000 habitants i actualment la xifra es troba al voltant de les 38,7 donacions. Aquesta taula mostra el nombre de donants per comunitat autònoma (2016):

Comunitat autònoma	Donants	Població
Andalusia / Ceuta	285 966	8 472 626
Aragó	42 719	1 308 563
Astúries	43 439	1 042 608
Balears	37 861	1 107 220
Canàries	65 704	2 101 924
Cantàbria	22 321	582 206
Castella i Lleó	105 064	2 447 519
Castella-la Manxa	74 646	2 041 631
Catalunya	253 123	7 522 596
Extremadura	46 983	1 087 778
Galícia	111 276	2 718 525
La Rioja	10 030	315 794
Comunitat de Madrid	254 116	6 466 966
Melilla	1533	86 026
Regió de Múrcia	53 463	1 464 847
Navarra	26 259	640 647
País Basc	86 142	2 189 534
Comunitat Valenciana	176 711	4 959 968

Problemes

1. Calcula el nombre de donants que hi ha a l'Estat espanyol.
2. Afegeix una columna en la taula amb les freqüències relatives del nombre de donants.
3. Calcula el nombre de donants per mil habitants (divideix el nombre de donacions per la població i multiplica el resultat per 1000) i crea una columna amb aquestes dades.

Professor a casa. Tant per cent i tant per mil.

4. Ordena les comunitats de més a menys quantitat de donants per cada 1000 habitants.
5. Calcula la mitjana aritmètica de donants.
6. Calcula la mitjana aritmètica del tant per mil de donants.

Matematitza: 1, 2, 3, 5, 6 **Argumenta: 4**

23 AM AL Professional L'edat dels futbolistes

L'edat dels 25 jugadors de la selecció espanyola de futbol, a començament del 2018, era aquesta:

Jugador	Edat (anys)
David de Gea	27
Álvaro Odriozola	22
Gerard Piqué	31
Nacho Fernández	28
Sergio Busquets	29
Andrés Iniesta	33
Álvaro Morata	25
José Callejón	30
Suso Fernández	24
Thiago Alcántara	26
Vitolo Machín	28
Marc Bartra	27
Kepa Arrizabalaga	23

Jugador	Edat (anys)
Saúl Ñíguez	23
Sergio Ramos	31
Alberto Moreno	25
Iago Aspas	30
Jordi Alba	28
Rodrigo Moreno	26
Marco Asensio	22
David Silva	32
Isco Alarcón	25
Pepe Reina	35
Asier Illarramendi	27
Luis Alberto	25

Problemes

1. Qui és el jugador més jove? Quants anys té?
2. Qui és el jugador més gran? Quants anys té?
3. Construeix una taula amb les freqüències absolutes i relatives de l'edat dels jugadors.
4. Comprova que la suma de les freqüències absolutes és 25 i que la suma de les freqüències relatives és 1.
5. Quina és l'edat que més es repeteix?
6. Calcula la mitjana aritmètica de les edats dels jugadors de futbol de la selecció.
7. **Treball de recerca**. Aconsegueix les dades de l'edat dels jugadors d'un equip de futbol del lloc on vius. Elabora la mateixa anàlisi que has fet amb la selecció espanyola i compara els resultats que has obtingut en els dos estudis.

Argumenta: 1, 2, 5 **Matematitza: 3, 4, 6** **Planteja: 7**

1. Un fuster té al magatzem 32 posts, 29 llistons i 130 cargols. Per les posts ha pagat 192€, pels llistons ha pagat 87€ i pels cargols 65€. Cada prestatgeria es munta amb 5 posts, 4 llistons i 20 cargols. Respon aquestes preguntes:

a Quantes prestatgeries podrà construir?
b Quants elements li sobraran de cada tipus?
c Si vol guanyar 30€ per prestatgeria, a quant les ha de vendre?
d Quins seran els beneficis totals?
e Tancarà la fusteria per vacances i no vol que sobri material. Quantes unitats ha de comprar més de cada element per poder construir més prestatgeries? Quants diners es gastarà?

2. Observa el plànol i respon les preguntes:

a Troba en el plànol un carrer paral·lel al carrer del Bonsuccés.
b Troba dos carrers que siguin perpendiculats al carrer del Bonsuccés.
c Busca dos carrers que formin un angle agut, un d'obtús i un de recte.
d Troba tres carrers que formin un triangle.

3. A 1r d'ESO hi ha 165 alumnes que van a visitar un museu.

a De quantes maneres diferents es poden agrupar els alumnes sense que en falti ni en sobri cap?
b Coincideixen al museu amb un grup de 198 alumnes d'un altre institut. Han d'entrar en grups amb el màxim nombre possible d'alumnes, però sense barrejar-los i sense que sobri ningú. De quants alumnes han de ser els grups? Quants grups es formaran de cada institut?
c Hi ha dues sales de projecció. Una sala projecta cada 12 minuts i l'altra projecta cada 15 minuts. Si acaben de coincidir les dues projeccions, quant temps ha de passar perquè tornin a començar alhora?

4. Han entrevistat 50 alumnes d'un institut per saber el nombre de germans que tenen. Les respostes han estat aquestes:

0	1	2	3	3	3	2	1	4	2
2	2	4	0	2	2	3	4	2	3
1	2	1	3	5	2	3	1	2	1
2	2	1	0	0	3	2	5	3	3
1	2	2	3	3	2	3	1	0	1

a Digues la població, la mostra i l'individu.
b És variable quantitativa o variable qualitativa? És discreta o contínua?
c Organitza les dades en una taula de freqüències absolutes i relatives.
d Calcula'n la mitjana i la moda.

	4 punts	3 punts	2 punts	1 punt
1. Operacions amb nombres naturals.	Identifico els nombres naturals i hi opero per representar adequadament la informació quantitativa.	Identifico els nombres naturals per representar la informació quantitativa, però cometo errors en algunes operacions.	M'equivoco en alguns apartats, en identificar els nombres naturals i operar-hi per representar la informació quantitativa.	No identifico els nombres naturals ni hi opero per representar adequadament la informació quantitativa.
2. Relacions i propietats de les figures en el pla. Figures elementals.	Reconec figures i relacions bàsiques de la geometria del pla.	Reconec figures i relacions bàsiques de la geometria del pla, tot i que cometo algun error.	Reconec figures, però m'equivoco en les relacions bàsiques de la geometria del pla.	No reconec figures ni relacions bàsiques de la geometria del pla.
3. Criteris de divisibilitat, m. c. d. i m. c. m.	Aplico els criteris de divisibilitat i calculo el m. c. d. i el m. c. m. de dos nombres, i l'aplico a problemes contextualitzats.	Aplico els criteris de divisibilitat i calculo el m. c. d. i el m. c. m. de dos nombres, i l'aplico a problemes contextualitzats, però cometo algun error.	Aplico els criteris de divisibilitat i calculo el m. c. d. i el m. c. m. de dos nombres, però no l'aplico a problemes contextualitzats.	No aplico els criteris de divisibilitat i no calculo el m. c. d. i el m. c. m. de dos nombres.
4. Variables estadístiques, recollida d'informació i mitjana.	Distingeixo el tipus de variable estadística, organitzo les dades en una taula de freqüències i en calculo la mitjana.	Distingeixo el tipus de variable estadística, organitzo les dades en una taula de freqüències, però no en calculo la mitjana.	Distingeixo el tipus de variable estadística, però em confonc en organitzar les dades en una taula de freqüències i no en calculo la mitjana.	No distingeixo el tipus de variable estadística, no organitzo les dades en una taula de freqüències i no en calculo la mitjana.

PDF

2 La llista d'anar a comprar

1. Com es transporten les mercaderies? Quines mesures tenen?

2. Decimals o fraccions? Comprar amb fraccions?

3. Em sé organitzar? Aprofito la millor oferta?

4. Quants diners he de pagar? Quantes coses puc comprar?

BLOCS DE CONTINGUTS	Situació 1	Situació 2	Situació 3	Situació 4
NOMBRES I ÀLGEBRA				
Comparació i ordenació de fraccions. Ús de fraccions equivalents.		●		
Suma i resta amb fraccions en entorns quotidians.		●		
Relació entre fraccions i decimals; conversió de fracció a decimal.		●		
Ordenació de nombres decimals.		●		
Operacions amb nombres decimals: suma, resta i multiplicació.	●	●		●
Càlculs amb percentatges (càlcul mental, manual, ús de la calculadora), augments i disminucions percentuals.			●	●
Reconeixement de magnituds directament proporcionals i determinació de la constant de proporcionalitat.			●	
Resolució de problemes amb intervenció de la proporcionalitat directa, variacions percentuals mitjançant diferents estratègies.			●	
Introducció al llenguatge algebraic. Obtenció de fórmules. Valor numèric d'una expressió algebraica.				●
Equacions de primer grau amb una incògnita. Transformacions. Resolució. Interpretació de les solucions. Resolució de problemes.				●
GEOMETRIA I MESURA				
Unitats de mesura: longitud, massa, capacitat, superfície i volums.	●			
Transformacions de les unitats de mesura. Factor de conversió.	●			

1 La passejada dels menjars

Com es transporten les mercaderies?

Quines mesures tenen?

AM AL AS AP Social

Aprèn a...

Descriure situacions que depenen de quantitats variables o desconegudes.

Operar amb diferents tipus d'unitats de mesura.

Relacionar mesures amb els seus factors de conversió.

Ítem 1. La IVECO Daily del Marc

La furgoneta IVECO Daily i altres models de furgonetes de mida mitjana són els vehicles comercials que més es fan servir per al transport de mercaderies en recorreguts urbans i interurbans.

El Marc és un repartidor que en una jornada habitual surt amb la furgoneta carregada des del magatzem distribuïdor, recorre diversos supermercats de la ciutat i, finalment, torna al magatzem per deixar-hi la furgoneta ja buida.

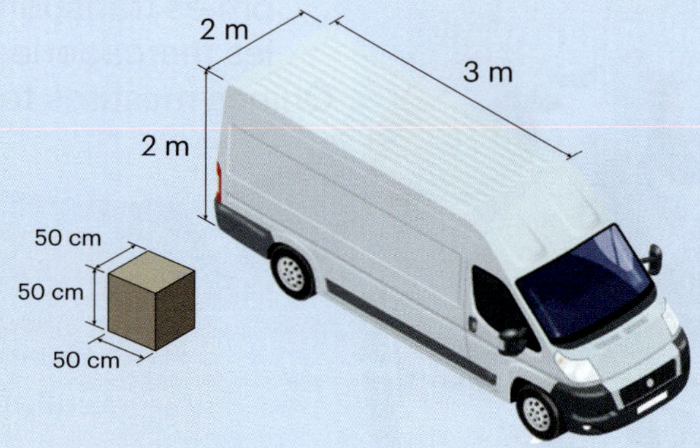

Ítem 2. Múltiples i submúltiples

Una mateixa mesura es pot expressar en diferents unitats. Si es parla de grams, metres o litres, es poden fer servir múltiples o submúltiples d'aquestes unitats. Per fer-ho, s'han de multiplicar per potències de 10, si es volen fer servir submúltiples, o dividir per potències de 10, si es volen fer servir múltiples.

En canvi, però, per passar metres quadrats a una altra unitat haurem de multiplicar o dividir per potències de 100.

I per passar metres cúbics a una altra unitat, s'haurà de multiplicar o dividir per potències de 1000.

Ítem 3. Compte quan sumeu mesures!

Cal recordar que, per poder sumar o restar dues mesures, han de tenir les mateixes unitats.

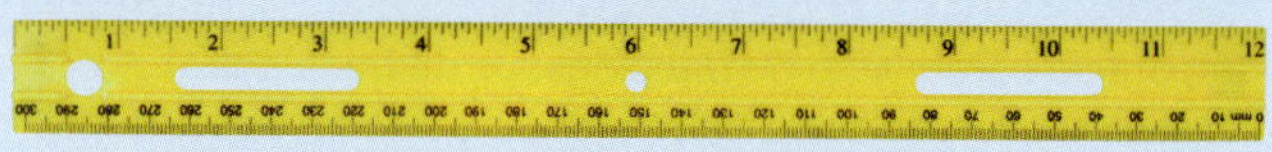

Construeix amb el que saps

Matematitza 1 Per començar amb el repartiment, el Marc primer ha de carregar la furgoneta (observa les mesures en l'ítem 1). Si la mercaderia que ha de carregar està empaquetada en caixes quadrades de 50 cm de costat, quantes caixes com a màxim pot transportar?

Planteja 2 Si cada caixa pesa 12 kg, quant pesa en total la càrrega de la furgoneta?

3 La furgoneta buida (la tara) pesa 5 t. Si, en sortir del magatzem ja carregada, la furgoneta pesa 6227 kg, incloent-hi tant el pes de la càrrega com el del Marc, quant pesa el Marc?

Matematitza 4 Quan la furgoneta ja està carregada, comença la ronda. Surt del magatzem i va fins al primer supermercat, que es troba a 3 km; després, va fins al següent, que és a 2,2 km de l'anterior, i recorre 1200 m fins al darrer supermercat. Quan acaba el repartiment, torna al magatzem, que és a 4 km i 300 m de l'últim establiment. Quina distància ha recorregut el Marc amb la furgoneta?

Argumenta 5 El Marc té un podòmetre i indica que, al llarg de tota la ronda, ha fet un total de 3560 passes.

a Quina distància ha recorregut caminant si 1 pas equival a 70 cm?

b Quina distància ha recorregut, tenint en compte la distància que ha fet en furgoneta i a peu?

Ítem 4. La comanda d'oli

A l'Oliola, que és una botiga d'olis, han rebut dos bidons de 150 L d'oli d'oliva verge extra i dos bidons més de 4 hL d'oli d'oliva verge.

Volen envasar els olis en ampolles de capacitat diversa: en ampolles de vidre de 0,5 L i 75 cL l'oli verge extra, i en ampolles de plàstic d'1 L i 5 L l'oli verge.

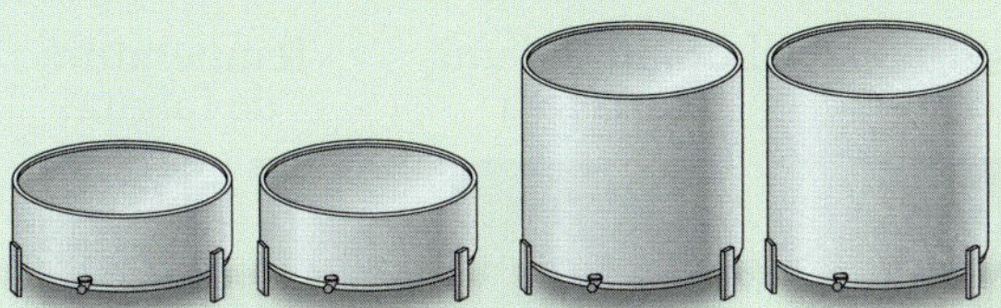

Ítem 6. El pes de l'oli

El pes d'1 L de líquid depèn de la densitat que tingui, és a dir, de la raó entre la massa i el volum. En el cas de l'oli d'oliva verge extra, la massa d'1 L és de 916 g (a una temperatura de 16 °C-17 °C).

Ítem 5. Mesures de les ampolles d'oli

Les mesures més habituals de les ampolles d'oli d'oliva verge (buides) són aquestes:

Capacitat	Diàmetre	Pes
0,5 L	62 mm	4 hg
0,75 L	71 mm	52 dag
1 L	77 mm	30 g
5 L	16 cm	50 g

Les ampolles de menys d'1 L acostumen a ser de vidre, però n'hi ha d'1 L o de més capacitat que són de plàstic.

Ítem 7. Mesures de les prestatgeries metàl·liques

Hi ha moltes mesures de prestatgeries comercials. Les més habituals són aquestes:

Llargada (cm)	Fondària (cm)
210	70
180	60
150	60
110	50

Construeix amb el que saps

Matematitza

6 Quants litres d'oli ha rebut en total la botiga? A quants hectolitres equivalen?

7 Calcula el pes total de l'oli que han rebut a l'Oliola.

8 Han decidit destinar un dels bidons de 150 L per emplenar ampolles de 0,5 L i l'altre per emplenar ampolles de 75 cL. Quantes ampolles de cada tipus ompliran?

Argumenta

9 De l'oli que els queda, en fan servir 500 L per omplir les ampolles d'1 L i la resta per omplir les garrafes de 5 L. Quantes garrafes de 5 L ompliran?

10 Quan les ampolles i les garrafes ja siguin plenes d'oli, quant pesarà (en grams i quilograms) cada tipus de recipient?

Planteja

11 Han decidit que posaran les garrafes de 5 L en les pretatgeries de 210 cm, les ampolles d'1 L en les prestatgeries de 180 cm, les ampolles de 75 cL en les de 150 cm i les de 0,5 L en les de 110 cm.

a Quantes ampolles, de la mida corresponent, caben en una prestatgeria de cada longitud?

b Quantes prestatgeries de cada longitud calen per posar-hi totes les ampolles que tenen?

El que has construït

Has repassat les **unitats de mesura** de **longitud** (el metre, m), **massa** (el gram, g) i **capacitat** (el litre, L) i com es pot convertir un submúltiple a un altre fent servir potències de 10.

Has repassat les **unitats de mesura** de **superfície** (el metre quadrat, m^2) i **volum** (el metre cúbic, m^3) i com es pot convertir un submúltiple a un altre fent servir potències de 100 i 1000, respectivament.

Saps **operar** amb diferents **unitats de mesura**.

1. Magnituds i unitats

Fig. 1. El quilogram patró és un cilindre de platí i iridi que serveix de referència internacional. Es troba dipositat a l'Oficina Internacional de Pesos i Mesures, a París.

Una **magnitud** és una qualitat natural que pot ser mesurada, és a dir, que es pot expressar mitjançant quantitats.

Per mesurar la quantitat d'una magnitud, es compara amb una altra quantitat de referència; aquesta és la **unitat de mesura** a la qual s'assigna el valor 1 (fig. 1).

Exemple

1. Observa aquests exemples de magnituds i unitats.

Magnitud	Massa d'un cotxe	Longitud d'una carretera	Temperatura de l'aigua
			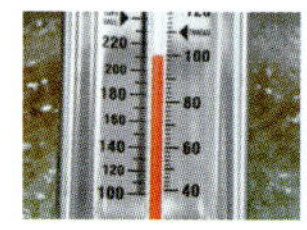
Unitat	Quilograms	Quilòmetres	Graus centígrads

2. El sistema mètric decimal

El **sistema mètric decimal (SMD)** és un sistema d'unitats en què els múltiples i els submúltiples de la unitat de mesura estan relacionats entre si per múltiples o submúltiples de 10 (apunt 1).

Apunt 1

Compte! Només es poden sumar mesures amb les mateixes unitats.

Actualment, a pràcticament tot el món, llevat dels Estats Units i pocs països més, es fa servir el SMD.

Professor a casa. Unitats de massa i capacitat.

3. Unitats de mesura de longitud, massa i capacitat

La **unitat fonamental** del SMD per mesurar la longitud és el **metre (m)**, per mesurar la massa és el **gram (g)** i per mesurar la capacitat és el **litre (L)**.

Per mesurar quantitats més grans o més petites, es fan servir múltiples i submúltiples d'aquestes unitats. Observa les unitats de longitud (el criteri per obtenir les de massa i capacitat és equivalent):

Múltiples				Submúltiples		
quilòmetre (km)	hectòmetre (hm)	decàmetre (dam)	**metre (m)**	decímetre (dm)	centímetre (cm)	mil·límetre (mm)
1000 m	100 m	10 m	**1 m**	0,1 m	0,01 m	0,001 m

Una mateixa mesura es pot expressar en unitats diferents. Com que cada uintat és 10 vegades més gran que la immediatament inferior i 10 vegades més petita que la immediatament superior, per convertir una unitat en una altra, es multiplica o es divideix per múltiples de 10.

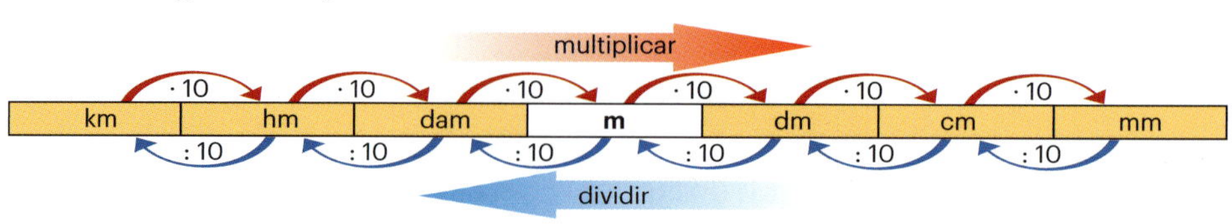

- Per passar d'una unitat a una altra que **no sigui immediatament inferior**, caldrà multiplicar per 10 tantes vegades com sigui necessari.
- Per passar d'una unitat a una altra que **no sigui immediatament superior**, caldrà dividir entre 10 tantes vegades com sigui necessari.

Exemple

2. Per passar 20 cm a mil·límetres es multiplica per 10; així: 20 cm · 10 = 200 mm.

Per passar 34 kg a grams s'ha de multiplicar per 10 tres vegades, és a dir, per 10^3; per tant, $34 \cdot 10 \cdot 10 \cdot 10 = 34 \cdot 10^3 = 34\,000$ g.

Per passar 780 000 cL a hectolitres, s'ha de dividir entre 10 quatre vegades, és a dir, per 10^4; per tant, $78\,000 : 10 : 10 : 10 : 10 = 78\,000 : 10^4 = 7{,}8$ hL.

4. Unitats de mesura de superfície

Professor a casa. Exemples de canvi d'unitats de superfície.

Professor a casa. Exemples de canvi d'unitats de volum.

La unitat fonamental del SMD per mesurar la superfície és el **metre quadrat (m^2)** (fig. 2).

Aquesta unitat té múltiples i submúltiples per mesurar quantitats més grans i més petites.

Múltiples				Submúltiples		
quilòmetre quadrat (km^2)	hectòmetre quadrat (hm^2)	decàmetre quadrat (dam^2)	**metre quadrat (m^2)**	decímetre quadrat (dm^2)	centímetre quadrat (cm^2)	mil·límetre quadrat (mm^2)
1 000 000 m^2	10 000 m^2	100 m^2	**1 m^2**	0,01 m^2	0,0001 m^2	0,000 001 m^2

Una mateixa mesura es pot expressar en diferents unitats. Com que cada unitat és 100 vegades més gran que la immediatament inferior i 100 vegades més petita que la immediatament superior, per convertir una unitat a una altra s'haurà de multiplicar per o dividir entre múltiples de 100.

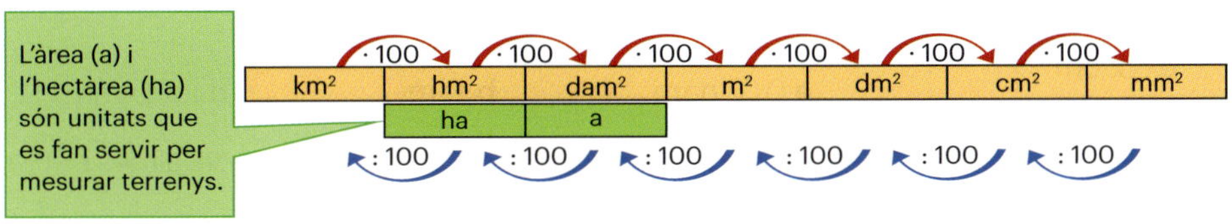

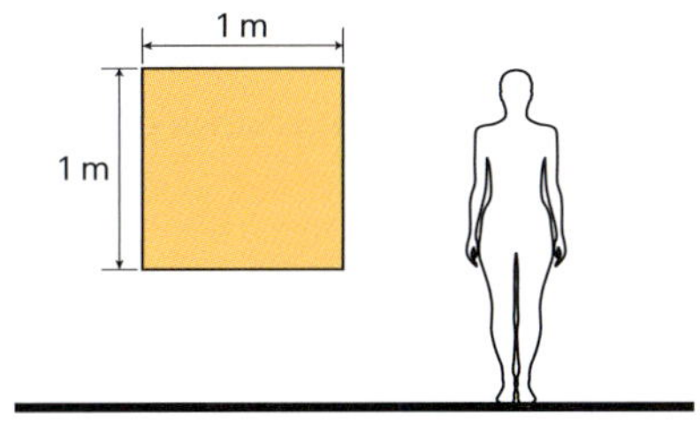

Fig. 2. Un quadrat que mesura 1 x 1 m de costat té una superfície d'1 m^2.

Per passar d'una unitat a una altra que no sigui contigua, caldrà multiplicar per o dividir entre per 100 tantes vegades com sigui necessari.

5. Unitats de mesura de volum

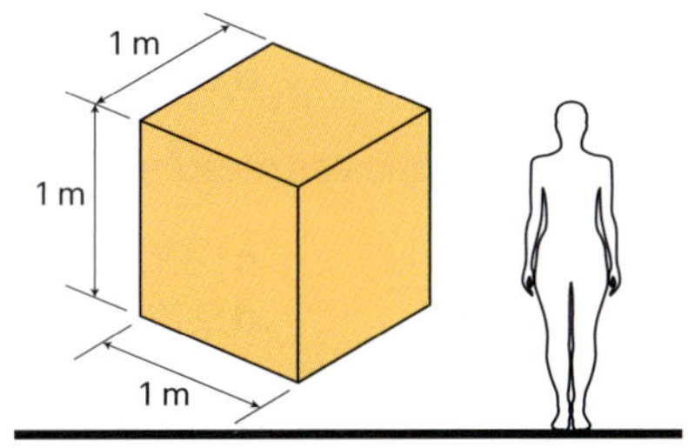

Fig. 3. Un cub que mesura 1 x 1 x 1 m d'aresta té una superfície d'1 m^3.

La unitat fonamental del SMD per mesurar el volum és el **metre cúbic (m^3)** (fig. 3). Aquesta unitat té múltiples i submúltiples per mesurar quantats més grans i quantitats més petites.

Múltiples				Submúltiples		
quilòmetre cúbic (km^3)	hectòmetre cúbic (hm^3)	decàmetre cúbic (dam^3)	**metre cúbic (m^3)**	decímetre cúbic (dm^3)	centímetre cúbic (cm^3)	mil·límetre cúbic (mm^3)
1 000 000 000 m^3	1 000 000 m^3	1000 m^3	**1 m^3**	0,001 m^3	0,000 001 m^3	0,000 000 001 m^3

Una mateixa mesura es pot expressar en diferents unitats. Com que cada unitat és 1000 vegades més gran que la immediatament inferior i 1000 vegades més petita que la immediatament superior, per convertir una unitat a una altra es multiplica o es divideix per múltiples de 1000.

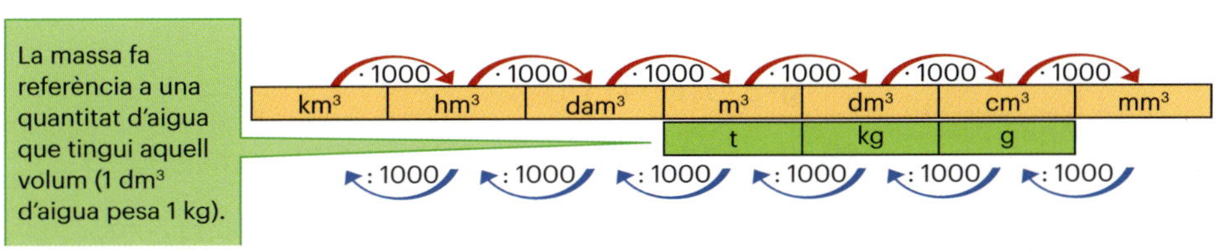

Per passar d'una unitat a una altra que no sigui contigua, s'ha de multiplicar per o dividir entre per 1000 tantes vegades com sigui necessari.

La taula 1 mostra l'equivalència entre les unitats de capacitat i les unitats de volum.

Taula 1

Equivalència entre les unitats de capacitat i les unitats de volum

m^3	dm^3	cm^3
kL	L	mL

Volum i capacitat són conceptes semblants, però no són iguals. La capacitat fa referència a l'espai que tanca un recipient (una ampolla, un matràs, un dipòsit...), mentre que el volum és l'extensió que ocupa un cos en l'espai.

Entrena't

1. Indica quina mesura s'acosta més a la realitat en cada cas:

a Massa d'un gat:
4 kg   1000 mg   50 dg

b Capacitat d'un got:
120 dL   1 L   25 cL

c Longitud d'un bolígraf:
20 dm   180 mm   0,05 m

d Superfície d'un full de paper:
6,25 dm^2 1 m^2 600 mm^2

e Volum d'una capsa de sabates:
9 cm^3 3 000 mm^3 0,1 m^3

2. Passa aquestes mesures de longitud a metres (m):

a 0,7 km   **c** 2,01 dam   **e** 0,2 cm
b 1,2 hm   **d** 34,2 dm   **f** 200 mm

3. Passa aquestes mesures de massa a grams (g):

a 1,2 kg   **c** 0,21 dag   **e** 2300 cg
b 0,7 hg   **d** 0,21 dg   **f** 30 mg

4. Passa aquestes mesures de capacitat a litres (L):

a 0,003 kL   **c** 0,001 daL   **e** 250 cL
b 2,01 hL   **d** 0,72 dL   **f** 230 mL

5. Passa aquestes mesures de superfície a metres quadrats (m^2):

a 0,007 km^2 **c** 34 dam^2 **e** 1000 cm^2
b 3 hm^2 **d** 0,2 dm^2 **f** 20 mm^2

6. Passa aquestes mesures de volum a metres cúbics (m^3):

a 1,3 km^3 **c** 1,03 dam^3 **e** 0,4 cm^3
b 0,02 hm^3 **d** 23 dm^3 **f** 6000 mm^3

7. Troba per a aquestes mesures de volum la seva equivalència en capacitat, en litres (L):

a 0,03 m^3 **b** 2 cm^3 **c** 0,01 dam^3

8. Troba per a aquestes mesures de capacitat la seva equivalència en volum, en metres cúbics (m^3):

a 20 hL   **b** 350 L   **c** 20 dL

9. Quant a les mesures agràries, l'hectàrea (ha) equival a 1 hm^2 i l'àrea, que n'és un submúltiple, és la centèsima part de l'hectàrea. Quantes àrees conté una hectàrea?

10. Converteix les unitats següents en àrees i hectàrees:

a 12 km^2 =   ha =   a
b 16,5 dam^2 =   ha =   a
c 75 m^2 =   ha =   a
d 1250 mm^2 =   ha =   a

11. Passa a metres quadrats aquestes unitats:

a 120 ha   **c** 8500 ha
b 85 a   **d** 0,25 a

12. Ordena aquestes mesures de massa de la més petita a la més gran:

a 0,007 kg   **b** 70 g   **c** 700 mg

13. Ordena aquestes mesures de capacitat de la més petita a la més gran:

a 2,3 L   **b** 2500 cL   **c** 0,21 hL

14. Ordena aquestes mesures de longitud de la més petita a la més gran:

a 0,01 dam   **b** 11 m   **c** 1300 mm

15. Ordena aquestes mesures de superfície de la més petita a la més gran:

a 0,2 hm^2 **b** 200 m^2 **c** 20 000 cm^2

16. Ordena aquestes mesures de volum de la més petita a la més gran:

a 0,001 km^3 **b** 100 dam^3 **c** 10 000 m^3

17. Completa aquestes igualtats:

a 15,2 hm = __ dm
b 257 cg = __ dag
c 3500 daL = __ kL
d 345 mm^2 = __ dm^2
e 0,002 m^3 = __ cm^3
f 23 000 cm = __ hm
g 2,5 kg = __ dag

18. Completa aquestes igualtats amb les unitats que hi falten:

a 3,7 dg = 3700 __
b 2100 L = 2,1 __
c 6,4 m^2 = 6 400 000 __
d 73 000 cm^3 = 0,000073 __
e 0,00024 km^3 = 240 000 __
f 0,036 hm^2 = 3 600 000 __
g 520 m^3 = 0,520 __

19. Escriu la mesura necessària perquè la suma sigui 10 L:

a 500 cL + __ cL   **c** 500 mL + __ mL
b 25 dL + __ dL   **d** 2 L + __ dL

Banc digital

Mates en context

1 AM AL AP Social Personal La parcel·la

Els avis del David tenen una parcel·la quadrada de 400 m^2 de superfície. En un dels cantons de la parcel·la hi han construït una casa de base quadrada que ocupa un quart del terreny total. A més, també s'han fet una piscina rectangular que té una capacitat de 12 m^3 i que ocupa 8 m^2, i un hortet on cultiven hortalisses i que ocupa 25 m^2. La resta de la parcel·la està coberta de gespa.

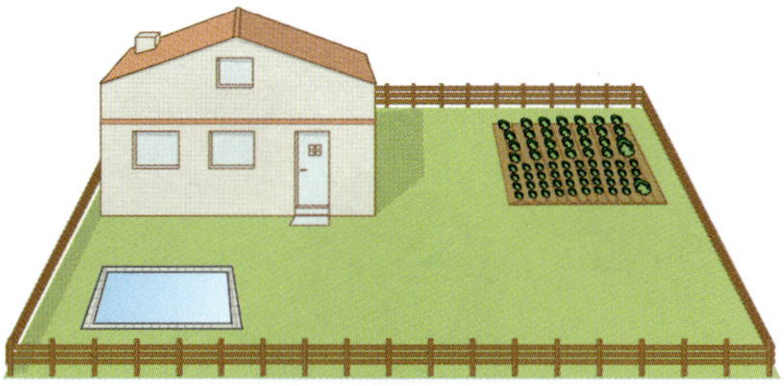

Problemes

1. Calcula la superfície que ocupa la casa i els metres quadrats sense edificar.
2. Calcula quants litres d'aigua caldran per omplir la meitat de la piscina.
3. Calcula quants litres d'aigua caldran per omplir la piscina fins a dalt de tot.
4. Calcula la superfície de gespa que hi ha a la parcel·la.
5. Per regar la gespa es necessita 1,5 L/m^2 d'aigua. Esbrina quants litres d'aigua gasten cada cop que reguen la gespa.

Matematitza: 1, 2, 3, 4 **Argumenta: 5**

2 AM AL AP Social La factura de l'aigua

En una comunitat de veïns l'aigua es paga cada mes. Les tarifes van per trams: els primers 25 m^3 es cobren a 0,30 €/m^3; entre 25 m^3 i 50 m^3, a 0,50 €/m^3, i de 50 m^3 en endavant, a 0,55 €/m^3. La mesura del consum d'aigua per persona i dia és de 170 L.

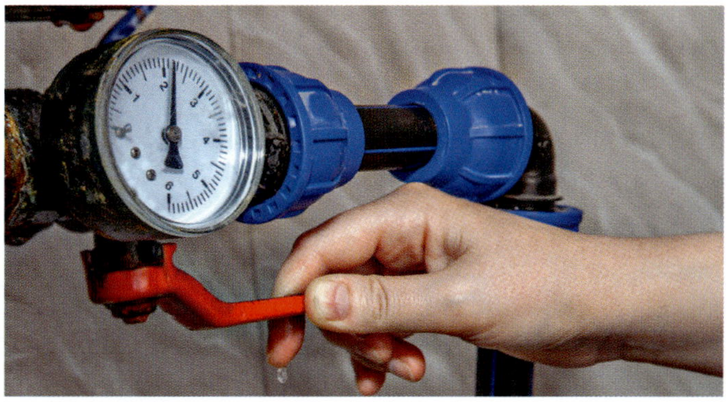

Problemes

1. Calcula quant pagarà cada mes pel consum d'aigua una persona que visqui sola. I, al cap d'un any, quant haurà pagat?
2. Calcula quant pagarà una parella al cap d'un mes. I al cap d'un any?
3. Calcula quant pagarà al mes una família formada per una parella i 3 fills. I en un any?
4. En cadascun dels tres casos anteriors, calcula a quant els surt el litre d'aigua consumit en un mes.
5. És el mateix preu (per litre consumit) en tots els casos? Diries que és just?

Matematitza: 1, 2, 3 **Planteja: 4** **Argumenta: 5**

3 AM AL AV Social Les vies de tren

Per construir un tram d'una xarxa ferroviària de 10 km de longitud, amb una via per a cada sentit, es faran servir rails d'acer i travessers de fusta.

Problemes

1. Calcula la longitud total dels rails d'acer. (Recorda que una via té dos rails i que es vol fer una via per a cada sentit.)
2. L'amplada dels travessers és de 15 cm i es col·loquen amb una separació de 35 cm entre l'un i l'altre. Calcula quants travessers caldrà posar-hi en total.
3. L'amplada de les vies és de 1600 mm. Calcula la superfície total formada pels travessers. Calcula, també, l'àrea total que queda lliure entre els travessers.
4. Quant els costarà comprar els materials si el metre quadrat de fusta costa 50 € i el metre lineal de rail en costa 30?
5. Cada hora de feina es paga a 12 €. Cada dia hi treballen 5 operaris durant 8 h i col·loquem 40 m de via. Quin és el cost de la mà d'obra?

Matematitza: 1, 4, 5 **Argumenta: 2, 3**

2 Avui toca anar a comprar

Decimals o fraccions?

Comprar amb fraccions?

AM AL AP AS

Social Personal

Aprèn a...

Identificar els tipus de nombres i utilitzar-los per representar, ordenar i interpretar informació quantitativa.

Resoldre operacions elementals aplicant les regles de jerarquia.

Utilitzar els tipus de nombres per resoldre problemes contextualitzats.

Ítem 1. La llista d'anar a comprar

Cada setmana, la Laura acompanya els seus pares a l'hipermercat per comprar productes frescos.

Abans de sortir a comprar, escriuen una llista amb totes les coses que necessitaran per preparar el menú de la setmana:

1 enciam
2 kg de tomàquets
1 kg de pomes
1/2 kg de pebrots
1/4 kg de formatge
250 g de carn picada
2,5 kg de carbassons
500 g de lluç
0,5 kg de porros
4 kg de patates
200 g de pernil dolç
8 iogurts
1,5 kg de taronges
750 g de sardines
2500 g de cebes
Quart i meitat de pernil
1500 g d'espinacs
3/4 kg de filets de pit de pollastre

Ítem 2. Els preus dels productes

El preu dels productes s'expressa de maneres diverses: de vegades s'indica el preu de la unitat, unes altres s'indica el preu d'un quilogram, d'altres es diu el que costa un grapat, etc.

Enciam: 0,70 €/unitat	Patates: 0,70 €/kg
Tomàquets: 1,30 €/kg	Pernil dolç: 3,50 €/quart
Pomes: 0,75 €/kg	Iogurts: 1 €/4 unitats
Pebrots: 1,30 €/kg	Taronges: 1,20 €/kg
Formatge: 10,50 €/kg	Sardines: 3,80 €/kg
Carn picada: 8,90 €/kg	Cebes: 0,90 €/kg
Carbassons: 1,60 €/kg	Pernil: 18 €/kg
Lluç: 10,90 €/kg	Espinacs: 1,29 €/manat de ½ kg
Porros: 1,40 €/kg	Filets de pollastre: 5,60 €/kg

Construeix amb el que saps

Comunica 1 Agrupa els aliments en categories (hortalisses, carn, peix i embotit). D'aquesta manera es pot organitzar la compra per seccions i es triga menys a fer-la.

Matematitza 2 **a** En la llista hi ha quantitats expressades de forma decimal i d'altres en forma de fracció. Sovint la mateixa quantitat s'expressa de les dues maneres. Escriu-les a la llibreta.

b També hi ha quantitats que s'expressen en unitats diferents, però que tenen el mateix valor. Quines són? Quina unitat es fa servir més sovint?

3 **a** En l'ítem 2, el preu dels productes s'expressa de diferents formes. Escriu tots els productes que es donen en €/kg i ordena'ls de menys a més.

b Un cop estiguin ordenats, digues quin és el producte més car i quin és el més barat.

Argumenta 4 Esbrina què vol dir l'expressió "un quart de quilo". A quants grams equival?

Planteja 5 **a** Calcula quant han gastat en cada secció (fruiteria, carnisseria...).

b Troba la despesa total.

Argumenta 6 El pressupost setmanal és de 80 €. Quina diferència hi ha entre el pressupost setmanal i la despesa total?

Ítem 3. Què vol dir una oferta de 3 x 2?

Una oferta de 3 x 2 vol dir que, si t'emportes 3 productes iguals, només te'n cobren 2, és a dir pagues 2 dels 3 que t'emportes: $\frac{2}{3}$.

Aquesta **fracció** equival a una quantitat decimal que és més petita que 1. S'anomena **impròpia**

Ítem 4. Fraccions quivalents

Són fraccions que representen la mateixa quantitat.

Per tant, aquestes fraccions són equivalents. S'escriuen $\frac{3}{5} = \frac{6}{10}$.

Ítem 5. Fraccions unitàries i fraccions impròpies

Les **fraccions unitàries** equivalen a 1.

Les **fraccions impròpies** representen una quantitat més gran que 1.

$\frac{4}{4} + \frac{2}{4} = \frac{6}{4} = 1{,}5$

Construeix amb el que saps

Argumenta

7 **a** Hi ha una oferta semblant al 3 x 2 que és «emporti-se'n 4 i pagui'n 3». Escriu la fracció amb la qual s'expressaria. A quin nombre decimal equival?

b Compara les dues ofertes mitjançant el signe > o el signe <. Raona amb quina de les dues ofertes s'estalvien més diners.

Matematiza

8 **a** Amb quants quarts s'obté una meitat? Completa la igualtat: $\frac{\square}{4} = \frac{1}{2}$.

b Els iogurts de l'oferta es venen en grups indivisibles de 4, que són la meitat dels 8 que necessiten. Aquesta quantitat es pot escriure com la igualtat $\frac{4}{8} = \frac{\square}{\square}$.

c Les fraccions anteriors són equivalents a $\frac{1}{2}$. Escriu dues fraccions més que també hi siguin equivalents.

9 Observa els dibuixos de l'ítem 5, a partir dels quals es pot deduir que:

$$\frac{1}{2} + \frac{1}{2} = \frac{1+1}{2} = \frac{2}{2} \qquad \frac{1}{3} + \frac{1}{3} + \frac{1}{3} = \frac{1+1+1}{3} = \frac{3}{3} \qquad 1 + \frac{2}{4} = \frac{4}{4} + \frac{2}{4} = \frac{4+2}{4} = \frac{6}{4}$$

Calcula: **a** $\frac{3}{4} + \frac{1}{4}$ **b** $\frac{1}{5} + \frac{3}{5}$ **c** $\frac{1}{6} + \frac{2}{6} + \frac{5}{6}$ **d** $\frac{3}{8} + \frac{2}{8} + \frac{1}{8}$ **e** $1 + \frac{1}{3}$

10 Quants quarts es necessiten per obtenir una unitat? Si a una unitat se li treuen $\frac{3}{4}$, quants quarts queden? Expressa aquest resultat amb fraccions i completa aquestes igualtats: $1 - \frac{3}{4} = \frac{\square}{4} - \frac{3}{4} = \frac{\square - 3}{4} = \frac{\square}{4}$.

El que has construït

Operes amb **nombres decimals** i fas servir correctament la **jerarquia de les operacions**.

Compares i ordenes **nombres decimals i fraccions**.

Obtens **fraccions equivalents** multiplicant per o dividint entre un factor comú.

Relaciones fraccions i decimals i saps convertir **una fracció a decimal**.

6. Nombres decimals

Un nombre decimal és aquell que és format per una part entera i per una altra d'inferior a la unitat, separada de la primera per una coma (apunt 2). N'hi ha dos tipus:

34	,125
part entera	part decimal

- **Exactes**. Tenen una quantitat limitada (finita) de xifres decimals diferents de zero (apunt 3). Exemple: 425,91.
- **Periòdics**. La seva part decimal és formada per un dígit o un grup de dígits que es repeteixen indefinidament. N'hi ha dos subtipus:
  - **Purs**. El dígit o grup de dígits que es repeteix comença després de la coma. Exemple: 62,035 035 035 035… o $62,\widehat{035}$.
  - **Mixtos**. El dígit o grup de dígits que es repeteix no comença després de la coma. Exemple: 3,102 878 787… o $3,102\widehat{87}$.
- **No periòdics**. Tenen una quantitat il·limitada de xifres decimals que no es repeteixen. Exemple: el nombre pi, π = 3,1415926535897…

Apunt 2

En català, per separar la part entera de la decimal, s'escriu la **coma a la part inferior,** mai a la part superior. En determinats contextos es fa servir un punt, tal com es pot veure en algunes calculadores; però en aquest llibre no farem servir aquest criteri.

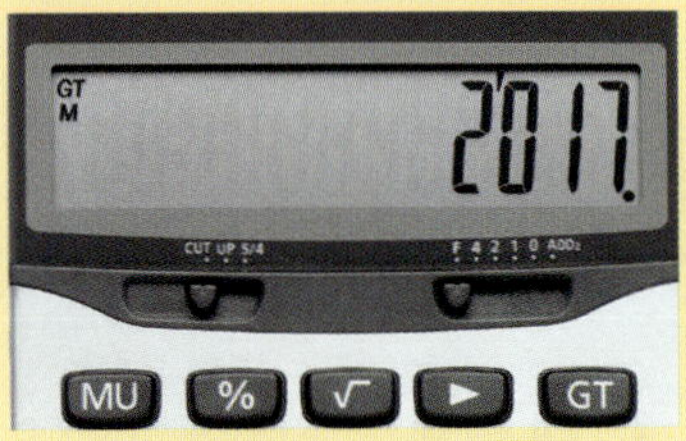

Correcte: 7,2 Incorrecte: 7'2

Apunt 3

A un decimal exacte, s'hi poden afegir tants zeros a partir de l'última xifra decimal com calguin:

9,654 = 9,654 00 = 9,654 000 0

Per evitar confusions i facilitar la lectura, sempre que hi hagi més de quatre decimals, se separen amb un espai fi de tres en tres de dreta a esquerra en lloc de fer servir un punt:

27 430 891,349 14

6.1 Comparació amb nombres decimals

Primer es compara la part entera. Si és igual, es van comparant les xifres decimals d'una en una fins a trobar la primera xifra que sigui diferent.

Exemple

3. Observa que 2,86 < 2,8605. El primer decimal és igual que en 2,8600. La primera xifra diferent és la deumil·lèsima i és més gran en el segon nombre.

6.2 Operacions amb decimals

- **Suma i resta**. Se sumen o es resten els dígits que ocupen la mateixa posició.
- **Multiplicació**. Es multipliquen com si no fossin nombres decimals. El nombre de decimals del producte és la suma dels decimals dels factors.

Exemple

4. Observa la suma **a**, la resta **b** i les multiplicacions **c** i **d**:

a

$$\begin{array}{r} 258,09 \\ +\ 37,1 \\ 104,25 \\ \hline 399,44 \end{array}$$

b

$$\begin{array}{r} 728,30 \\ -\ 594,16 \\ \hline 134,14 \end{array}$$

c

$$\begin{array}{r} 53,12 \\ \cdot\ 2,45 \\ \hline 26560 \\ 21248 \\ 10624 \\ \hline 130,1440 \end{array}$$

d

$$\begin{array}{r} 475,02 \\ \cdot\ 3,6 \\ \hline 285012 \\ 132506 \\ \hline 1610,072 \end{array}$$

7. Fraccions

Una **fracció** és un nombre que expressa les porcions que s'agafen d'un tot que s'ha dividit en parts iguals. S'escriu separant una part de l'altra amb una barra, generalment horitzontal.

$$\frac{a}{b}$$

Numerador (porcions que es prenen)

Denominador (parts iguals en què es divideix el tot)

7.1 Tipus de fraccions

Pròpies	**Impròpies**	**Unitàries**
Són més petites que 1.	Són més grans que 1.	Són iguals a 1.
numerador < denominador	numerador > denominador	numerador = denominador
Exemple: $\frac{3}{8}$.	**Exemple:** $\frac{5}{2}$.	**Exemple:** $\frac{6}{6}$.

7.2 Fraccions equivalents

Són fraccions que representen la mateixa quantitat. Dues fraccions són equivalents si els seus **productes encreuats són iguals**:

$$\frac{a}{b} \text{ equival a } \frac{c}{d} \text{ si i només si } a \cdot d = b \cdot c$$

Per obtenir una fracció equivalent a una altra, es multipliquen (**amplificació**) o es divideixen (**simplificació**) els seus termes per un mateix nombre (exemple 6).

7.3 Comparació de fraccions

Amb el mateix denominador	**Amb el mateix numerador**	**Altres casos**
És més petita la de numerador més petit.	És més petita la de denominador més gran.	Se substitueixen les fraccions per altres d'equivalents que tinguin el mateix denominador i s'aplica el primer cas.
Exemple: $\frac{4}{9} < \frac{7}{9}$.	**Exemple:** $\frac{7}{5} < \frac{7}{3}$.	**Exemple:** $\frac{3}{4} < \frac{5}{6}$ perquè $\frac{9}{12} < \frac{10}{12}$. El denominador comú, 12, és el m. c. m. dels denominadors 4 i 6.

8. Suma i resta de fraccions

Per poder sumar o restar fraccions, han de tenir el mateix denominador. Si no el tenen, se substitueixen per altres fraccions equivalents que sí que el tinguin igual; **en general, es tracta del m. c. m.** dels denominadors.

El resultat és una fracció amb el mateix denominador que té com a numerador la suma o la resta dels numeradors.

9. Relació entre fraccions i decimals

Una fracció també és el quocient indicat de dues quantitats enteres. En dividir el numerador pel denominador, s'obté un valor decimal, com, per exemple, $\frac{7}{4} = 1{,}75$.

Exemple

5. Observa en quantes parts es divideix la barra i quantes estan acolorides:

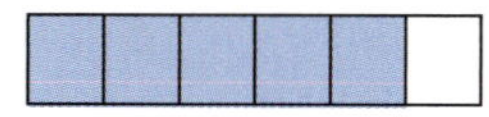

La fracció que representa la part acolorida és $\frac{5}{6}$.

Apunt 4

La fracció que no es pot simplificar s'anomena **irreductible**.

En l'exemple 7, és $\frac{2}{5}$.

Sempre que es treballa amb fraccions, s'ha d'expressar el resultat amb la fracció irreductible.

Exemples

6. Amplificació:

$$\frac{12}{30} = \frac{24}{60} = \frac{36}{90} = \frac{48}{120}$$

Simplificació:

$$\frac{12}{30} = \frac{6}{15} = \frac{4}{10} = \frac{2}{5}$$

7. **a Mateix denominador**

$$\frac{3}{6} + \frac{4}{6} - \frac{2}{6} = \frac{3+4-2}{6} = \frac{5}{6}$$

b Diferents denominadors:

$$\underbrace{\frac{5}{9} - \frac{1}{6} + \frac{2}{3}}_{\text{m. c. d. }(9,6,3)=18} = \frac{10}{18} - \frac{3}{18} + \frac{12}{18} =$$

$$= \frac{10-3+12}{18} = \frac{19}{18}$$

Professor a casa. Suma i resta de fraccions.

Entrena't

20. Indica la posició que ocupa el 3 en els nombres següents:

a 4,231 **c** 0,8031
b 91,347 **d** 18,4593

21. Escriu com es llegeixen aquests decimals:

a 2,543: __________ mil·lèsimes.
b 31,2: __________ dècimes.
c 32,75: __________ __________.
d 8,014: __________ __________.

22. Compara els decimals següents escrivint el símbol < o >, segons calgui:

a 5,48 $\square$ 3,02 **c** 16,301 $\square$ 16,31
b 7,12 $\square$ 7,23 **d** 9,217 $\square$ 9,215

23. Ordena del més gran al més petit els nombres de cada sèrie:

a 3,18; 3,015; 3,14 i 3,147
b 12,036; 12,03; 12,034 i 12,0369
c 7,21; 7,25; 7,217 i 7,205

24. Resol les operacions següents amb nombres decimals:

a 318,42 + 820,35 **d** 3908,67 − 2839,152
b 2743,215 + 7352,69 **e** 845,36 · 2,4
c 589,53 − 43,82 **f** 308,72 · 3,05

25. Resol aquestes operacions combinades:

a 450,1 + 32,19 − 235,84
b 572,47 − 98,34 + 412,091
c 8437,32 − 1438,503 − 745,018
d 4573,12 · 3,9 + 1240,37
e 2,36 · (3,2 + 8,15)
f 896,405 + 4,8 · 7,29

26. Escriu la fracció que representa la zona acolorida:

a
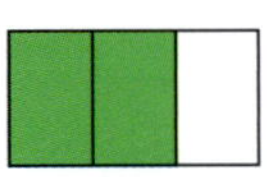

c
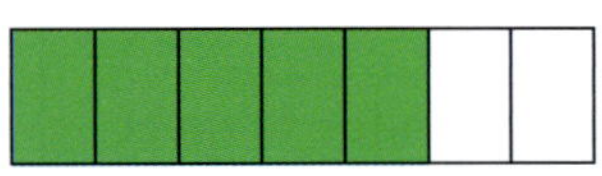

b
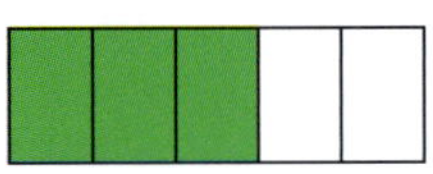

d

27. Compara les fraccions següents escrivint els símbols < o > en cada cas:

a $\frac{9}{5} \square \frac{3}{7}$ **b** $\frac{4}{10} \square \frac{3}{10}$ **c** $\frac{6}{5} \square \frac{6}{9}$

28. Recorda que $\frac{8}{6} = \frac{12}{9}$ si i només si 8 · 9 = 6 · 12. Com que 8 · 9 = 72 i 6 · 12 = 72, són fraccions equivalents.

Comprova si els següents parells de fraccions són equivalents:

a $\frac{6}{5}$ i $\frac{18}{15}$ **c** $\frac{35}{30}$ i $\frac{14}{12}$

b $\frac{4}{12}$ i $\frac{1}{3}$ **d** $\frac{16}{29}$ i $\frac{20}{25}$

29. Troba tres fraccions equivalents a cada una de les següents per amplificació i una per simplificació:

a $\frac{8}{12}$ **c** $\frac{10}{20}$

b $\frac{15}{6}$ **d** $\frac{14}{10}$

30. Obtén la fracció irreductible:

a $\frac{24}{18}$ **c** $\frac{14}{21}$

b $\frac{25}{15}$ **d** $\frac{21}{42}$

31. Troba una fracció equivalent a les següents que compleixi les condicions que s'indica en cada cas:

a $\frac{3}{4}$ amb denominador 16

b $\frac{8}{6}$ amb denominador 3

c $\frac{9}{15}$ amb denominador 10

32. Calcula i simplifica:

a $\frac{8}{9}+\frac{6}{9}$ **d** $\frac{7}{6}+\frac{5}{6}$ **g** $\frac{5}{4}+\frac{3}{4}+\frac{6}{4}$

b $\frac{7}{5}-\frac{2}{5}$ **e** $\frac{9}{4}-\frac{3}{4}$ **h** $\frac{15}{2}-\frac{7}{2}-\frac{3}{2}$

c $\frac{4}{3}-\frac{1}{2}$ **f** $\frac{5}{8}+\frac{1}{6}$ **i** $\frac{8}{9}+\frac{5}{2}-\frac{1}{3}$

Banc digital

Mates en context

4 AM AL Professional Usain Bolt, l'home més ràpid del món

Usain Bolt va néixer a Jamaica el 21 d'agost de 1986. Quan tenia 14 anys, Bolt va començar a guanyar curses en els campionats atlètics regionals i, quan en tenia 15, ja va guanyar la seva primera medalla d'or i dues de plata en el Mundial Juvenil d'Atletisme, a Kingston (Jamaica).

El rècord dels 100 m és actualment de 9,58 s, i el va aconseguir Bolt en els Campionats del Món de Berlín, el 2009.

La seva darrera participació en un campionat mundial va ser a Londres, el 2017, i la seva última cursa va ser la de 100 m. Els participants i els temps que van fer cadascun són aquests:

Atletes	Temps (s)
Jimmy Vicaut (França)	10,08
Usain Bolt (Jamaica)	9,95
Bingtian Su (Xina)	10,27
Justin Gatlin (EUA)	9,92
Yohan Blake (Jamaica)	9,99
Akani Simbine (Sud-àfrica)	10,01
Christian Coleman (EUA)	9,94
Reece Prescod (Regne Unit)	10,17

Problemes

1. Escriu el nom dels corredors segons l'ordre d'arribada a la meta. En quin lloc va arribar Usain Bolt?
2. Quina és la diferència entre el temps de l'últim classificat i el del primer? I entre el temps del segon i el del primer?
3. Si haguessin corregut d'un a un, quants segons hauria durat la cursa?
4. Com és el temps del primer classificat respecte del que va aconseguir Bolt l'any 2009?

Matematitza: 1, 2 **Argumenta: 3, 4**

5 AM Social El marcador del nivell de combustible

El dibuix mostra un indicador de combustible d'un vehicle.

Problemes

1. Escriu les fraccions que representen les línies més gruixudes.
2. En quina fracció comença la línia d'alerta (vermella)?

Matematitza: 1 **Argumenta: 2**

6 AM Social Trufes per berenar

La Sara, la Carme i el Xavier visiten una amiga que està malalta. Passen per davant d'una pastisseria i hi compren una dotzena de trufes de xocolata.

Mentre parlaven, la Sara i la Carme s'han menjat una trufa cadascuna i el Xavier se n'ha menjat tres.

Problemes

1. Escriu les fraccions que expressen les trufes que s'ha menjat cadascú respecte del total que havien comprat.
2. Quina fracció representa el nombre de trufes que s'han menjat entre tots tres?
3. Quina fracció n'ha quedat per a la seva amiga?

Matematitza: 1, 2 **Argumenta: 3**

7 AM AL Científic L'aigua del cos humà

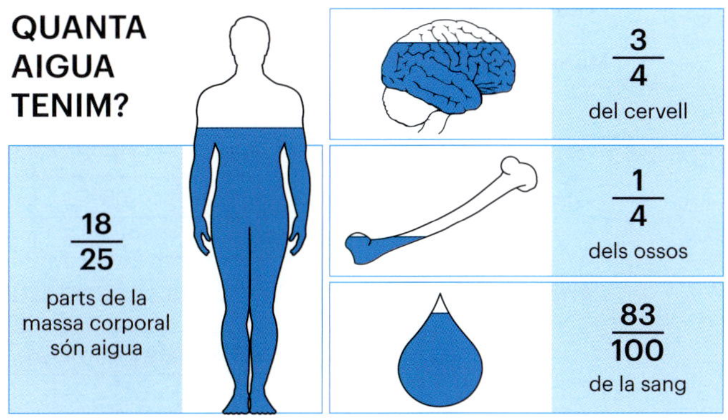

Problemes

1. Troba fraccions equivalents a les del gràfic de manera que totes tinguin de denominador 100.
2. La quantitat d'aigua del cos és més de la meitat de la massa corporal?
3. Quina és més gran, la fracció de l'aigua de la sang o la fracció de l'aigua del cervell?
4. On hi ha menys aigua?
5. Les $\frac{4}{5}$ parts de la massa corporal d'un nadó són aigua. En té més o menys que una persona adulta?

Matematitza: 1 **Argumenta: 2, 3, 4, 5**

Competències matemàtiques: 2, 5 (act. 4); 1 (act. 5, 6); 2, 6 (act. 7).

3 Viatge de final de curs

Em sé organitzar?

Aprofito la millor oferta?

AM AL AV

Social | Personal

Aprèn a...

Identificar relacions de proporcionalitat, com el factor de conversió o el percentatge, i a usar-les per resoldre situacions quotidianes.

Reconèixer situacions en què intervenen magnituds que no són ni directament ni inversament proporcionals.

Ítem 1. El viatge de final de curs

PDF

Per recollir diners per al viatge de final de curs, vendrem pa de pessic i refrescos el divendres a l'hora del pati. Ens ajudes a organitzar-nos?

Pa de pessic

Ingredients (per a 6 persones):

- 1 iogurt natural ensucrat (125 g)
- 1 gotet de iogurt d'oli d'oliva suau
- 2 gotets de iogurt de sucre
- 3 gotets de iogurt de farina
- 3 ous mitjans
- 1 sobre de llevat químic (16 g)
- 1 pessic de sal

Una miqueta de mantega i un pessic de farina per a la base del pa de pessic.

Ítem 2. Magnitud, raó i proporció

- Una **magnitud** és qualsevol propietat que es pot mesurar mitjançant un nombre. Pes i preu són magnituds. L'alegria o l'enuig no ho són.
- Una **raó** és la relació o comparació entre dues magnituds *a* i *b*. S'expressa com una fracció.
- La igualtat de dues raons s'anomena **proporció.**

Construeix amb el que saps

Argumenta 1 Fixa't en l'ítem 1 i identifica-hi totes les magnituds.

Matematitza 2 Comparem ampolles d'un litre i mig de refresc. Els gots tenen una capacitat de 30 cL. Completa aquesta taula a la llibreta:

Nre. d'ampolles	1	2	3	4	5	6
Litres (L)	1,5					
Nre. de gots						

Argumenta 3 Copia i completa aquesta taula (fixa't en les magnituds del problema 2):

Raó entre nombre d'ampolles i litres						Raó entre nombre d'ampolles i gots						Raó entre litres i nombre de gots					
$\frac{1}{1,5} = 0,\widehat{6}$																	

a Què observes en fer la divisió de cadascuna de les raons?

b Quina relació et sembla que mantenen les magnituds de la taula anterior?

c Escriu a la llibreta almenys tres proporcions diferents.

Planteja 4 Fixa't en l'ítem 1 i, tenint en compte que en un got de iogurt hi caben 120 g de sucre, 90 g de farina i 126 mL d'oli, copia la taula següent i completa-la:

Nre. de persones					
Sucre (g)					
Farina (g)					
Oli (mL)					

a Quina raó de proporcionalitat segueixen entre si el sucre, la farina i l'oli? I cadascun d'aquests ingredients respecte del total dels ingredients?

b Comenta amb els companys quina estratègia has fet servir per completar la taula.

Ítem 3. Percentatge

Un percentatge (o tant per cent) és una determinada quantitat de cada 100 unitats. Es representa amb el símbol %.

Per tant, 56% vol dir que de cada 100 unitats se n'agafen 56.

Ítem 5. Ofertes de la setmana

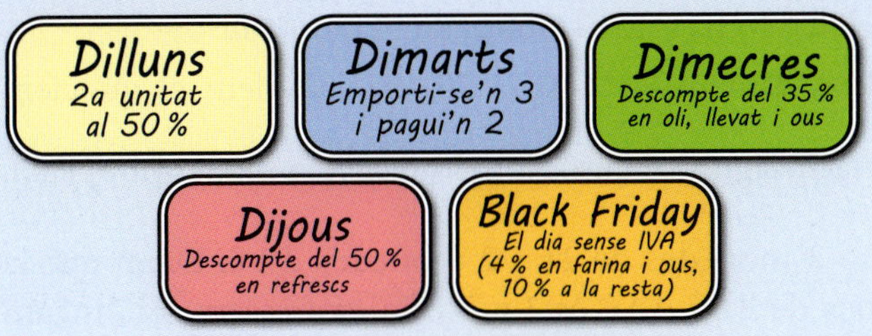

Ítem 4. Botiga de queviures

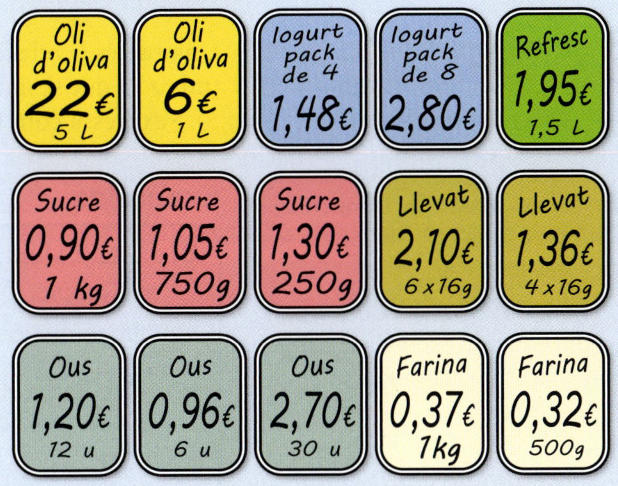

Construeix amb el que saps

Matematitza

5 Hem calculat que podem vendre pa de pessic i beguda a 78 persones. Prepara la llista de les coses que hem de comprar. Tingues en compte les quantitats que has calculat en l'exercici 4 i fes servir aquesta taula perquè et resulti més fàcil:

	Iogurt	Oli (mL)	Sucre (g)	Farina (g)	Ous	Llevat (sobres)	Refrescos
Quantitat	13						

Argumenta

6 Calcula els preus per litre, quilo i unitat de cada producte i format. A partir de la informació anterior, tria el format més adient i calcula quant us costarà comprar els ingredients.

7 Basant-te en els descomptes de l'ítem 5, calcula el cost del que compreu per a cada dia de la setmana. Ordena els productes del més barat al més car, segons les ofertes, i calcula el percentatge d'estalvi de cada dia de la setmana.

Matematitza

8 **a** Si suposem que compreu el dia més barat i que veneu a 1€ el got de refresc i a 1€ el tros de pa de pessic, calcula el benefici total que obtindreu.

b Calcula el percentatge de benefici del pa de pessic i dels refrescos. Quin producte és més rendible?

Argumenta

9 **a** Quin benefici obtindríeu si apliquéssiu un 20 % de descompte al preu per ració?

b Calcula el percentatge total del benefici.

Planteja

10 Divendres passat les vendes van anar molt bé i heu decidit apujar el preu per ració. A quin preu hauríeu de vendre la ració per guanyar 117€ amb el pa de pessic i 120€ amb els refrescos? Quin benefici obtindreu amb el nou preu?

Comunica

11 Ves amb la llista d'anar a comprar al supermercat que tinguis més a prop de casa i calcula quant et costaria comprar els ingredients. Després, compara els preus amb els teus companys i companyes per comprovar quin és el més barat.

El que has construït

Fas servir les **raons** per relacionar o comparar dues magnituds *a* i *b*.

Identifiques **proporcions** i calcules la **raó de proporcionalitat**.

Entens que un **percentatge** és la part que agafem de cada 100 unitats i el saps calcular.

10. Raó i proporció

10.1 Raó

Una **raó** és la relació o comparació entre dues magnituds a i b que s'estableix mitjançant el quocient (apunt 5). S'expressa com una fracció en què:

$$\frac{a}{b}$$

antecedent (a)
conseqüent (b)

> **Apunt 5**
>
> **Diferència entre raó i fracció**
>
> Una fracció sempre es compon de nombres enters i en una raó no és necessàriament així.
>
> A més, la raó compara dues magnituds i la fracció expressa una part d'un tot d'una única magnitud.

Exemples

8. L'estadi Montilivi, del Girona, té unes dimensions de 105 m de llarg per 70 m d'ample. Quina relació hi ha entre la llargada i l'amplada?

Per comparar les dues dimensions, 105 i 70, en calculem el quocient $\frac{105}{70} = 1{,}5$. Aquesta relació significa que la longitud és 1,5 vegades l'amplada.

9. Al moneder, hi porto 3 monedes de 2 € i 2 monedes d'1 €. Diem que la proporció de monedes de 2 € i d'1 € és 3 a 2 i ho expressem mitjançant la raó $\frac{3}{2}$.

10.2 Proporció

La igualtat de dues raons s'anomena **proporció**; és a dir, quan dues raons representen el mateix, diem que formen una proporció.

$$\frac{a}{b} = \frac{c}{d} = k$$

extrem (a), mitjà (b), mitjà (c), extrem (d)

k és la constant de proporcionalitat

Les raons que formen una proporció compleixen que el producte dels mitjans és igual al producte dels extrems.

$$\frac{a}{b} = \frac{c}{d} \Rightarrow a \cdot d = b \cdot c$$

> **Apunt 6**
>
> Si les raons són de nombres enters, llavors formen una proporció en el cas que les fraccions siguin equivalents.

Exemples

10. Tens 15 monedes de 2 € i 10 monedes d'1 €. La raó de monedes de 2 € i d'1 € és la mateixa, $\frac{15}{10} = \frac{3}{2} = 1{,}5$. Diem que formen una proporció i que la raó de proporcionalitat és 1,5. Observa que $15 \cdot 2 = 10 \cdot 3$.

11. Observa com es calcula el terme desconegut x en una proporció:

$$\frac{6}{5} = \frac{45}{x} \Rightarrow x = \frac{5 \cdot 45}{6} = 37{,}5 \qquad \frac{7}{5} = \frac{x}{12} \Rightarrow x = \frac{7 \cdot 12}{5} = 16{,}8$$

Exemple

12. Fem servir cada dia moltes magnituds i algunes estan relacionades entre si. Per exemple, si el preu d'1 kg de pomes és de 2 €, 2 kg costaran 4 €: doble de quilos, doble de diners. Per tant, 6 kg de pomes valdran 6 €, etc. Fixta't que la quantitat de pomes i el seu preu són magnituds proporcionals i que es compleix que:

$$\frac{1}{2} = \frac{2}{4}; \ \frac{2}{4} = \frac{3}{6}$$

11. Relació de proporcionalitat

Dues magnituds són **directament proporcionals** quan, en multiplicar o dividir la primera per un nombre, la segona queda multiplicada o dividida per aquell mateix nombre.

Dues raons qualssevol d'aquestes magnituds formen una proporció (apunt 6).

Magnitud *a*	a_1	a_2	a_3	a_4	…
Magnitud *b*	b_1	b_2	b_3	b_4	…

$$\frac{a_1}{b_1} = \frac{a_2}{b_2} = \frac{a_3}{b_3} = \frac{a_4}{b_4} = \ldots = k$$

12. Percentatge

Un **percentatge** (o **tant per cent**) indica una determinada quantitat sobre 100 unitats (apunt 9). Es representen amb el símbol %.

Un percentatge es pot expressar mitjançant un **decimal** o una **fracció**; així, per calcular el percentatge d'una quantitat, s'ha de multiplicar pel decimal que representa el percentatge.

Exemple

13. El 35 % vol dir que de 100 unitats se n'agafen 35: $35\,\% = \frac{35}{100} = 0{,}35$.
Així, el 35 % de 500 és 500 · 0,35 = 175.
També es pot plantejar d'aquesta manera: $\frac{35}{100}$ de $500 = \frac{35 \cdot 500}{100} = 175$.

12.1 Un percentatge és una proporció

El percentatge estableix una relació de proporcionalitat directa, i mitjançant proporcions podem resoldre qualsevol problema de percentatges (apunt 8).

Exemples

14. Càlcul de la part. En un institut de 400 alumnes, el 20 % té germans al mateix centre. Quants alumnes tenen germans a l'institut?

$$\frac{\text{tenen germans}}{\text{total}} \rightarrow \frac{20}{100} = \frac{x}{400} \qquad x = \frac{20 \cdot 400}{100} = 80 \text{ alumnes}$$

15. Càlcul del total. En un institut hi ha 80 alumnes amb germans al mateix centre, que representen el 20 % del total. Quants alumnes té l'institut?

$$\frac{\text{tenen germans}}{\text{total}} \rightarrow \frac{20}{100} = \frac{80}{x} \qquad x = \frac{80 \cdot 100}{20} = 400 \text{ alumnes}$$

16. Càlcul del tant per cent. En un institut de 400 alumnes, n'hi ha 80 que tenen germans al mateix centre. Quin percentatge d'alumnes té germans al centre?

$$\frac{\text{alumnes}}{\text{percentatge}} \rightarrow \frac{400}{100} = \frac{80}{x} \qquad x = \frac{80 \cdot 100}{400} = 20\,\%$$

12.2 Variacions percentuals

La variació percentual és l'expressió mitjançant un percentatge de l'augment o la disminució d'una quantitat. Per tant, hi pot haver **disminucions percentuals** (per exemple, rebaixes) o **augments percentuals** (per exemple, impostos com l'IVA).

Exemple

17. Han aplicat una rebaixa del 20 % a un abric de 70 €. Quant costa ara l'abric?
Si en **rebaixen** el 20 %, pagues el 100 – 20 % = 80 % de 70; per tant, 0,8 · 70 = 56 €.

Apunt 7

Percentatges especials

Convé recordar com es poden calcular de manera ràpida determinats percentatges:

10 % (desena part). Per calcular-lo, es divideix entre 10.

20 % (cinquena part). Per calcular-lo, es divideix entre 5.

25 % (quarta part). Per calcular-lo, es divideix entre 4.

50 % (la meitat). Per calcular-lo, es divideix entre 2.

Apunt 8

Proporció i percentatge

Observa:

$$35\,\% = \frac{35}{100}$$

35	52,5	70	87,5
100	150	200	250

$$\frac{35}{100} = \frac{52{,}5}{x50} = \frac{70}{200} = \frac{87{,}5}{250}$$

Professor a casa.
Variacions percentuals.

Exemple

18. El preu d'un ordinador és de 460 €, més el 21 % d'IVA. Quants diners costa?
Si augmenten el 21%, es paga el 100 + 21 = 121 %; per tant, 460 · 1,21 = 556,60 €.

Entrena't

33. Indica si aquestes parelles de raons són proporcionals o no:

a $\frac{2}{5}$ i $\frac{4}{10}$

b $\frac{2}{5}$ i $\frac{8}{20}$

c $\frac{3}{8}$ i $\frac{9}{25}$

d $\frac{1}{2}$ i $\frac{50}{100}$

e $\frac{1}{3}$ i $\frac{11}{33}$

f $\frac{1}{3}$ i $\frac{11}{33}$

34. Copia aquesta taula a la llibreta i pinta del mateix color les raons que formin proporció:

$\frac{3}{5}$	$\frac{2}{5}$	$\frac{16}{28}$	$\frac{6}{10}$
$\frac{4}{7}$	$\frac{4}{8}$	$\frac{2,8}{7}$	$\frac{5}{10}$
$\frac{1}{2}$	$\frac{10}{25}$	$\frac{21}{35}$	$\frac{8}{14}$
$\frac{9}{15}$	$\frac{12}{21}$	$\frac{6}{15}$	$\frac{6}{10,5}$

35. Calcula el valor de x en les proporcions següents:

a $\frac{x}{18} = \frac{2}{12}$

b $\frac{6}{x} = \frac{4}{10}$

c $\frac{12}{16} = \frac{x}{24}$

d $\frac{6}{4} = \frac{3,75}{x}$

36. Completa aquesta taula tenint en compte que les magnituds que s'hi recullen tenen una relació de proporcionalitat directa:

x	1		3	4	5	6
y		1,5		3		

37. En un supermercat regalen dos paquets de galetes si es compren 12 brics de llet. Quants brics de llet cal comprar per aconseguir tres paquets de galetes?

38. Un cotxe consumeix 5,2 L de benzina cada 100 km.

a Quants quilòmetres podrà recórrer amb 60 L de gasolina?

b Quanta gasolina es necessitarà per fer 120 km?

39. Omplir de gasolina dos terços del dipòsit costa 42 €. La capacitat de la resta del dipòsit són 20 L. Quant costa emplenar el dipòsit i quina capacitat total té?

40. Copia i completa aquesta taula:

Percentatge	Fracció	Nombre decimal
35 %		
	$\frac{5}{100}$	
		0,47
	$\frac{5}{16}$	

41. Copia i completa:

a _ % de 200 = 16 **b** _ % de 550 = 20

42. Dels 200 articles que hi ha en un supermercat, 40 estan rebaixats. Quin percentatge d'articles està rebaixat?

43. El 35 % de la recaptació del dia en un supermercat ha estat de 1350 €. Calcula'n la recaptació total.

44. Copia aquesta taula i completa-la:

Diners (€)	%	Nou %	Càlcul
105	Descompte 30 %	70 %	105 · 0,7 = 73,5
200	Descompte 46 %		
96	Increment 21 %		
56	Increment 7 %		

45. Un abric amb el 15 % de descompte ha costat 170 €. Quant costava sense el descompte?

46. Aquest any m'han apujat el sou el 5 %. Si he cobrat 1680 €, quant cobrava l'any passat?

47. Quin tant per cent de 120 és el 36 % de 90?

48. La Maria rep el 12 % dels diners dels productes que ven. Quant haurà de vendre per guanyar 4800 €?

49. El Lluís s'ha comprat un MP4 que li ha costat 35 €. Tenint en compte que li han fet el 30 % des descompte, quant valia el producte abans del descompte?

50. És el mateix rebaixar un article primer el 10 % i després el 15 % que rebaixar-lo el 25 % d'un sol cop? .

Banc digital

Mates en context

8 AM AL AP Social El cistell de consum

+− S'entén per «cistell de consum» el conjunt de béns i serveis, especialment d'aliments, que representa el consum normal d'una família mitjana i que serveix de base per elaborar nombrosos índexs del cost de la vida.

El cistell de consum a l'Estat espanyol és aquest:

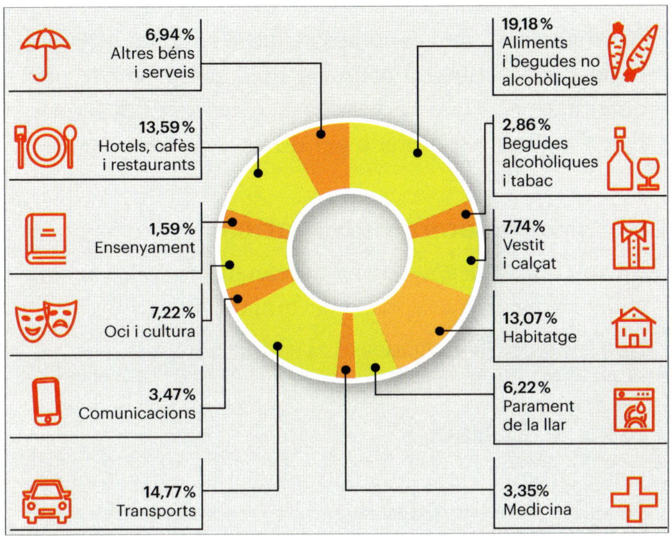

Problemes

1. Suposant que la despesa mitjana mensual de la família de la Lídia en el seu cistell de consum és de 1500 €, calcula quant gasta en cadascun dels conceptes que mostra el gràfic.

2. A més, a la família de la Lídia se'ls ha espatllat el cotxe i aquest mes han augmentat la despesa en transport fins a 300 €.

   a Quants diners gastaran en total en transport?

   b Quin és el nou percentatge que inverteixen en transport, tenint en compte que el seu pressupost continua sent de 1500 €?

3. Els han fet una rebaixa del 35 % en la factura del telèfon. Quant han pagat?

4. A l'Àngels, que és la mare de la Lídia, li han apujat el sou i ha decidit gastar-se 500 € en un viatge. A quin concepte s'hauria d'afegir el viatge? Quins serien els percentatges del cistell de consum aquell mes?

5. Tal com mostra el gràfic, a cada concepte li és assignat una porció del cercle que és directament proporcional al percentatge que representa. El cercle complet té 360°. Pensa la manera d'assignar els graus corresponents a cada concepte fent servir les proporcions i la informació del gràfic.

Matematitza: 1, 3 **Argumenta: 2, 4, 5**

9 AM AL Professional Comprar amb divises

+− Una divisa és una moneda d'un altre país, com, per exemple, el dòlar americà, el ien del Japó, la lliura esterlina del Regne Unit, el franc suís i el iuan de la Xina. La relació entre el valor de les diverses divises es publica diàriament.

Hi ha una parada del mercat que atreu molts turistes, i per això han decidit indicar els preus dels seus productes en diferents divises. El noi que s'encarrega de les etiquetes dels preus s'està fent un embolic. L'ajudes a escriure-les?

Suposem que el canvi oficial d'avui és el que indica aquesta taula:

Euro	Dòlar	Ien	Lliura	Franc	Iuan
1	1,2227	131,24	0,8791	1,1481	7,7237

Problemes

1. Un bric de llet costa 3,6 €. Escriu-ne el preu en totes les divises.

2. Les galetes valen 328,1 iens. Quin preu s'ha d'indicar per a la resta de divises? Fes els càlculs de dues maneres diferents.

3. Què és més car, un article que costa 3,5164 lliures o un que costa 4,2795 dòlars?

4. Calcula a quants euros equivalen 5 dòlars, 15 iuans i 10 francs, respectivament.

Matematitza: 1, 2

10 AM AL AS Social Enquesta de pressupostos familiars

A l'Estat espanyol, se sap com es distribueix la despesa de les famílies a través de l'Enquesta de Pressupostos Familiars que elabora l'Institut Nacional d'Estadística, a partir de la informació obtinguda de 24 000 llars. L'enquesta del 2016 indicava que:

- La despesa mitjana d'una llar a la Comunitat de Madrid, el 2016 va ser de 32 683 €, que va suposar un increment del 3,5 % respecte de l'any anterior.
- En la distribució de la despesa destaca el grup d'habitatge, aigua, electricitat, gas i altres combustibles, amb una despesa mitjana per casa de 10 813 €.

Problemes

1. Si es gasten 10 813 € en habitatge, aigua, electricitat, gas i altres combustibles, quant es gasta en tota la resta?

2. Quin percentatge es gasta en cada cosa?

3. Quina va ser la despesa mitjana per casa l'any anterior?

Matematitza: 1 **Argumenta: 2, 3**

4 Comprar per internet

Quants diners he de pagar?

Què puc comprar?

AM AL AV AP Social

Aprèn a...

Descriure situacions que depenen de quantitats variables o desconegudes.

Formular i resoldre situacions reals mitjançant equacions de primer grau i interpretar-ne el resultat.

Donada una equació, comprovar si un nombre n'és la solució.

Ítem 1. Regal d'aniversari

A l'Àngel li agraden molt els puzles. Els seus amics Alfred, Íñigo, Natàlia i Maria li'n volen regalar un pel seu aniversari. Han trobat per internet dos portals de vendes amb el puzle que saben que més il·lusió li fa tenir a l'Àngel i que té 2000 peces:

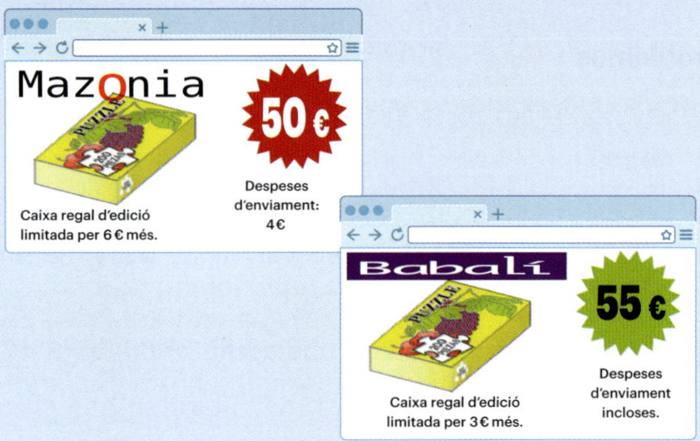

Els menors de 18 anys NO poden comprar per internet, llevat que tinguin l'autorització expressa dels seus pares.

Ítem 2. Despeses d'enviament

Normalment, quan es compra alguna cosa per internet, l'empresa acostuma a afegir al preu del producte una quantitat per pagar la despesa d'enviament del paquet. Es pot aplicar per unitat o per nombre de paquets.

Ítem 3. Notació matemàtica

En matemàtiques, quan es desconeix un valor o una dada, s'acostuma a representar mitjançant una lletra.

La majoria de les vegades es fa servir la lletra x.

Ítem 4. Equació

Una equació és una igualtat matemàtica entre dues expressions, anomenades *membres* i separades pel signe igual, en què apareixen elements coneguts, o dades, i d'altres que es desconeixen, les incògnites, relacionats mitjançant operacions matemàtiques.

Construeix amb el que saps

Matematitza

1 Si els amics de l'Àngel compren el puzle per Mazònia i no el volen amb la capsa de regal, quant haurà de pagar cadascun d'ells? I si el compren amb la capsa de regal?

2 Si en comptes de comprar el puzle per Mazònia el compren per Babalí, i sense la capsa de regal, quant haurà de pagar cadascun? I si el compren amb la capsa?

Argumenta

3 Quin dels dos portals és més econòmic? Per què?

Planteja

4 El Josep, que és un altre amic de l'Àngel, també vol participar en el regal. En aquest cas:

Argumenta

a Quant haurà de pagar cadascú si el compren per Mazònia i amb la capsa de regal?

b I si el compren per Babalí?

c Quin és més barat?

5 Al final, han pensat que el compraran amb la capsa especial i per Mazònia, perquè la Natàlia ha recordat que té un val de 8 € de descompte en aquell portal si compra alguna cosa que valgui més de 30 €. En aquest cas:

a Poden fer servir el val de descompte?

b Quin serà el preu total?

c Quants diners haurà de pagar cadascun dels amics?

Professor a casa. Exercici resolt (equacions).

Simbolitza

6 Formeu grups de quatre. La quantitat que ha de pagar cadascun és la incògnita x. Intenteu buscar una fórmula que relacioni el preu del producte (separant cadascuna de les despeses i cadascun dels descomptes) amb la quantitat que han de pagar.

Ítem 5. L'IVA dels llibres

La Isabel vol comprar la col·lecció de biografies "Matemàtics de la història" i la busca per internet.

Al final, ha trobat els llibres en aquestes dues pàgines:

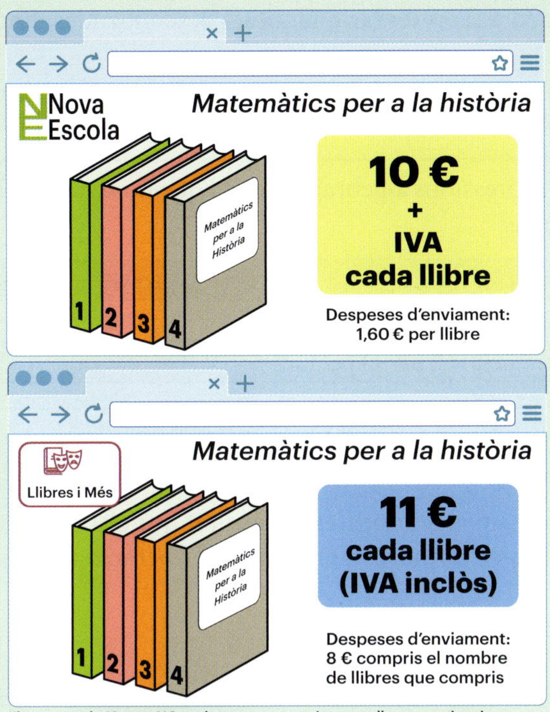

Els menors de 18 anys NO poden comprar per internet, llevat que tinguin l'autorització expressa dels seus pares.

Ítem 6. IVA

L'IVA (impost sobre el valor afegit) és una càrrega fiscal sobre el consum, és a dir, és un impost que es paga quan es fa ús d'un determinat servei o quan es compra alguna cosa.

Ítem 4. Tipus d'IVA

Actualment, s'apliquen tres tipus d'IVA diferents, segons allò que es vulgui comprar o contractar:

Superreduït 4 % 	Productes de primera necessitat, com el pa, la llet, les fruites, els cereals i els formatges. Altres productes són llibres, diaris i revistes no publicitàries i els medicaments.
Reduït 10 % 	Aliments en general (llevat dels de l'IVA superreduït), transport de viatgers i espectacles esportius d'aficionats, entre d'altres.
General 21 % 	Pràcticament tots els productes i serveis, llevat dels que estan inclosos en els apartats anteriors.

Construeix amb el que saps

Argumenta (7) Quin és el preu de cada llibre a Escola Nova en afegir-hi l'IVA?

(8) Quin és el preu de cada llibre a Llibres i Més, si no comptes l'IVA?

Matematitza (9) Elabora una taula i apunta en una columna el nombre de llibres i en una altra el que costa cada un a Llibres i Més, amb les despeses d'enviament incloses.

Argumenta (10) Si la Isabel té 100 € per comprar els llibres, quants en pot comprar en cada una de les botigues en línia?

Planteja (11) Li sobraran diners en alguna de les botigues?

Comunica (12) Si fossis tu qui vol els llibres, on els compraries? Per què?

Matematitza (13) Quan les botigues fan el "dia sense IVA", apliquen un descompte equivalent a l'IVA. Respon les preguntes 10, 11 i 12 en el cas que estigués vigent aquesta oferta. És considerable l'estalvi?

Simbolitza (14) Formeu grups de quatre. Anomeneu x el nombre de llibres que és possible comprar i intenteu buscar una fórmula que relacioni el nombre de llibres amb el preu que costa cadascun (amb totes les despeses incloses) i amb els diners que té la Isabel.

El que has construït

Has repassat el **càlcul de percentatges**.
Planteges **equacions** molt senzilles.
Resols equacions del tipus $ax + b = c$.
Saps prendre **decisions** un cop has analitzat les dades que coneixes.

13. Expressions algebraiques

Apunt 9

Per representar una variable, es pot fer servir qualsevol lletra; en general, s'escriuen amb minúscula i en cursiva (*a*, *b*, *x*, *y*...).

Una **expressió algebraica** és una combinació de lletres (anomenades **variables** o **incògnites**) i nombres lligats per les operacions matemàtiques de suma, resta, multiplicació, divisió, potenciació i radicació.

Les lletres (apunt 9) acostumen a representar quantitats desconegudes; no tenen un valor fix.

Exemple

19. Ja has fet servir moltes expressions algebraiques tot i que no sempre sabies que ho eren. Per exemple:

Expressió	Expressió algebraica
Àrea d'un quadrat = costat per costat	$A = l \cdot l = l^2$
Longitud de la circumferència = 2 per pi pel radi	$l = 2\pi \cdot r$

13.1 Valor numèric d'una expressió algebraica

Apunt 10

Recorda que el valor numèric d'una expressió algebraica no és únic, sinó que depèn del valor que es doni a la variable.

El **valor numèric** d'una expressió algebraica és el resultat que s'obté de substituir les variables (incògnites) per nombres i efectuar les operacions indicades (apunt 10).

Exemple

20. Donada l'expressió algebraica $7x + 3$, si a la variable x li donem el valor 2, obtenim que el valor numèric és $7 \cdot \mathbf{2} + 3 = 14 + 3 = 17$.
Però si donem un altre valor a la variable, per exemple 5, obtenim un valor numèric diferent: $7 \cdot \mathbf{5} + 3 = 35 + 3 = 38$.

14. Equacions

Apunt 11

Una equació és l'expressió d'un problema en llenguatge matemàtic.

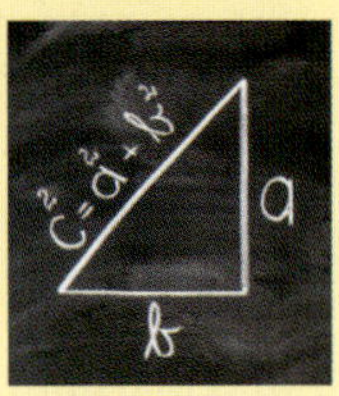

Una **equació** és una igualtat entre dues expressions algebraiques, anomenades membres, en què apareixen elements coneguts, o **dades**, i d'altres de desconeguts, les **incògnites**, relacionats mitjançant operacions matemàtiques (apunt 11).

Les **incògnites**, designades per lletres, representen els valors que es busquen.

S'anomena **primer membre** l'expressió que hi ha a l'esquerra del signe igual i s'anomena **segon membre** l'expressió que hi ha a la dreta.

Exemple

21. $\underbrace{3x+2}_{\text{primer membre}} = \underbrace{x+12}_{\text{segon membre}}$ és una equació.

La variable x representa la incògnita, mentre que el coeficient 3 i els nombres 2 i 12 són constants conegudes.

Exemple

22. El 0 no és solució de l'equació anterior, perquè $3 \cdot 0 + 2 \neq 0 + 12$.

En canvi, 5 és solució de l'equació, perquè $3 \cdot 5 + 2 = 5 + 12$.

14.1 Solucions d'una equació

S'anomena **solució** de l'equació el nombre (o nombres) que, en ocupar el lloc de la incògnita, fan que la igualtat sigui correcta. Una equació pot tenir més d'una solució.

14.2 Equacions equivalents

Dues equacions o més són equivalents si tenen les mateixes solucions.

Qualsevol equació es transforma en una altra d'equivalent quan s'executen operacions elementals iguals en tots dos membres (apunt 12). És a dir:

- Si als dos membres d'una equació se'ls suma (o se'ls resta) una mateixa quantitat.
- Si els dos membres d'una equació es multipliquen (o es divideixen) per una mateixa quantitat (no nul·la).

Professor a casa.
Equacions equivalents.

Apunt 12

La idea de les transformacions és buscar equacions equivalents més senzilles fins a trobar-ne la solució.

Exemples

23. Les equacions $2x + 3 = 13$ i $3x = x + 10$ són equivalents ja que totes dues tenen com a solució el valor $x = 5$.

24. Observa:

$4x + 7 = 31 \Rightarrow 4x + 7 - 7 = 31 - 7 \Rightarrow 4x = 24$. Són equivalents.

$4x = 24 \Rightarrow \frac{4x}{4} = \frac{24}{4} \Rightarrow 1x = 6 \Rightarrow x = 6$. Són equivalents.

15. Resoldre equacions

Professor a casa.
Resolució d'una equació.

Resoldre una equació consisteix a trobar la solució (o les solucions) de l'equació (apunt 13).

Amb aquest propòsit s'ha de transformar l'equació inicial per deixar la incògnita en un membre i la resta de les dades en l'altre.

Apunt 13

Recorda

1. No es pot anar amb presses a l'hora de resoldre una equació. Cal fer-ho pas a pas; d'aquesta manera s'evitaran errors.

2. És important comprovar sempre la solució d'una equació; així, en cas d'error, es pot verificar en quin pas de l'operació s'ha comès l'errada.

Exemple

25. Resol l'equació $6x - 7 = 11$.

Primer se suma 7 a tots dos membres i es deixa $6x$ sola en un membre. $6x - 7 + 7 = 11 + 7 \Rightarrow 6x = 18$

Es divideixen els dos membres entre 6: $\frac{6x}{6} = \frac{18}{6} \Rightarrow x = 3$

La solució és $x = 3$. Comprovem-ho: $6 \cdot 3 - 7 = 11 \Rightarrow 18 - 7 = 11$.

16. Plantejar problemes

Plantejar un problema consisteix a convertir un problema en una equació.

Exemple

26. Quatre amics volen regalar a un altre amic una consola de videojocs. Han trobat una ofera a internet i els costa 50 € més les despeses d'enviament, que són 4 €. La volen comprar amb la capsa especial per a regal, que costa 6 €. Per sort, tenen un val de 8 € de descompte. Quant pagarà cadascú?

S'anomena x la quantitat que ha de pagar cadascun dels amics. Per tant, $4x$ és el que paguen entre tots.

Han de pagar $50 + 4 + 6 = 60$ €. Aplicant-hi el descompte, però, només han de pagar $60 - 8 = 52$ €.

L'equació que queda és el que paguen entre tots, el cost final: $4x = 52$.

La resolem: $4x = 52 \Rightarrow \frac{4x}{4} = \frac{52}{4} \Rightarrow 1x = 13 x = 13$€.

Cada amic ha de pagar 13 €. Comprovem el resultat: $4 \cdot 13 = 52$.

Entrena't

51. Escriu el valor numèric de les expressions següents, amb el valor indicat:

a $3x - 1$, per a $x = 5$.
b $2x + 5$, per a $x = 12$.
c $7 - x$, per a $x = 2$.
d $10 + 20x$, per a $x = 5$.
e $5x + 12$, per a $x = 0$.

52. Comprova que les solucions d'aquestes equacions siguin correctes:

a $x = 2$ $\quad 3x + 5 = 11$
b $x = 7$ $\quad 15 - 2x = 1$
c $x = 5$ $\quad 2x - 8 = 2$

53. Troba mentalment el valor de x en aquestes equacions:

a $x + 1 = 4$
b $x - 3 = 8$
c $3x = 21$
d $5x = 35$
e $2x - 1 = 9$
f $3x + 2 = 8$
g $7 + 4x = 19$
h $5 - x = 3$
i $7 + 3x = 10$
j $9 + 2x = 9$

54. Resol, mitjançant transformacions, les equacions següents:

a $x + 37 = 54$
b $81 = x - 13$
c $7x = 245$
d $182 = 13x$
e $9x - 11 = 52$
f $74 = 6x + 14$
g $19 + 8x = 19$
h $34 = 18 + 2x$
i $18 + 2x = 25$
j $21 = 9 + 5x$

55. Planteja com una equació aquests problemes i resol-los:

a Un nombre més tres es igual a deu.
b Un nombre menys vuit és igual a nou.
c El doble d'un nombre és catorze.
d El triple d'un nombre és dotze.
e El doble d'un nombre més u és igual a quinze.
f El triple d'un nombre menys set és igual a disset.
g El quàduple d'un nombre menys vuit és vint.
h El quíntuple d'un nombre més onze és trenta-sis.

Banc digital

Mates en context

11 AM AL Personal Social El ram de flors

L'Eduard vol regalar un ram de flors als seus pares i disposa de 40 €. A la floristeria li han ensenyat aquest catàleg:

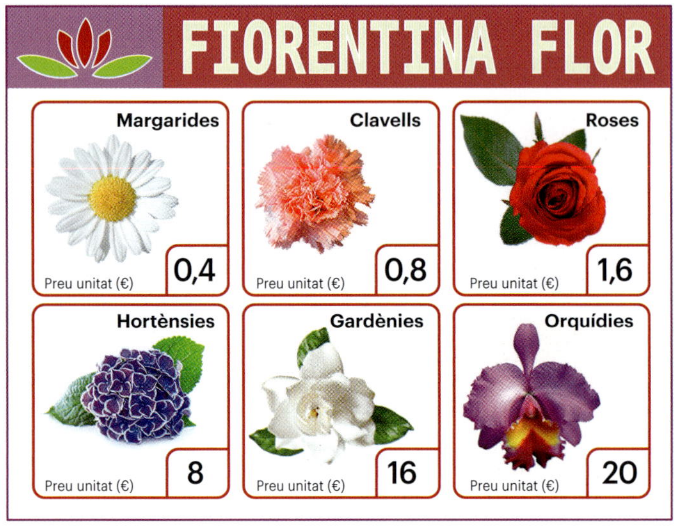

Problemes

1. Si decideix fer el ram amb un sol tipus de flors, quantes en podrà comprar? Li sobraran diners? Copia aquesta taula i completa-la:

Flor	Quantitat	Diners sobrants (€)
Margarides	100	0
Clavells		
Roses		
Hortènsies		
Gardènies		
Orquídies		

2. Quants diners li sobraran si fa un ram amb una dotzena de roses, clavells i margarides?

3. Quants diners li faran falta si vol fer un ram amb una flor de cada tipus?

4. Quantes margarides pot comprar si també compra una gardènia? Expressa el problema com una equació; x és el nombre de margarides.

5. Quantes roses pot comprar si també compra 3 hortènsies? Expressa el problema com una equació; x és el nombre de roses.

6. Al final, decideix comprar una dotzena de roses i unes quantes margarides, però les vol posar en un gerro que val 4 €. Quantes margarides hi podrà haver en el ram? Expressa el problema com una equació; x és el nombre de margarides.

Matematitza: 1, 2 | Argumenta: 3 | Simbolitza: 4, 5, 6

12 AM AL AP Social Professional El mentalista que endevina els nombres

En els espectacles de màgia són habituals, alhora que vistosos, els jocs en què un mentalista endevina alguna cosa que ha pensat l'espectador; per exemple, un nombre. Pot ser alguna cosa com ara:

El mag convida un espectador a pujar a l'escenari i li diu:

- Pensa un nombre.
- Suma-hi cinc.
- Multiplica el resultat per dos.
- Resta al resultat el nombre que has pensat.
- Digues el resultat final.

Aleshores, el mag endevina el nombre que l'espectador ha pensat.

Problemes

1. Pensa diversos nombres i fes els càlculs proposats pel mag. A continuació, copia i completa aquesta taula:

Nombre pensat	Nombre obtingut

2. Si et fixes en els resultats, pots trobar alguna regla per endevinar el nombre inicial?
3. Si ha sortit el 37, quin era el nombre d'inici?
4. Per entendre el truc, anomena x el nombre pensat, segueix els passos del joc i crea l'equació per endevinar-ne el resultat.
5. En grups, inventeu-vos trucs semblants al que s'ha descrit, però feu que el resultat no sigui tan evident per tal que els vostres companys espectadors no descobreixin el truc fàcilment.

Matematitza: 1,3 | Argumenta: 2 | Simbolitza: 4, 5

13 AM AL AP Social Anem d'excursió

L'institut Matinada organitza una excursió amb els 110 alumnes de primer d'ESO durant les primeres setmanes del curs perquè es puguin conèixer millor. Es posen en contacte amb una empresa d'autocars i els donen aquests preus:

TOURS BUS TRAVELS

Tipus d'autobús	Nombre de places	Preu per dia (€)
A 	30	310
B 	40	400
C 	50	475
D 	55	495

Problemes

1. Calcula el cost per alumne d'una plaça d'autocar, segons cada tipus d'autocar.
2. De quantes maneres es poden combinar els diferents tipus d'autocar perquè hi viatgin els 110 alumnes, sense que quedi cap seient lliure?
3. Calcula el cost per alumne en cada cas.
4. Quin model els surt més barat?
5. Finalment, només 95 alumnes poden anar a l'excursió. Escriu les combinacions possibles d'autocars perquè hi viatgin els 95 alumnes (poden sobrar places). Quantes places sobren en cada cas?
6. Quina és la combinació d'autocars més barata per als alumnes? Per què?
7. Al final, decideixen contractar dos autocars de 50 places per si a última hora s'hi apunta algú més. L'AMPA decideix subvencionar l'excursió amb 125 €. Així doncs, quant haurà de pagar cada un dels 95 alumnes?
8. Planteja l'equació d'aquest últim cas, en què x és el que haurà de pagar cada alumne i en què hauran d'aparèixer, també, el que costa cada autocar i l'ajuda de l'AMPA.
9. Resol l'equació i comprova que el resultat sigui el mateix.

Matematitza: 1, 3 | Argumenta: 2, 4, 6 | Planteja: 5, 7 | Simbolitza: 8, 9

GEOMETRIA I MESURA

Magnituds i unitats

Una **magnitud** és qualsevol qualitat d'un objecte que es pot mesurar. Per mesurar una magnitud, es compara amb una altra quantitat fixa que s'anomena **unitat de mesura**.

El **sistema mètric decimal (SMD)** és un sistema d'unitats en què els múltiples i els submúltiples de la unitat estan relacionats entre si per múltiples i submúltiples de 10.

Mesures de longitud, massa i capacitat

La unitat fonamental del SMD per mesurar la **longitud** és el **metre (m)**.

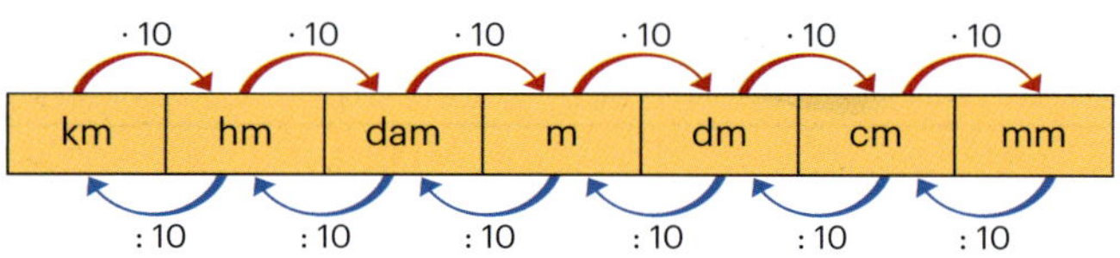

La unitat fonamental del SMD per mesurar la **massa** és el **gram (g)**. I per mesurar la **capacitat** es fa servir el **litre (L)**.

Els seus múltiples i submúltiples s'anomenen amb els mateixos prefixos que els del metre i tenen la mateixa relació entre si.

Mesures de superfície

La unitat fonamental del SMD és **el metre quadrat (m^2)**.

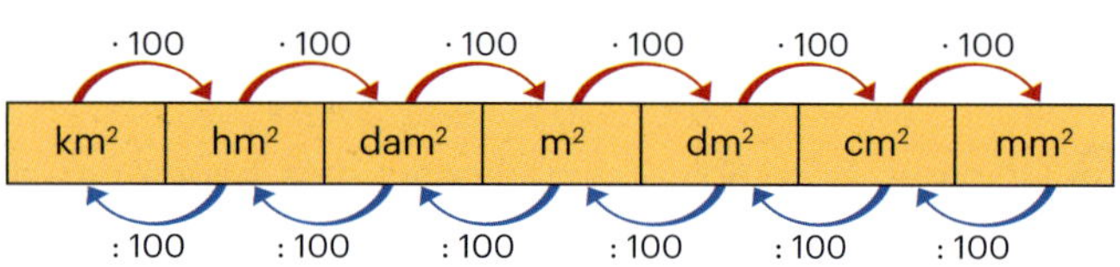

Mesures de volum

La unitat fonamental del SMD és el **metre cúbic (m^3)**.

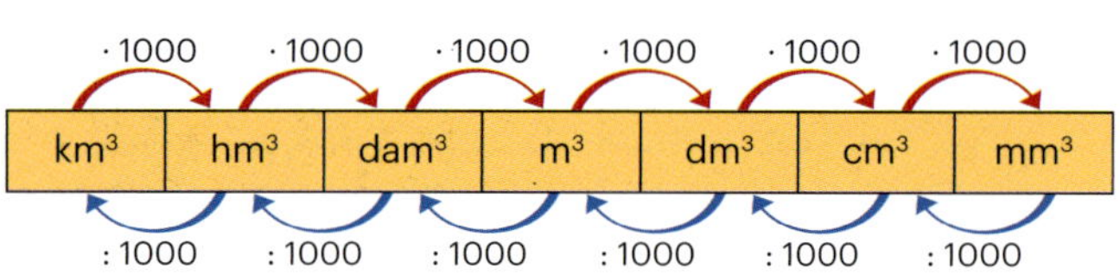

La relació entre les mesures de capacitat i de volum és la següent:

$1\ m^3 = 1\ kL$ $\quad 1\ dm^3 = 1\ L$ $\quad 1\ cm^3 = 1\ mL$

NOMBRES

Nombres decimals

Un nombre decimal és aquell que és format per una part entera i una altra d'inferior a la unitat, separada de la primera per una coma. Es classifiquen en aquests tipus:

- **Exactes**. Tenen una quantitat limitada (finita) de xifres decimals diferents de zero.
- **Periòdics**. Tenen la part decimal formada per un dígit o un grup de dígits que es repeteixen indefinidament. N'hi ha dos subtipus:
  - **Purs**. El dígit o el grup de dígits que es repeteix comença després de la coma.
  - **Mixtos**. El dígit o el grup de dígits que es repeteix no comença després de la coma.
- **No periòdics**. Tenen una quantitat il·limitada de xifres decimals no repetides.

Comparació de nombres decimals

Per comparar dos nombres amb decimals, primer se'n compara la part entera. Si és igual, es comparen també les xifres decimals d'una en una fins a trobar la primera que sigui diferent.

Operacions amb decimals

- **Suma i resta**. Se sumen o es resten els dígits que ocupen la mateixa posició.
- **Multiplicació**. Primer es multipliquen sense tenir en compte els decimals i despres es col·loca la coma tenint en compte que el nombre de decimals del producte és la suma dels decimals dels factors.

Fraccions

Una **fracció** és un nombre que expressa les porcions que s'agafen d'un tot que s'ha dividit en parts iguals.

Les **fraccions equivalents** són fraccions que representen la mateixa quantitat. Dues fraccions són equivalents si els seus productes encreuats són iguals.

Per obtenir una fracció equivalent a una altra, es multipliquen o es divideixen els seus termes per un mateix nombre.

Comparació de fraccions

- **Amb el mateix denominador**. És més petita la de numerador més petit.
- **Amb el mateix numerador**. És més petita la de denominador més gran.

- **Altres casos**. Se substitueixen les fraccions per altres d'equivalents que tinguin el mateix denominador i s'hi aplica el primer criteri.

Suma i resta de fraccions

Per sumar i restar fraccions, totes han de tenir el mateix denominador. Si no el tenen, cal transformar-les en altres d'equivalents que sí que el tinguin igual.

El resultat és una fracció amb el mateix denominador que té com a numerador la suma o la resta dels numeradors.

Relació entre fraccions i decimals

Una fracció també és el quocient indicat de dues quantitats enteres. En dividir el numerador pel denominador s'obté un valor decimal.

ÀLGEBRA

Expressions algebraiques

Una **expressió algebraica** és una combinació de lletres (anomenades **variables** o **incògnites**) i nombres relacionats per operacions matemàtiques.

Les lletres acostumen a representar quantitats desconegudes; no tenen un valor fix.

El **valor numèric** d'una expressió algebraica és el resultat que s'obté de substituir les variables (incògnites) per nombres determinats i fer les operacions indicades.

Equacions

Una **equació** és una igualtat entre dues expressions, anomenades **membres**, en què hi ha elements coneguts, les **dades**, i elements desconeguts, les **incògnites**, relacionats mitjançant operacions matemàtiques.

La **incògnita**, representada generalment per una lletra, representa els valors que es busquen. S'anomena **primer membre** l'expressió que hi ha a l'esquerra del signe igual i s'anomena **segon membre** l'expressió de la dreta.

Solucions d'una equació

La **solució** de l'equació és el nombre que, quan substitueix la incògnita, fa que la igualtat plantejada sigui correcta.

Equacions equivalents

Dues o més equacions són **equivalents** si tenen la mateixa solució (o solucions). Qualsevol equació es transforma en una altra d'equivalent quan s'executen operacions elementals iguals en tots dos membres; per exemple:

- Si als dos membres d'una equació se'ls suma o se'ls resta una mateixa quantitat.
- Si els dos membres d'una equació es multipliquen o es divideixen per una mateixa quantitat no nul·la.

Resoldre equacions

Resoldre una equació consisteix a trobar la solució (o les solucions) de l'equació.

Per resoldre-la, s'ha de transformar l'equació inicial per intentar deixar la incògnita en un membre i la resta de les dades en l'altre.

NOMBRES I ÀLGEBRA

Raó i proporció

Una **raó** és la relació o comparació entre dues magnituds a i b. S'expressa com una fracció:

$$\frac{a}{b} \rightarrow \begin{cases} a \text{ antecedent} \\ b \text{ conseqüent} \end{cases}$$

Una proporció és la igualtat de dues raons.

$$\frac{a}{b} = \frac{c}{d} = k \rightarrow \begin{cases} a \text{ i } d \text{ extrems} \\ b \text{ i } c \text{ mitjans} \end{cases}$$

k és la **constant o raó de proporcionalitat**.

Relació de proporcionalitat

Dues magnituds són **directament proporcionals** quan, en multiplicar o dividir la primera per un nombre, la segona queda multiplicada o dividida per aquell mateix nombre.

Percentatges

Un **percentatge** representa una quantitat determinada de 100 unitats. El seu símbol és %.

Per calcular el percentatge d'una quantitat, es multiplica aquesta quantitat pel decimal que representa el percentatge. Un percentatge es pot expressar mitjançant un decimal o una fracció.

També estableix una relació de proporcionalitat directa.

Variacions percentuals

La variació percentual és l'expressió, mitjançant un percentatge, de l'augment o la disminució d'una quantitat. Per tant, hi pot haver **disminucions percentuals** o **augments percentuals**.

Entrena't +

Nombres

56. Ordena del més petit al més gran:

a 4,85; 4,843; 4,84 i 4,851
b 0,001; 0,01; 0,0101 i 0,0011
c 3,121; 3,122; 3,12 i 3,21

57. Calcula:

a 732,69 + 308,78
b 9815,032 − 2674,56
c 8457,921 · 20,7
d 47,1 · 2,03 + 54,89

58. Compara aquestes fraccions:

a $\frac{9}{7}\square\frac{11}{7}$
b $\frac{5}{8}\square\frac{3}{8}$
c $\frac{6}{13}\square\frac{18}{4}$
d $\frac{3}{4}\square\frac{5}{6}$

59. Obtén la fracció irreductible d'aquestes fraccions:

a $\frac{18}{24}$ **b** $\frac{36}{27}$ **c** $\frac{35}{49}$ **d** $\frac{30}{45}$

60. Calcula i simplifica quan sigui possible:

a $\frac{3}{10}+\frac{8}{10}-\frac{1}{10}$
b $\frac{15}{12}-\frac{4}{12}-\frac{5}{12}$
c $\frac{3}{2}+\frac{6}{4}+\frac{2}{3}$
d $\frac{14}{9}-\frac{3}{6}-\frac{5}{3}$

Banc digital

Proporcionalitat i tant per cent

61. Copia i completa la taula següent si saps que les magnituds mantenen una relació de proporcionalitat directa:

x	1		5	10	15	20
y		1,2		4		

62. Per a la festa d'aniversari del Lluís han comprat dus dotzenes de pastissets i jo me n'he menjat sis. Quin percentatge del total m'he menjat?

63. Uns pantalons costen 65 €, però per rebaixes hi apliquen un descompte del 20%. Quin és el preu final dels pantalons un cop aplicada la rebaixa?

64. Un cotxe ha consumit 20 L de benzina en recórrer 250 km. Quanta benzina consumirà si recorre 900 km?

65. El David s'ha comprat unes sabates que li han costat 30 €. Si li havien fet un descompte del 25 %, quant costaven abans d'aplicar-hi el descompte?

Banc digital

Àlgebra

66. Troba mentalment el valor de x en les equacions següents:

a $x + 4 = 9$
b $x - 5 = 12$
c $6x = 72$
d $2x + 4 = 14$
e $3x - 10 = 22$
f $7 + 4x = 19$

67. Resol, mitjançant transformacions, aquestes equacions:

a $x - 13 = 31$
b $43 = x + 19$
c $12x = 192$
d $374 = 11x$
e $8x - 16 = 56$
f $43 = 34 + 3x$

68. Planteja com una equació els problemes següents i resol-los:

a Un nombre més cinc és igual a tretze.
b Un nombre menys vuit és igual a nou.
c El doble d'un nombre és vint-i-sis.
d El triple d'un nombre és trenta.
e Al doble d'un nombre se n'hi sumen tres i dona onze.
f Al triple d'un nombre se n'hi resten deu i dona vint.

Banc digital

Mesures

69. Passa aquestes mesures de longitud a decímetres:

a 1,2 km **b** 7 mm **c** 2,1 hm

70. Passa aquestes mesures de massa a decagrams:

a 0,04 kg **b** 75 cg **c** 234 mg

71. Passa aquestes mesures de capacitat a centilitres:

a 0,01 hL **b** 28 mL **c** 0,12 daL

72. Passa aquestes mesures de superfície a metres quadrats:

a 0,0025 km^2 **b** 123 cm^2 **c** 2,75 dam^2

73. Passa aquestes mesures de volum a metres cúbics:

a 0,5 hm^3 **b** 125 cm^3 **c** 5,83 dm^3

74. Passa aquestes mesures a litres:

a 1 m^3 **b** 75 cm^3 **c** 0,5 dam^3

75. Passa aquestes mesures a metres cúbics:

a 24 hL **b** 7500 L **c** 1 kL

Banc digital

Mates en context

14 AM AL AV Social El consum dels cotxes

En la taula següent es mostren les característiques tècniques de diversos models de cotxes: capacitat del dipòsit de gasolina i consum mitjà per ciutat i per carretera.

El consum d'un cotxe s'acostuma a donar en L/100 km, que indica la quantitat de gasolina que es consumeix en recórrer 100 km.

Model	Capacitat (L)	Consum ciutat (L/100 km)	Consum carretera (L/100 km)
Clio	55	7,6	5,1
I30	53	7,8	5,0
C4	60	8,6	4,8
Punto	47	7,4	4,7

Problemes

1. Calcula el consum dels diferents cotxes en km/L; és a dir, quants quilòmetres pot fer cada un amb 1 L de gasolina. Per fer-ho, has de calcular l'invers del consum que es dona (en L/100 km) i multiplicar-lo per 100.
2. Ordena els cotxes de tres maneres diferents: per capacitat, per consum per la ciutat i per consum per carretera.
3. Calcula quants quilòmetres pot recórrer cada cotxe per la ciutat amb el dipòsit de benzina ple i ordena'ls.
4. Fes el mateix que en l'exercici anterior, però aquest cop per carretera.
5. Calcula quants quilòmetres pot recórrer cada cotxe (tant per la ciutat com per carretera) amb 100 L de benzina.
6. Quants dipòsits es podrien omplir de cada cotxe amb 1000 L de gasolina?
7. Si el preu de la gasolina és d'1,32 €/L, quant costarà emplenar el dipòsit?
8. Calcula quant costaria amb cada model la gasolina per fer un viatge de 150 km per carretera i 50 km per ciutat. Amb quin cotxe seria més rendible fer aquest viatge?

Matematitza: 1, 3, 4, 7 **Argumenta: 2, 5** **Planteja: 6, 8**

15 AM AL Professional Les porteries de futbol

Les porteries de futbol han de tenir la mida que estableix la normativa de la Federació Internacional de Futbol (FIFA). Les formen dos pals verticals de 2,44 m d'alt, amb una distància de 7,32 m entre l'un i l'altre, units per la part superior per un travesser horitzontal. Es construeixen amb materials com l'alumini, l'acer, el plàstic o algun aliatge lleuger.

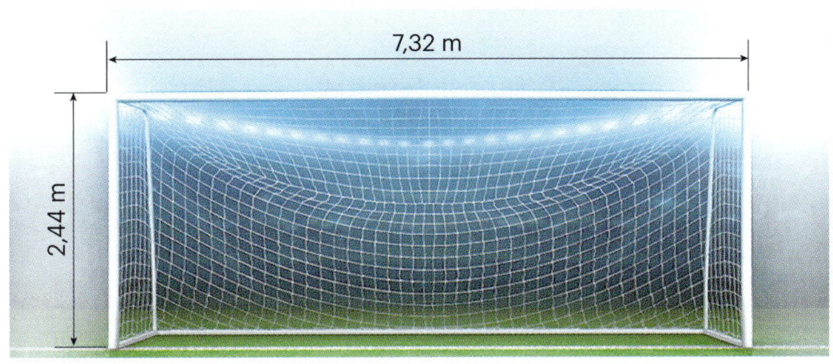

Entre els anys 2009 i 2016, els porters europeus tenien una alçada mitjana de 188,8 cm i els espanyols, de 186,8 cm.

En el terreny de joc hi ha una zona que s'anomena àrea petita o àrea de meta.

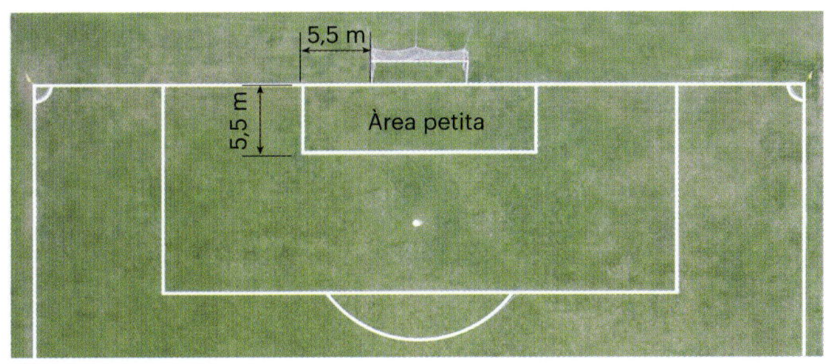

Problemes

1. El travesser és més llarg o més curt que els dos pals verticals? Quina és la diferència que hi ha entre aquests?
2. Quins porters tenien una alçada mitjana més gran entre 2009 i 2016, els espanyols o els europeus? Quants centímetres es portaven de diferència?
3. **a** Quan un porter està situat dret sota els pals, quant li falta per arribar al travesser?

   b Si s'estirés sobre la línia de meta (la que uneix els dos pals per la base) amb els peus en un dels pals, quants porters com ell caldrien per arribar a l'altre pal?
4. Els pals s'han de col·locar a la mateixa distància de les cantonades de la línia de menys longitud. Quina és aquesta distància?
5. **a** Quina és la longitud de l'àrea petita?

   b A quina distància de la cantonada es troba?

Argumenta: 1, 2, 3 **Matematitza: 4, 5**

16 AM AL AP Personal Interès bancari

L'Àngela ha aconseguit estalviar 8000 € i li han recomanat un dipòsit a termini fix. Consisteix a dipositar els diners al banc durant un temps i se'n rep un interès. Els dipòsits que ofereix el banc són aquests:

Dipòsit exprés	Dipòsit fidelitat	Dipòsit fàcil
0,2 % mensual	2 % Primer any	3 % anual
	3 % Segon any	
	4 % Tercer any	
	5 % Resta d'anys	

Problemes

1. Quants diners podrà aconseguir l'Àngela si deixa els diners un any en cada un dels dipòsits?
2. Quant rebrà si deixa els diners 3 anys en cada dipòsit? Calcula el percentatge de benefici en cada cas.
3. Si vol aconseguir estalviar 4000 €, amb quin dipòsit ho aconseguirà abans? Quant temps ha de deixar-hi els diners, tenint en compte que afegeix els beneficis al capital? I si no hi afegeix els beneficis?

Matematitza: 1 Argumenta: 2, 3

17 AM AL AP Social Regla del 50/20/30, el nou mètode d'estalvi

La regla 50/20/30 és una proposta per estalviar a final de mes. Consisteix a destinar el 50 % a les despeses més bàsiques, com l'habitatge, el menjar, les factures..., el 20 % a estalvis i el 30 % a despeses personals com la roba, l'oci i els viatges.

Problemes

1. Si una família ingressa 1500 €, quants diners haurà de destinar a cada cosa?
2. Un mes els sobren 150 € del 50 % que destinen a despeses bàsiques i els deriven a l'estalvi.
   a Com queden, llavors, els percentatges?
   b I si destinessin 60 € a estalvi i la resta per a despeses personals?
3. El fill gran vol anar a estudiar a Londres, de manera que decideixen destinar-hi el 15 % dels ingressos mensuals. Quant estalvien al mes?
4. Decideixen treure els diners a parts iguals dels altres conceptes. Calcula quants diners destinen a cada cosa ara i com queden els percentatges.
5. Si el curs costa 8100 €, durant quant temps han d'estalviar?

Matematitza: 1, 3 Argumenta: 2, 4, 5

18 AM AL Personal La safata de fruita

Per a la festa d'aniversari de la María, el seu pare li ha preparat unes safates amb fruita com la que es veu en el dibuix perquè se les mengin per berenar els seus amics i companys de classe.

Problemes

1. Identifica quins tipus de fruites hi ha a la safata.
2. Compta quants trossos hi ha de cada una de les fruites que estan tallades.
3. Quantes peces hi ha senceres. Indica'n el nombre, separat per tipus de fruita.
4. Fixa't en el dibuix i expressa les raons següents:
   a Nombre de maduixes a nombre de grans de raïm verd.
   b Nombre de grills de mandarina a nombre de dàtils.
   c Nombre de raïm negre a trossos de kiwi.
   d Nombre de cada tipus al total de fruites.

Comunica: 1, 2, 3 Matematitza: 4

19 AM AL AS Social El triple salt

El triple salt és una prova atlètica que consisteix a saltar la distància més gran possible des d'un punt determinat fent tres impulsos: el saltador corre uns quants metres, fa un primer salt i, després de dues grans gambades, cau en una fossa de sorra. El primer (que s'anomena rebot) és un salt a peu coix (cau amb la mateixa cama que ha saltat); quan fa el segon (que s'anomena pas), cau amb l'altra cama, i el tercer (anomenat salt) l'acaba amb una caiguda semblant a la del salt de longitud (amb els dos peus junts).

De manera aproximada, en el rebot se salta el 35% del total, en el pas, el 30% del total i en el salt, el 35% del total.

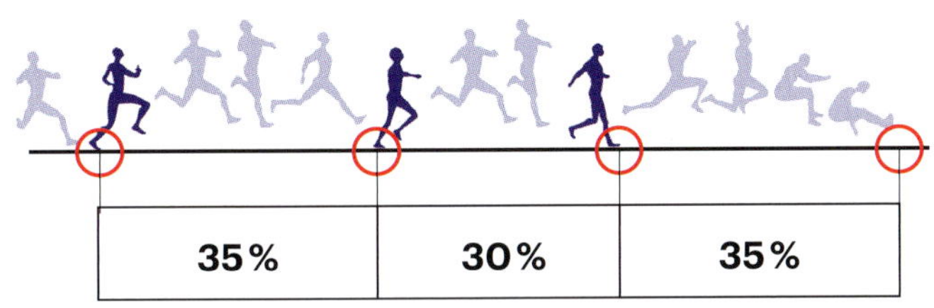

El rècord mundial masculí és de 18,29 m i el femení, de 15,50 m. El rècord espanyol masculí és de 16,87 m i el femení és de 14,36 m.

Problemes

1. Quina és la diferència entre el rècord mundial i l'espanyol en categoria masculina? I en la categoria femenina?
2. Quina és la diferència entre el rècord espanyol masculí i el femení? I entre els mundials?
3. Calcula aproximadament l'espai recorregut en cada fase del triple salt (rebot, pas i salt) en el rècord mundial masculí i en l'espanyol femení.
4. En els entrenaments, l'Albert ha aconseguit fer un rebot de 5,40 m. Quant ha saltat, aproximadament, en total? Ha aconseguit el rècord d'Espanya?
5. La Muriel ha saltat un pas de 4,35 m. Pot batre el rècord espanyol? Quant li faltarà per assolir-lo o per quant el superarà?
6. L'Ernest sap que pot saltar un pas de 5,40 m. Quina distància hauria de saltar en cada una de les altres dues fases (suposant que mesuren el mateix) per batre el rècord mundial? És possible?
7. Considera x la distància que l'Ernest recorre en el rebot. Planteja una equació amb les dades de l'exercici anterior i resol-la.

Matematitza: 1, 2, 3 **Argumenta: 4, 5** **Planteja: 6** **Simbolitza: 7**

20 AM AL AP Personal Un dia a la piscina

A la Rosa, la Pepa, la Dora i l'Àngela els agrada molt nedar i aprofiten qualsevol dia d'estiu per anar a una piscina olímpica (50 m de longitud) i fer uns quants llargs (nedar d'un extrem a l'altre de la piscina).

Es van apuntar en una marató de natació per recaptar diners per a una obra social. La Rosa va nedar un determinat nombre de llargs (que anomenarem x); la Pepa va nedar el doble de llargs que la Rosa; la Dora, 4 llargs més que la Rosa, i l'Àngela, 2 menys que la Pepa.

Problemes

1. Expressa, en funció del que va nedar la Rosa (x), el que van nedar les altres amigues.
2. Si la Rosa va fer 8 llargs, quants en van fer les seves amigues?
3. Quants metres va nedar cadascuna d'elles?
4. Expressa en quilòmetres el total del que van nedar entre les quatre amigues.
5. Quants llargs els van fer falta per arribar a fer 40 hm?
6. Expressa aquest darrer problema com si fos una equació en què x sigui el nombre de llargs que els falten per nedar.
7. Resol aquesta equació mitjançant transformacions i comprova que el resultat coincideixi amb el del problema 5.
8. Expressa com a raó la distància que ha nedat la Rosa en relació amb el que han nedat les altres noies.
9. Quin percentatge del total va nedar cada amiga?
10. L'endemà, la Rosa va anar sola a la piscina. Després de fer un nombre determinat de llargs, havia completat el 20% del total; a continuació, va fer dos llargs més i va completar el 25% del total. Quants llargs va nedar aquell dia?

Simbolitza: 1, 6 **Planteja: 2, 5, 7** **Matematitza: 3, 4, 8, 9** **Argumenta: 10**

Professor a casa. Problema resolt (equacions).

1. Expressa aquestes mesures en decímetres:

a 0,5 dam **b** 7 mm **c** 3,2 km **d** 15 cm

2. Digues quants hectolitres són:

a 7,3 L **b** 2,5 kL **c** 0,3 daL **d** 9 dL

3. Completa aquestes igualtats:

a $5\ m^2 = \_\_\ cm^2$ **c** $3{,}6\ mm^2 = \_\_\ m^2$

b $7\ dam^3 = \_\_\ km^3$ **d** $0{,}5\ dm^3 = \_\_\ dm^3$

4. Ordena els decimals següents del més gran al més petit: 2,35; 2,315; 2,353; 2,32.

5. Calcula:

a 135,18 + 4,012 − 48,304

b 125,03 · 20,5

6. Simplifica per obtenir la fracció irreductible:

a $\frac{8}{10}$ **b** $\frac{24}{18}$ **c** $\frac{15}{20}$ **d** $\frac{6}{18}$

7. Compara les parelles de fraccions:

a $\frac{6}{9}\square\frac{6}{7}$ **b** $\frac{12}{27}\square\frac{24}{27}$ **c** $\frac{9}{4}\square\frac{3}{8}$

8. Opera i simplifica:

a $\frac{9}{15}+\frac{6}{15}-\frac{12}{15}$ **b** $\frac{2}{9}+\frac{1}{3}$ **c** $\frac{8}{6}-\frac{2}{2}$

9. Entre les raons següents, quines formen proporció?

$\frac{16}{40}, \frac{2}{3}, \frac{0{,}8}{2}, \frac{12}{18}$

10. Troba el valor del terme x d'aquestes proporcions:

a $\frac{x}{12}=\frac{4}{6}$ **b** $\frac{15}{2{,}5}=\frac{x}{2}$ **c** $\frac{35}{100}=\frac{5}{x}$

11. En una fàbrica de seda, de cada 3 capolls de crisàlides obtenen una mitjana de 2250 m de fil. Quants capolls necessitaran per obtenir una mitjana de 60 000 m de fil?

12. Calcula el 35 % de 85.

13. L'any 2017, el nombre de persones que ocupava un lloc de direcció en les empreses amb seu a la Unió Europea era de 7,3 milions. D'aquestes persones, 2,6 milions són dones. Quin percentatge representen?

14. El preu d'una rentadora al qual s'ha aplicat un descompte del 15 % és de 212,5 €. Quant valia la rentadora abans d'aplicar-hi el descompte?

15. Comprova que $x = 6$ és la solució de l'equació $5x - 12 = 18$.

16. Resol aquestes equacions:

a $x + 5 = 9$ **c** $4x - 2 = 18$

b $30 = 3x$ **d** $16 = 5x + 1$

	4 punts	3 punts	2 punts	1 punt
1. Sistema mètric decimal.	Conec la relació entre les unitats, els seus múltiples i submúltiples, i faig correctament els canvis entre aquestes.	Conec la relació entre les unitats, els seus múltiples i submúltiples i faig amb algun error els canvis entre aquestes.	Conec la relació entre les unitats, els seus múltiples i submúltiples, però no faig bé els canvis entre aquestes.	No conec la relació entre les unitats, ni els seus múltiples i submúltiples; per tant, no sé fer canvis entre aquestes.
2. Ordenació i operacions amb decimals.	Ordeno els decimals i hi opero correctament.	Ordeno els decimals i hi opero, però cometo alguns errors.	Ordeno els decimals, els sumo i resto amb algun error, però no els multiplico.	No ordeno ni opero amb decimals correctament.
3. Fraccions equivalents.	Reconec i obtinc fraccions equivalents i trobo correctament la irreductible.	Reconec i obtinc fraccions equivalents i trobo amb algun error la irreductible.	Reconec i obtinc fraccions equivalent només per amplificació, però no sé reduir.	No reconec ni obtinc fraccions equivalents correctament.
4. Comparació i operacions amb fraccions.	Comparo, sumo i resto fraccions correctament.	Comparo, sumo i resto fraccions amb algun error.	Comparo, sumo i resto fraccions només si tenen el mateix denominador.	No comparo, ni sumo ni resto fraccions correctament.
5. Raons i proporcions.	Identifico raons i proporcions i trobo correctament els termes d'una proporció.	Identifico raons i proporcions i trobo els termes d'una proporció amb algun error.	Identifico raons i proporcions, però no trobo els termes d'una proporció.	No identifico raons ni proporcions i no trobo correctament els termes d'una proporció.
6. Magnituds directament proporcionals. Percentatges.	Plantejo i resolc problemes de proporcionalitat directa i percentatges.	Plantejo i resolc problemes de proporcionalitat directa i percentatges amb algun error.	Plantejo i resolc problemes de proporcionalitat directa.	No plantejo ni resolc problemes de proporcionalitat directa ni percentatges.
7. Equacions senzilles de primer grau.	Resolc correctament equacions de primer grau senzilles.	Resolc equacions de primer grau quan el coeficient de x és 1.	Resolc equacions de primer grau senzilles amb algun error.	No resolc equacions de primer grau senzilles.

PDF

3 Educació viària

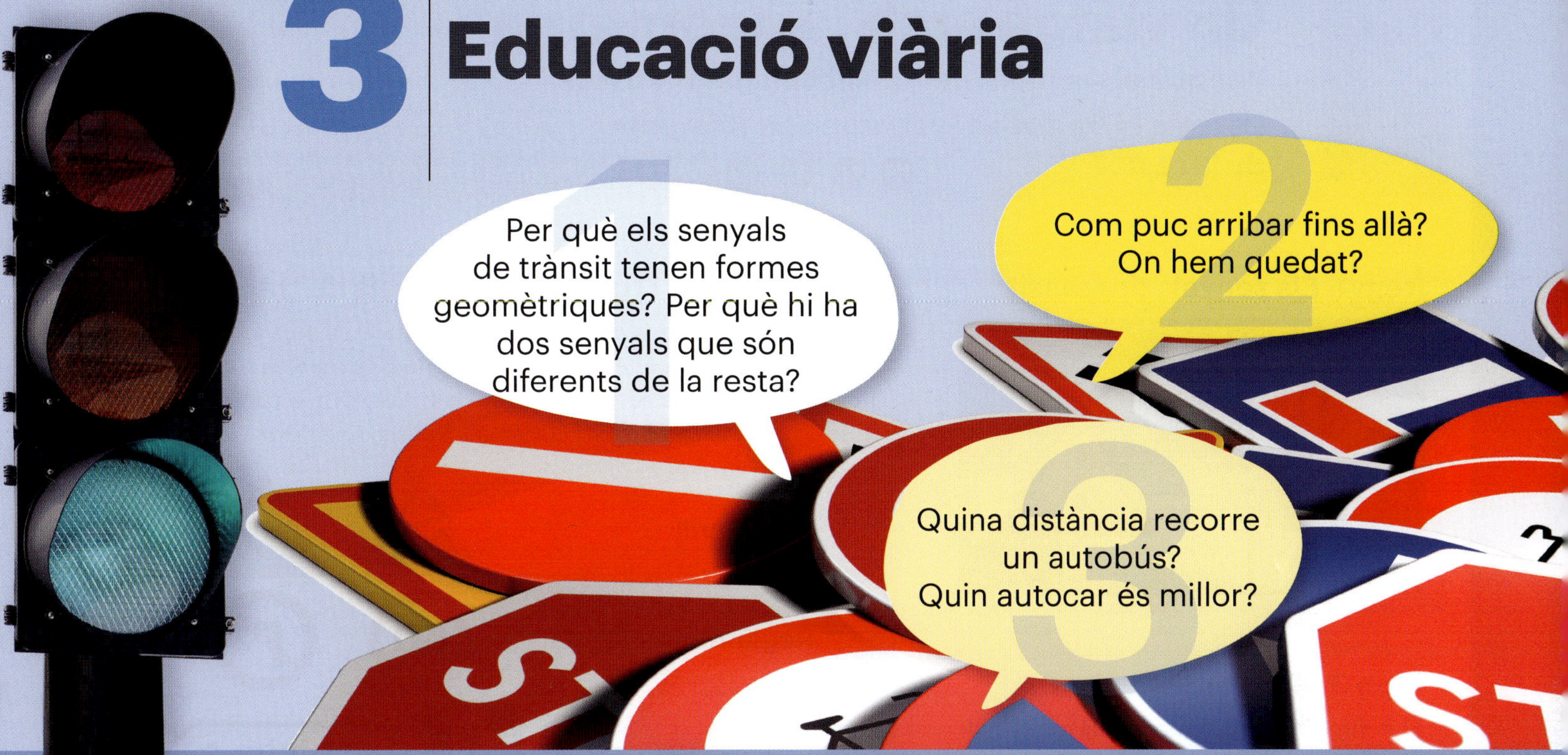

BLOCS DE CONTINGUTS	Situació 1	Situació 2	Situació 3
NOMBRES I ÀLGEBRA			
Nombres negatius. Significat i ús en contextos reals.		●	
Representació i ordenació en la recta numèrica.		●	
Traducció al llenguatge algebraic d'expressions del llenguatge quotidià que representen situacions reals, i viceversa.			●
Obtenció de fórmules i termes generals basada en l'observació de pautes.			●
GEOMETRIA I MESURA			
Elements bàsics de la geometria del pla. Relacions i propietats de figures en el pla. Paral·lelisme i perpendicularitat.	●		
Construccions geomètriques senzilles: mediatriu i bisectriu. Propietats.	●		
Figures planes elementals: triangle, quadrat i figures poligonals.	●		
Classificació de triangles i quadrilàters. Propietats i relacions.	●		
Càlcul d'àrees i perímetres de figures planes.	●		
Circumferència, cercle, arcs i sectors circulars.	●		
Triangles rectangles: el teorema de Pitàgores, la seva justificació geomètrica i aplicacions.	●		
FUNCIONS			
Coordenades cartesianes: representació i identificació de punts en un sistema d'eixos de coordenades.		●	●
El concepte de funció: variable dependent i variable independent. Creixement i decreixement.			●
Formes de presentació: llenguatge habitual, taula i funció.			●
Funcions lineals: càlcul, interpretació i identificació del pendent de la recta. Representacions de la recta a partir de l'equació.			●

1 Un viatge amb la geometria

Per què els senyals de trànsit són geomètrics? Per què hi ha dos senyals que són diferents de la resta?

AM AL AP AV Social Personal

Aprèn a...

- Reconèixer i descriure les propietats dels polígons regulars.
- Conèixer els elements dels triangles, quadrilàters, paral·lelograms, i de la circumferència i el cercle.
- Resoldre problemes de distàncies, perímetres i angles en contextos reals.

Ítem 1. Els senyals de trànsit

Ítem 2. Forma i funció dels senyals de trànsit

Els senyals de trànsit verticals es classifiquen en tres grans grups, segons la funció que tenen. Llevat d'algunes excepcions, cada grup presenta una forma geomètrica concreta. Això és així perquè, des de lluny, ajuden el conductor i el vianant a posar-se en situació.

Perill	
Reglamentació	
Indicació	

Ítem 3. Perímetre

El perímetre d'una figura plana és el resultat de sumar les mesures de tots els seus costats.

Construeix amb el que saps

Argumenta

1. Observa els senyals de l'ítem 1 i fixa't en el nombre de costats.

   a Hi ha cap figura que tingui tres costats? Com s'anomena aquesta figura geomètrica? Classifica aquestes figures de tres costats segons els seus costats i els seus angles.

   b Segons l'ítem 2, a quin grup de senyals pertanyen? Justifica la resposta.

Matematitza

2. El costat d'una de les figures anteriors mesura 135 cm. Quin és el seu perímetre? Quant sumen els seus angles? Quant mesura cadascun d'aquests angles?

Argumenta

3. S'uneixen per la base dos senyals de tres costats de la pregunta 1.

   a Quina figura geomètrica s'obté? Dibuixa-la a la llibreta. Quant sumen els seus angles? Quant mesura cadascun?

   b Traça'n les diagonals. Quin angle formen entre si? Quines figures geomètriques hi observes?

4. **a** En els senyals de l'ítem 2 hi ha dues rampes amb un pendent del 10 %. Volen dir el mateix les dues figures? Explica'n la diferència.

   b Mesuren el mateix els angles del triangle negre que els angles del triangle blanc? Quant mesuren aquests angles? Com s'anomenen aquests triangles?

Comunica

5. **a** Ara fixa't en el senyal del pas de vianants. Quina forma té? Com són entre si les línies del pas de vianants?

   b Quins polígons observes dins del senyal?

   c Comenta amb els companys i companyes per què et sembla que hi ha un triangle blanc.

6. **a** Torna't a fixar en l'ítem 1. Hi veus altres polígons, en la fotografia? Quins?

   b Classifica'ls segons el nombre de costats que tenen i digues quin és el seu nom. Són regulars?

Argumenta

7. Segons l'ítem 2, a quin grup pertanyen els senyals esmentats en les preguntes 5 i 6? Per què diries que són d'un altre color?

Ítem 4. Diversitat geomètrica dels senyals de trànsit

La forma, el color i la mida dels senyals de trànsit estan regulats per llei i sempre són els mateixos.

Ítem 5. Longitud d'una circumferència

La longitud, L, d'una circumferència depèn de la longitud del seu radi, r. Per calcular-la, fem:

$$L = 2\pi \cdot r$$

on $\pi = 3{,}14$.

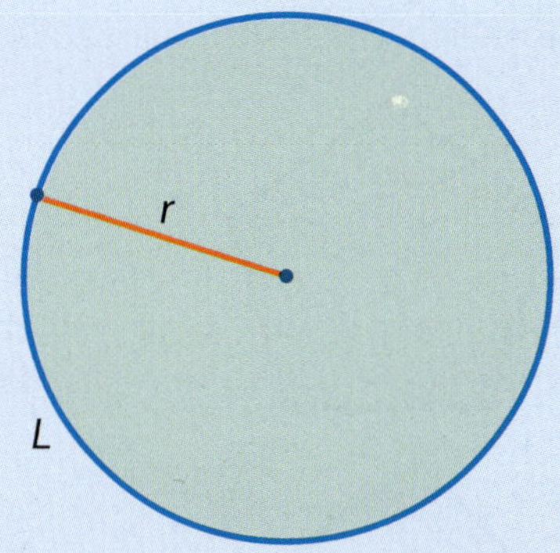

Construeix amb el que saps

Argumenta 8 Observa tots els senyals de l'ítem 4. Per descriure els diferents polígons que els formen, copia i completa una taula com aquesta:

Esquema del senyal	Polígon	Nombre de costats	Com són els costats i els angles?	És un polígon regular?	Descripció

Matematitza 9 El costat d'un senyal d'estop mesura 37 cm. Quin n'és el perímetre?

Comunica 10 Hi identifiques cap altre tipus de figures que fins ara no havien sortit? Quines?

Argumenta 11 Si t'hi fixes, de les figures que has observat en la pregunta anterior, n'hi ha de blaves i n'hi ha de vermelles. Identifica, segons l'ítem 2, a quin grup pertanyen i explica els motius que has tingut en compte per arribar a aquesta conclusió.

Matematitza 12 El radi d'aquestes figures fa 45 cm. Quina longitud farà la vora?

Comunica 13 D'entre tots els senyals que heu analitzat en els ítems 1 i 4, quins us semblen més diferents de la classificació general? Enuncieu una hipòtesi sobre per què penseu que és així.

Argumenta 14 **Treball de recerca**. De totes les figures que heu observat, investigueu quina pot ser la més resistent, és a dir, la que menys es deforma.

El que has construït

Reconeixes i classifiques figures geomètriques com els polígons de tres costats (**triangles**) i els de quatre (**quadrilàters**).

Reconeixes un **polígon regular** perquè té tots els angles i tots els costats són iguals.

Identifiques la **circumferència** i el **cercle**.

Calcules el **perímetre dels polígons** sumant la longitud dels seus costats.

Calcules la **longitud de la circumferència** aplicant la fórmula $L = 2\pi \cdot r$.

1. Polígons

Un **polígon** és una porció del pla limitada per segments (fig. 1). Els podem classificar segons:

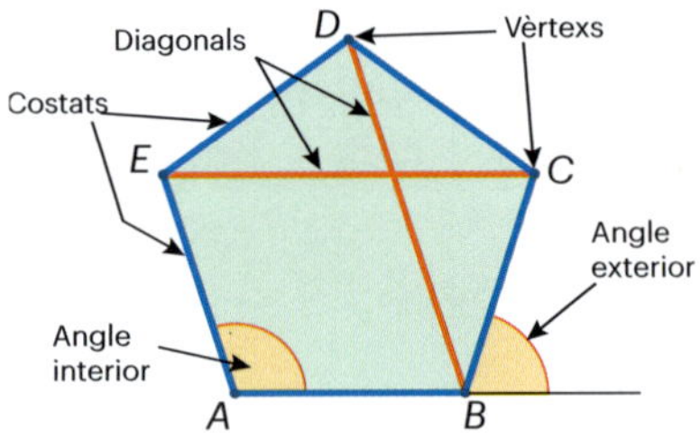

Fig. 1. Elements d'un polígon.

- El **nombre de costats o d'angles interiors**: triangle (3 costats), quadrilàter (4 costats), pentàgon (5 costats), hexàgon (6 costats), etc.
- **Amplitud dels angles** (fig. 2):
    - **Convex.** Tots els angles interiors tenen menys de 180° i qualsevol segment que uneix punts del polígon es troba dins seu.
    - **Còncau.** Algun dels seus angles interiors té més de 180° i no sempre és possible que un segment que uneixi punts del polígon estigui dins seu.

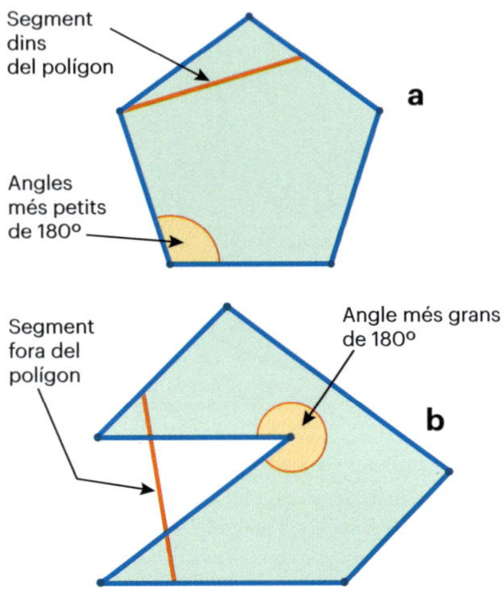

Fig. 2 a Polígon convex. **b** Polígon còncau.

Un polígon és **regular** si els seus costats i els seus angles són iguals (fig. 3).

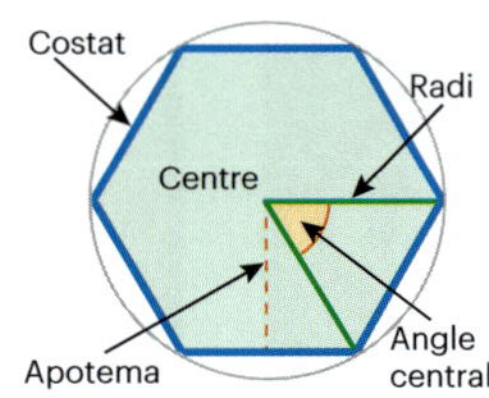

Fig. 3. Qualsevol polígon regular es pot inscriure en una circumferència de radi igual al del polígon.

2. Triangles

Tenim tres segments de longituds $a < b < c$. Amb aquests segments es pot formar un triangle sempre que la suma de les longituds dels dos segments més petits sigui més gran que la longitud del segment més gran, és a dir, $a + b > c$.

Exemple

1. Es pot construir un triangle els costats del qual mesurin $a = 3$, $b = 4$ i $c = 4$? Sí, perquè $3 + 4 > 4$; però no en podríem construir un els costats del qual mesuressin $a = 2$, $b = 2$ i $c = 6$, perquè $2 + 2 < 6$.

2.1 Tipus de triangles segons els seus angles

- Si $a^2 + b^2 < c^2$, és un triangle **obtusangle** (té un angle més gran de 90°).
- Si $a^2 + b^2 > c^2$, és un triangle **acutangle** (tots els seus angles són més petits de 90°).
- Si $a^2 + b^2 = c^2$, és un triangle **rectangle** (tenen un angle de 90°). En aquest cas, els costats petits s'anomenen **catets** i el més gran, **hipotenusa**. La hipotenusa és el costat oposat a l'angle de 90° (fig. 4).

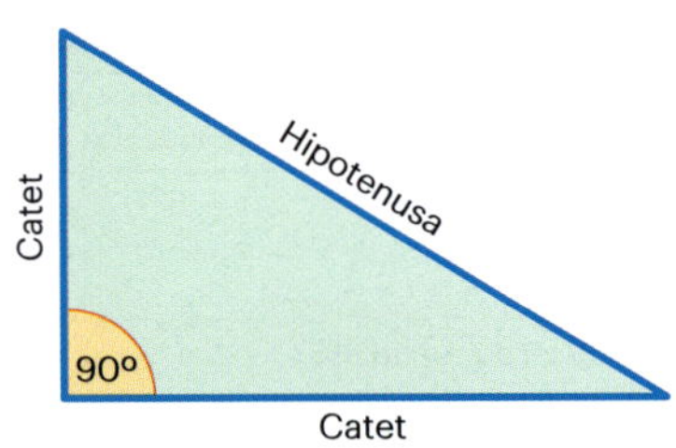

Fig. 4. Costats d'un triangle rectangle.

La igualtat $a^2 + b^2 = c^2$ és l'expressió del **teorema de Pitàgores** i els tres nombres qualssevol que el compleixen formen una **terna pitagòrica.**

Professor a casa.
Ternes pitagòriques.

Exemple

2. El triangle de la figura 5a, en què $a = 3$, $b = 4$ i $c = 5$, és un triangle rectangle, perquè $3^2 + 4^2 = 5^2$. Els nombres 3, 4 i 5 formen una terna pitagòrica. Observa que la hipotenusa (el costat més gran, **c**, és el costat oposat a l'angle recte, de 90°).

El triangle de la figura 5b, en què $a = 3$, $b = 4$ i $c = 6$, és un triangle obtusangle, perquè $3^2 + 4^2 < 6^2$.

El triangle de la figura 5c, en què $a = 3$, $b = 4$ i $c = 4$, és un triangle acutangle, perquè $3^2 + 4^2 > 4^2$.

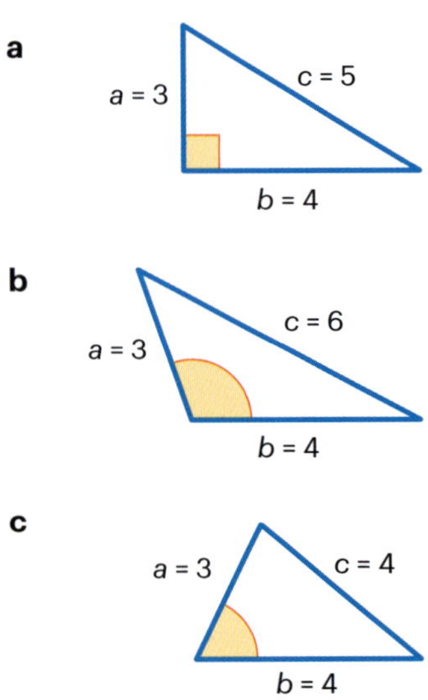

Fig. 5. Tipus de triangles segons els seus angles.

2.2 Rectes i punts notables d'un triangle

Interactiu. Rectes notables.

Mitjanes	Bisectrius	Altures	Mediatrius
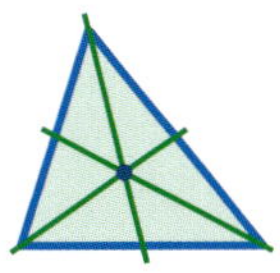	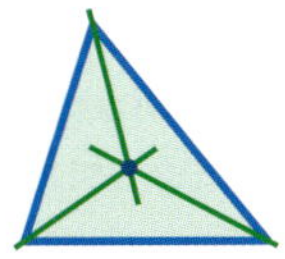	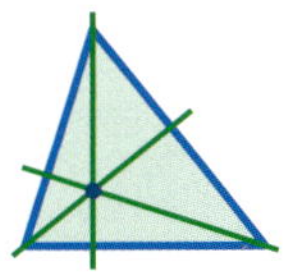	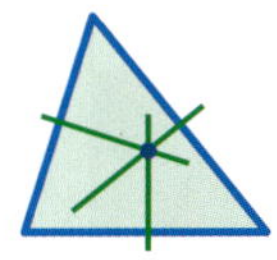
Rectes amb origen en un vèrtex i que passen pel punt mitjà del costat oposat. Es tallen en el **baricentre**, que és el centre de gravetat del triangle.	Rectes que divideixen els angles en dues parts iguals. Es tallen en l'**incentre**, que és el punt que es troba a la mateixa distància de tots dos costats.	Rectes que passen per cadascun dels vèrtexs i que són perpendiculars al costat oposat. Es tallen en l'**ortocentre.**	Rectes perpendiculars a cada costat des del seu punt mitjà. Es tallen en el **circumcentre**, que es troba a la mateixa distància de tots els vèrtexs.

3. Quadrilàters

Qualsevol quadrilàter es pot descompondre en dos triangles. Es classifiquen en:

- **Paral·lelograms**, amb costats paral·lels dos a dos: quadrat, rectangle, rombe i romboide.
- **No paral·lelograms**, que poden tenir dos costats paral·lels (**trapezi**, fig. 6) o bé no tenir-ne cap (**trapezoide).**

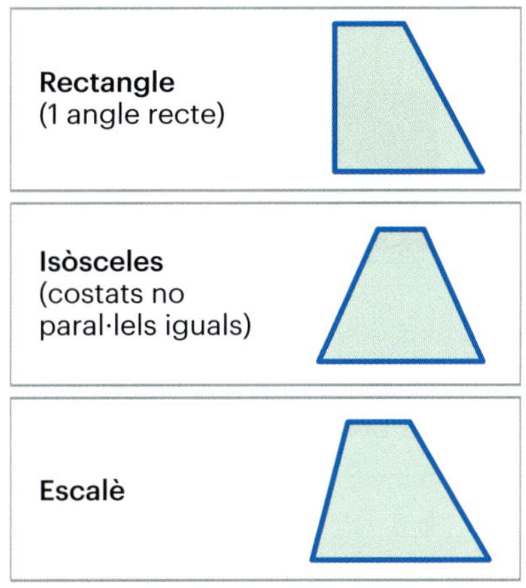

Fig. 6. Trapezis.

4. Circumferència i cercle

Una **circumferència** és una corba tancada i plana els punts de la qual es troben a la mateixa distància d'un punt fix anomenat *centre*. El **cercle** és la superfície interior de la circumferència (fig. 7).

Centre *O*
Punt situat a la mateixa distància de tots els punts de la circumferència.

Radi
Segment que uneix el centre amb qualsevol punt de la circumferència.

Corda
Segment que uneix dos punts de la circumferència.

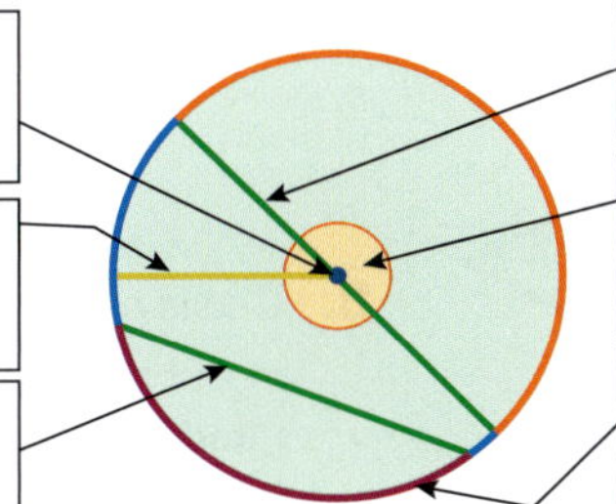

Diàmetre
Corda que passa pel centre de la circumferència.

Angle central
El vèrtex de l'angle coincideix amb el centre i els costats són dos radis. L'angle complet són 360º.

Arc
Part compresa entre dos punts de la circumferència. Un diàmetre divideix la circumferència en dos arcs iguals o semicircumferències.

Longitud d'una circumferència *L*:

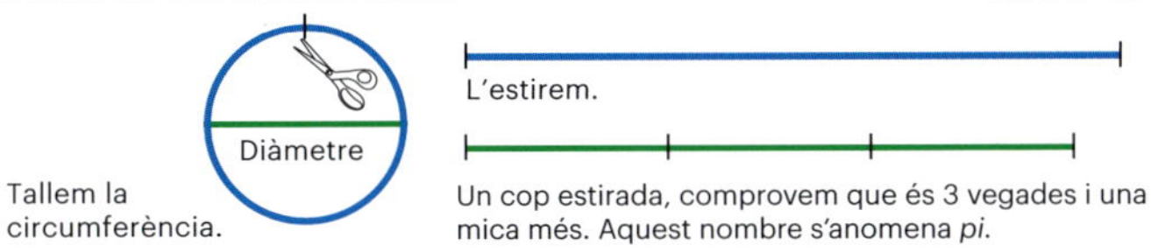

Observa que π és la raó entre la longitud i el diàmetre d'una circumferència. $\pi = \frac{L}{d}$

El nombre pi, π, té un valor de **3,1416...** És un nombre amb infinites xifres decimals i, per treballar-hi, fem servir el valor 3,14. Així, $L = d \cdot \pi$. Com que el diàmetre és dues vegades el radi, també es pot escriure com a $L = 2\pi \cdot r$.

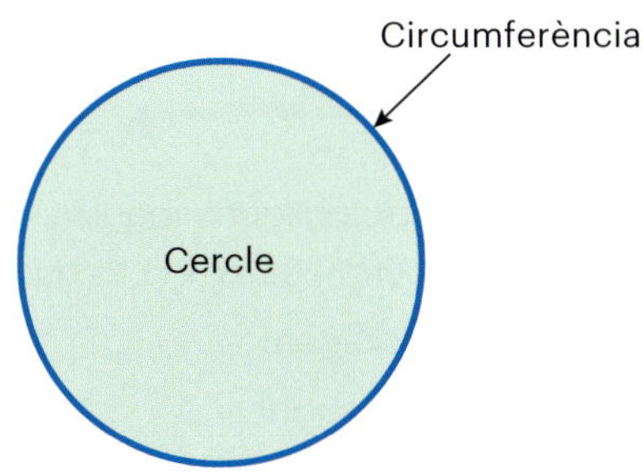

Fig. 7. Circumferència i cercle.

Exemple

3. Calcula la longitud d'una circumferència de radi $r = 4$ cm.

$$L = 2 \cdot 3{,}14 \cdot 4 = 25{,}12 \text{ cm}$$

Entrena't

1. Copia i completa aquesta taula:

Figura	Còncau o convex?	Nombre de costats i nom	Regular?
	Còncau	3 Triangle	Sí

2. Digues si les mesures següents (en centímetres) poden ser els costats d'un triangle i, si és així, indica si és rectangle, obtusangle o acutangle:

a $a = 3$, $b = 3$ i $c = 7$
b $a = 2$, $b = 4$ i $c = 5$
c $a = 6$, $b = 8$ i $c = 10$
d $a = 5$, $b = 6$ i $c = 7$
e $a = 5$, $b = 3$ i $c = 1$

3. Classifica els quadrilàters següents:

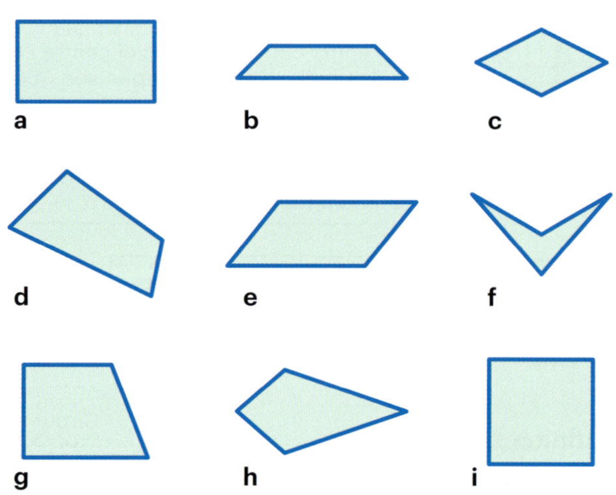

4. Partim de polígons regulars de 6 cm de costat. Calcula'n el perímetre en el cas que aquest polígon sigui

a Un heptàgon.
b Un pentàgon.
c Un triangle.
d Un dodecàgon.

5. Imagina't que es vol instal·lar una benzinera a la mateixa distància de diversos pobles. Explica com situaries aquesta benzinera en els casos següents:

a Tres pobles no alineats.
b Quatre pobles que formen un rectangle.

6. Copia a la llibreta el gràfic següent i completa'l:

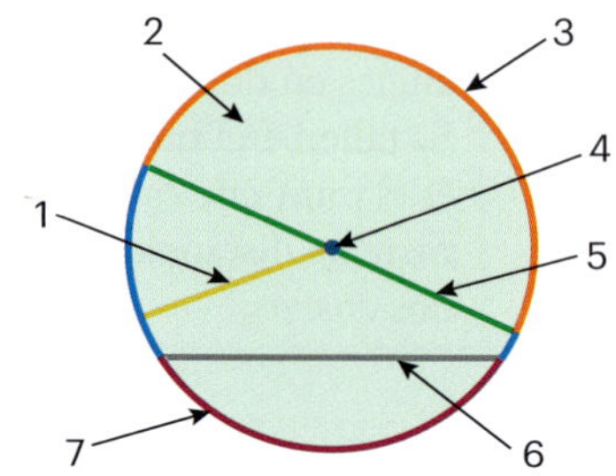

- ☐ Radi
- ☐ Diàmetre
- ☐ Circumferència
- ☐ Centre
- ☐ Cercle
- ☐ Arc
- ☐ Corda

7. Exercici resolt. Tenim una circumferècia amb un radi de 8 cm. Calcula'n la longitud d'un arc corresponent a un angle central de 45°.

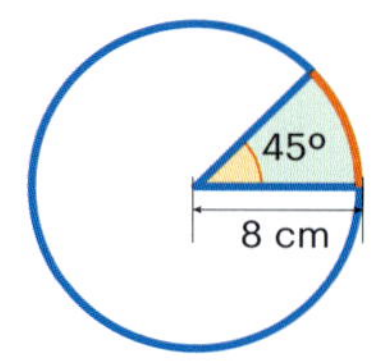

Professor a casa. Exercici resolt (arc de circumferència).

La longitud de la circumferència completa, és a dir, la que correspon a 360°, és $L = 2\pi \cdot r$. Això es pot expressar mitjançant la raó $\frac{2\pi \cdot r}{360º}$. A continuació, per calcular l'arc corresponent a 45° n'hi ha prou de resoldre la proporció:

$$\frac{2\pi \cdot 8}{360º} = \frac{x}{45º} \qquad x = \frac{16 \cdot 45 \cdot \pi}{360} = 2\pi = 6{,}28$$

8. Copia a la llibreta aquesta taula i completa-la:

Radi i angle central	Longitud de la circumferència	Longitud de l'arc corresponent a l'angle central
12 cm, 120°		
15 cm, 36°		
10 cm, 72°		

9. En una roda de fira, hi han de col·locar 24 vagons a la mateixa distància. Com penses que es pot fer?

Banc digital

Mates en context

1 AM AL Personal El parxís

La família Llopis-Mateu ha decidit jugar una partida de parxís. En observar el tauler, s'han adonat que conté molts tipus de figures geomètriques.

Problemes

1. Quants costats té el polígon exterior? Quin nom rep? És còncau o convex? És regular?
2. Identifica els altres polígons que hi ha i classifica'ls. Digues, també, si són o no regulars.
3. Hi ha cap polígon que sigui còncau? Quants costats té? Quin nom rep?
4. Hi ha cap altre element geomètric? On es troba? Com en trobaries el centre? Com s'anomena aquest punt respecte del triangle?
5. Quin polígon s'obté si s'uneix el centre de totes les circumferències? És regular?

Comunica: 1, 5 **Argumenta: 2, 3, 4**

2 AM AL AS Social Els cavallers de la taula rodona

+− Els cavallers de la taula rodona va ser un orde mític de cavalleria fundat pel rei Artur a Camelot. A fi de tractar diferents assumptes, es reunien al voltant d'una taula rodona, en què no hi havia cap lloc principal.

Problemes

1. Si hi ha 24 cavallers al voltant de la taula, amb la mateixa distància de separació entre l'un i l'altre, com et sembla que es pot calcular el lloc de cadascun?
2. La taula té un diàmetre de 8 metres. Quina distància recorrerà algú que la vulgui envoltar sencera?
3. Quina distància hi ha entre un cavaller i l'altre?
4. Imagina't que els llocs estan numerats en el sentit de les busques d'un rellotge. Quina distància recorre el cavaller assegut en el lloc 2 per poder parlar amb el cavaller del lloc 15? I el del lloc 4 per parlar amb el del lloc 10? I el cavaller del lloc 12 si vol parlar amb el del lloc 24? Escull el camí més curt.

Matematitza: 1 **Planteja: 2, 3, 4**

3 AM AL Personal Repartir una pizza

L'Hug i els seus amics han decidit demanar una pizza per celebrar que han començat les vacances. Com que els agrada molt el formatge, n'han encarregat una que en té les vores farcides.

Problemes

1. Quina forma té la pizza? Si són 8 amics, quants graus tindrà cada porció?
2. Un cop la pizza ja estava tallada, ha arribat la Laura, de manera que l'Hug ha decidit partir la seva porció en dues parts iguals. Per on l'ha de tallar? El tall que ha fet rep algun nom? Quina quantitat correspon a cadascú?
3. Si el diàmetre de la pizza fa 40 cm, quant mesura la vora de formatge? Quanta vora de formatge toca a cadascú, comptant la Laura?

Matematitza: 1, 3 **Argumenta: 2**

4 AM AL Personal Portes giratòries

+− Una porta giratòria és un tipus de porta que es pot fer servir alhora per entrar i per sortir. A més, minimitza la fuita d'aire en edificis climatitzats. Vista des de dalt, una porta giratòria és tal com es veu en el dibuix.

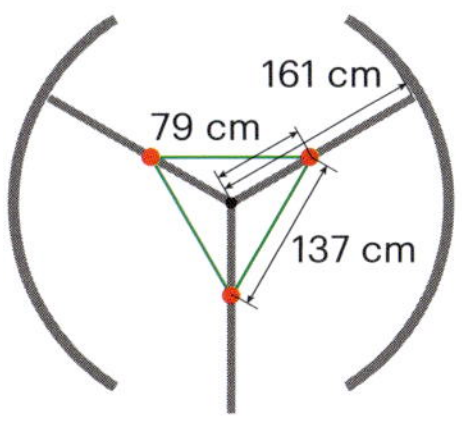

Problemes

1. Quants graus mesura l'angle que formen dues fulles de la porta?
2. Quina longitud té cada fulla?
3. Quina és la longitud de l'arc que determinen dues fulles de la porta?
4. Les dues obertures són iguals: quant mesura cadascuna?
5. Els punts vermells s'anomenen *boles de retenció*. Quina figura es forma quan s'uneixen? Classifica la figura segons els costats i els angles que té i calcula'n el perímetre.
6. A quina distància es troba el centre de la porta respecte de les boles de retenció? Com es pot determinar on és el centre?

Matematitza: 1, 2, 3, 5 **Argumenta: 4, 6**

2 A la recerca del millor camí

Com puc arribar fins allà?

On hem quedat?

AM AL AP Social Personal

Aprèn a...

Localitzar punts en el pla a partir de les seves coordenades.

Anomenar punts del pla escrivint-ne les coordenades.

Descriure recorreguts entre punts del pla.

Ítem 1. Xarxa de carrils per a ciclistes

En moltes ciutats hi ha una xarxa de vies segregades i reservades per a l'ús exclusiu o prioritari de bicicletes; s'acostumen a anomenar *carrils bici*.

El mapa següent representa un barri d'una ciutat en què s'estan construint carrils bici (de color verd) i es mostren les afectacions a la circulació dels vehicles.

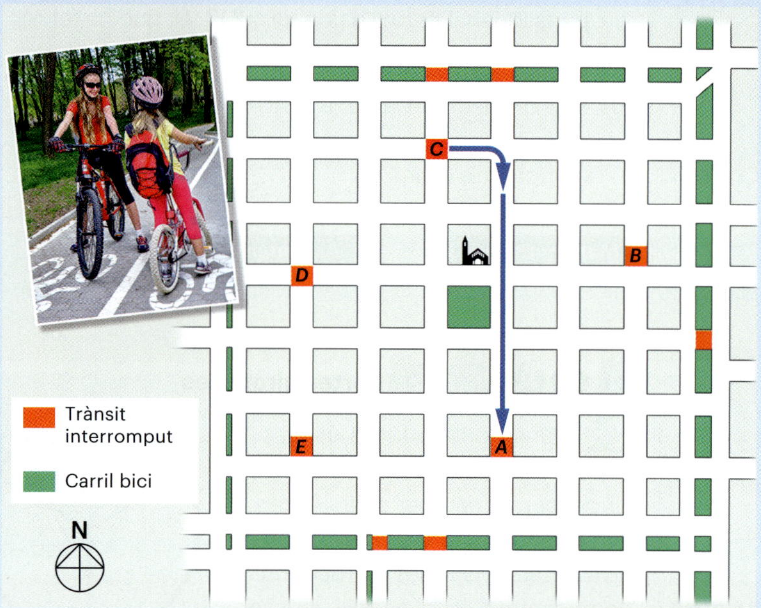

Ítem 2. Desplaçaments verticals

Al marge dels mapes acostuma a haver-hi un cercle amb una fletxa que apunta cap a una lletra N, que indica la posició del nord geogràfic i ens ajuda a orientar el mapa correctament.

Amb el mapa orientat, quan ens movem cap amunt o cap avall, es diu que els desplaçaments són:

Nord ↑ Sud ↓

Ítem 3. Desplaçaments horitzontals

Amb el mapa orientat, quan ens movem cap a la dreta o cap a l'esquerra, es diu que els desplaçaments són:

Oest ← Est →

Construeix amb el que saps

Matematitza

1 En el plànol hi ha uns punts vermells amb una lletra. Indica els moviments horitzontals i verticals que cal fer per anar cada vegada del punt *A* als punts *B*, *C* i *D*, respectivament.

Tingues en compte que, malgrat que hi ha moltes formes d'anar d'un punt a un altre, només pots fer un desplaçament horitzontal i un altre de vertical i que cada illa de cases equival a una unitat de mesura de longitud. Per exemple, per anar del punt *C* al punt *A* t'has de moure 1 unitat a l'est i 5 unitats al sud, tal com mostren les fletxes del mapa.

2 **a** Com es va del punt *B* al punt *A*? I del punt *D* al punt *A*?

b Compara aquests moviments amb els corresponents inversos de l'exercici 1.

3 **a** Indica com es pot anar del punt *D* al punt *B*, del punt *D* al punt *E* i del punt *E* al punt *A*.

b Què distingeix aquests moviments dels anteriors? Repeteix l'apartat anterior i indica-hi els dos tipus de desplaçament en cada cas.

Planteja

4 **a** Si estiguessis situat al parc (l'illa de color verd), com indicaries la teva ubicació a un amic que es troba fora de l'àrea encerclada pel carril bici?

b I si et trobessis en el punt *C* o en qualsevol dels altres punts en lloc de ser en aquest parc?

Ítem 4. On ens trobem?

L'Eva i la Raquel han anat en autobús fins al centre comercial per veure una pel·lícula.

La mare de l'Eva els ha dit que les aniria a buscar en cotxe quan s'acabés la pel·lícula. El punt de trobada serà la plaça d'aparcament on la mare pugui deixar el cotxe; però hi ha un problema: les places no estan numerades i no són fàcils d'identificar.

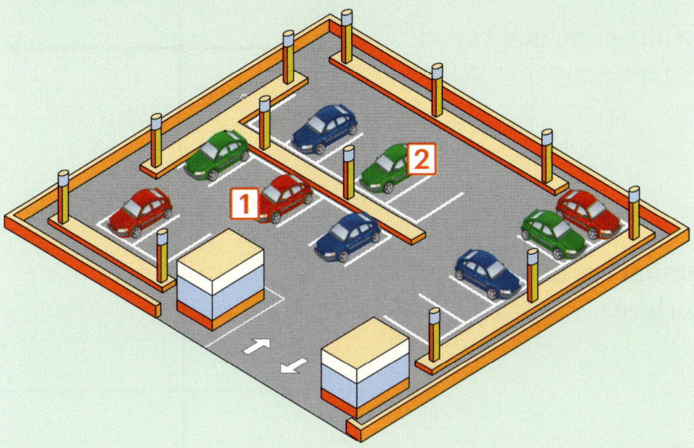

Ítem 5. Necessitem una referència comuna

La Raquel ha enviat pel mòbil a l'Eva i a la seva mare aquest esquema de l'aparcament, amb unes fletxes perquè els serveixin de referència i es puguin ubicar.

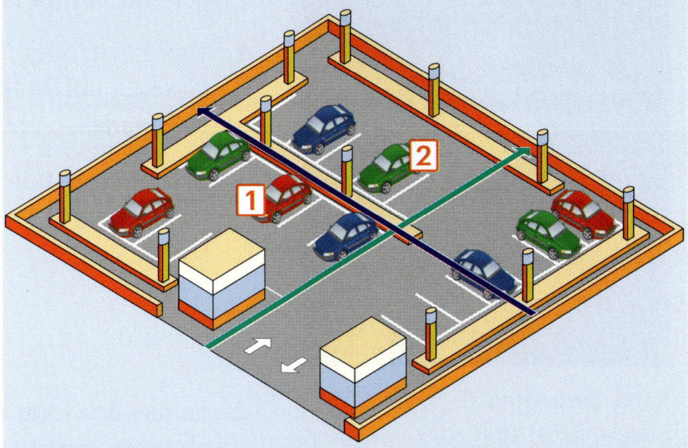

Han d'agafar com a punt de partida aquell punt on es tallen les fletxes. Indicaran cap amunt o cap avall segons el sentit de la fletxa de color verd i dreta i esquerra segons el sentit de la fletxa de color blau.

Construeix amb el que saps

Comunica

5 **a** Com explicaries a algú que no veu el dibuix de l'ítem 4 el lloc on es troba el cotxe 1?

b Imagina't que estàs assegut en el cotxe 2. Indica la posició del cotxe 1 respecte de la teva.

c Com ha estat més fàcil explicar-ho, en l'apartat **a** o en el **b**? Per què?

Matematitza

6 Observa l'esquema que ha dibuixat la Raquel en l'ítem 5. Explica la situació que hi tenen el cotxe 1 i el cotxe 2. (Pista: recorda com has respost les preguntes de l'ítem 1 de la pàgina anterior.)

Planteja

7 **Treball per parelles**. Col·loqueu les fletxes en un altre lloc; per exemple, partint dels cantons de l'aparcament, movent només una de les fletxes, canviant el sentit de les fletxes (indicat per la punta) cap a l'altra banda, etc.

Per torns, un membre del grup escull un cotxe i indica a un altre el lloc on es troba; el segon ha d'encertar de quin cotxe es tracta.

Hi podeu afegir més cotxes, i també podeu competir per veure qui n'encerta més en un temps establert o qui és el primer que s'equivoca.

El que has construït

Expliques com es va d'un lloc a un altre en un **plànol** només amb un **desplaçament** horitzontal i un altre de vertical.

Indiques una **posició** respecte d'una altra.

Entens la necessitat de fer servir **sistemes de referència** i els saps utilitzar.

Busques **referències** diferents.

Expresses les mateixes posicions en **diferents sistemes**.

5. Sistema de coordenades cartesianes

Apunt 1

René Descartes (França, 1596 - Suècia, 1650) és el pare de la geometria analítica. Els eixos de coordenades s'anomenen cartesians en honor a aquest personatge.

Un sistema de coordenades cartesianes és un grup format per dues rectes perpendiculars entre si, que s'anomenen **eixos de coordenades cartesianes** (apunt 1). Es fan servir per donar la **posició d'un punt del pla**.

En general, es dibuixa un dels eixos de forma horitzontal i l'altre de forma vertical.

1. L'eix horitzontal s'anomena **eix de les abscisses**, o **eix de les *x***, i el vertical, **eix de les ordenades**, o **eix de les *y***.

   Els eixos es tallen en un punt que rep el nom d'**origen** i que es representa per la lletra O.

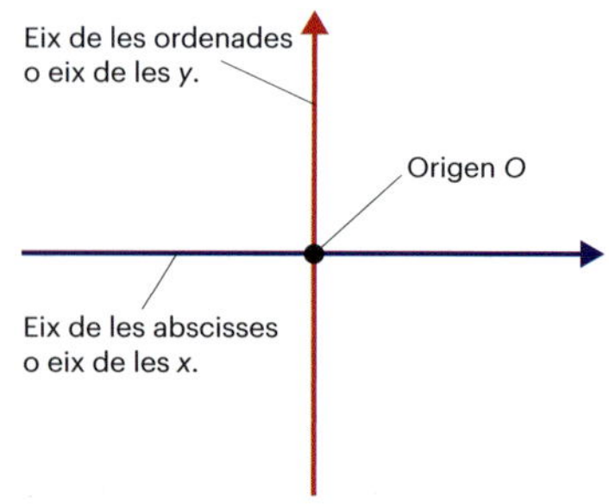

2. Es fixa una longitud unitat i es marca sobre els eixos, partint de l'origen:

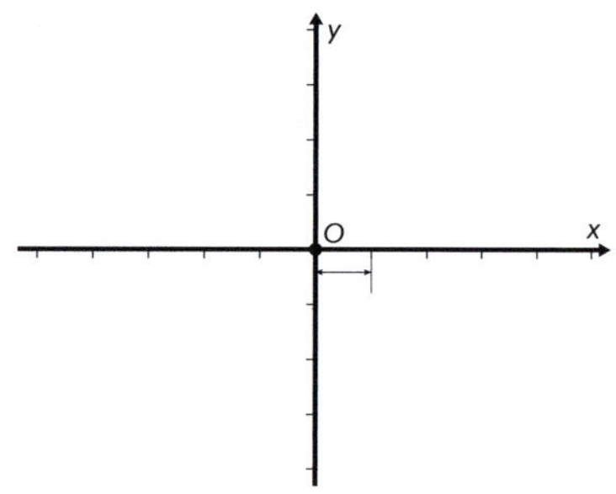

Interactiu. Eixos de coordenades.

3. En cada marca feta, s'hi situa un nombre natural de la manera següent:

   a Es comença des de l'origen.
   b En l'eix de les abscisses, per indicar que es va cap a la dreta, es posa un signe + davant del nombre (o sense signe). Quan es va cap a l'esquerra, s'hi posa un signe –.
   c En l'eix de les ordenades, per indicar que es va cap amunt, es posa un signe + al davant del nombre (o sense signe). Quan es va cap avall, s'hi posa un signe –.

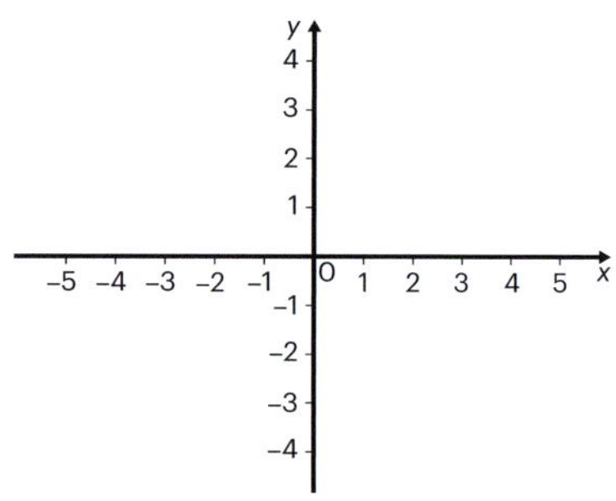

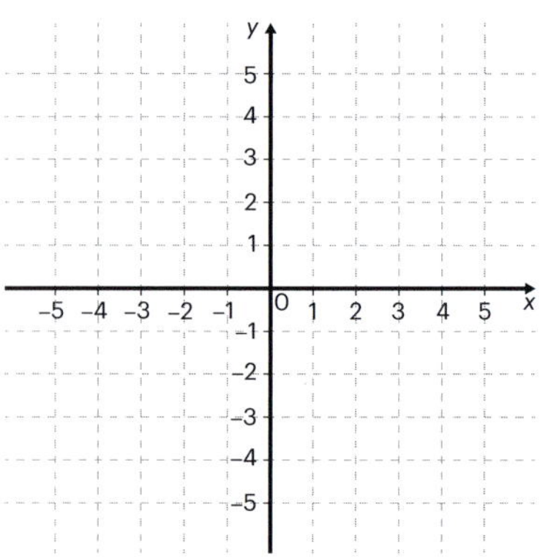

Fig. 8. Perquè resulti més fàcil treballar amb els eixos de coordenades cartesianes, s'acostuma a utilitzar paper quadriculat.

6. Coordenades d'un punt

La posició d'un punt en el pla s'indica mitjançant el desplaçament horitzontal i vertical (en aquest ordre) que cal efectuar per arribar fins a aquell punt des de l'origen de coordenades (fig. 8).

Tenint en compte el que s'ha dit, la posició d'un punt en el sistema de coordenades cartesianes estarà donat per un parell de nombres amb un signe. Aquests nombres es donen amb un ordre: primer, el moviment horitzontal i, a continuació, el vertical, i s'anomenen **coordenades** del punt.

Els punts es designen amb lletres majúscules i les seves coordenades s'escriuen entre parèntesis i separades per una coma:

a és la **primera coordenada** (valor de l'abscissa).

$$P(a, b)$$

b és la **segona coordenada** (valor de l'ordenada).

Exemple

4. El punt representat en el gràfic es pot anomenar *P*.

Observant les línies vermelles que surten des del punt *P* i arriben als eixos, es dedueix que la seva primera coordenada (abscissa) és 4 i la segona (ordenada) és 2.

S'escriu $P(4, 2)$.

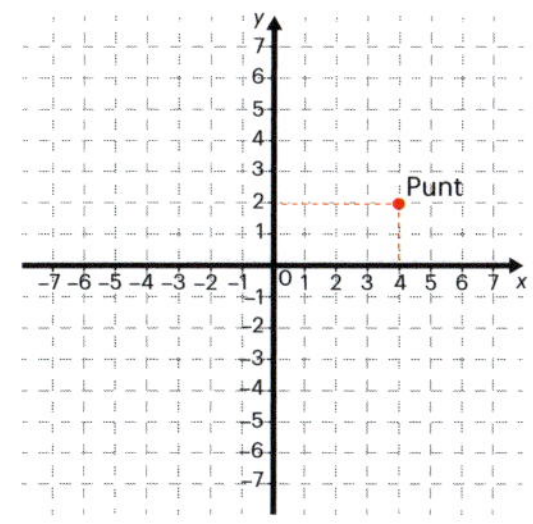

Professor a casa. Deduir les coordenades d'un punt.

7. Representació d'un punt a partir de les seves coordenades

Una forma de representar un punt és aquesta:

1. Partint de l'origen, compta sobre l'eix de les abscisses el desplaçament que indiqui el valor de la seva coordenada. Si és **positiva**, cap a la **dreta**, i si és **negativa**, cap a l'**esquerra.**
2. Des de la posició anterior, compta el desplaçament vertical del valor de l'ordenada del punt.

Exemple

5. En els eixos s'han situat els punts següents:

$A(-1, -3)$. Partint de l'origen, es desplaça 1 unitat a l'esquerra i, tot seguit, 3 unitats cap avall.

$B(-5, 5)$. Des de l'origen, es desplaça 5 unitats a l'esquerra i, després, 5 cap amunt.

De la mateixa manera s'han situat la resta de punts:

$C(-2, -2)$, $D(0, 3)$, $E(3, 0)$ i $F(5, 5)$.

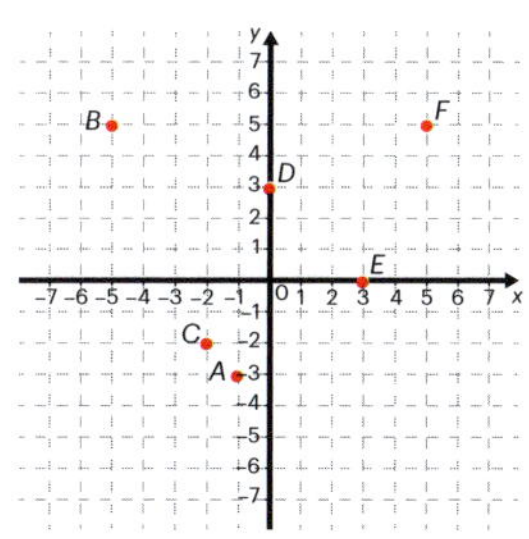

Observa que en el punt *D* no hi ha moviment horitzontal perquè l'abscissa és 0 i que en el punt *E* no hi ha vertical perquè l'ordenada és 0.

Professor a casa. Representar un punt en els eixos de coordenades.

Una **altra forma** de representar un punt és aquesta:

1. Des del valor de l'abscissa del punt, traçar una línia vertical.
2. Des del valor de l'ordenada, dibuixar una línia horitzontal.
3. La intersecció d'aquestes línies és el punt que es vol situar en el pla.

Exemple

6. En els eixos s'han situat els punts següents:

$A(2, 5)$. Des del valor 2 de l'eix de les abscisses es traça una línia vertical. Des del valor 5 de l'eix de les ordenades es traça una línia horitzontal. El punt A és el tall de les dues línies.

$B(-2, -1)$. Des del valor -2 de l'eix d'abscisses es traça la línia vertical. Des del valor -1 de l'eix de les ordenades es traça l'horitzontal. El punt de tall és *B*.

Els altres punts s'obtenen de la mateixa manera:

$C(-2, 2)$ i $D(5, -1)$

Les línies es dibuixen discontínues per no confondre-les amb els eixos, però també es poden dibuixar contínues.

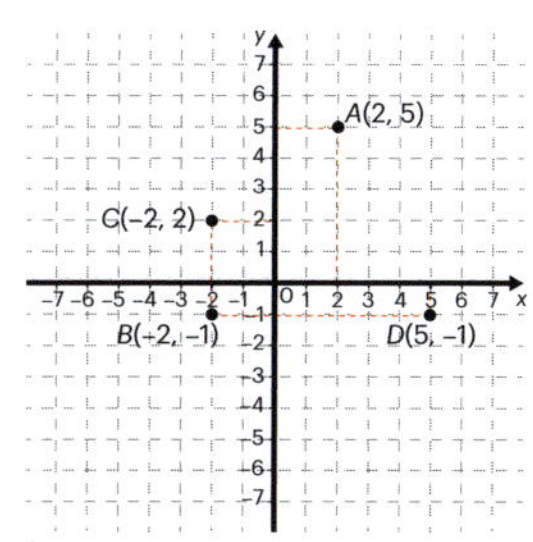

Entrena't

10. Escriu les coordenades dels punts representats en aquesta taula.

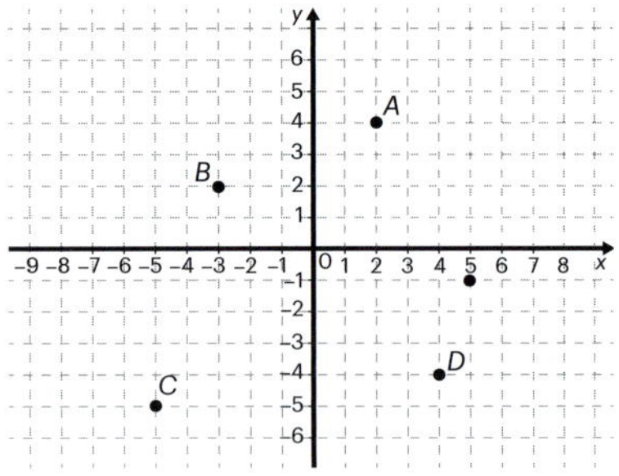

11. Representa els punts següents en els eixos de coordenades cartesianes.

A(4, 2), *B*(−5, 3), *C*(−6, 5) i *D*(3, −4)

12. Quines són les coordenades dels punts següents?

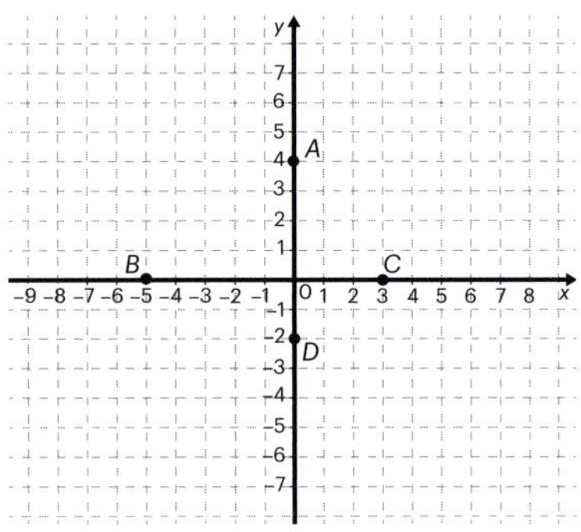

13. a Situa quatre punts sobre l'eix de les abscisses: dos a la dreta de l'origen i dos a l'esquerra.

b Fes el mateix en l'eix de les ordenades.

c Com són les coordenades dels punts que es troben sobre l'eix de les ordenades?

d I els que es troben sobre l'eix de les abscisses?

14. Donats els punts següents:

A(4, −7)	*E*(0, 1)	*I*(1, 0)
B(0, 5)	*F*(−6, 2)	*J*(0, 4)
C(−3, 9)	*G*(−2, 0)	*K*(−6, 1)
D(6, 0)	*H*(0, −3)	*L*(−1, −1)

a Sense representar-los gràficament, tria els que es troben sobre l'eix de les abscisses i explica per què.

b Quins es troben sobre l'eix de les ordenades? Raona-ho.

15. Escriu 8 punts que no es trobin sobre els eixos de coordenades.

16. Quines són les coordenades de l'origen dels eixos cartesians?

17. a Representa els punts següents en els eixos cartesians.

A(0, 10)	*F*(−8, 2)	*K*(10, 4)
B(−5, 7)	*G*(8, 2)	*L*(−2, −4)
C(5, 7)	*H*(−4, 2)	*M*(−2, 4)
D(−2, 7)	*I*(4, 2)	*N*(−2, −8)
E(2, 7)	*J*(−10, −4)	*P*(2, 8)

b Uneix cada punt amb el següent mitjançant un segment.

c Quina figura s'ha format?

Banc digital

Mates en context

5 AM AL AP Personal **Com vaig fins a casa teva?**

La Carme, l'Anna i en Pau han de fer un vídeo per a la classe de francès. Es reuniran a casa de la Carme. Abans, en Pau passarà per casa de l'Anna i aniran a un basar per comprar algunes coses que necessiten.

Aquest és el plànol del lloc on viuen. Els eixos de coordenades s'han situat a la plaça on hi ha l'ajuntament. Els carrers formen una quadrícula com la que es veu en el dibuix.

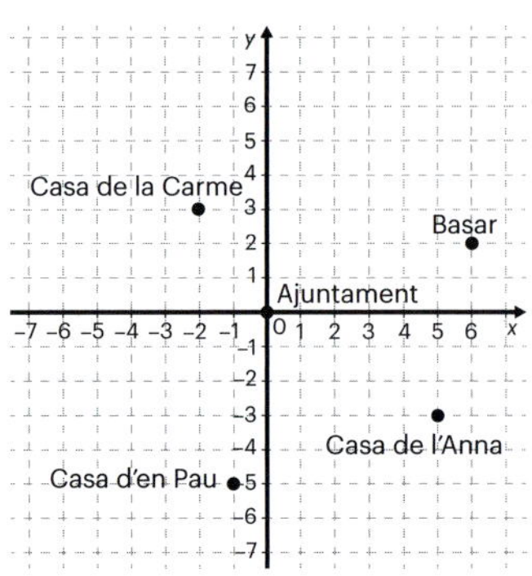

Problemes

1. Escriu les coordenades dels punts on hi ha les cases dels tres amics i també el basar.
2. Indica el camí que ha recorregut en Pau fins a arribar a casa de la Carme (cada desplaçament, amb un moviment horitzontal i un altre de vertical).
3. Com han anat des de casa de l'Anna fins al basar?
4. Si en Pau i l'Anna tornessin a casa per camins diferents, quins triarien?
5. Si decidissin anar junts tant temps com fos possible, quin camí haurien de seguir? Comenteu les solucions a l'aula.

Matematitza: 1, 2 **Argumenta: 3, 4** **Planteja: 5**

6 AM AL AP Personal El passeig d'en Xavier

En Xavier ha sortit de casa a les 17.00 h i ha realitzat els moviments següents:

1 Un desplaçament horitzontal de 6 unitats (illes de cases) cap a la dreta.

2 Un desplaçament vertical de 3 unitats cap avall.

3 Un desplaçament horitzontal de 5 unitats cap a l'esquerra.

4 Un desplaçament vertical de 7 unitats cap amunt.

Aquests moviments responen al fet que en Xavier volia visitar el seu amic Pere, però abans va voler passar per la biblioteca municipal per tornar un llibre. Allà va veure'n un que sabia que a la seva amiga Carla li agradaria i, aleshores, va anar a casa seva per portar-l'hi. Finalment, va anar cap a casa d'en Pere.

Problemes

1. Elabora un esquema que representi els moviments d'en Xavier i els llocs per on va passar.
2. Expressa cada moviment amb nombres acompanyats del seu signe corresponent.
3. Quin camí hauria d'haver seguit en Xavier per anar directament des de casa seva fins a la del seu amic?
4. Dibuixa uns eixos de coordenades cartesianes amb origen a casa d'en Xavier.
5. Indica, respecte d'ells, les coordenades de:

   a La casa d'en Xavier.
   b La biblioteca.
   c La casa de la Carla.
   d La casa d'en Pere.

Simbolitza: 1, 4 **Matematitza: 2, 3, 5**

7 AM AL Científic Com és una ciutat romana?

Les ciutats romanes acostumaven a tenir un traçat particular, amb dues avingudes principals perpendiculars i una trama regular de carrers.

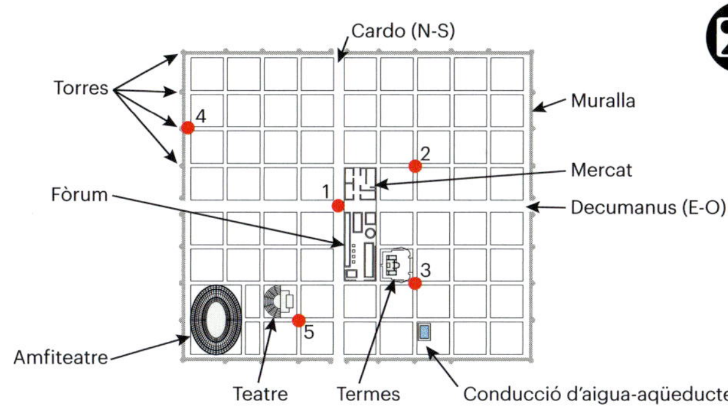

Problemes

1. Situa els eixos de coordenades cartesianes de manera que l'encreuament dels carrers decumanus i cardo (punt 1) sigui l'origen.
2. Indica les coordenades de tots els punts vermells respecte d'aquells eixos.
3. Escriu les posicions del centre de l'amfiteatre, de la conducció d'aigua o aqüeducte i de les tres torres indicades.
4. Què hi ha en el punt (5, 0)?
5. Ara, situa els eixos de coordenades en el punt vermell 2 i torna a donar la posició dels llocs del problema 3. Són iguals o diferents?

Matematitza: 1, 2, 3, 4, 5 **Argumenta: 5**

8 AM AL Personal El regal amagat

Els amics de la Maria han amagat el seu regal d'aniversari. Ella l'haurà de trobar amb els ulls embenats i seguint les instruccions que li donaran.

Des de la font que hi ha al mig del parc, ha de fer 4 passes cap a l'est; a continuació, 3 passes cap al nord, 2 cap a l'oest, 4 cap al sud, 3 cap a l'oest i 2 cap al nord.

Problemes

1. Dibuixa els eixos de coordenades cartesianes amb la font a l'origen.
2. Dibuixa-hi els moviments de la Maria i escriu les coordenades dels punts pels quals ha passat.
3. On és el regal?

Matematitza: 1 **Simbolitza: 2** **Argumenta: 3**

3 Tothom a l'autobús!

Quina distància recorre un autobús?

Quin autocar és millor?

AM AL AP

Social Personal

Aprèn a...

Reconèixer si una gràfica representa una funció i saber interpretar-la, analitzar-la i reconèixer-ne les propietats.

Reconèixer i representar una funció lineal a partir de l'equació o d'una taula de valors.

Ítem 1. El recorregut de l'autobús 59

L'autobús de la línia 59 va des de l'avinguda de Pau Casals fins a la plaça de Josep Pla; el recorregut que fa és tal com mostra la figura:

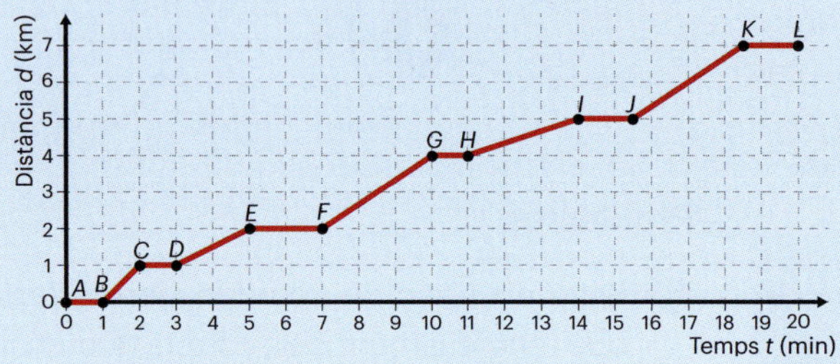

Ítem 2. Velocitat

La velocitat, v, d'un mòbil és el quocient entre la distància, d, recorreguda i el temps, t, que triga a recórrer aquella distància:

$$v = \frac{d}{t}$$

Així, si un cotxe recorre 144 km en 2 h, la seva velocitat és:

$$v = \frac{144\text{ km}}{2\text{ h}} = 72\text{ km/h}$$

Ítem 3. Canvi d'unitats

La velocitat es pot expressar en diferents unitats i es pot passar d'una unitat a una altra.

Així, per exemple, es passa la velocitat de 72 km/h a metres per segon amb aquest càlcul:

$$72\text{ km/h} \rightarrow 72\frac{\cancel{\text{km}}}{\cancel{\text{h}}}\cdot\frac{1000\text{ m}}{1\ \cancel{\text{km}}}\cdot\frac{1\ \cancel{\text{h}}}{3600\text{ s}} = 20\text{ m/s}$$

Construeix amb el que saps

Argumenta

1. Observa l'ítem 1 i respon les preguntes següents:

a Quantes parades fa? Digues quins parells de punts de la gràfica indiquen que hi ha una parada.

b Quant temps s'atura a la tercera parada *(E-F)*? I a la cinquena *(I-J)*?

c Quant triga a anar des del punt *H* fins al punt *I*? I del punt *J* al punt *K*?

2. Indica la distància que l'autobús recorre en cada un dels trams en què està en moviment.

3. Respon aquestes preguntes:

a Quant temps en total està aturat l'autobús?

b Quants quilòmetres recorre en total l'autobús?

c Si no hi hagués parades, quant trigaria l'autobús a fer el recorregut?

Matematitza

4. Indica la velocitat de l'autobús en cada tram i expressa'n la velocitat en metres per segon.

5. Quina és la velocitat mitjana de l'autobús?

Argumenta

6. Imagina't que ets a la parada *E-F* i l'app del teu mòbil indica que l'autobús acaba d'arribar a la parada *C-D*. Quant trigarà l'autobús a arribar a la teva parada?

Ítem 4. Els autocars de La Continental

L'empresa de transports La Continental té dos autocars per a viatges internacionals: el model Aquila (A) i el model Buteo (B). Les característiques de cadascun queden reflectides en les gràfiques de l'ítem 5 i fan referència a l'antiguitat, la mida, el preu, l'autonomia (quilòmetres que pot recórrer sense haver de fer gasolina), la velocitat màxima i el nombre de viatgers que pot portar.

L'empresa busca un autocar nou que tingui les millors característiques dels dos models.

Model Buteo (B).

Model Aquila (A).

Ítem 5. Característiques dels autocars

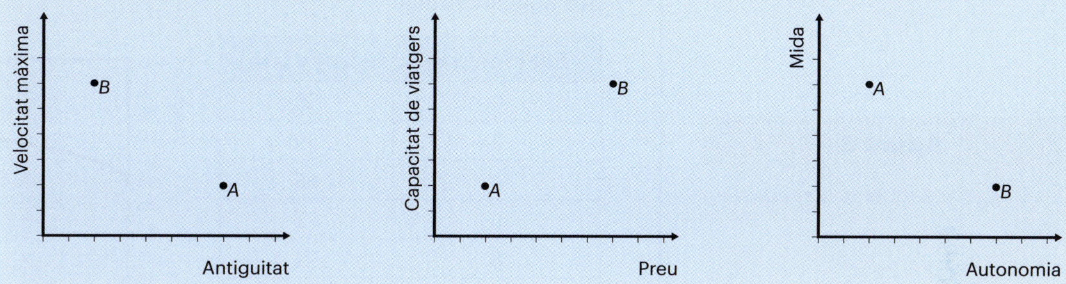

Construeix amb el que saps

Representa

7 Respon les preguntes següents:

a Quin model és el més vell?

b Quin model admet més viatgers?

c Quin model és el més gran?

d Quin model és el més car?

Argumenta

8 Digues si les afirmacions següents són certes o falses:

a L'autocar més antic és el més gran.

b L'autocar més barat és el que pot assolir una velocitat més alta.

c L'autocar amb menys autonomia és el que té menys capacitat de viatgers.

d L'autocar més ràpid és el que té menys autonomia.

Planteja i representa

9 Copia les gràfiques següents i en cadascuna marca dos punts que representin els autocars *A* i *B*, segons les característiques dels seus eixos.

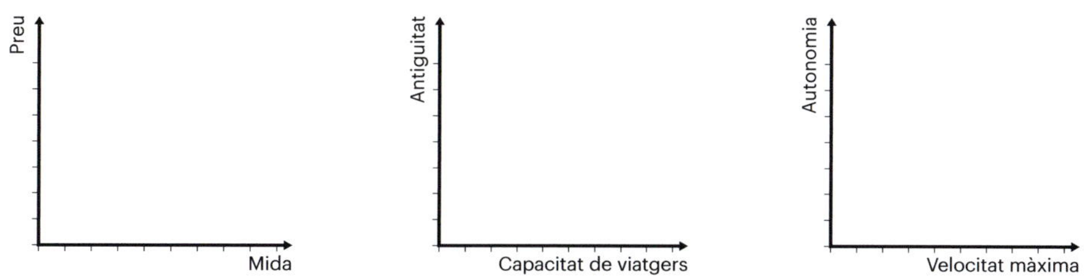

Professor a casa. Problema resolt (anàlisi de gràfiques).

Argumenta

10 Si fossis el director de l'empresa, per quin tipus d'autocar optaries? Justifica la resposta.

El que has construït

Analitzes i interpretes **gràfiques**.

Obtens **dades** d'una gràfica.

Treu **conclussions** analitzant gràfiques.

Passes una **unitat de mesura** a una altra.

8. Gràfiques

Una gràfica és una **representació en uns eixos de coordenades** d'una sèrie de dades numèriques, que expressen la relació entre dues variables o magnituds. El seu objectiu és manifestar visualment la relació matemàtica que mantenen entre si (apunt 2). Has vist un exemple de gràfica en l'ítem 2.

Es poden obtenir gràfiques a partir de **textos**, de **taules** o d'unes fórmules anomenades **funcions.**

Apunt 2

Un cas molt especial de gràfiques són les **gràfiques estadístiques**, que s'estudiaran en la unitat 9.

Exemple

7. Durant un any s'ha seguit l'evolució de creixement d'un nadó i s'ha obtingut aquesta taula:

Edat (mesos)	Alçada (cm)
0	50
2	59
4	66
6	71
8	74
10	76
12	77

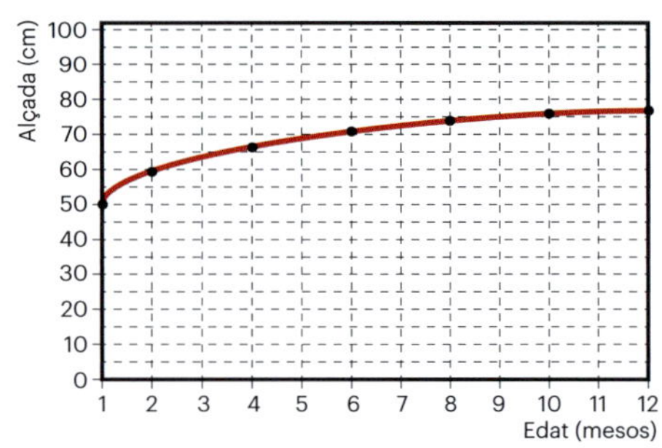

9. Funcions

Una **funció** és una relació o correspondència entre dues magnituds, de manera que a cada valor de la primera li correspon un únic valor de la segona (o cap), que s'anomena **imatge**.

La funció s'acostuma a designar com a *f* (o *y*) i la imatge es designa com a *f*(*x*), en què *x* és la variable independent (apunt 3).

Apunt 3

Les funcions següents són equivalents:

$L = 2\pi \cdot r$

$y = 2\pi \cdot x$

$f(x) = 2\pi \cdot x$

Exemple

8. L'expressió $f(x) = 3x$ significa que, en donar valors a *x*, n'obtenim la imatge multiplicant per 3 aquests valors.

La taula i la seva gràfica són:

x	$f(x)$
0	$3 \cdot 0 = 0$
1	$3 \cdot 1 = 3$
2	6
3	9
−1	−3
−2	−6

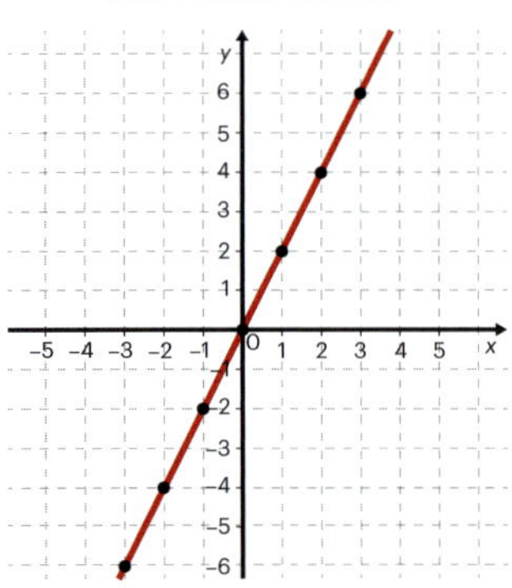

10. Variables

El terme variable designa una quantitat que pot presentar diferents valors numèrics.

Es representa mitjançant un símbol, que generalment és una lletra; les més utilitzades són *x* i *y*. Quan la variables forma part d'una funció o equació, es pot reemplaçar per un valor numèric.

- **Variable independent**. En triem el valor. No depèn de cap altra variable.
- **Variable dependent**. Es calcula a partir del valor elegit de la variable independent.

Exemple

9. La funció $y = 2\pi \cdot x$ dona la relació entre el radi d'una circumferència (que hem anomenat *x*) i la seva longitud (que hem anomenat *y*). Quan el radi varia, també varia la *y*. És per això que *y* (longitud de la circumferència) és la variable dependent i *x* (radi) és la variable independent.

11. Característiques d'una funció

- En una funció **creixent**, en augmentar una magnitud x, augmenta també la y.
- En una funció **decreixent**, en augmentar una magnitud x, disminueix la y.
- En una funció **constant**, en variar una magnitud x, la y no varia.

Una mateixa funció té parts creixents i parts decreixents.

Vocabulari 1

Magnitud. Qualsevol propietat dels cossos que pot ser mesurada, com la mida, el pes, l'edat, etc.

Exemple

10. Observa aquestes gràfiques:

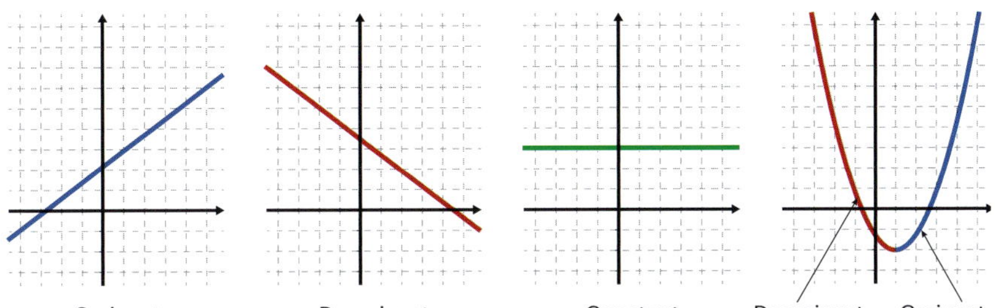

12. Funcions lineals i afins

Una **funció lineal** és aquella representada per una gràfica que és una línia recta que passa per l'**origen de coordenades**.

La seva fórmula és del tipus $y = m \cdot x$, en què x i y són les variables, i m és un nombre que s'anomena **pendent** i que mesura la inclinació de la recta (apunt 4).

La funció és **creixent** si m és positiva ($m > 0$) i és **decreixent** si m és negativa ($m < 0$).

Una **funció afí** és una funció la gràfica de la qual és una línia recta que no passa per l'origen de coordenades.

La seva fórmula és $y = m \cdot x + n$, en què x i y són les variables i m i n són dos nombres. El valor de n és el de l'**ordenada a l'origen**.

Apunt 4

El signe de la multiplicació · s'acostuma a suprimir si es troba entre un nombre i una variable.

Per tant, 3x és el mateix que 3 · x.

Exemples

11. La funció $y = 1{,}5x$ és una **funció lineal**, el pendent de la qual val 1,5; per tant, és creixent.

x	$y = 1{,}5x$
0	$1{,}5 \cdot 0 = 0$
2	$1{,}5 \cdot 2 = 3$
4	$1{,}5 \cdot 4 = 6$
−2	$1{,}5 \cdot -2 = -3$
−4	$1{,}5 \cdot -4 = -6$

Les rectes queden definides només amb dos punts, però és convenient donar més valors per assegurar-nos que no ens hem equivocat.

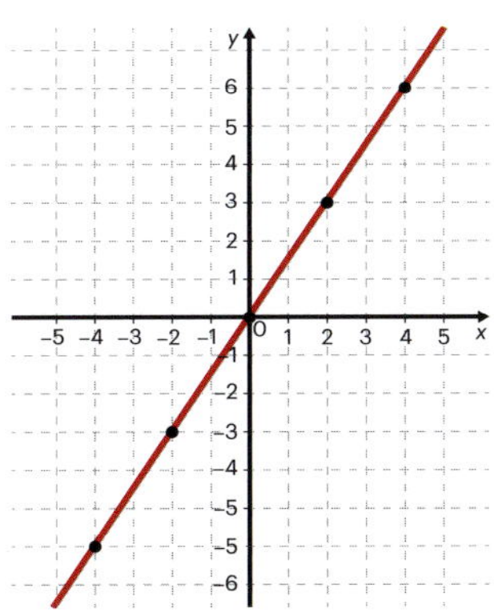

12. La funció $y = 3 - 2x$ és una funció afí, el pendent de la qual és −2 (és decreixent i l'ordenada a l'origen és 3).

x	$y = 3 - 2x$
0	$3 - 2 \cdot 0 = 3$
1	$3 - 2 \cdot 1 = 1$
2	$3 - 2 \cdot 2 = -1$
3	$3 - 2 \cdot 3 = -3$
−1	$3 - 2 \cdot -1 = 5$
−2	$3 - 2 \cdot -2 = 7$

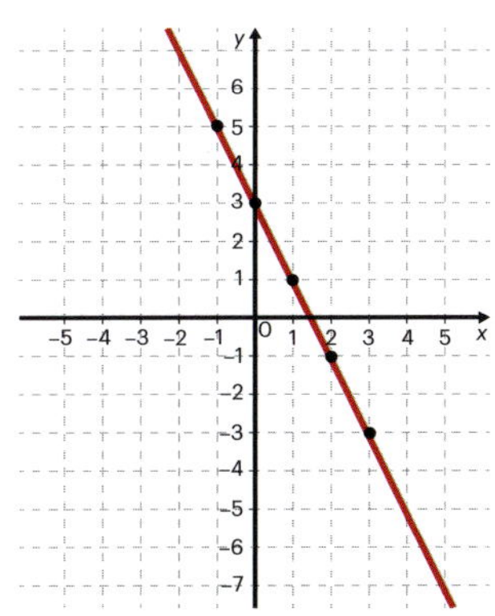

Entrena't

18. Indica en cada cas si la funció és creixent, decreixent o constant.

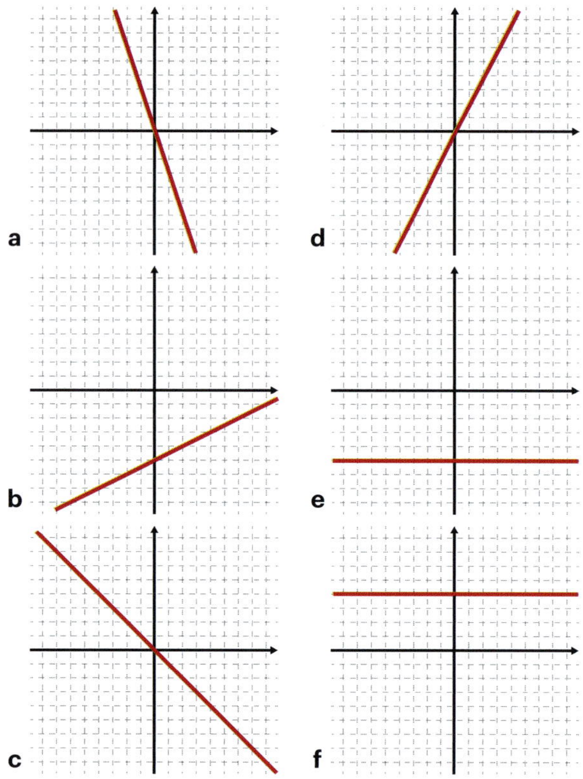

19. Copia les gràfiques a la llibreta i indica-hi els trams en què la funció és creixent i els trams en què és decreixent.

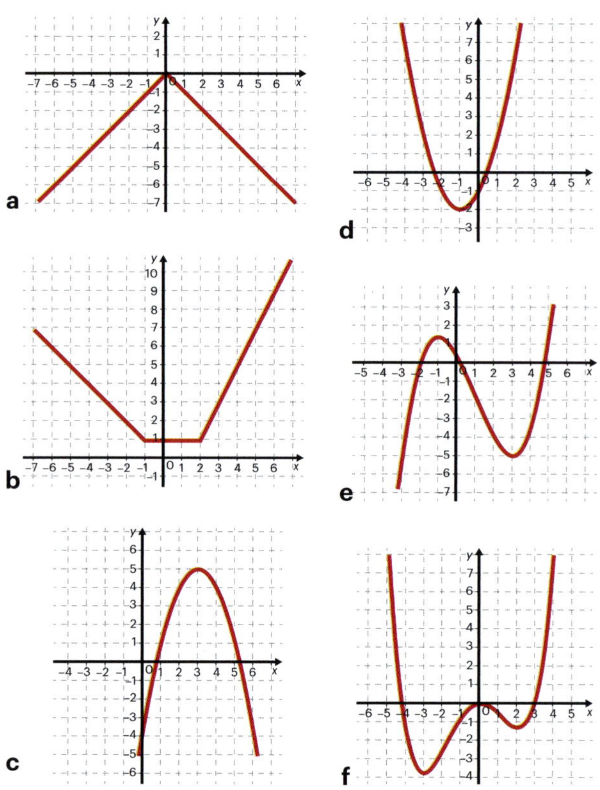

20. **a** Construeix la taula de valors de les funcions següents:

a $y = 2x$

x	f(x)
0	
1	
2	
3	
–1	
–2	
–3	

b $y = -3x$

x	f(x)
0	
1	
2	
3	
–1	
–2	
–3	

b Representa les funcions de l'apartat anterior.

21. Representa aquestes rectes:

a $y = 0{,}5x$ **c** $y = -2x$
b $y = x$ **d** $y = -x$

22. Indica el valor del pendent de les rectes següents:

a $y = -4x$ **c** $y = \frac{3}{2}x$
b $y = 0{,}2x$ **d** $y = -2{,}5x$

23. **a** Construeix la taula de valors de les funcions següents:

A $y = x - 3$

x	f(x)
0	
1	
2	
3	
–1	
–2	
–3	

B $y = 8 - 2x$

x	f(x)
0	
1	
2	
3	
–1	
–2	
–3	

b Representa les funcions de l'apartat anterior.

24. Representa les rectes següents:

a $y = 3x - 4$ **c** $y = 2 - x$
b $y = 0{,}5x + 1$ **d** $y = -2x + 2$

25. Escriu l'expressió de les funcions afins amb el pendent i l'ordenada indicats:

a Pendent 6 i ordenada a l'origen –3.
b Pendent –2 i ordenada a l'origen 5.
c Pendent –1 i ordenada a l'origen –8.

Banc digital

Mates en context

9 AM AL AC Científic El sistema de mesures britànic

Al Regne Unit conviu el sistema internacional d'unitats, que és l'oficial, amb un sistema de mesures propi, el British Imperial System, que hi té un ús molt arrelat. Aquestes són dues de les seves unitats:

1 milla (mi) = 1,609 km   1 barril (bbl) = 159,11 L

També acostumaven a mesurar la temperatura en graus Fahrenheit, que tenen una relació curiosa amb els graus Celsius:

0 °C = 32 °F i 100 °C = 212 °F, de manera que 1 °C equival a 1,8 °F.

Problemes

1. Quants quilòmetres són 6 mi? Quantes milles són 1 km?
2. Troba la funció lineal que relaciona el nombre de milles amb els quilòmetres.
3. Elabora una taula amb les dades d'aquesta funció i representa-les en uns eixos de coordenades.
4. Quants barrils són 1?
5. Troba la funció lineal que relacioni el nombre de barrils amb els litres.
6. Construeix una taula amb les dades d'aquesta funció i representa-les en uns eixos de coordenades.
7. Quants graus Celsius són 0 °F?
8. Copia i completa aquesta taula:

°C	0	20	25	40	50	75	100
°F	32						212

9. Troba la funció afí que relacioni els graus Celsius (variable independent) amb els graus Fahrenheit (variable dependent).
10. Representa la funció anterior en uns eixos de coordenades.

Matematitza: 1, 4, 7, 8   **Simbolitza: 2, 5, 9**

Representa: 3, 6, 10

10 AM AL Personal Una ruta en bicicleta

La Mireia i l'Àngel van passar el dia fent una excursió en bicicleta. Van quedar a les 8 del matí a casa de la Mireia, ja amb les bicicletes. Van pedalar una hora i mitja durant 30 km, fins que van arribar a Llançà. Allà van parar una hora per esmorzar en un restaurant; després, van reprendre la marxa a la mateixa velocitat, però quan ja feia mitja hora que estaven de ruta l'Àngel es va adonar que s'havia descuidat el jersei al restaurant, de manera que hi van tornar per recuperar-lo i s'hi van estar mitja hora més.

Un altre cop en ruta, van augmentar la velocitat per recuperar el temps perdut i en dues hores van recórrer 50 km, fins que van arribar a l'Estartit, on es van aturar una hora per descansar, menjar una mica i contemplar el paisatge. Després van tornar a pujar a les bicicletes i van pedalar 30 km en una hora. Finalment, van arribar a la seva destinació, Palafrugell.

A Palafrugell van dinar, després van passejar pel poble i a les 5 de la tarda van tornar cap a casa, on van arribar a les 9 de la nit.

Problemes

1. Dibuixa una gràfica en què es mostri com evoluciona la distància respecte del lloc on viuen (variable dependent) en funció del temps (variable independent). Nota: escriu en l'eix x el temps en intervals de mitja hora i en l'eix y la distància respecte del punt de partida en intervals de 5 km.
2. Elabora una taula en què s'indiqui, a cada hora, la distància de l'Àngel i la Mireia en relació amb la casa de la Mireia.
3. Calcula la velocitat de cada un dels trams en què van anar en bicicleta.
4. En quin tram van anar més de pressa? Quin va ser el més lent?
5. A quina distància de casa de la Mireia és Palafrugell?
6. Quant temps es van estar aturats a l'Estartit?

Representa: 1   **Matematitza: 2, 3**   **Argumenta: 4, 5, 6**

GEOMETRIA

Polígons

Un **polígon** és una porció del pla limitada per segments.

Es poden classificar segons aquestes característiques:

- **Nombre de costats o d'angles interiors**. Triangle (3 costats), quadrilàter (4 costats), pentàgon (5 costats), hexàgon (6 costats), etc.
- **Segons l'amplitud dels angles:**
  - **Convex**. Tots els angles interiors són més petits de 180° i qualsevol segment que uneixi punts del polígon es troba dins seu.
  - **Còncau**. Algun dels angles interiors fa més de 180° i no sempre és possible que un segment que uneixi punts del polígon es trobi dins seu.

Un polígon és **regular** si els seus costats i els seus angles són iguals.

Quadrilàters

Paral·lelograms (costats paral·lels dos a dos)	
Quadrat 	Rectangle 
Rombe 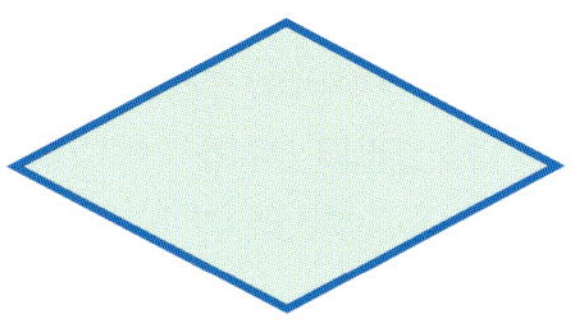	Romboide 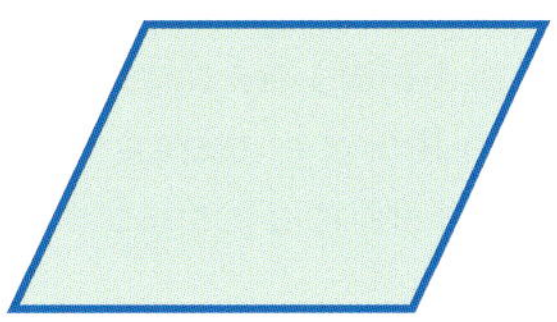
No paral·lelograms	
Trapezi (dos costats paral·lels) 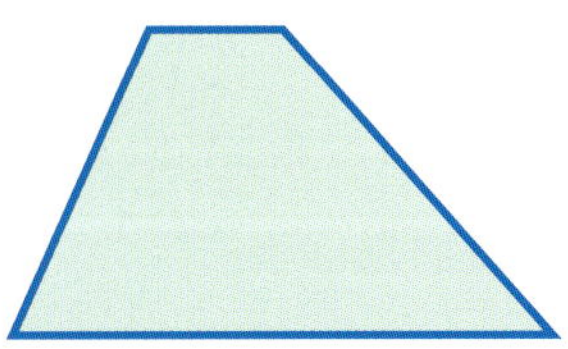	Trapezoide (cap costat paral·lel) 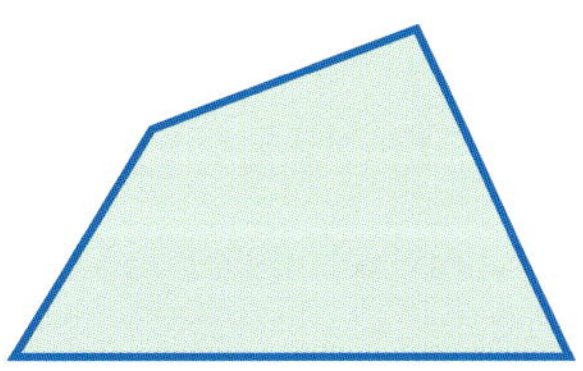

Triangles

Amb tres segments de longituds $a < b < c$, es pot formar un triangle, sempre que la suma de longituds dels dos més petits sigui més gran que la longitud del segment més gran, és a dir, $a + b > c$.

- Si $a^2 + b^2 < c^2$, el triangle és **obtusangle** (té un angle de més de 90°).
- Si $a^2 + b^2 > c^2$, el triangle és **acutangle** (tots els seus angles tenen menys de 90°).
- Si $a^2 + b^2 = c^2$, el triangle és **rectangle** (té un angle de 90°).

Les **rectes i els punts notables** d'un triangle són aquests:

- **Mitjanes**. Passen per un vèrtex i pel punt mitjà del costat oposat. Es tallen al **baricentre**.

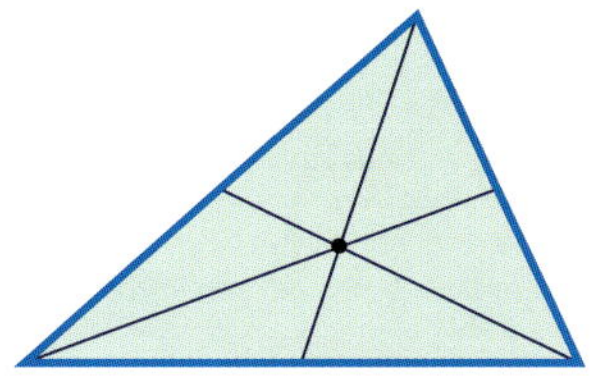

- **Bisectrius**. Parteixen d'un vèrtex i divideixen l'angle en dos d'iguals. Es tallen a l'**incentre**.

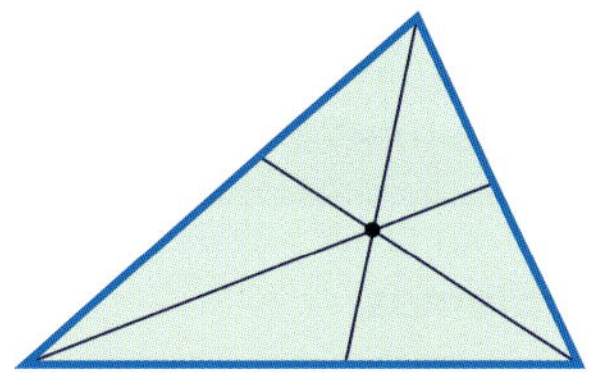

- **Altures**. Passen per un vèrtex i són perpendiculars al costat oposat. Es tallen a l'**ortocentre**.

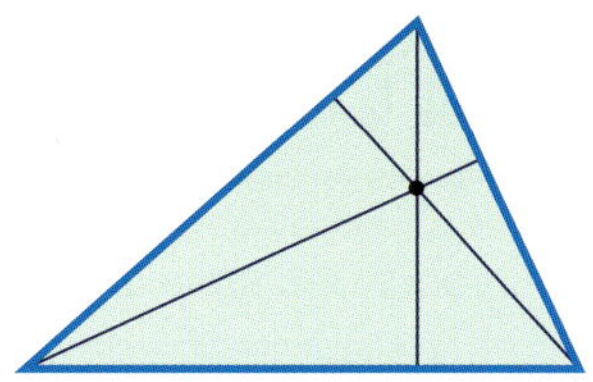

- **Mediatrius**. Rectes perpendiculars a un costat des del seu punt mitjà. Es tallen al **circumcentre**.

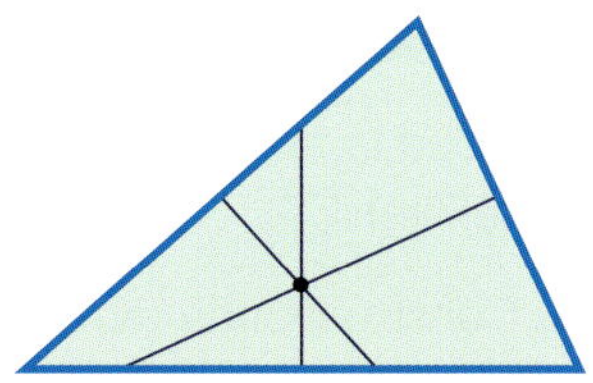

Circumferència i cercle

Una circumferència és una corba tancada i plana, els punts de la qual es troben tots a la mateixa distància d'un punt fix anomenat centre. Aquests són els seus elements:

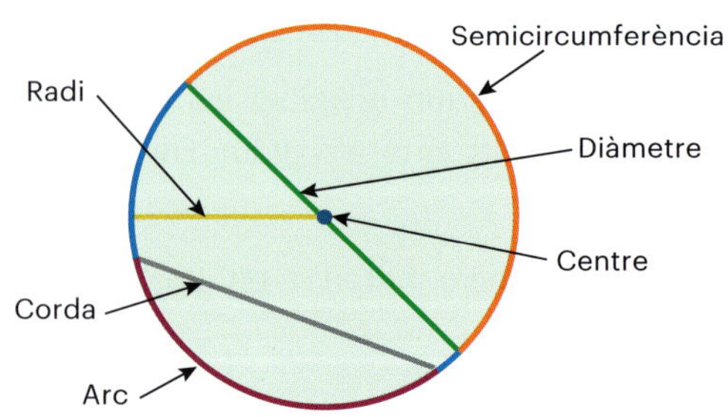

La longitud de la circumferència es calcula com a $L = 2\pi \cdot r$, en què $\pi = 3{,}14$.

Sistema de coordenades

Un sistema de coordenades cartesianes és un grup format per dues rectes perpendiculars entre si que s'anomenen **eixos de coordenades cartesianes**.

L'eix horitzontal s'anomena **eix de les abscisses**, o **eix de les *x***, i el vertical és l'**eix de les ordenades**, o **eix de les *y***.

Els dos eixos es tallen en un punt que s'anomena **origen** i que es representa per la lletra *O*.

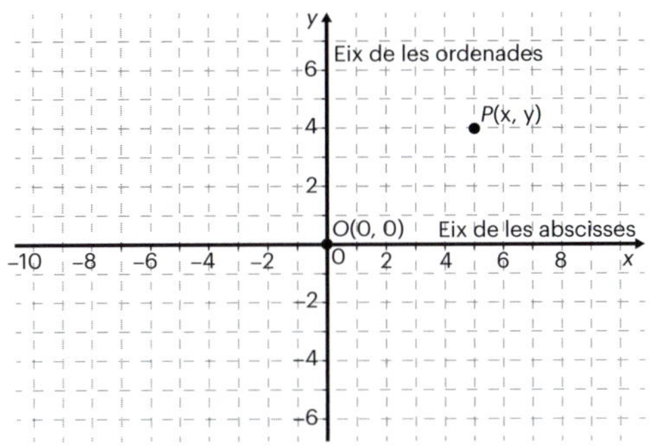

Coordenades en un punt

Cada punt està representat per un parell de nombres que s'anomenen **coordenades**. El **primer nombre** és la coordenada respecte de l'eix de les abscisses (**eix *x***) i el **segon nombre** és la coordenada respecte de l'eix de les ordenades (**eix *y***).

Els punts es designen amb lletres majúscules i les seves coordenades s'escriuen entre parèntesis i separades per una coma: $P(a, b)$.

Representació d'un punt a partir de les seves coordenades

Per representar un punt en els eixos de coordenades, cal recordar que un punt té dues coordenades: la primera és la coordenada *x* i la segona és la coordenada *y*.

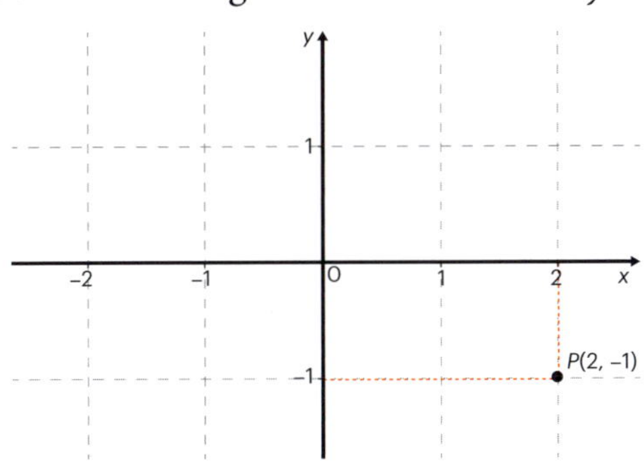

- La **coordenada *x*** indica quants llocs a la dreta es troba situat el punt respecte de l'origen. Cal recordar que si la coordenada és un **nombre negatiu** estarà a l'**esquerra** de l'origen.
- La **coordenada *y*** indica quants llocs per sobre es troba situat el punt respecte de l'origen. Cal recordar que si la coordenada és un **nombre negatiu** estarà per **sota** de l'origen.

FUNCIONS

Gràfiques

Una gràfica és la **representació** en uns eixos de coordenades d'una **sèrie de dades numèriques**, que expressen la relació entre dues variables o magnituds.

Funcions

Una funció és una **relació entre dues magnituds**, de manera que **a cada valor de la primera li correspon un únic valor de la segona** (o cap), que anomenem imatge.

La funció s'identifica com a f (o y); la imatge s'identifica com a $f(x)$, en què x és la variable.

Variables

Una **variable** és un símbol que en una funció o una equació pot ser reemplaçat i tenir un valor numèric. Acostuma a ser una lletra i les més utilitzades són la x i la y.

- **Variable independent**. N'escollim el valor. No depèn de cap altra variable.
- **Variable dependent**. Es calcula a partir del valor escollit de la variable independent.

Característiques de la gràfica d'una funció

- Una gràfica és **creixent** si, en augmentar una magnitud x, també augmenta la magnitud y.
- Una gràfica és **decreixent** si, en augmentar una magnitud x, disminueix la magnitud y.
- Una gràfica és **constant** si, en variar una magnitud x, l'altra no varia.

Funcions lineals i afins

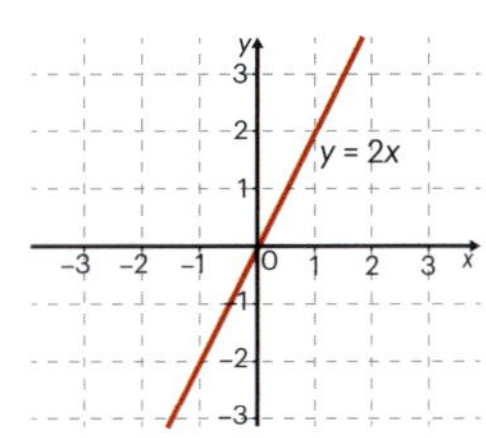

Funció lineal. Funció la gràfica de la qual és una línia recta que passa per l'origen de coordenades.

$$y = m \cdot x$$

En aquesta gràfica, x i y són les variables i m és un nombre que s'anomena **pendent** i que mesura la inclinació de la recta.

La funció és creixent si m és positiu ($m > 0$) i és decreixent si és negatiu ($m < 0$).

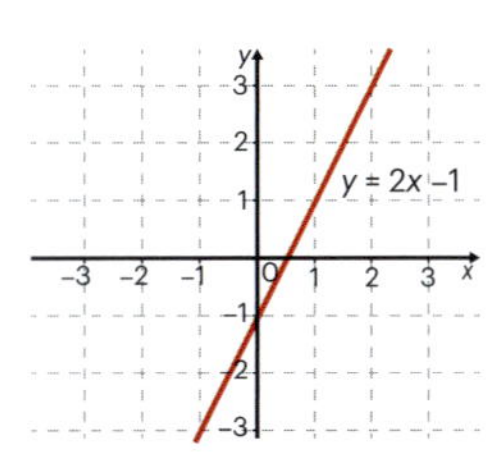

Funció afí. Funció la gràfica de la qual és una línia recta que **no passa per l'origen** de coordenades.

$$y = m \cdot x + n$$

En aquesta gràfica, x i y són les variables, m és el pendent i n és el valor de l'**ordenada d'origen**.

Entrena't +

Figures geomètriques

26. Indica si les afirmacions següents són certes o falses. En el cas que sigui certa, fes-ne un dibuix, i si és falsa, justifica la resposta:

- **a** En un triangle rectangle hi ha un angle de 90° i els altres dos són iguals.
- **b** Tots els quadrilàters tenen els costats paral·lels dos a dos.
- **c** Hi ha trapezoides que són còncaus.
- **d** En un triangle, el punt que es troba a la mateixa distància dels tres vèrtexs s'anomena *circumcentre*.
- **e** El triangle té un centre de gravetat.
- **f** Les diagonals d'un paral·lelogram es tallen en el punt mitjà.
- **g** Tots els punts de la circumferència es troben a la mateixa distància del centre.
- **h** La corda més llarga d'una circumferència s'anomena *radi*.

27. Busca el diàmetre de les monedes d'1, 2, 5, 10, 20 i 50 cèntims, així com el diàmetre de les monedes d'1 i 2 euros.

- **a** Calcula la longitud del cantell de cada una de les monedes.
- **b** Calcula el perímetre dels polígons que es formen en unir els centres de les monedes en els casos següents i classifica el polígon que se n'obté:

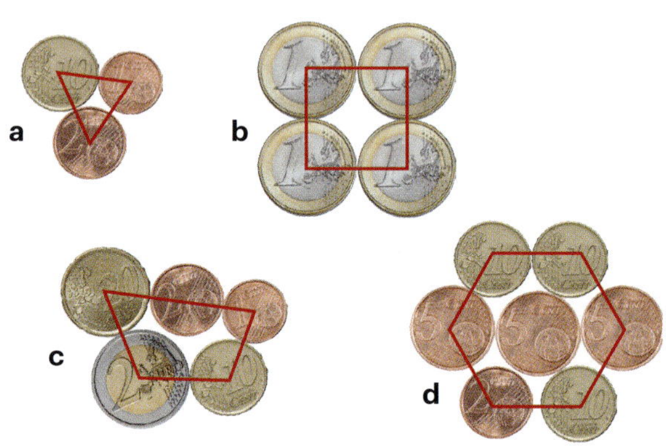

28. Recorda la relació que mantenen els costas d'un triangle rectangle i calcula'n la hipotenusa tenint en compte que els catets fan:

a 3 i 4 cm **b** 6 i 8 cm **c** 9 i 12 cm

29. On posaries el bolígraf?

30. Quant mesura el costat d'un hexàgon regular de 72 cm de perímetre?

Banc digital

Coordenades

31. Escriu les coordenades dels punts representats en el gràfic:

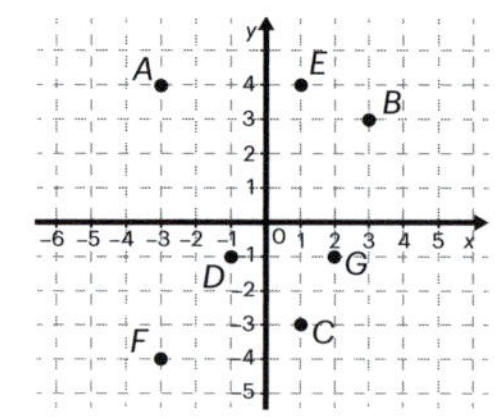

32. Representa els punts següents en els eixos de coordenades cartesianes:

$A(-2, 1)$	$D(1, 0)$	$G(-6, 0)$
$B(5, 2)$	$E(-1, -5)$	$H(3, -4)$
$C(0, -2)$	$F(0, 4)$	$I(0, 0)$

33. Dona les coordenades dels vèrtexs d'aquests senyals de trànsit.

Banc digital

Funcions

34. Representa totes les rectes següents en els mateixos eixos de coordenades i descriu què passa:

a $y = x$ **c** $y = 2x$ **e** $y = 4x$
b $y = 1{,}5x$ **d** $y = 3x$ **f** $y = 5x$

35. Representa aquestes funcions:

a $y = 0{,}5x$ **c** $y = -1{,}5x$
b $y = 2{,}5x$ **d** $y = -3{,}5x$

36. Indica el pendent d'aquestes rectes:

a $y = -7x$ **c** $y = 2{,}25x$
b $y = 0{,}75x$ **d** $y = -3{,}5x$

37. Representa les rectes següents sobre uns mateixos eixos de coordenades i descriu què passa:

a $y = 2x - 3$ **c** $y = 2x$
b $y = 2x - 1$ **d** $y = 2x + 4$

38. Representa aquestes rectes:

a $y = 4x - 3$ **c** $y = 5 - 2x$
b $y = -0{,}5x + 1$ **d** $y = 1{,}5x + 2{,}5$

Banc digital

Mates en context

11 AM AL AS Científic Tic-tac

Des dels inicis de la civilització l'home ha tingut la necessitat de mesurar el temps.

El primer rellotge va ser la clepsidra, que és un rellotge d'aigua inventat pels egipcis. Més tard, a Orient es va inventar el rellotge de sol. Bastant més tard van arrivar els rellotges de busques.

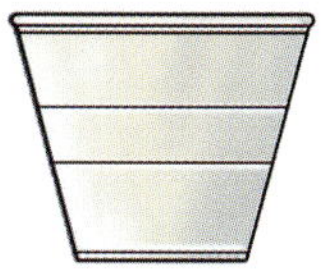

Clepsidra

Rellotge de sol

Rellotge de paret

Problemes

1. Si s'observa de cara, quina figura geomètrica té una clepsidra? Com són les línies que es veuen?
2. En un rellotge de sol, el gnòmon és la peça que projecta l'ombra.
   - **a** El gnòmon té forma d'un polígon. Quin nom reben els seus costats?
   - **b** Imagina't que els costats petits mesuren 5 i 12 cm. Quant fa el més gran?
3. Observa el rellotge de paret. Quin angle hi ha entre dues hores consecutives?
4. Calcula l'angle que formen les busques a les 12.15 h, a la 1.35 h, a les 10.15 h i a les 10.00. Descriu com és l'angle en cada cas.
5. Troba una hora en què les busques formin un angle de 45° i una altra hora en què se'n formi un de 120°.
6. Si el diàmetre del rellotge és de 60 cm, quina és la longitud de la circumferència corresponent?
7. Si la busca petita fa 15 cm i la gran fa 20 cm, quina distància recorre la busca gran quan fa una volta completa? I quina distància recorre la busca petita quan avança 3 hores?
8. Calcula la distància recorreguda per cada agulla quan avança de les 9.05 h a les 2.35 h.

Comunica: 1 **Matematitza: 2, 3, 6, 8** **Planteja: 4, 5, 7**

12 AM AL AP AC Científic *Lockheed F-117 Nighthawk*, l'avió fantasma

El *Lockheed F-117 Nighthawk* (falcó nocturn) és un avió militar que va ser dissenyat en secret pels EUA a partir dels estudis d'un matemàtic rus, Pyotr Ya. Ufimtsev, que va observar que els radars tenien problemes per detectar superfícies amb formes poligonals.

Problemes

1. Hi veus triangles, a l'avió? Classifica, a partir dels seus costats i angles, tots els que hi identifiquis.
2. Hi ha polígons de quatre costats? Classifica'ls i digues si són o no regulars. Són còncaus o convexos?
3. Identifica tots els polígons que hi vegis i que tinguin més de quatre costats.
4. Fes una mica de recerca sobre aquest avió i explica si, finalment, el seu disseny va ser adequat.

Matematitza: 1, 2, 3 **Comunica: 4**

13 AM AL AS AV Científic Cúpula de Parizsi Udvar

El centre comercial Parizsi Udvar, a Budapest, es va construir a començaments del segle XX i presenta diferents estils arquitectònics. En destaca la gran cúpula central de vidre.

Problemes

1. Quines figures geomètriques observes en la imatge? Classifica-les segons els seus costats i indica si són regulars o no.
2. La figura exterior té un costat de 16 metres. Quant mesura el perímetre d'aquesta figura?
3. Hi ha una altra figura interior amb el mateix nombre de costats, que mesuren 2 m. Quant fa el perímetre d'aquesta figura? I el dels triangles equilàters que hi ha a dins?
4. Si l'altura dels trapezis és de 12 metres, quant mesura el perímetre d'aquests trapezis?

Comunica: 1 **Matematitza: 2, 3** **Planteja: 4**

Competències matemàtiques: 2, 9 (act. 11); 2, 6 (act. 12, 13).

14 AM AL AP Personal On seiem avui?

La professora de matemàtiques de 1r C ha decidit fer seure l'alumnat a l'aula d'una manera diferent.

Abans d'entrar a l'aula ha repartit les coordenades dels llocs perquè tothom trobi la seva taula aquell dia. Juntament amb aquestes dades, també els dona un dibuix del lloc on es troben els eixos de coordenades. Aquest és el dibuix.

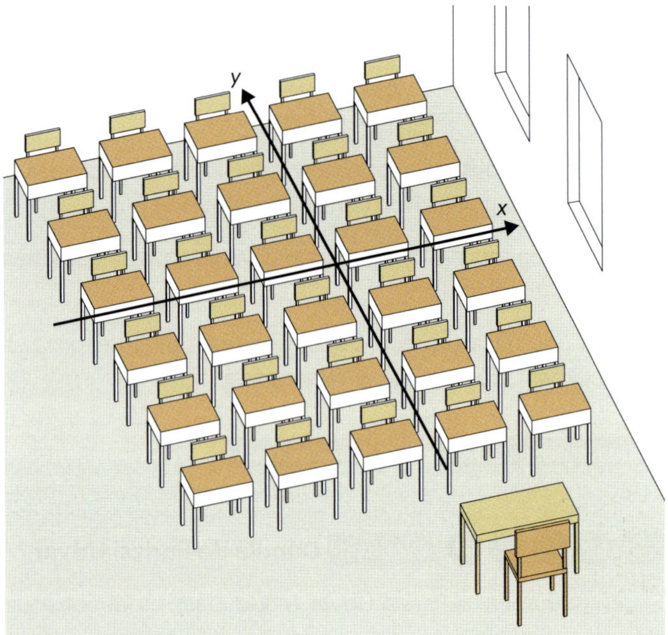

A cada alumne o alumna li ha donat el nom d'un punt. Aquestes són les coordenades de cadascú:

$A(1, -3)$	$F(-3, -2)$	$K(-3, -1)$	$P(2, 3)$
$B(-2, 3)$	$G(-1, 1)$	$L(-2, 1)$	$Q(-1, 3)$
$C(-2, -3)$	$H(-3, 4)$	$M(2, 1)$	$R(-1, -2)$
$D(2, 4)$	$I(2, -2)$	$N(-2, -2)$	$S(1, -2)$
$E(1, 1)$	$J(-1, -1)$	$O(1, -1)$	$T(2, -1)$

Problemes

1. Ubica cada estudiant a la taula assignada per la professora.
2. Ha quedat cap taula buida? Si la resposta és afirmativa, indica les coordenades de cadascuna.
3. Qui està assegut a l'origen de coordenades?
4. Hi ha cap filera buida? Si la resposta és afirmativa, digues quina és i dona el valor de l'ordenada corresponent.
5. L'estudiant H demana a la professora si es pot canviar de lloc, perquè s'ha descuidat les ulleres i necessita seure més a prop de la pissarra. La condició de la professora és que ha de dir les coordenades del seu punt i les del punt corresponent al lloc on vol seure. Com ho ha de fer?

Simbolitza: 1, 2, 3 **Matematitza: 4, 5**

15 AM AL AC Científic El vol de l'abella

En el gràfic hi ha unes flors i una abella. El rusc es troba a l'origen de coordenades. L'abella ha sortit del rusc amb la missió d'explorar un bon lloc per recol·lectar pol·len. En sortir del rusc, ha anat a la margarida, després a la rosella, a continuació al lliri i a la rosa i, finalment, s'ha posat a sobre d'un gira-sol.

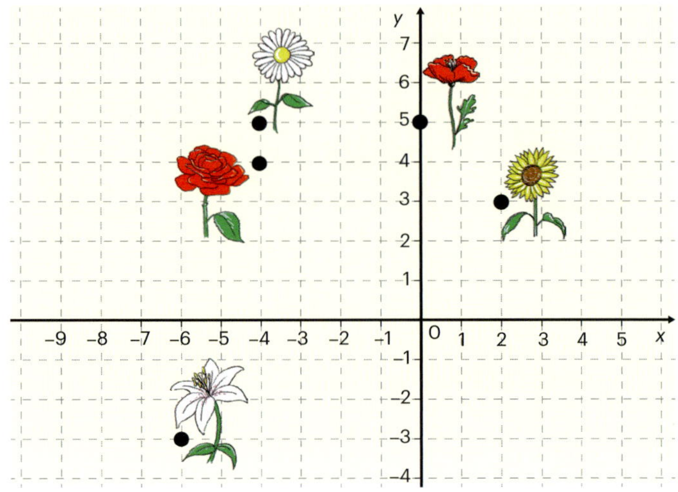

Quan l'abella exploradora troba un bon lloc per recol·lectar pol·len, torna al rusc i n'informa les companyes amb un ball. Si es mou en cercle, vol dir que el lloc és a prop, però si es mou formant vuits, vol dir que és lluny.

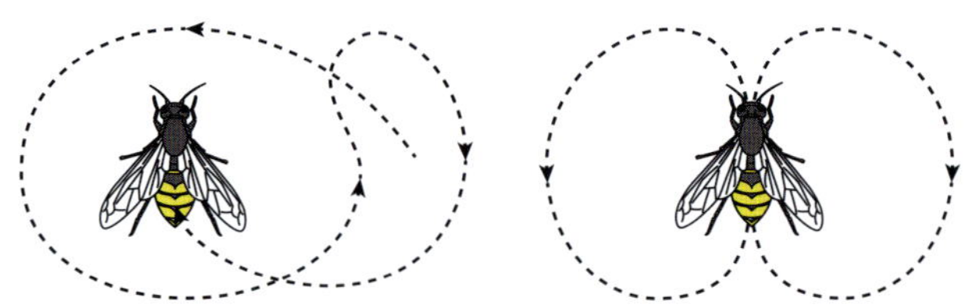

Problemes

1. Indica la posició de cada flor respecte del rusc.
2. Cada vegada que arribava a una flor, en recol·lectava el nèctar i el duia al rusc. Quina és la posició del rusc respecte de cada flor?
3. Després d'aquest recorregut, l'abella va tornar a la rosella i, tot seguit, al lliri. Quina posició té el lliri respecte de la rosella?
4. Quan l'abella arriba al rusc per última vegada, traça un moviment que passa per aquests punts:

   $O(0, 0)$, $A(-1, -2)$, $B(-3, -3)$, $C(-5, 0)$, $D(-3, 3)$, $E(1, 2)$, $F(0, 0)$, $G(-2, -3)$, $H(1, -2)$, $I(3, -3)$, $J(5, 0)$, $K(3, 3)$, $L(1, 2)$ i $O(0, 0)$.

   Dibuixa els punts en els eixos de coordenades i, seguint l'ordre dibuixat, indica si el pol·len està a prop o lluny.

Matematitza: 1, 2, 3 **Simbolitza: 4**

16 AM AL Social A la cua de l'autobús

La Marta i en Carles són companys de classe i esperen a la cua de l'autobús. Com que l'autobús triga a arribar, s'han dedicat, per separat, a elaborar una gràfica sobre la ubicació de les persones a la cua.

Quan ja són dalt de l'autobús, s'ensenyen les gràfiques:

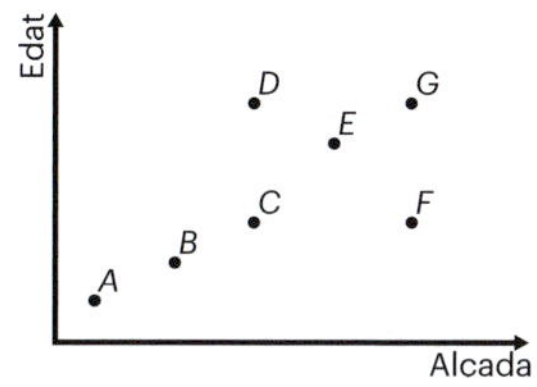

Gràfica de la Marta

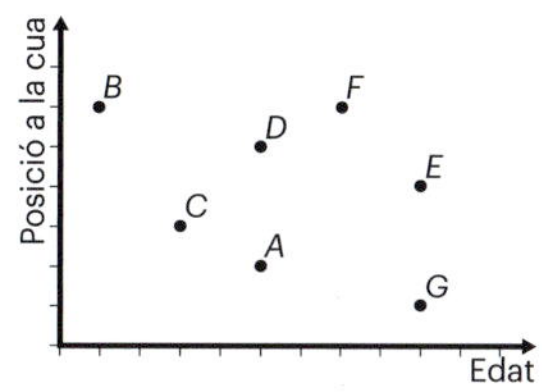

Gràfica d'en Carles

Problemes

Observa la gràfica de la Marta.

1. Quins punts representen les persones de més edat? I les persones més altes?
2. Què significa que *C* i *D* es trobin en la mateixa línia vertical? I que *C* i *F* es trobin en la mateixa línia horitzontal?
3. Assigna cada lletra de la gràfica a la persona que representa de la cua.

Observa la gràfica d'en Carles.

4. Quins punts representen les persones de més edat? Quins tenen la mateixa edat?
5. Què significa que *B* i *F* es trobin a la mateixa línia horitzontal?
6. Assigna cada lletra de la gràfica a la persona que representa de la cua.

Matematitza: 1, 2, 4, 5 **Argumenta: 3, 6**

17 AM AL AC Professional Canvis de velocitat al circuit d'Indianapolis

Les 500 milles d'Indianapolis és una prova automobilística molt prestigiosa. Hi participen 33 pilots que han de fer 200 voltes a un oval de 4 km que, a més, és el recinte esportiu més gran del món.

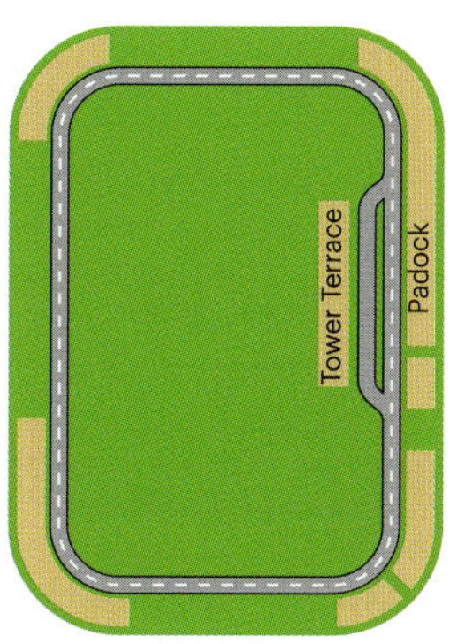

Els enginyers han elaborat una gràfica per analitzar la velocitat mitjana dels cotxes en els diferents trams del circuit:

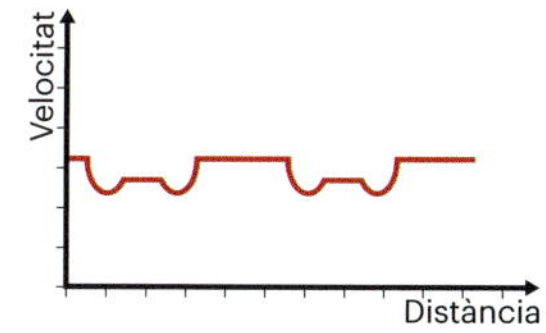

Problemes

1. Indica en quines parts la funció és creixent i en quines parts és decreixent.
2. Què signifiquen les parts corbes de la gràfica?
3. Què representen les línies horitzontals?
4. Per què les línies horitzontals no es troben a la mateixa altura?
5. Ara, mira de dibuixar les gràfiques distància/velocitat d'aquests tres circuits:

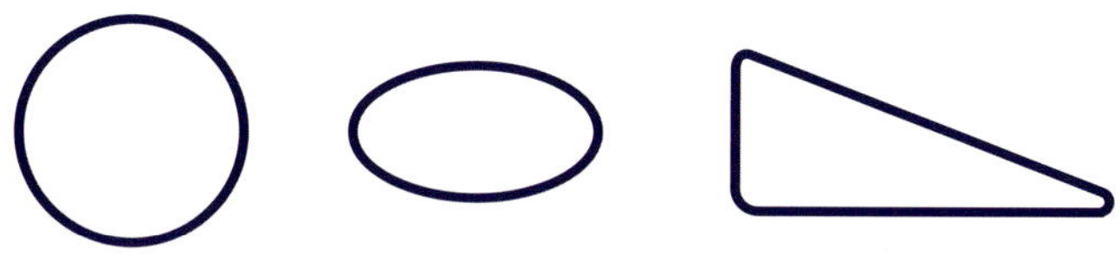

1 2 3

Matematitza: 1, 2, 3 **Argumenta: 4, 5** **Representa: 5**

18 AM AL Personal La millor tarifa de mòbil

La Raquel es vol canviar de companyia de mòbil i s'està mirant tres ofertes:

Companyia	Establiment de trucada (cèntims)	Preu per minut (cèntims)
EstelaMòbil	20	---
FonoVida	10	1
JaVinc	---	2,5

Problemes

1. Elabora una taula en què es vegi quant costa trucar segons la companyia i la durada.
2. Representa en una mateixa gràfica les dades de les tres taules obtingudes.
3. Intenta trobar en cada cas la funció que relaciona el temps de la trucada amb el preu total.
4. Quants minuts ha de parlar la Raquel perquè li costi el mateix a EstelaMòbil i a FonoVida?
5. Quina és la tarifa més econòmica? Per què?
6. A la Raquel li agrada parlar i, quan agafa el telèfon, mai no ho fa menys de 10 min. Quina és la millor oferta per a ella?

Matematitza: 1 **Representa: 2**
Simbolitza: 3 **Argumenta: 4, 5, 6**

Competències matemàtiques: 2 (act. 16); 2, 6 (act. 17); 1, 2, 5 (act. 18).

1. En un hort hi ha plantats arbres fruiters que formen una quadrícula com la que mostra el dibuix:

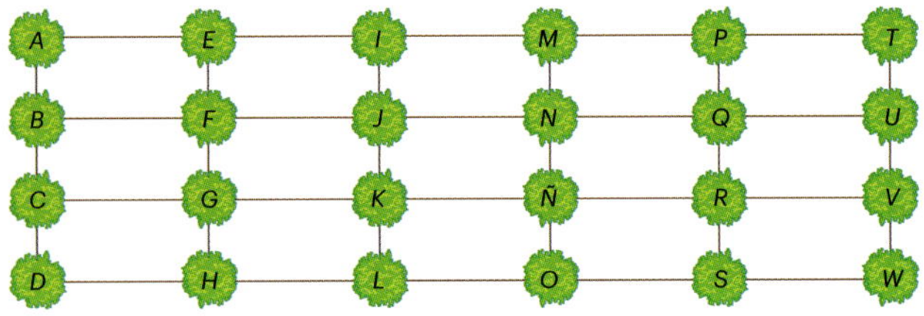

a Tria un arbre que anomenaràs *centre*. Des d'aquest arbre, traça rectes que et serviran com a eixos perpendiculars.

b A partir del sistema de referència que has creat, quines coordenades té l'arbre *Z*? I l'arbre *F*?

c Segons el teu sistema de referència, quin arbre hi ha en el punt de coordenades (0, 0)? I en el punt (1, −1)?

d Quins són els arbres que estan més lluny del que has escollit com a centre? Quines són les seves coordenades?

2. La taula següent mostra la temperatura mitjana mensual en un poble de la costa.

Mes	Temperatura (°C)	Mes	Temperatura (°C)
Gener	8	Juliol	31
Febrer	6	Agost	32
Març	15	Setembre	26
Abril	13	Octubre	26
Maig	20	Novembre	19
Juny	25	Desembre	10

a Dibuixa la gràfica corresponent a la taula de valors.

b Indica entre quins mesos la gràfica és creixent, en quins és decreixent i en quins és constant.

3. En una òptica tenen tres models d'ulleres. El model Brille val 200 €, amb muntura i vidres inclosos; el model Tasma val 60 €, la muntura, i 20 € més per cada diòptria que tinguin els vidres, i el model Occhiali val 40 € per cada diòptria, però la muntura és de franc.

a Elabora una taula de valors per a cadascun dels models segons el nombre de diòptries (de 0 a 10).

b Dibuixa la funció de cada model en una gràfica i digues amb quantes diòptries surt més barat cada model.

c Troba les funcions del preu de cada model.

4. La imatge següent mostra les fitxes d'un joc de taula anomenat *Catan*.

a Digues quina figura geomètrica és l'illa i cadascuna de les caselles de recursos.

b Si els angles de les caselles de recursos fan 120°, quant sumen tots els angles d'una casella? Quant sumen els angles de l'illa?

c Si els costats de les caselles de recursos fan 3 cm, quant sumen tots els costats d'una casella? Quant sumen els costats de l'illa?

d Quin tipus de figura representen els poblats i les ciutats? Si els poblats tenen un radi de 20 mm i les ciutats en tenen un de 28 mm, quina és la diferència de les seves longituds?

	4 punts	3 punts	2 punts	1 punt
1. Eixos de coordenades. Punts	Estableixo un sistema de referència i calculo les coordenades de punts en aquest sistema de referència.	Estableixo un sistema de referència, però en calcular les coordenades de punts d'aquest sistema cometo alguns errors.	Em costa establir un sistema de referència i, en calcular les coordenades de punts d'aquest sistema, cometo alguns errors.	No sé establir un sistema de referència ni calcular coordenades de punts respecte d'aquell sistema de referència.
2. Gràfiques i característiques	Dibuixo de manera aproximada gràfiques de funcions a partir d'enunciats i taules. Soc capaç de calcular el creixement i el decreixement.	Dibuixo de manera aproximada gràfiques de funcions a partir d'enunciats i taules, però cometo alguns errors en calcular el creixement i el decreixement.	Dibuixo de manera aproximada gràfiques de funcions a partir d'enunciats i taules, però amb petits errors, i no calculo el creixement i el decreixement.	No soc capaç de representar la gràfica d'una funció ni de calcular el creixement i el decreixement.
3. Taules de valors. Funcions lineals i afins	Entenc els enunciats, sé obtenir l'equació de la recta a partir d'aquests enunciats i la represento adequadament.	Entenc els enunciats i sé obtenir l'equació de la recta a partir d'aquests enunciats.	Entenc els enunciats i sé obtenir l'equació de la recta a partir d'aquests enunciats, però cometo errors.	Mostro una actitud passiva davant d'aquest tipus de problema i no soc capaç de trobar l'equació de la recta.
4. Figures geomètriques	Sé identificar polígons i figures circulars. Trobo el perímetre i els angles dels polígons i la longitud de figures circulars.	Sé identificar polígons i figures circulars, però en trobar el perímetre i els angles de polígons, així com la longitud de figures circulars, cometo errors de càlcul.	Em costa identificar polígons i figures circulars, i, en trobar el perímetre de polígons i la longitud de figures circulars, cometo errors de càlcul.	No soc capaç d'identificar polígons i figures circulars, ni tampoc de trobar el perímetre i els angles de polígons ni la longitud de figures circulars.

PDF

PROJECTE 2

ENCARA VAS EN COTXE?

Es pot millorar la mobilitat de la meva zona?

5 sessions

Mou les teves capacitats

Sostenibilitat · Creativitat · Treball en equip

PRESENTACIÓ DEL PROJECTE

Alguns mitjans de transport són més eficients i tenen menys impacte ambiental que els cotxes tradicionals. Per conèixer la realitat del teu entorn, t'encarreguem un estudi sobre mobilitat.

Amb aquest projecte:

- Analitzaràs i representaràs dades estadístiques sobre l'ús dels transport al teu entorn.
- Podràs valorar amb objectivitat l'ús dels transports.
- Elaboraràs un pòster com els dels congressos científics.

Crea un pòster professional!

QUÈ HAS DE SABER PER TENIR ÈXIT EN AQUEST PROJECTE?

Per fer un bon projecte, has de fer el següent:

- Determinar les variables estadístiques en un estudi de camp.
- Organitzar les dades en taules estadístiques i representar-les gràficament.
- Usar funcions matemàtiques per analitzar la relació entre dues variables.
- Aplicar la proporcionalitat àuria per dissenyar un pòster professional.

Recorda que has d'aplicar els teus coneixements tecnològics sobre Ciències socials (mitjans de transport) i aplicar eines tecnològiques i visuals!

PRODUCTE FINAL

El producte final serà un pòster com els que exposen en els congressos científics. En general, es tracta d'un format estàndard en què els elements (títols, textos, gràfics, fotografies...) es distribueixen de manera harmoniosa i equilibrada. Abans de fer-lo, és molt important que en facis un disseny previ basat en la regla de la **proporció àuria**.

Segur que durant el teu estudi, trobes altres dades interessants. No dubtis a incorporar-les al projecte!

Què aprendré?

Sostenibilitat

Analitzaràs estadísticament l'ús dels mitjans de transport, la qual cosa et permetrà tenir una visió sobre l'ús que se'n fa.

Creativitat

Elaboraràs un pòster de qualitat, que és aquell que comunica amb elegància, claredat i senzillesa allò que es vol explicar.

Treball en equip

Treballaràs intensament amb els teus companys i les teves companyes. Si formeu un equip cohesionat, aconseguireu uns bons resultats i els transmetreu d'una manera efectiva.

Projecte 2 I Encara vas en cotxe?

QUÈ FAREM?

En grups de 4

Sessió 1 **Conèixer l'ús dels transports.**	Quins mitjans de transport tindrem en consideració? Els cotxes estan infrautilitzats? Com varia la intensitat del trànsit? Quines altres dades hem de conèixer? Com recopilarem totes les dades?
Sessions 2 i 3 **Recollir dades i analitzar-les estadísticament.**	Ens repartim els punts d'observació i anotem les variables estadístiques acordades en la sessió 1. Podem fer fotografies. Analitzem els resultats i els representem gràficament. Podem millorar els resultats? Acordem com serà la rúbrica d'avaluació. Redactem unes conclusions.
Sessió 4 **Dissenyar i elaborar un pòster científic.**	Fem uns esbossos a escala per distribuir els elements que conformaran el pòster, segons la proporció àuria. Després, els organitzem en el pòster real.
Sessió 5 **Exposar i defensar el pòster.**	Exposem els pòsters en un espai del nostre centre pel qual passi força gent. En petits grups, presentem cada pòster als assistents i dediquem un màxim de 10 minuts per pòster. Escollim el millor.

"La gent afirma moltes coses que diu que ha sentit, però només les dades objectives i contrastades ens apropen a la veritat."

UN PÒSTER PROFESSIONAL!

El vostre pòster és el millor?

L'última sessió del projecte serà un gran dia. Podeu portar-hi convidats!

En primer lloc, davant de cada pòster, heu de mostrar als assistents els resultats que heu obtingut i les conclusions a les quals heu arribat.

En segon lloc, heu de presentar el vostre treball i defensar-lo davant les crítiques que us puguin fer.

QUÈ AVALUAREM?

Per avaluar aquest projecte, heu d'acordar una rúbrica d'avaluació durant la sessió 3 amb la resta dels grups i amb el professor o la professora.

Aquesta rúbrica valorarà, com a mínim, aquests aspectes:

- Un bon tractament de les dades estadístiques i la seva representació gràfica.
- El disseny del pòster, que ha de ser equilibrat i proporcionat.
- La capacitat per explicar de forma convincent la recerca.
- El treball en equip.

Hi podeu afegir altres aspectes que considereu interessants a l'hora de defensar el vostre pòster.

La tasca s'avaluarà tant individualment com col·lectivament.

Podràs autoavaluar-te i avaluar els altres membres del teu equip i els dels altres equips.

4 Històries matemàtiques

1 Què és l'àlgebra? Per a què serveix?

2 Els nombres són geometria? Quines relacions tenen les figures?

3 Quantes vegades he de tirar? Qui guanya?

BLOCS DE CONTINGUTS	Situació 1	Situació 2	Situació 3
NOMBRES I ÀLGEBRA			
A partir de situacions reals expressades en llenguatge quotidià, traducció al llenguatge algebraic i viceversa.	●		
Ús del llenguatge algebraic per generalitzar propietats i simbolitzar relacions.	●		
Obtenció de fórmules i càlcul del valor numèric d'una expressió algebraica.	●		
Operacions amb expressions algebraiques senzilles: transformació i equivalència, identitats i polinomis senzills.	●		
Resolució de problemes reals amb equacions de primer grau amb una incògnita i interpretació i anàlisi de les solucions.	●		
Ús i avaluació crítica d'estratègies per resoldre equacions de primer grau.	●		
Significat i propietats dels nombres en contextos diferents del càlcul.		●	
Quadrats perfectes, arrels quadrades i estimació i obtenció d'arrels.		●	
GEOMETRIA I MESURA			
Càlcul d'àrees i perímetres de figures planes.		●	
Teorema de Pitàgores: justificació geomètrica i aplicacions.		●	
Figures semblants, criteris de semblança i raó de semblança.		●	
ESTADÍSTICA I PROBABILITAT			
Fenòmens deterministes i aleatoris. Formulació de conjectures sobre el comportament de fenòmens aleatoris senzills i disseny d'experiències.			●
Freqüència relativa d'un esdeveniment i la seva aproximació a la probabilitat mitjançant simulació o experimentació.			●
Esdeveniments elementals equiprobables i no equiprobables. Càlcul de probabilitats mitjançant la regla de Laplace.			●
Espai mostral en experiments senzills.			●

1 El llenguatge de les matemàtiques

Què és l'àlgebra? Per a què serveix?

AM AL AV Social Personal

Aprèn a...

Descriure algebraicament situacions que depenen de quantitats variables i operar-hi.

Formular, resoldre i interpretar situacions reals amb equacions de primer grau i comprovar si un nombre és solució d'una equació.

Ítem 1. Origen de l'àlgebra

L'origen de l'àlgebra es remunta a uns 4000 anys enrere, a Babilònia i Egipte. Al segle XVI aC, els egipcis van desenvolupar una àlgebra elemental per resoldre problemes quotidians que estaven relacionats amb el repartiment de béns, com ara queviures, collites o materials. És destacable el papir Rhind, que és un document en què es plantegen diversos problemes per a la resolució dels quals es fan servir les primeres estratègies algebraiques que es coneixen. Anomenaven "munt" el nombre desconegut.

Ítem 2. Desenvolupament de l'àlgebra

Els grecs van ser els primers que van tractar les matemàtiques d'una manera rigorosa. Diofant d'Alexandria (segle III dC) va introduir símbols per representar els valors desconeguts. Per designar la incògnita va fer servir un signe que és la primera síl·laba de la paraula grega *arithmos* ('nombre'). Els problemes d'àlgebra que va proposar aquell savi van preparar el terreny d'allò que segles més tard va esdevenir la teoria de les equacions.

Construeix amb el que saps

Simbolitza

1 Segons l'ítem 1, en l'Antiguitat, un dels problemes principals era repartir els queviures. Pensa en els aliments següents que es consumien a l'antic Egipte:

Relaciona cada columna d'aquesta taula:

Frase	Dibuix	Tinc
La suma de 3 pans.	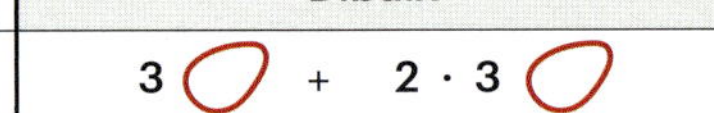	
Tinc 2 cebes i 2 alls.		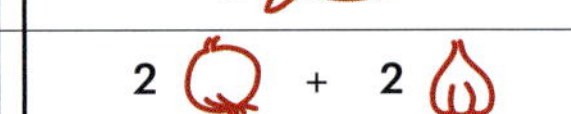
Reparteixo 6 peixos entre 3.		
Tinc 2 pans i me'n donen 5.		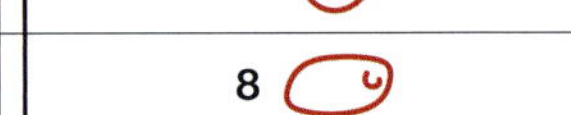
Tinc 3 ous i me'n donen el doble.	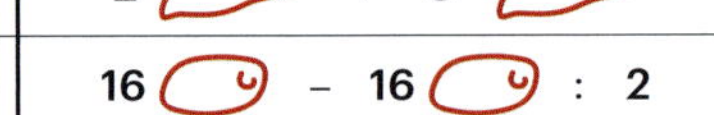	
Tinc 16 dàtils i me'n treuen la meitat.	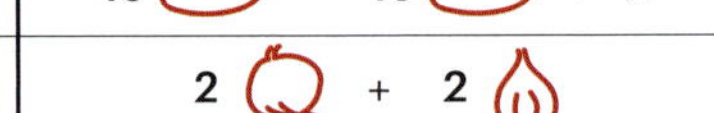	
Tinc 7 dàtils i em treuen 2 peixos.	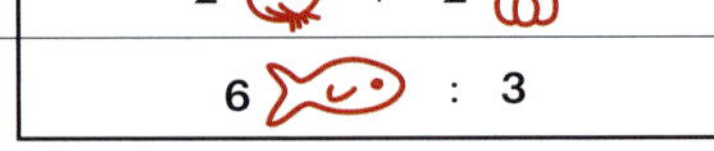	

2 Assigna a cada aliment la seva inicial (per al pa, fes servir *p* i per al peix, *pe*). Elabora a la teva llibreta una taula com l'anterior i substitueix cada dibuix per la lletra corresponent.

Argumenta

3 Pots sumar o restar en tots els casos? En els casos en què es pugui sumar o restar, indica com ho has fet; en els casos en què no es pot fer, explica per què.

4 Has pogut multiplicar per un nombre i dividir entre el mateix nombre? Explica com has operat.

Simbolitza

5 En l'exercici 2 has fet servir llenguatge algebraic. Utilitza la mateixa estratègia per expressar el següent: "He anat al mercat, hi he comprat 5 pans i n'he regalat 2. A més, també he adquirit 3 ous, però se me n'ha trencat 1. Després, he comprat 4 peixos, 3 alls, 4 cebes i 10 dàtils, però pel camí he perdut 2 peixos, 1 all i 6 dàtils". Què em quedava al cistell quan he arribat a casa?

Ítem 3. Al-Juarismi

Abu Abdallah Muhammad ibn Musa al-Jwarizmi, conegut més popularment com a **Al-Juarismi** (ca. 780-850), va ser un dels matemàtics, astrònoms i geògrafs més notables de la cultura islàmica medieval. Va recuperar el rigor dels grecs i la simplicitat dels indis. Va ser el primer a dissenyar algoritmes per al càlcul d'arrels d'equacions. També va distingir sis tipus d'equacions i va elaborar regles per resoldre-les.

Afirmava que "les matemàtiques han de tenir utilitat i ajudar en problemes pràctics". El seu tractat sobre àlgebra *Hisab al-yabr wa al-muqabala* (*Càlcul per reducció i comparació*) és eminentment didàctic i ensenya una àlgebra aplicada a la resolució de problemes típics de la vida quotidiana de la seva època.

Ítem 4. Àlgebra

Àlgebra és una paraula que prové del terme àrab *al-yabr*, que vol dir 'restauració, reducció'. Aquest terme també es fa servir per referir-se a la tècnica de restituir al lloc corresponent els ossos dislocats; per això, els metges que duien a terme aquesta pràctica s'anomenaven *algebristes*.

Actualment, s'anomena àlgebra la part de les matemàtiques en què les operacions aritmètiques són expressions que combinen xifres i lletres; en aquestes expressions, les lletres representen un nombre o una altra entitat matemàtica.

Ítem 5. Algoritme

Un algoritme és un conjunt ordenat d'operacions que, executat de forma sistemàtica, permet fer els càlculs adequats per trobar la solució d'un tipus de problemes. La paraula prové de la deformació del nom d'Al-Juarismi.

Construeix amb el que saps

Matematitza
Comunica
Argumenta

6 Ara utilitzarem el llenguatge algebraic per expressar de manera general operacions que has realitzat molt sovint amb nombres; així queda escrit l'algoritme, és a dir, els passos que cal seguir, per a qualsevol nombre que vulguis fer servir.

Algoritme 1. Càlcul de la solució d'una equació de la forma $ax + b = c$.

Imagina't que l'equació que vols resoldre és $6x + 3 = 15$:

1. Resta 3 a tots dos membres de l'equació i efectua les operacions.
2. Divideix entre 6 els dos membres.
3. Quant val x?

Segueix els mateixos passos, però ara per a qualsevol valor de a, b i c. Quant val x? Fixa't que, si canvies els valors de a, b i c per nombres, ja tens la solució.

7 Utilitzant l'expressió obtinguda en l'exercici anterior, calcula directament el resultat de les equacions següents:

a $5x + 7 = 27$ **b** $4x + 8 = 16$ **c** $3x + 11 = 20$ **d** $2x + 8 = 22$

8 **Algoritme 2.** Càlcul de la solució d'una equació de la forma $ax + b = cx$.

Primer, segueix els passos suposant que has de resoldre $8x + 12 = 4x$; a continuació, utilitza les lletres.

9 Calcula directament, però sense resoldre-les, el resultat de les equacions següents:

a $6x + 3 = 3x$ **b** $10x + 3 = 7x$ **c** $9x + 12 = 3x$ **d** $8x + 15 = 3x$

El que has construït

Utilitzes el **llenguatge algebraic** per expressar **situacions quotidianes**.

Operes amb expressions que **combinen xifres i lletres**.

Escrius **algoritmes**.

1. Ús de xifres i lletres

Per representar quantitats fem servir les xifres.	Si no sabem el nombre d'estudiants de 1r d'ESO que van a l'excursió fem servir una lletra per designar-lo.
Van a l'excursió 53 estudiants de 1r d'ESO.	Van a l'excursió x estudiants de 1r d'ESO.
Per representar relacions entre les quantitats fem servir diferents signes.	Es fan servir els mateixos signes que amb els nombres.
De 2n d'ESO, hi van 12 estudiants més que de 1r d'ESO: De 2n d'ESO hi van **53 + 12** estudiants.	De 2n d'ESO, hi van 12 estudiants més que de 1r d'ESO: De 2n d'ESO hi van $\boldsymbol{x}$ **+ 12** estudiants.

2. Iniciació a l'àlgebra

En moltes tasques matemàtiques és necessari treballar amb nombres de valor desconegut o indeterminat. L'àlgebra és la part de les matemàtiques en què les operacions aritmètiques són expressions que combinen xifres i lletres i en què les lletres representen un nombre o una altra entitat matemàtica (fig. 1).

	Llenguatge aritmètic	Llenguatge algebraic
Nombre	3	x
Doble	6	$2x$
Suma	$3 + 6 = 9$	$x + 2x = 3x$
Resultat : 3	$9 : 3 = 3$	$\frac{3x}{3} = x$
	Solució: és el mateix nombre	Solució: és el mateix nombre
	Hem utilitzat nombres per realitzar les operacions.	Hem utilitzat una lletra (la x) per designar un nombre qualsevol.

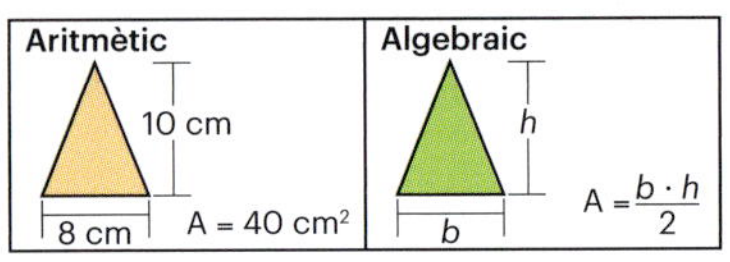

Fig. 1. Algunes equivalències entre el llenguatge aritmètic i l'algebraic.

Exemples

1. **Expressar i utilitzar nombres desconeguts.** Es pot representar un nombre que encara no es coneix, operar-hi i relacionar-lo amb altres nombres.

Pensa un nombre.	Suma-li 5.	Multiplica'n el resultat per 3.	Resta-li 4.
x	$x + 5$	$3(x + 5)$	$3(x + 5) - 4$

2. **Generalitzar relacions o propietats numèriques. Fórmules**

   a Segons la propietat commutativa de la suma, donats dos nombres, a i b, es compleix que $a + b = b + a$.

   b L'àrea d'un triangle és la base, b, per l'altura, h, dividit entre 2: $A = \frac{b \cdot h}{2}$.

3. **Codificar un problema per facilitar-ne la resolució.** L'edat del Xavier d'aquí a 8 anys serà igual al triple de la que tenia fa 2 anys. Quina és la seva edat actual? Anomenem x l'objecte de la pregunta: l'edat del Xavier.

Edat del Xavier.	Edat d'aquí a 8 anys.	La que tenia fa 2 anys.	Triple de la que tenia fa 2 anys.	D'aquí a 8 anys serà igual al triple de la que tenia fa 2 anys.
x	$x + 8$	$x - 2$	$3(x - 2)$	$x + 8 = 3(x - 2)$

Apunt 1

En una expressió algebraica:

Si el coeficient és 1, no s'escriu.

Si l'exponent és 1, tampoc no s'escriu.

No s'acostuma a escriure el signe del producte.

$$1 \cdot x^2 \cdot y^1 \rightarrow x^2 y$$

Les parts d'un monomi són aquestes:

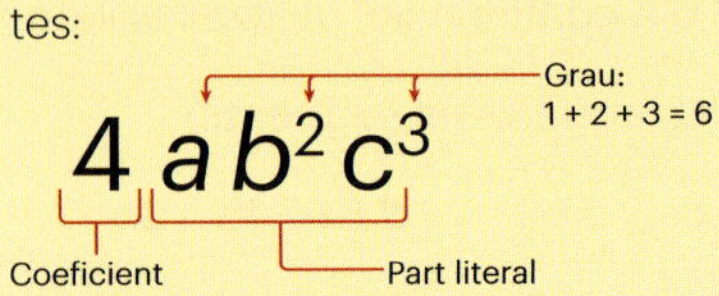

Professor a casa.
Operacions amb monomis.

3. Expressions algebraiques

Una **expressió algebraica** és una combinació de lletres i xifres relacionades per les operacions matemàtiques de suma, resta, multiplicació, divisió, potència i radicació. En les expressions algebraiques s'opera amb les mateixes propietats i lleis que en les expressions aritmètiques.

Les expressions més simples són els **monomis**. Estan formats pel producte d'un nombre (**coeficient**) i una lletra o el producte de diverses lletres amb exponents naturals (**part literal**). El **grau** d'un monomi és la suma dels exponents de les seves lletres (apunt 1).

El valor numèric d'un monomi és el nombre que resulta en substituir les lletres per nombres i fer les operacions.

Exemple

4. Observa:

Monomi	Coeficient	Part literal	Grau	Valor numèric si $x = 2$, $y = 3$ i $z = -1$
$3x^2yz^5$	3	x^2yz^5	$2 + 1 + 5 = 8$	$3 \cdot 2^2 \cdot 3 \cdot (-1)^5 = -36$
$-x^3y^2z^5$	-1	$x^3y^2z^5$	$3 + 2 + 5 = 10$	$-1 \cdot 2^3 \cdot 3^2 \cdot (-1)^5 = 72$

3.1 Operacions amb monomis

- Dos monomis són **semblants** quan les respectives parts literals tenen les mateixes lletres amb els mateixos exponents. **Només en aquest cas** es poden **sumar** o **restar** els monomis sumant o restant els coeficients.
- Per **multiplicar** o **dividir** monomis es multipliquen o es divideixen els coeficients. Quant a la part literal, s'apliquen les propietats de les potències (apunt 2).

Apunt 2

Propietats de les potències:

$x^n \cdot x^m = x^{n+m}$

$x^n : x^m = x^{n-m}$

$(x^n)^m = x^{n \cdot m}$

Exemples

5. Suma i resta de monomis

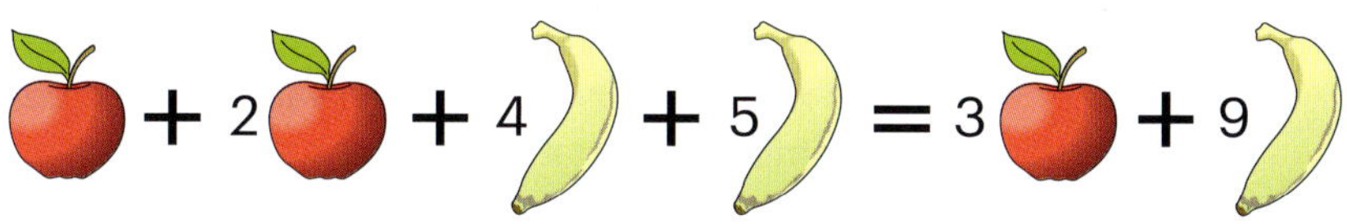

$$x^2y + 2x^2y + 4xy + 5xy =$$
$$= (1 + 2)x^2y + (4 + 5)xy =$$
$$= 3x^2y + 9xy$$

6. Multiplicació i divisió de monomis

$$3x^2yz^6 \cdot (-2)x^3y^2z = 3 \cdot (-2) \cdot x^2 \cdot x^3 \cdot y \cdot y^2 \cdot z^6 \cdot z = -6 \cdot x^{2+3} \cdot y^{1+2} \cdot z^{6+1} = -6x^5y^3z^7$$

$$6x^5y^4z^6 : (-2)x^3y^2z = \frac{6x^5y^4z^6}{(-2)x^3y^2z} = \frac{6}{-2} \cdot \frac{x^5}{x^3} \cdot \frac{y^4}{y^2} \cdot \frac{z^6}{z} = -3 \cdot x^{5-3} \cdot y^{4-2} \cdot z^{6-1} = -3x^2y^2z^5$$

4. Igualtats algebraiques: equacions i identitats

En igualar dues expressions algebraiques, s'obté una **igualtat algebraica**. Observa la diferència entre aquestes igualtats:

$x + 5 = 7$	$7x - 2x = 5x$
La igualtat només es compleix per a $x = 2$. És una **equació**.	La igualtat es compleix per a qualsevol valor de x. És una **identitat**.

Apunt 3

Una equació pot no tenir solució. Així, per exemple, és impossible que es compleixi aquesta igualtat:

$x + 3 = x + 7$

El **grau** d'una equació és el grau més gran dels monomis que conté.

Estratègies per **trobar la solució** (o les solucions) d'una equació (apunt 3)	
Calcular **directament** el valor:	$x + 3 = 10 \rightarrow x = 7$
Amb el que se sap, es pot resoldre el **problema per parts:**	$\frac{3x+3}{2} = 12 \xrightarrow{\frac{24}{2}=12} 3x + 3 = 24 \xrightarrow{21+3=24} 3x = 21 \xrightarrow{3 \cdot 7=21} x = 7$
Aïllar la incògnita i calcular **equacions equivalents:**	$6x + 15 - 2x = 7 + 2x + 2 \xrightarrow{\text{operem}} 4x + 15 = 9 + 2x \rightarrow$ $\xrightarrow{\text{en restem 15}} 4x + 15 - 15 = 9 + 2x - 15 \rightarrow 4x = -6 + 2x \rightarrow$ $\xrightarrow{\text{en restem } 2x} 4x - 2x = -6 + 2x - 2x \rightarrow 2x = -6 \rightarrow$ $\xrightarrow{\text{dividim entre 2}} \frac{2x}{2} = \frac{-6}{2} \rightarrow x = -3$

Entrena't

1. Copia i completa aquestes frases:

a El preu d'un bolígraf és de 0,15 €. El preu de x bolígrafs és de...
b El preu d'un quadern és de 2,50 €. El preu de y quaderns és de...
c El preu de x bolígrafs més y quaderns és...

2. Escriu en llenguatge algebraic les expressions següents:

a El doble d'un nombre.
b El triple d'un nombre més 4.
c El triple del resultat de sumar un nombre més 4.
d El quadrat d'un nombre menys 5.
e El doble d'un nombre menys la meitat d'aquest nombre.
f La quarta part d'un nombre menys la tercera part d'aquest nombre.
g La suma de dos nombres consecutius.
h Un nombre parell més 7.
i Un nombre senar.

3. Escriu en llenguatge algebraic aquestes expressions:

a La suma de dos nombres diferents és igual a 9.
b El doble d'un nombre més la seva meitat és 15.
c El 15 % d'un nombre és...

4. Tenint en compte que *a*, *b*, *c* i *d* representen, respectivament, el nombre de quaderns, d'estoigs, de bolígrafs i de gomes d'esborrar que hi ha en una aula, escriu en llenguatge algebraic aquests enunciats:

a Hi ha el triple de bolígrafs que de quaderns i estoigs junts.
b El nombre d'estoigs és la meitat que el de gomes d'esborrar.
c El nombre de bolígrafs és igual al triple d'estoigs menys el doble de les gomes.
d Entre tots els elements sumen 134.

5. Identifica quines de les expressions següents són monomis:

a $5x^2y$ **b** $-x^2y^4z$ **c** $-2xy+3$ **d** $4x^0$ **e** zx^3y^4 **f** x^2+y **g** $5(xy-2)$ **h** x^2y^6z

6. Escriu amb les teves paraules el significat de cadascuna de les següents expressions algebraiques:

a $2x+1$ **b** $3(x-2)$ **c** $\frac{x}{2}+5$ **d** $\frac{x+5}{2}$

Banc digital

7. Copia i completa la taula següent:

Monomi	Valor de x	Operacions	Valor numèric
$6x^2$	$x=4$		
$4x^3$	$x=-2$		
$-2x^4$	$x=2$		
x^8	$x=-1$		

8. Copia aquesta taula a la teva llibreta i pinta del mateix color els monomis que són semblants:

$2yx^2z$	$2yzx^2$	$-y^2x^2z$	$-7x$	$7x^2$	$-yx^2z$
$5x^2yz$	$-3x^2$	$5yx^2z$	$4yz$	$3y^2x^2z$	$-x^2$
$4yz$	$-7yz$	$-2x$	$8x^2$	$3yz$	$4yx^2z$
$5x$	$-yx^2z$	$4x$	$-2x^2$	$-5x$	$-2yz$
$-yzx^2$	x^2y^2z	$-x^2$	$3yx^2z$	x	$4x^2$

a Suma tots els monomis que tenen el mateix color.
b Indica per al monomi resultant de cada color el coeficient, la part literal i el grau.
c Si $x=1$, $y=2$ i $z=3$, calcula el valor numèric dels monomis de l'apartat anterior.

9. Resol aquestes operacions amb monomis:

a $3x^2\cdot 5x^6$
b $3x\cdot 9x^5$
c $7x^7\cdot 3x^3$
d $4\cdot 3x^2$
e $12x^7 : 2x^4$
f $56x^6\cdot 8x^5$
g $21x^6\cdot 7x^4$
h $12x^7 : x^3$
i $8x^3+9x^3$
j $7x^4-5x^4$
k x^4+x^4
l $8x^5-x^5$
m $5+3x^2$
n $12x^2-25x^2$
o $8x+9x^3$

10. Indica quines d'aquestes igualtats algebraiques són identitats i quines són equacions:

a $5x-3x+1=5+2x-4$
b $3x-2=4x+1$
c $2(x+2)=2x+4$
d $4x-3=10x-5x+3$

11. Resol les equacions següents i comprova si la solució obtinguda és correcta:

a $6x+15=45$
b $14+5x=44$
c $5+2x+1=18$
d $7+4x-3=3x+4$
e $-9-2x=7-6x$
f $20-2x=2x-20$
g $4x-3=3x+5$
h $2(x+1)=x-3$
i $3(x-2)+3=2x$
j $3(2x+4)=4(5x+3)$
k $-5+3(-x+5)-2(4x+1)=4+5x-6$
l $-x+4-8x=11x-7$
m $2(3x-5)=8$
n $3-2(x+1)=5x-7$
o $5+2(4x-3)=12$
p $4+3(-x+4)=2x-1$
q $4x-3+3(2x+1)=4$
r $-3x+4\cdot(-x-2)=-4x$
s $2+3(-2x+6)=5$
t $5-3(x-7)=4(x+1)$
u $3x-2x+1=-4(x-1)$

Banc digital

Mates en context

1 AM AL AS Científic El papir Rhind

El papir Rhind és un document de 6 x 0,33 m que es va trobar en un jaciment arqueològic de Luxor (Egipte). El va registrar un escriba que es deia Ahmes l'any 1650 aC. El 1858 el va adquirir l'antiquari Henry Rhind i ara es troba al Museu Britànic de Londres.

El papir conté 84 problemes matemàtics en la resolució dels quals es van començar a utilitzar les primeres estratègies algebraiques conegudes.

Problemes

1. El problema 21 diu: "Esbrina la quantitat que li falta a $\frac{2}{3}+\frac{1}{30}$ per obtenir la unitat".

   a Suma $\frac{2}{3}+\frac{1}{30}$.

   b Planteja l'operació i respon la pregunta.

   c Ara, planteja l'equació que resoldria el problema.

2. Un dels problemes més famosos del papir és el 24, que diu: "Calcula el valor del munt, si el munt i un setè del munt és igual a 19".

   Anomena *x* el munt i planteja l'equació que proposa. Per resoldre-la, segueix aquests passos:

   a Per treure denominadors, multiplica pel seu m. c. m. els dos membres de la igualtat.

   b Simplifica els denominadors i opera amb els termes semblants.

   c Acaba aïllant la incògnita. Quant val el munt?

3. El problema 26 diu: "Calcula el valor del munt si el munt i el quart del munt es converteix en 15". Segueix els mateixos passos del problema anterior i calcula quant val el munt.

4. El problema 31 diu: "La suma d'una determinada quantitat amb els seus dos terços, la seva meitat i la seva setena part dona 33". Quina és aquesta quantitat?

Simbolitza: 1, 2, 3 **Matematitza: 3, 4**

2 AM AL AS Científic Els anys que va viure Diofant d'Alexandria

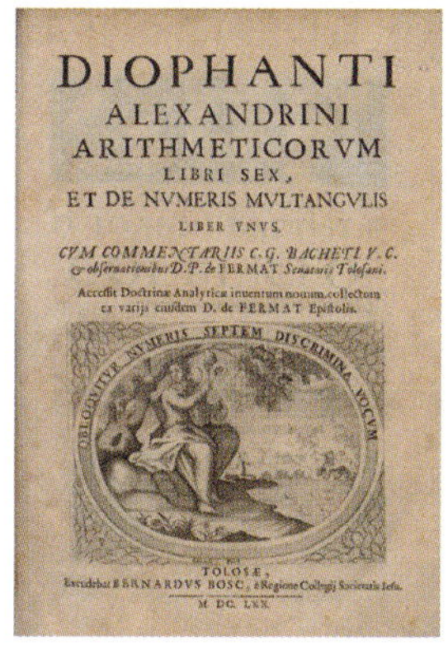

Diofant (segle III) va ser un matemàtic grec que és considerat el pare de l'àlgebra. Va néixer a Alexandria, i no se sap gaire cosa sobre la seva vida llevat de l'edat a la qual va morir, gràcies al fet que se'n coneix l'epitafi que hi ha a la seva tomba, que està redactat en forma de poema i diu:

"Transeünt, aquesta és la tomba de Diofant: és ell qui, amb aquesta sorprenent distribució, et diu el nombre d'anys que va viure. La seva infantesa va ocupar la sisena part de la seva vida; després, en assolir la dotzena part, se li van cobrir les galtes de pèl moixí. Encara va passar una setena part de la seva vida abans de casar-se i, cinc anys més tard, va tenir un nen preciós que, un cop assolida la meitat de l'edat del seu pare, va desaparèixer per una mort desgraciada. El seu pare el va haver de sobreviure, plorant-lo, durant quatre anys. De tot això, se'n dedueix l'edat".

Biografia de Diofant

Problemes

1. Què volem calcular? Expressa la incògnita mitjançant una lletra.

2. Llegeix atentament l'epitafi i escriu en llenguatge algebraic cada informació que proporciona:
   - La seva infantesa va ocupar la sisena part de la seva vida.
   - En assolir la dotzena part de la seva vida, se li van cobrir les galtes de pèl moixí.
   - Encara va passar una setena part de la seva vida abans de casar-se.
   - Cinc anys més tard, va tenir un nen preciós.
   - El fill assoleix la meitat de l'edat del pare.
   - Plora el seu fill durant quatre anys.

3. Expressa mitjançant una equació els anys que va viure Diofant.

4. Calcula els anys que va viure Diofant seguint aquests passos:
   - Calcula el m. c. m. dels denominadors.
   - Multiplica pel m. c. m. tots dos costats de la igualtat.
   - Simplifica els denominadors i opera amb els termes semblants.
   - Acaba d'aïllar la incògnita. Quants anys va viure Diofant?

Simbolitza: 1, 2, 3 **Matematitza: 4**

2 Pitàgores i la matemàtica grega

Els nombres són geometria?

Quines relacions tenen les figures?

AM AL AS AP

Científic

Aprèn a...

Identificar i calcular nombres poligonals.

Calcular quadrats i arrels quadrades.

Entendre i aplicar el teorema de Pitàgores per calcular longituds desconegudes.

Ítem 1. Pitàgores

Per als grecs, la geometria és una part fonamental de les matemàtiques. L'interès que hi tenien els va portar a demostrar moltes propietats geomètriques que han arribat fins als nostres dies encara plenament vigents.

Una de les figures més rellevants va ser Pitàgores (illa de Samos, ca. 569 aC – Metapont, ca. 475 aC). Al seu voltant es van reunir astrònoms, músics, filòsofs i matemàtics, que donaven una importància mística als nombres. Va ser així com es va formar l'escola pitagòrica.

Ítem 2. El triangle rectangle i Pitàgores

Un triangle rectangle és el que té un angle interior recte (90°).

Els costats d'un triangle rectangle tenen noms especials: el costat oposat a l'angle recte s'anomena *hipotenusa* i és el més llarg, mentre que els altres dos costats, que són més petits, s'anomenen *catets*.

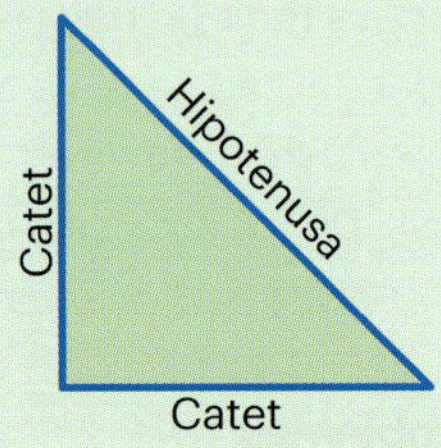

Pitàgores va establir, mitjançant el teorema que du el seu nom, la relació matemàtica que compleixen els costats d'un triangle rectangle.

Ítem 3. Calcular àrees de polígons

Una manera de calcular l'àrea d'un polígon és veure quantes vegades conté una figura donada de dimensions conegudes. Així, si es dibuixa un quadrat en un paper quadriculat, es pot comptar quants quadradets conté aquesta figura.

Pot ser que hi hagi quadradets que estiguin completament dins del polígon, però es pot localitzar el trosset que li falta en una altra part dins de la figura.

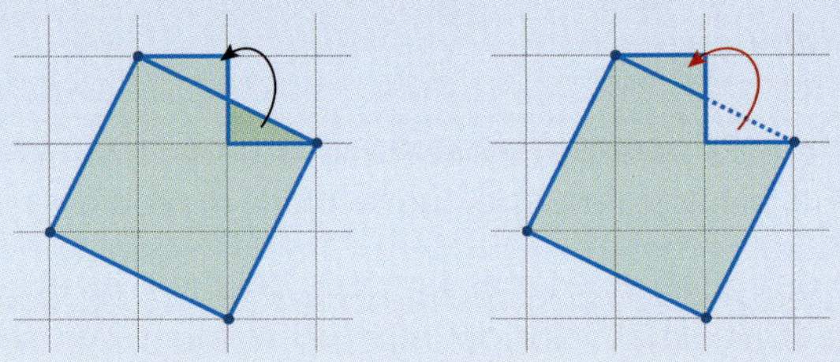

Construeix amb el que saps

Argumenta

1 Calcula l'àrea dels quadrilàters següents, si cada quadradet de la quadrícula fa 1 cm^2.

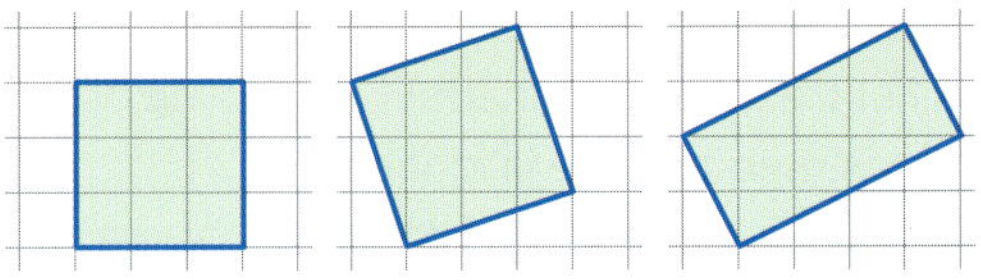

2 Observa que aquestes composicions de tres quadrats formen un triangle rectangle. Calcula l'àrea dels quadrats.

a

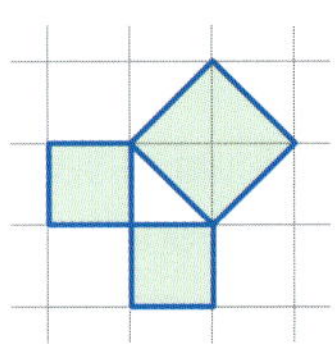

b

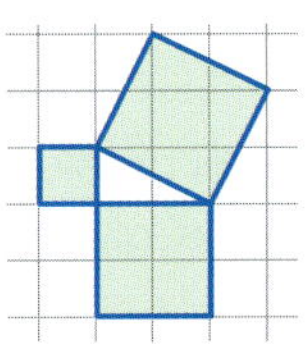

Planteja

3 Amb les dades obtingudes en l'exercici anterior, busqueu una relació entre l'àrea dels quadrats que delimiten cada triangle. Tingueu en compte que aquella mateixa relació us ha de servir per als dos casos. Comproveu amb la resta dels companys i les companyes si heu obtingut la mateixa relació i comenteu-la.

4 Dibuixa en un full quadriculat un triangle rectangle i, a partir dels seus costats, dibuixa els quadrats que s'hi formen. Es continua complint la relació que has obtingut en l'apartat anterior? Verifica amb el teu company o la teva companya si també es compleix en el seu dibuix.

Ítem 4. Nombres figurats

Els **nombres figurats** són nombres enters que es poden representar mitjançant punts que mantenen entre si la mateixa distància, de manera que formen una figura geomètrica "regular". Quan aquestes figures són polígons regulars, es parla de **nombres poligonals**.

Professor a casa.
Nombres figurats.

Ítem 5. Nombres triangulars

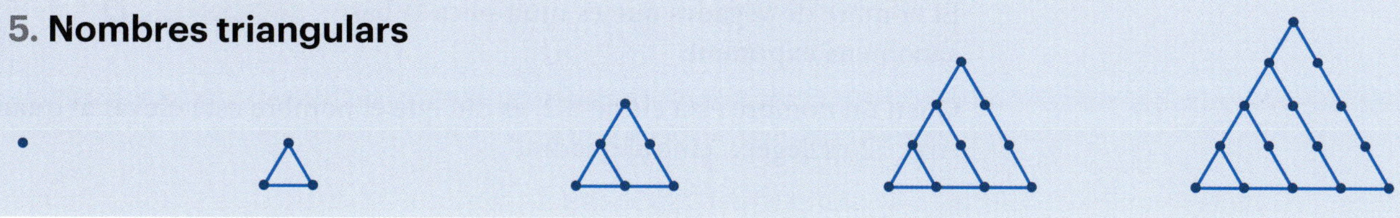

Ítem 6. Nombres quadrats

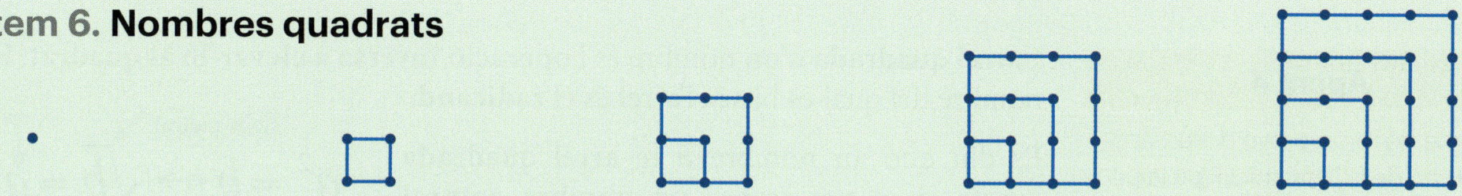

Ítem 7. Nombres pentagonals

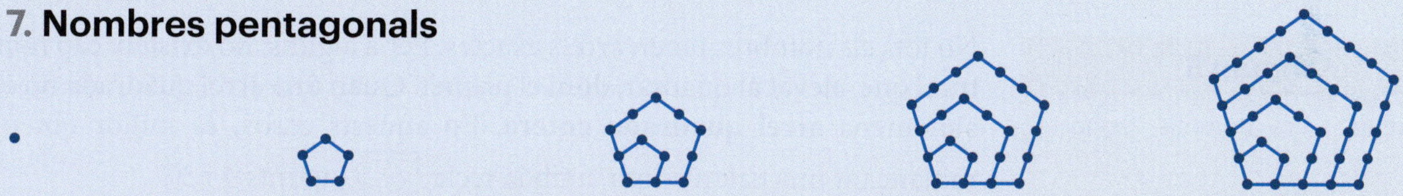

Construeix amb el que saps

Comunica

5 Escriu els cinc primers nombres triangulars, és a dir, els de l'ítem 5.

6 Ara, fes el mateix, però amb els nombres quadrats i pentagonals.

Matematitza

7 Fixa't en la progressió dels nombres triangulars. Podries trobar una fórmula per obtenir aquests nombres sense haver de dibuixar-los?

8 Troba una fórmula per als nombres pentagonals.

9 Escriu els tres nombres següents dels nombres triangulars, quadrats i pentagonals.

Planteja

10 Per parelles. Existeix una relació entre qualsevol parell de nombres triangulars consecutius i els nombres quadrats. Seríeu capaços de trobar-la?

11 En grups de quatre. També existeixen els nombres hexagonals:

a Dibuixa els cinc primers nombres hexagonals.
b Escriu els nombres que heu obtingut.
c Mireu de trobar una fórmula per obtenir-los.
d Escriu, mitjançant una fórmula, els nombres hexagonals següents.

El que has construït

Verifiques el **teorema de Pitàgores**, que expressa la relació que hi ha entre els catets i la hipotenusa d'un triangle rectangle.

Coneixes els nombres figurats, concretament els **nombres poligonals**: triangulars, quadrats, pentagonals...

Obtens **fórmules** a partir de dibuixos per trobar relacions regulars entre els seus elements.

5. Potències

La **potència** és una forma abreujada de descriure un producte format per factors iguals. Així, el producte $7 \cdot 7 \cdot 7 \cdot 7 \cdot 7$ es pot expressar com a 7^5.

El nombre que es multiplica s'anomena **base**.

El nombre de vegades que es multiplica la base s'anomena **exponent**.

base → a^n ← exponent

Quan un nombre està elevat a 2, es diu que el nombre està **elevat al quadrat**. Així, 52 es llegeix "cinc al quadrat".

6. Arrel quadrada

Apunt 4

El signe de l'arrel prové de la transformació de la lletra inicial de la paraula *arrel* (*raíz*), *r*.

Apunt 5

Compte!, no cometis aquests errors típics:

$$\sqrt{4+4} \neq \sqrt{4}+\sqrt{4}$$

Ja que:

$$\sqrt{8} \neq 2+2=4$$

L'**arrel quadrada** d'un nombre és l'**operació inversa a elevar-lo al quadrat**. El nombre del qual es busca l'arrel és el **radicand**.

Es diu que un nombre *b* té **arrel quadrada exacta** si es pot trobar un **nombre natural** *a* que, elevat al quadrat, sigui igual a *b*:

$$a^2 = b \Leftrightarrow \sqrt{b} = a$$

signe radical → $\sqrt{\ }$; arrel → a; radicand → b

No tots els nombres tenen arrels exactes. Per a alguns, no existeix cap nombre natural que, elevat al quadrat, doni el primer. Quan una arrel quadrada no és exacta, s'anomena **arrel quadrada entera**. En aquests casos, és millor obtenir l'arrel mitjançant una calculadora, amb la tecla $\boxed{\sqrt{\ }}$ (apunts 4 i 5).

Exemples

7. L'arrel quadrada de 64 és 8, ja que $8 \cdot 8 = 8^2 = 64$.

S'escriu $\sqrt{64} = 8$. Es tracta d'una arrel quadrada exacta.

8. L'arrel quadrada de 30 no és exacta, ja que $5^2 = 25 < 30$, mentre que $6^2 = 36 > 30$. Per tant, es tracta d'una arrel quadrada entera.

Amb la calculadora, s'obté una xifra decimal: $\sqrt{30} = 5{,}4772..$

6.1 Propietats de l'arrel quadrada

Les propietats principals de les arrels quadrades són aquestes:

- Per multiplicar dues arrels quadrades, es multipliquen els seus radicands.
- Per dividir dues arrels quadrades, es divideixen els seus radicands.
- No es poden sumar dues arrels quadrades amb radicands diferents.

Exemples

9. Multiplicar i dividir:

$$\sqrt{16} \cdot \sqrt{25} = \sqrt{16 \cdot 25} = \sqrt{400}$$

$$\sqrt{4} : \sqrt{2} = \sqrt{4:2} = \sqrt{2}$$

10. Suma: $\sqrt{4}+\sqrt{4} = 2\sqrt{4}$

però $\sqrt{4}+\sqrt{4} \neq \sqrt{4+4}$

i $\sqrt{9}+\sqrt{16} \neq \sqrt{9+16}$

(apunt 5)

Interactiu. Teorema de Pitàgores.

7. El teorema de Pitàgores

El **teorema de Pitàgores** dona la relació que han de complir els costats d'un triangle rectangle (fig. 2). Si *a* és la hipotenusa i *b* i *c* són els catets, aleshores:

$$a^2 = b^2 + c^2$$

Aquest teorema permet calcular la longitud d'un costat d'un triangle rectangle si se'n coneixen els altres dos.

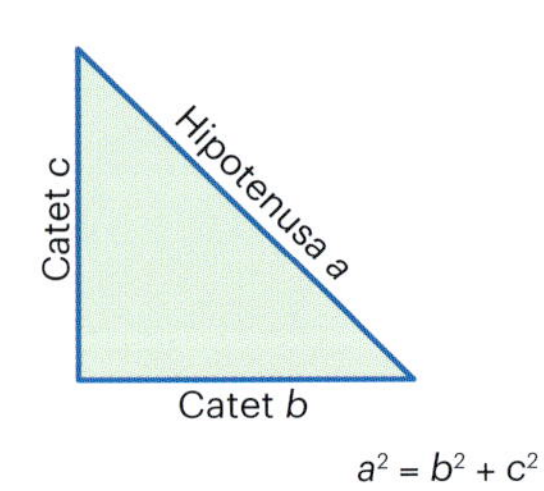

Fig. 2. Amb el teorema de Pitàgores es pot calcular tant la hipotenusa com un catet.

Exemples

11. Calcula la longitud de la hipotenusa d'un triangle rectangle els catets del qual mesuren 6 i 8 cm.

Aplicant el teorema de Pitàgores i substituint-ne els valors coneguts, s'obté:

$$a^2 = b^2 + c^2 \rightarrow a^2 = 6^2 + 8^2 = 36 + 64 \rightarrow a^2 = 100 \rightarrow a = \sqrt{100} = 10 \text{ cm}$$

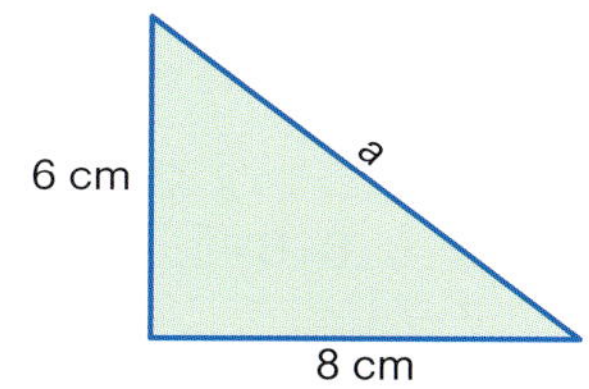

12. La hipotenusa d'un triangle rectangle mesura 13 cm i un dels catets, 12 cm. Calcula la longitud de l'altre catet.

$$a^2 = b^2 + c^2 \rightarrow 13^2 = 12^2 + c^2 \rightarrow 169 = 144 + c^2$$

Aïllem c^2 restant 144 en els dos termes:

$$169 - 144 = 144 + c^2 - 144 \rightarrow 25 = c^2 \rightarrow c = \sqrt{25} = 5 \text{ cm}$$

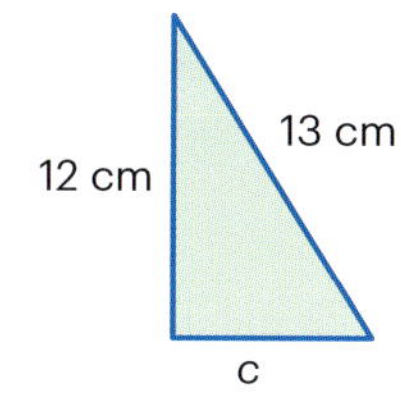

7.1 Ternes pitagòriques

Es diu que tres nombres a, b i c són una terna pitagòrica si compleixen el teorema de Pitàgores; és a dir, si $a^2 = b^2 + c^2$.

Exemple

13. La terna 5, 12, 13 és una terna pitagòrica, ja que:

$$\begin{cases} 5^2 + 12^2 = 25 + 144 = 169 \\ 13^2 = 169 \end{cases}$$

La terna 4, 6, 7 no és una terna pitagòrica, ja que:

$$\begin{cases} 4^2 + 6^2 = 16 + 36 = 52 \\ 7^2 = 49 \end{cases}$$

8. Nombres figurats i poligonals

Els **nombres figurats** són nombres enters que es poden representar mitjançant punts que mantenen entre si la mateixa distància i, així, formen una figura geomètrica regular.

Si aquestes figures són polígons regulars, es parla de **nombres poligonals**. Les quatre primeres sèries de nombres poligonals són aquestes:

Triangulars: 1, 3, 6, 10, 15, 21...

Pentagonals: 1, 5, 12, 22, 35, 51...

Quadrats: 1, 4, 9, 16, 25, 36...

Hexagonals: 1, 6, 15, 28, 45, 66...

Una relació curiosa és que la suma de dos nombres triangulars consecutius és un nombre quadrat:

$1 + 3 = 4$ $\quad 3 + 6 = 9$ $\quad 6 + 10 = 16$ $\quad 10 + 15 = 25$...

9. Figures i polígons semblants

Dues figures són **semblants** quan tenen la mateixa forma, però una mida diferent (fig. 3a). La **raó de semblança** és la raó o quocient de proporcionalitat entre els costats de dues figures semblants.

Dos polígons són semblants si els seus angles són iguals i els seus costats són proporcionals (fig. 3b).

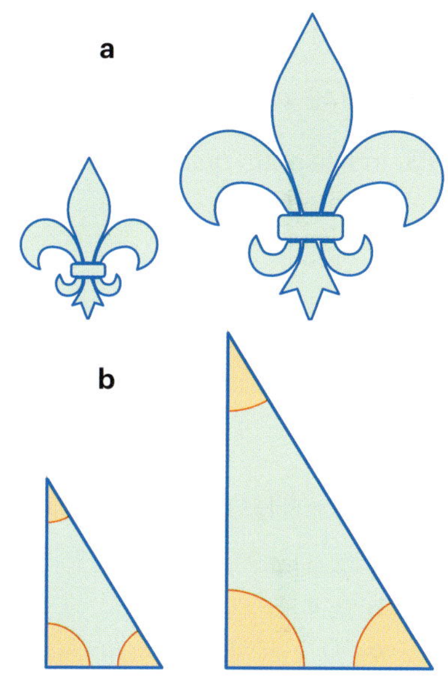

Fig. 3. Dues figures semblants (a). En els polígons semblants (b), els angles són iguals i els costats són proporcionals.

Exemple

14. Dos triangles rectangles de costats, 3, 4 i 5 cm, i 12, 16 i 20 cm, respectivament, són semblants perquè $\frac{12}{3} = \frac{16}{4} = \frac{20}{5} = 4$.

La seva raó de semblança és 4.

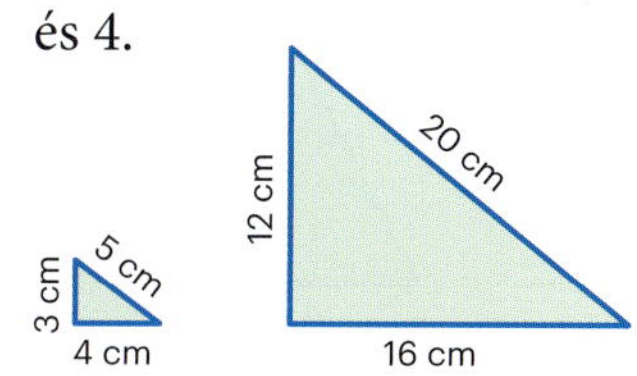

Entrena't

12. Escriu en forma de potència:

a $2 \cdot 2 \cdot 2 \cdot 2 \cdot 2 \cdot 2 \cdot 2 \cdot 2 \cdot 2 =$
b $6 \cdot 6 \cdot 6 \cdot 6 \cdot 6 =$
c $7 \cdot 7 \cdot 7 =$
d $12 \cdot 12 \cdot 12 \cdot 12 =$

13. Desenvolupa les potències següents com a productes:

a 10^5
b 4^5
c 15^3
d 5^4

14. Calcula aquestes arrels:

a $\sqrt{36} =$
b $\sqrt{9} =$
c $\sqrt{64} =$
d $\sqrt{49} =$
e $\sqrt{196} =$
f $\sqrt{225} =$
g $\sqrt{144} =$
h $\sqrt{169} =$

15. Indica entre quins dos nombres enters es troben aquestes arrels:

a $\sqrt{6} =$
b $\sqrt{15} =$
c $\sqrt{20} =$
d $\sqrt{42} =$
e $\sqrt{19} =$
f $\sqrt{52} =$
g $\sqrt{44} =$
h $\sqrt{79} =$

16. Indica si les ternes següents són pitagòriques:

a 2, 3 i 4
b 3, 4 i 5
c 10, 14 i 20
d 8, 15 i 17
e 9, 12 i 15
f 5, 8 i 11

17. Calcula la hipotenusa dels següents triangles rectangles:

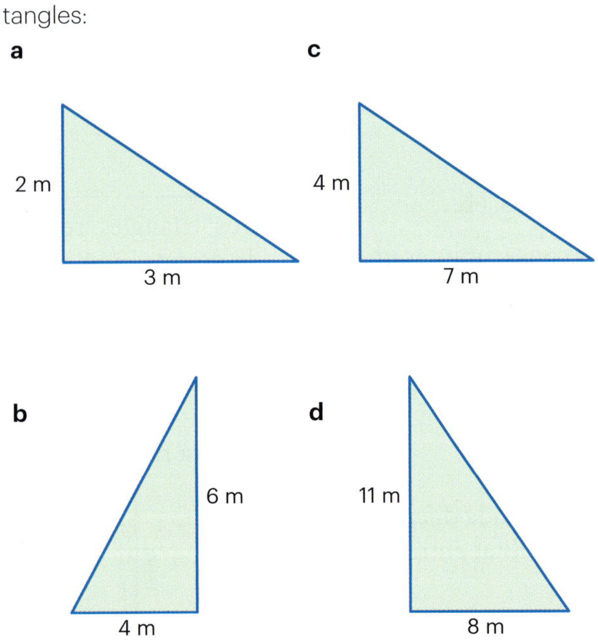

18. Calcula el catet que falta en els triangles rectangles següents:

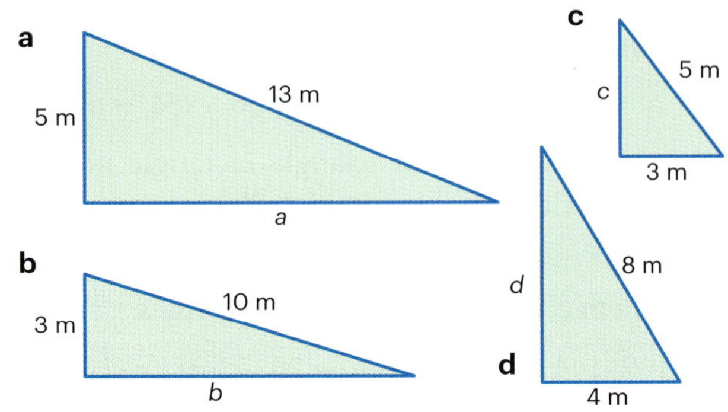

19. Calcula la hipotenusa en els triangles rectangles els catets respectius dels quals mesuren:

a 8 cm i 15 cm
b 10 m i 24 m
c 20 m i 21 m
d 28 cm i 45 cm

20. Calcula el catet que falta en els següents triangles rectangles:

a Hipotenusa: 85 mm. Catet: 36 mm.
b Hipotenusa: 45 m. Catet: 28 m.

21. Calcula la longitud de les diagonals d'un quadrat de 12 cm de base i de 5 cm d'altura.

22. Calcula quant mesuren les diagonals d'un quadrat de 20 cm de perímetre.

23. Calcula l'altura d'un triangle isòsceles de 10 cm de base que té els costats iguals i de 13 cm.

24. Una escala de 5 m d'altura està recolzada a 2 m del terra. Fins a quina alçada arribarà?

25. Troba la raó de semblança entre els costats d'aquests rectangles:

a 8 i 14 cm
b 15 i 22 cm
c 10 i 16 cm
d 20 i 50 cm

26. Donat un triangle de costats de 6, 8 i 10 cm, indica si els triangles següents són semblants a ell:

a 6, 9 i 12 cm
b 3, 4 i 5 cm
c 24, 32 i 40 cm
d 9, 12 i 15 cm
e 8, 10 i 12 cm
f 60, 80 i 100 cm

27. Calcula la raó de proporcionalitat dels triangles semblants de l'exercici anterior.

28. Els costats d'un triangle mesuren 8, 12 i 16 cm. Quant mesuren els costats d'un triangle semblant a ell, la raó de proporcionalitat del qual és 4? I si és 1,5? I si és 0,5?

Mates en context

3 AM AL AP Científic El rectangle perfecte

Per als antics grecs, el rectangle més harmoniós i agradable a la vista és l'anomenat **rectangle auri**. En aquest rectangle, la relació entre el costat més llarg i el costat més curt és la mateixa que entre la suma dels dos costats i el costat més gran.

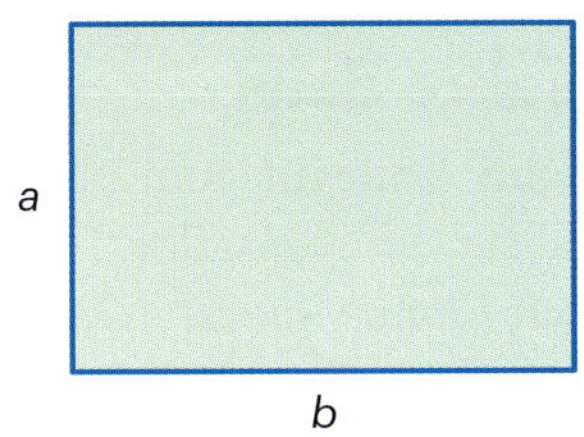

$$\frac{b}{a} = \frac{a+b}{b}$$

La raó o quocient entre els seus costats és un nombre anomenat *fi* **(Φ)** amb infinites xifres decimals: $\Phi \approx 1{,}61803398874...$

Problemes

1. Intenta dibuixar a mà alçada a la teva llibreta un rectangle auri. Per saber si t'ha sortit bé, has de verificar que, en dividir el costat més llarg entre el més curt (*b* : *a*), et surt el mateix nombre que si divideixes la suma de tots dos entre el més gran (*a* + *b* : *b*).

2. És probable que et costi dibuixar a mà alçada un rectangle auri, però, afortunadament, és fàcil construir-lo si segueixes aquests passos: primer dibuixa un quadrat (1); després, divideix-lo per la meitat de manera que et quedin dos rectangles iguals i verticals (2); a continuació, traça la diagonal del rectangle dret i baixa-la amb un compàs fins que quedi horitzontal (3); ja només falta tancar el rectangle (4).

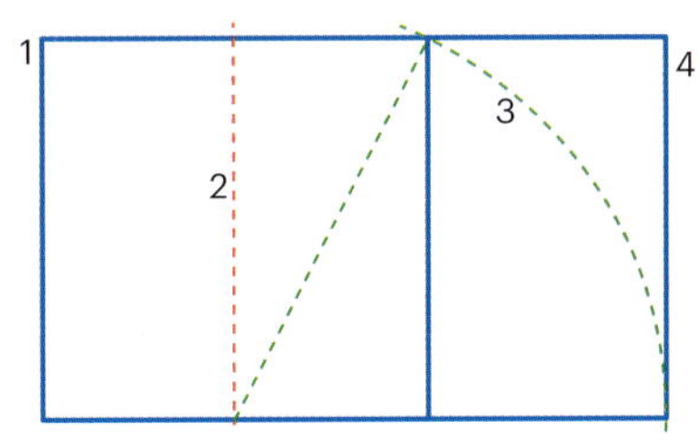

Comprova que aquest rectangle sí que compleix la relació.

Planteja: 1 **Construeix: 2**

4 AM AL AC Científic El triangle pitagòric

Els antics grecs tenien un interès especial a trobar la proporció perfecta de totes les coses: dels polígons, dels edificis, de les escultures... i fins i tot del cos humà.

Els pitagòrics feien servir un símbol per identificar-se entre ells que contenia nombroses proporcions: l'estrella de cinc puntes o pentacle.

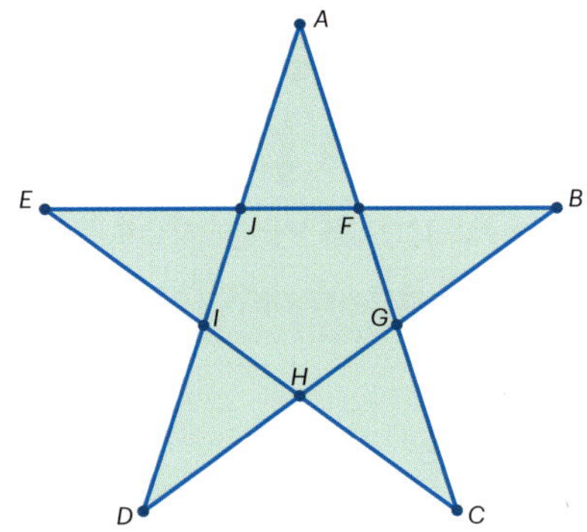

En l'estrella de cinc puntes també hi apareix el nombre Φ.

Problemes

1. Divideix la longitud del segment $\overline{FG}$ entre la longitud del segment $\overline{GC}$.
2. Divideix la longitud del segment $\overline{GC}$ entre la longitud del segment $\overline{FC}$.
3. Divideix la longitud del segment $\overline{FC}$ entre la longitud del segment $\overline{AC}$.
4. Comprova que totes aquestes fraccions donen el nombre Φ.
5. Escriu amb lletres les igualtats entre aquestes fraccions.

Matematitza: 1, 2, 3, 4 **Simbolitza: 5**

5 CM Social La tirolina

En un parc hi ha una tirolina entre dues plataformes elevades, com es veu en el dibuix.

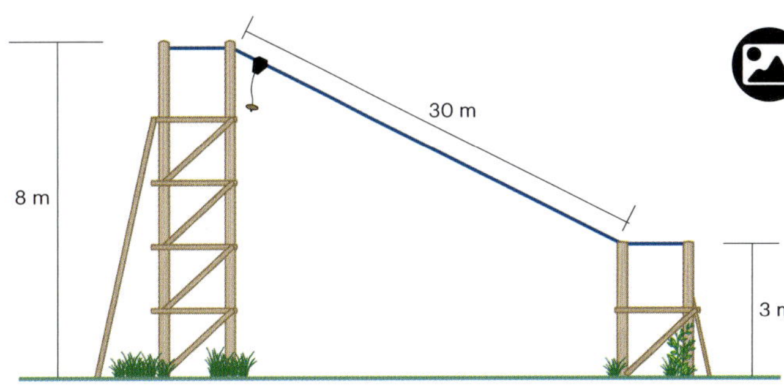

La plataforma més alta té una alçada de 8 m i la més petita fa 3 m. El cable de la tirolina mesura 30 m.

Problemes

1. A quina distància es troben les plataformes?
2. Volen recolzar una escala a cada una de les plataformes. Si la base de l'escala ha d'estar a 1 m de la base de cada plataforma, quant ha de mesurar l'escala de cada plataforma?

Matematitza: 1 **Planteja: 2**

3 Pascal, pare de la probabilitat

Quantes vegades he de tirar? Qui guanya?

AM AL AP AS

Social Personal

Aprèn a...

Calcular experimentalment la freqüència relativa.

Descriure experiments aleatoris senzills i esmentar els resultats possibles.

Calcular la probabilitat d'esdeveniments aleatoris senzills amb l'experimentació o amb la regla de Laplace.

Ítem 1. Els daus

Un dau és un objecte polièdric pensat per mostrar un resultat aleatori quan es llança sobre una superfície horitzontal. Els daus es van utilitzar molt a Grècia i a Roma, on s'anomenaven *alea*, que és d'on prové la paraula *aleatori*.

Es fabriquen daus de moltes formes, segons ho requereixi el joc. El dau més habitual té forma de cub o hexaedre, d'entre 8 i 25 mm d'aresta, i les cares estan numerades amb punts, de l'1 al 6, disposats de manera que les cares oposades sempre sumen 7 punts.

Ítem 3. Mitjana aritmètica

La **mitjana aritmètica** és el valor obtingut de sumar totes les dades i dividir-ne el resultat entre el nombre total de dades.

Ítem 2. El cavaller de Méré i les seves preguntes sobre daus

Antoine Gombaud, conegut com el cavaller de Méré (1607-1684), va ser un pensador i assagista francès, autor d'obres com *L'home honest* i *Discurs de l'autèntica honestedat*.

No pertanyia a la noblesa però va adoptar el títol de cavaller pel personatge de les seves obres.

Tenia una gran afició per les matemàtiques i els jocs d'atzar, la qual cosa el va portar a plantejar-se una sèrie de preguntes que va transmetre a Pascal. Pascal, que en desconeixia les respostes, va escriure a Fermat per demanar-li ajuda. Va ser així com va sorgir entre Pascal i Fermat una intensa correspondència per resoldre amb èxit totes les preguntes. Aquí es troba l'origen de la teoria de la probabilitat.

Segons dos exemples de les preguntes que Gombaud feia a Pascal:

- Quantes vegades cal tirar un dau per obtenir un 6?
- Què és més fàcil, treure un 6 tirant un dau quatre vegades o treure un doble 6 tirant vint-i-quatre vegades els daus?

Construeix amb el que saps

Argumenta

1 En grups de quatre, intenteu consensuar una resposta sobre quantes vegades, de mitjana, cal tirar un dau per obtenir un 6. En què us heu basat per prendre aquesta decisió?

2 A partir de les decisions preses en l'exercici anterior, mireu d'arribar a un acord entre tota la classe. Cada grup ha d'argumentar la seva conclusió de la forma més matemàtica possible.

Planteja

3 Tira un dau de sis cares diverses vegades fins a treure un 6 i compta el nombre d'intents. Repeteix l'experiment 25 vegades i calcula la mitjana aritmètica del nombre de llançaments necessaris. Coincideix amb el valor que havíeu consensuat?

Matematitza

4 Reuniu totes les dades de la classe de l'exercici anterior i calculeu-ne la nova mitjana aritmètica.

Argumenta

5 Si ara us torneu a plantejar la pregunta del problema 1, què respondreu?

Planteja i argumenta

6 Una vegada van preguntar a Pascal si és igual de probable treure un 6 amb un dau que treure un doble 6 si es tiren dos daus alhora. Formuleu una hipòtesi i, per comprovar-la, repetiu les activitats anteriors tirant dos daus.

Argumenta

7 El nombre de tirades per obtenir un doble 6 amb dos daus és sis vegades més gran que per obtenir un 6 amb un dau?

Ítem 4. Blaise Pascal

Biografia de Pascal

Blaise Pascal (1623-1662) va ser un teòleg, filòsof, matemàtic, físic i escriptor francès. Va morir quan només tenia 39 anys a causa d'un càncer d'estómac.

Va ser un nen precoç: quan tenia 12 anys va descobrir que els angles d'un triangle en sumaven dos de rectes. Quan tenia 14 anys ja acompanyava el seu pare a les reunions amb el gran matemàtic Marin Mersenne i quan en tenia 16 va presentar en aquestes reunions una sèrie de teoremes de geometria projectiva. Amb 20 anys va idear la primera màquina de calcular. Tot i que no va exercir professionalment les matemàtiques, va fer grans descobriments tant en matemàtiques com en física:

- El triangle de Pascal.
- Teoremes de geometria projectiva, com l'anomenat hexàgon místic de Pascal.
- La primera calculadora mecànica.
- Va demostrar l'existència del buit.
- Va observar que la pressió atmosfèrica disminueix amb l'altura.
- Va escriure les lleis de la pressió, cosa que va donar lloc a la premsa hidràulica.
- Juntament amb Fermat, és el fundador de la teoria de la probabilitat i de la teoria de jocs.

Ítem 5. El joc inacabat: una altra pregunta del cavaller de Méré

Dos jugadors A i B es juguen 20 000 € que guanyen 5 partides d'un determinat joc. Per motius de força major, el joc queda interrompud, de manera que no es pot reprendre, en un moment en què el resultat és favorable al jugador A per 4 a 3. Com s'hauria de repartir l'aposta?

Ítem 6. Freqüències

Es poden definir dues freqüències:

- **Absoluta**, f_i: és el nombre de vegades que apareix un determinat valor.
- **Relativa**, h_i d'un valor: és el quocient entre la seva freqüència absoluta i el total de dades.

Professor a casa. Diagrama d'arbre

Construeix amb el que saps

Argumenta

8 En grups de quatre, acordeu una resposta per a l'ítem 5. En què us heu basat per prendre la decisió?

9 A partir de les decisions preses en l'exercici anterior, intenteu arribar a un acord entre tota la classe.

Planteja

10 Ara, simularem el final de la partida. Agafa una moneda i tira-la a l'aire: si surt cara, guanya el jugador A (i, per tant, guanya l'aposta); si surt creu, tira-la una altra vegada i observa qui ha guanyat l'aposta. Repeteix l'experiment 25 vegades i apunta quin jugador guanya cada vegada. Qui guanya més vegades? Tenen tots dos la mateixa probabilitat de guanyar?

Matematitza

11 Calcula la freqüència relativa de les vegades que ha guanyat A i les vegades que ha guanyat B.

12 Reuniu totes les dades de la classe de l'exercici anterior i calculeu les noves freqüències relatives.

Argumenta

13 A partir de les dades obtingudes en aquest últim exercici, com s'hauria de repartir l'aposta?

Planteja

14 **Treball de recerca**. Suposem que s'ha interromput el joc quan la partida anava 3 a 2 a favor del jugador A. Com s'hauria de repartir l'aposta?

El que has construït

Elabores **hipòtesis** i les comproves mitjançant simulacions.

Crees **simulacions** per resoldre problemes de probabilitat.

Obtens la **probabilitat** experimentalment a partir de l'estabilització de les freqüències relatives.

Estudies **esdeveniments no equiprobables**.

10. Experiments

Apunt 6

Per a alguns tipus d'experiments, hi pot haver dos o més **espais mostrals** possibles. Per exemple, quan s'agafa una carta d'una pila normal de 40 cartes, un espai de mostreig pot ser el nombre (de l'as al rei), però hi ha altres espais de mostreig possibles, com el coll (oros, copes, espases i bastos).

- **Experiment determinista.** És el que sempre dona el mateix resultat i, per tant, tenim la certesa del que passarà abans de realitzar l'experiment.
- **Experiment aleatori.** És el que pot presentar resultats diferents i, per tant, no podem predir o reproduir el resultat exacte de cada experiment particular.

Exemple

15. La temperatura de congelació de l'aigua o la velocitat d'un cos en caiguda lliure són experiments deterministes; en canvi, tirar una moneda o un dau són experiments aleatoris.

11. Proporció

Apunt 7

El **símbol ∅,** que s'usa en matemàtiques per referir-se a un conjunt buit, és una vocal pròpia d'algunes llengües escandinaves que es pronuncia gairebé com el segment ***ir*** en l'anglès *bird*.

Donat un experiment aleatori de l'aigua, es parla de diversos conceptes:

- **Espai mostral *E*.** És el conjunt de tots els possibles resultats d'un experiment aleatori (apunt 6).
- **Esdeveniment elemental.** Cada un dels resultats de l'espai mostral.
- **Esdeveniment.** Conjunt d'esdeveniments elementals d'un experiment aleatori. Es designa amb una lletra majúscula, per exemple, A.
- **Esdeveniment contrari de *A*.** Està format per tots els esdeveniments elementals que no es troben en A. Es representa per $\overline{A}$.
- **Esdeveniment segur.** Esdeveniment que sempre passa; és igual a l'espai mostral E.
- **Esdeveniment impossible.** Esdeveniment que no passa mai. S'indica amb el símbol ∅ (apunt 7).

Exemple

16. Si tirem un dau de 6 cares:

Espai mostral

$E = \{1, 2, 3, 4, 5, 6\}$

Esdeveniment elemental

$\{2\}$ o qualsevol altre resultat possible.

Esdeveniment

A = "treure un nombre parell" = $\{2, 4, 6\}$.

Esdeveniment contrari de *A*

$\overline{A} = \{1, 3, 5\}$

Esdeveniment segur

Treure un nombre menor de 10.

Esdeveniment impossible

Treure un 7.

12. Freqüència absoluta i relativa

Donat un experiment aleatori, definim:

- **Freqüència absoluta d'un esdeveniment *A*.** Nombre de vegades que passa l'esdeveniment A en realitzar l'experiment N vegades. Es representa com a f_A.
- **Freqüència relativa d'un esdeveniment *A*.** Nombre de vegades que passa A dividit entre el nombre de vegades que s'executa l'experiment. Es representa com a h_A:

$h_A = \dfrac{f_A}{N}$. La freqüència relativa sempre és **un nombre menor o igual que 1**.

Exemple

17. Si, en tirar un dau 50 vegades, el 2 ha sortit 8 vegades, tenim que:

$$f_A = 8 \text{ i } h_A = \frac{f_A}{N} = \frac{8}{50} = 0{,}16$$

13. Probabilitat

Llei dels grans nombres. A mesura que es repeteix moltes vegades un experiment aleatori, la freqüència relativa d'un esdeveniment tendeix a estabilitzar-se cap a una xifra constant. És a dir, si efectuem un experiment una vegada i una altra, a la llarga la freqüència relativa d'un esdeveniment determinat tendeix a un nombre fix (apunt 8).

Probabilitat d'un esdeveniment A. És la constant a la qual s'aproxima la freqüència relativa quan es repeteix l'experiment moltíssimes vegades. Es representa per $P(A)$.

La **probabilitat d'un esdeveniment es troba entre 0 i 1**. Com més a prop es troba de 0, és menys probable que succeeixi, i com més a prop es troba d'1, més probable és.

- Probabilitat d'un esdeveniment **segur:** $P(A) = 1$.
- Probabilitat d'un esdeveniment **impossible:** $P(\varnothing) = 0$.
- Probabilitat d'un esdeveniment **contrari:** $P(\bar{A}) = 1 - P(A)$.

Professor a casa. Llei dels grans nombres.

Apunt 8

Cal tenir en compte que, si es tracta d'un **experiment complex**, no sempre es pot dur a la pràctica el nombre de vegades suficient per calcular-ne amb exactitud la probabilitat.

Exemple

18. La probabilitat d'agafar la grip durant un hivern és $P(\text{grip}) = 0{,}35$. Quina és la probabilitat de no patir la grip aquell hivern?

No tenir la grip és l'esdeveniment contrari a tenir la grip; per tant, aplicant-hi la propietat:

$$P(\text{no grip}) = P(\overline{\text{grip}}) = 1 - P(\text{grip}) = 1 - 0{,}35 = 0{,}65$$

14. Regla de Laplace

Quan en un experiment aleatori tots els esdeveniments elementals tenen la mateixa probabilitat, es diu que l'esdeveniment és **equiprobable** o regular.

Així, les dues cares d'una moneda són equiprobables i també ho són les sis cares d'un dau, ja que cada esdeveniment té la mateixa probabilitat de sortir. Tanmateix, **no tots els esdeveniments són equiprobables**; per exemple, la probabilitat que toqui la rifa i la probabilitat que no toqui no tenen el mateix valor. La **regla de Laplace** (fig. 4) serveix per calcular la probabilitat d'esdeveniments equiprobables. Diu això:

Fig. 4. Pierre Simon Laplace (1749-1827) va ser un matemàtic francès i ministre d'Interior amb Napoleó. A més d'enunciar la regla que porta el seu nom, va donar un gran impuls a la probabilitat i a altres branques de les matemàtiques, així com a la física i a la química. Per exemple, els nombres de *metre, centímetre, quilòmetre*, etc., els devem a Laplace.

La probabilitat d'un esdeveniment A format per esdeveniments elementals equiprobables és igual al nombre de casos favorables dividit entre el nombre de casos possibles.

$$P(A) = \frac{\text{nombre de casos favorables}}{\text{nombre de casos possibles}}$$

Exemple

19. En una urna hi ha 4 boles blanques, 6 de blaves i 10 de vermelles (fig. 5). En traiem una a l'atzar. Quina és la probabilitat que la bola sigui blava?

Són esdeveniments equiprobables, atès que cada bola té la mateixa probabilitat de sortir.

Hi ha 6 casos favorables (les 6 boles blaves) i 20 casos possibles ($4 + 6 + 10 = 20$, és a dir, les 20 boles de l'urna).

Per tant, la probabilitat que es demana és aquesta: $P(\text{blau}) = \frac{6}{20} = 0{,}3$.

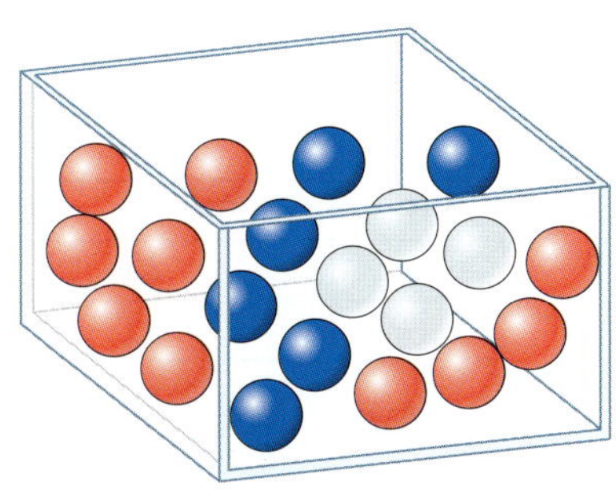

Fig. 5. Cada bola té la mateixa probabilitat de sortir, però no cada color, ja que no tots els colors estan representats en la mateixa mesura.

Entrena't

29. Digues si les afirmacions següents són vertaderes (V) o falses (F):

a La probabilitat d'un esdeveniment sempre és més petita o igual que 1.
b Si $P(A)$ és més gran que $P(B)$, això vol dir que és més fàcil que passi *A* que no que passi *B*.
c Com més probable sigui un esdeveniment, més a prop d'1 estarà la seva probabilitat.
d Una probabilitat propera a 0 (per exemple, 0,1) significa que és gairebé segur que l'esdeveniment no passarà.

30. Escriu l'espai mostral d'aquests experiments:

a Tirar una moneda.
b Tirar un dau de 12 cares.
c Treure una bola d'una urna que conté 2 boles grogues, 3 de vermelles i 5 de verdes.
d Tirar dos daus de 4 cares i sumar-ne els resultats.
e Tirar un dau de 8 cares i un altre de 12 i restar-ne els resultats.

31. En tirar un dau de parxís:

a Quin és l'esdeveniment contrari de sortir parell?
b I el contrari de sortir més gran que 4?
c Descriu un esdeveniment impossible.
d Quin podria ser un esdeveniment segur?

32. Es llança un dau de sis cares 1000 vegades i la cara 5 surt 155 vegades. Quina n'és la freqüència relativa? És lògic aquest resultat? Aproximadament, quantes vegades hauria d'haver sortit?

33. Es tira diverses vegades un dau trucat de sis cares i s'obtenen aquestes freqüències absolutes:

Cara	Freqüència absoluta	Freqüència relativa
1	38	
2	22	
3	34	
4	30	
5	44	
6	32	

Calcula'n les freqüències relatives.

Banc digital

34. Assigna la probabilitat dels esdeveniments següents:

a Sortir cara en tirar una moneda.
b Sortir 2 en tirar un dau de sis cares.
c Treure una bola vermella d'una urna que té una bola blanca, una altra de verda i una altra de negra.
d Treure 6 en llançar un dau de quatre cares.

35. Si es llança un dau de sis cares, calcula la probabilitat de treure:

a Un 5.
b Un nombre parell.
c Un nombre més petit que 5.
d Un nombre primer.

36. Es llancen dos daus, un de vuit cares i un altre de dotze. Calcula la probabilitat que surti un múltiple de 3 en cadascun.

37. Es llança un dau de sis cares i un altre de quatre cares i se'n resten els resultats. Calcula la probabilitat de cada resultat.

38. En una urna tenim 5 boles blanques i 7 de negres. En traiem una a l'atzar. Quina és la probabilitat que sigui blanca?

39. En una classe hi ha 18 noies i 12 nois i s'escull un alumne a l'atzar. És més probable que sigui una noia o un noi? Calcula la probabilitat que surti una noia.

40. En una urna hi ha 3 boles blanques (2 de grosses i una de petita), 5 boles vermelles (3 de grosses i 2 de petites) i 12 boles negres (10 de grosses i 2 de petites). Si se n'extreu una a l'atzar, calcula la probabilitat de treure:

a Una bola negra.
b Una bola petita.
c Una bola negra i grossa.
d Una bola petita i vermella.
e Una bola blanca o petita.

41. Una urna conté 25 boles numerades de l'1 al 25 i en traiem una. Calcula la probabilitat que:

a Sigui múltiple de 4.
b Sigui més gran que 15.
c Tingui dues xifres iguals.
d Hi aparegui el dígit 2.

42. En una caixa hi ha 200 peces iguals: 60 són vermelles i la resta són blaves. Traiem una peça a l'atzar. Quina és la probabilitat que la peça extreta sigui blava?

Mates en context

6 AM AL Social Cursa de cavalls

Aquest dibuix mostra una particular cursa de set cavalls:

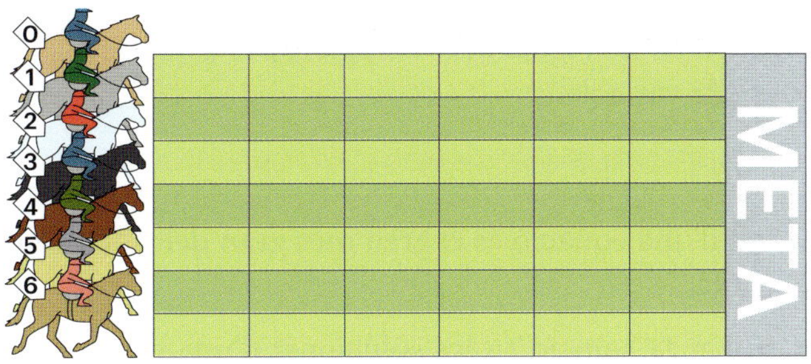

La cursa funciona de la manera següent:

- Es llancen dos daus de sis cares.
- Es resten els resultats.
- Avança una casella el cavall que tingui el nombre coincident amb el del resultat obtingut.
- Es continuen tirant els daus fins que tots els cavalls arribin a la meta.

Problemes

1. Quin cavall et sembla que guanyarà?
2. Escriu en quin ordre quedaran els cavalls.
3. Agafa dos daus, juga diverses vegades i anota en quin lloc queda cada cavall.
4. Quin cavall ha guanyat més vegades? Penses que sempre passarà el mateix?
5. Què li passa al cavall 6? Per què?
6. Per què el cavall 1 guanya més que el 0?
7. Tira dos daus 200 vegades, resta els resultats en cada tirada i copia i completa aquesta taula:

Resultat	Freqüència absoluta	Freqüència relativa
0		
1		
2		
3		
4		
5		
6		

8. Pots assignar una probabilitat aproximada en cada cas?
9. Construeix una taula amb tots els possibles resultats en tirar dos daus i restar-los.
10. Calcula la probabilitat de cada resultat.

Argumenta: 1, 2, 5, 6, 8, 9 **Matematitza: 3, 4, 7, 9, 10**

7 AM AD AL AV Social Camí de fugida

Hi ha una banda de 16 malfactors tancats al mateix pavelló d'una presó.

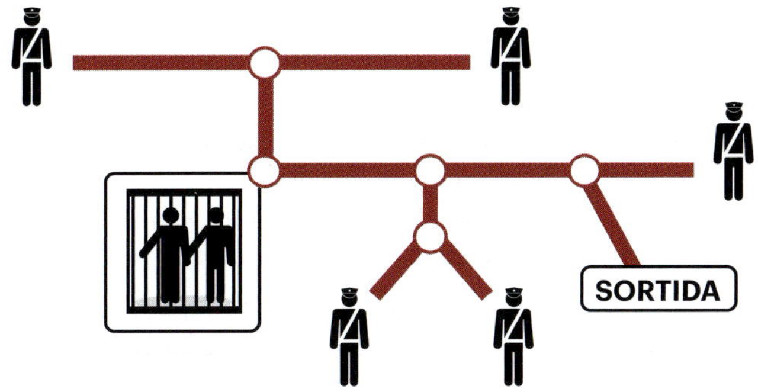

El pavelló on es troben està ben vigilat, però té un punt dèbil: la porta per on s'entra el menjar està menys vigilada. En un descuit dels carcellers, els presos han aconseguit fugir de les cel·les, però, com que no coneixen la sortida, cada cop que arriben a una bifurcació de passadissos (marcada pels punts), cada pres decideix jugar-se a l'atzar cap a on anar i segueix per on li indica la sort. Aconseguirà fugir algun pres?

Problemes

1. Formeu grups de quatre membres i acordeu el nombre de presos que penseu que aconseguiran fugir i per què.
2. A partir de les decisions preses en l'exercici anterior, intenteu arribar a un acord argumentat entre tota la classe.
3. Ara, simularem la fugida. Agafa un dau i 16 fitxes, que representen els presos, i posa-les a la cel·la. Tira el dau: si surt senar, el pres anirà cap a la dreta, però, si surt parell, anirà cap a l'esquerra, fins a la bifurcació següent, i així successivament, fins que un policia el detingui o bé aconsegueixi fugir.

   Repeteix el procés 16 vegades i compta quants presos han aconseguit fugir. Quina freqüència relativa de presos que han pogut fugir has aconseguit?
4. Reuniu les dades de tota la classe i torneu a calcular la freqüència relativa. Quina és?
5. Ara, calcularem teòricament quants aconseguirien fugir. Per fer-ho, agafa les 16 fitxes i torna a posar-les a la cel·la. A continuació, en cada bifurcació, la meitat dels que arriben van cap a la dreta i l'altra meitat van cap a l'esquerra. Continua així fins que tots els fugitius hagin estat capturats o hagin aconseguit fugir. Quants presos han pogut fugir?
6. A partir de les dades obtingudes en l'exercici anterior, quina és la probabilitat de fugir?

Matematitza: 1, 2, 3, 4, 5, 6

Argumenta: 1, 2, 6

Planteja: 3, 4, 5

Professor a casa. Probabilitat condicionada

ÀLGEBRA

Iniciació a l'àlgebra

En moltes tasques matemàtiques és necessari treballar amb nombres de valor desconegut o indeterminat. Per simbolitzar aquests valors, es fan servir lletres en lloc de xifres, i s'opera amb les mateixes propietats i les mateixes lleis que en les expressions numèriques.

Expressions algebraiques

Una expressió algebraica és una combinació de lletres i xifres relacionades per les operacions matemàtiques de suma, resta, multiplicació, divisió, potenciació i radicació. Les expressions algebraiques es fan servir per:

a) Expressar i utilitzar nombres desconeguts.
b) Generalitzar relacions o propietats mumèriques i en fórmules.
c) Codificar un problema per facilitar-ne la resolució.

Monomis

Les expressions algebraiques més simples són els **monomis**. Estan formats pel producte d'un nombre (**coeficient**) i una lletra o el producte de diverses lletres amb exponents naturals (**part literal**). Les lletres s'anomenen **variables**.

El **grau** d'un monomi és la suma dels exponents de les seves variables.

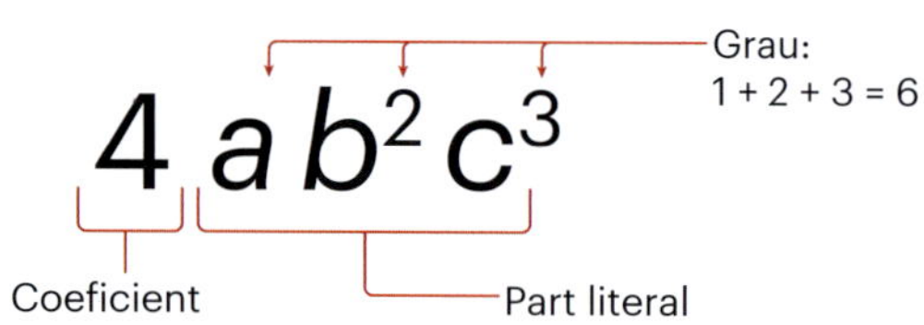

El **valor numèric** d'un monomi és el nombre que resulta de substituir les lletres per nombres i fer les operacions.

Dos monomis són **semblants** quan la part literal té les mateixes variables amb els mateixos exponents.

Operacions amb monomis

Suma i resta

Per sumar o restar monomis, aquests monomis han de ser semblants.

La suma i la resta es fan sumant o restant els seus coeficients i escrivint-ne la part literal.

Multiplicació i divisió

Per multiplicar o dividir monomis, es multipliquen o es divideixen els coeficients, i per a la part literal s'apliquen les propietats de les potències.

Igualtats algebraiques: equacions i identitats

Quan s'igualen dues expressions algebraiques s'obté una **igualtat algebraica**. N'hi ha de dos tipus:

- **Equacions**, si la igualtat es compleix per a un sol valor de la variable.
- **Identitats**, si la igualtat es compleix per a qualsevol valor de la variable.

Equació

El **grau** d'una equació és el grau més gran dels monomis que conté.

Per trobar la solució (o les solucions) d'una equació, es poden fer servir diferents estratègies:

- Calcular el valor **directament**.
- Calcular el problema **per parts**.
- Aïllar la incògnita calculant **equacions equivalents**.

NOMBRES

Arrels quadrades

L'operació inversa a **elevar al quadrat** s'anomena **arrel quadrada** i consisteix a esbrinar un nombre a partir del seu quadrat.

L'arrel quadrada exacta d'un nombre *b* és un nombre natural *a* que, elevat al quadrat, dona el primer nombre (*b*).

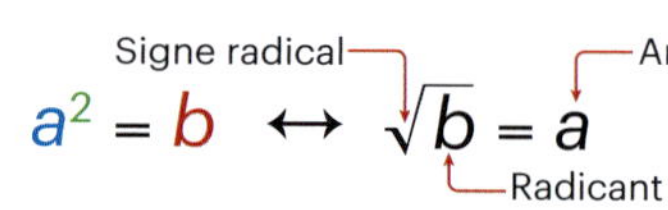

No tots els nombres tenen arrels exactes. Per a alguns, no hi ha cap nombre natural que, elevat al quadrat, doni el radicand. Una arrel quadrada no exacta és una **arrel entera**.

GEOMETRIA

Teorema de Pitàgores

El teorema de Pitàgores descriu la relació que han de complir els costats d'un triangle rectangle.

Serveix per calcular la longitud d'un costat d'un triangle rectangle quan se sap la longitud dels altres dos costats.

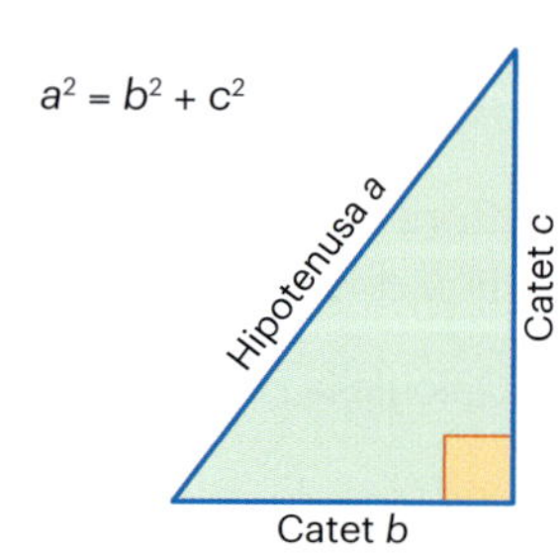

Ternes pitagòriques

Tres nombres a, b i c són una terna pitagòrica si compleixen la relació establerta pel teorema de Pitàgores, és a dir: $a^2 = b^2 + c^2$.

Nombres figurats i poligonals

Els **nombres figurats** són nombres enters que es poden representar mitjançant punts que mantenen entre si la mateixa distància i, així, formen una figura geomètrica regular.

Si les figures són polígons regulars, es parla de **nombres poligonals**.

Figures i polígons semblants

Dues figures són **semblants** si tenen la mateixa forma, però una mida diferent.

La **raó de semblança** és la raó o el coeficient de proporcionalitat entre els costats de dues figures semblants.

Dos **polígons** són semblants si els seus angles són iguals i els seus costats són proporcionals.

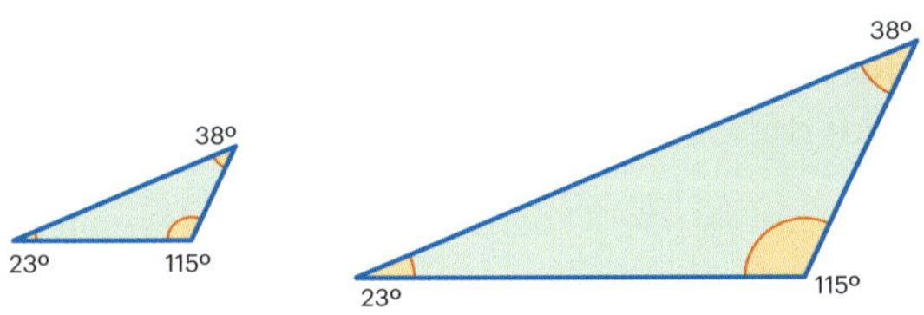

PROBABILITAT

Experiments aleatoris

Un **experiment aleatori** és aquell que pot presentar resultats diferents; és a dir: no és possible predir ni reproduir el resultat exacte de cada experiment particular.

Espai mostral i esdeveniments

- **Espai mostral *E*.** Conjunt de tots els possibles resultats d'un experiment aleatori.
- **Esdeveniment elemental**. Cadascun dels resultats de l'espai mostral.
- **Esdeveniment**. Conjunt d'esdeveniments elementals d'un experiment aleatori. Es designa amb una lletra majúscula, per exemple, la A.
- **Esdeveniment contrari d'*A*.** Està format per tots els esdeveniments elementals que no estan en A. Es representa per $\overline{A}$.
- **Esdeveniment segur**. Esdeveniment que sempre passa. És igual a l'espai mostral E.
- **Esdeveniment impossible**. Esdeveniment que no passa mai; s'indica amb el símbol $\varnothing$.

Freqüència

La **freqüència absoluta** d'un esdeveniment A és el nombre de vegades que passa l'esdeveniment A en realitzar l'experiment N vegades. Es representa per f_A.

La **freqüència relativa** d'un esdeveniment A és el nombre de vegades que passa A dividit entre el nombre de vegades que s'executa l'experiment. Es representa per h_A.

$$h_A = \frac{f_A}{N}$$

Probabilitat

Llei dels grans nombres. A mesura que es repeteix moltes vegades un experiment aleatori, la freqüència relativa d'un esdeveniment determinat tendeix a estabilitzar-se en una xifra constant.

Probabilitat d'un esdeveniment *A*. És la constant a la qual s'aproxima la freqüència relativa quan es repeteix l'experiment moltíssimes vegades. Es representa per $P(A)$.

Propietats de la probabilitat

La probabilitat d'un esdeveniment es troba entre 0 i 1. Com més a prop estigui de 0, menys probable és que succeeixi, i com més a prop està d'1, més probable és que passi.

Les seves propietats són aquestes:

- Probabilitat d'un esdeveniment **segur**: $P(A) = 1$.
- Probabilitat d'un esdeveniment **impossible**: $P(\varnothing) = 0$.
- Probabilitat d'un esdeveniment **contrari**: $P(\overline{A}) = 1 - P(A)$.

Regla de Laplace

Quan en un experiment aleatori tots els esdeveniments elementals tenen la mateixa probabilitat, es diu que cada esdeveniment és **equiprobable** o regular.

La **regla de Laplace** serveix per calcular la probabilitat quan els esdeveniments són equiprobables.

La probabilitat d'un esdeveniment A format per esdeveniments elementals equiprobables és igual al nombre de casos favorables dividit entre el nombre de casos possibles.

$$P(A) = \frac{\text{nombre de casos favorables}}{\text{nombre de casos possibles}}$$

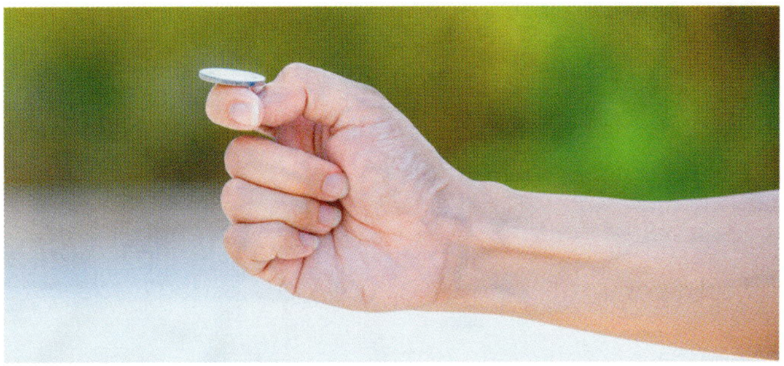

Entrena't +

Àlgebra

43. Copia i completa aquesta taula:

x	y	$(x+y)^2$	x^2+y^2	$2x^2-y$
3	−1			
2	4			
−2	3			

44. Elimina els parèntesis i simplifica les expressions següents:

a $3x-(5+4x)$
b $6x-(5x-3x)$
c $4x^2-3x-(x-2x^2)$
d $(4x^2-6x)-(5x-3x^2)$
e $3x^2+2x-(5x^2-3)$
f $-2x-7x^2-(-x^2+5x-3)$

45. Copia i completa aquesta taula:

n	1	2	3	4	10
2*n* −3					

46. Llegeix i completa la taula:

- La Carol guanya *x* euros al mes.
- La seva germana Maria guanya 300 euros més que ella.
- El pare de la Carol i la Maria, el Josep, guanya el doble que totes dues juntes.
- La Dolors guanya el 15 % menys que la Carol.
- A l'Israel li falten 50 euros per guanyar les tres quartes parts del sou de la Maria.

Persona	Carol	Maria	Josep	Dolors	Israel
Sou	*x*				

47. Planteja i resol els problemes següents:

a Al meu institut hi ha 624 estudiants. El nombre de nois supera en 36 el nombre de noies. Quants nois i noies hi ha?

b Si se suma 5 a un nombre, s'obté el triple que si li'n restes 3.

c Cadascun dels costats iguals d'un triangle isòsceles fa 4 cm més que el tercer costat. El perímetre mesura 35 cm. Quant mesura cada costat?

Banc digital

Nombres

48. Calcula aquestes arrels:

a $\sqrt{25}=$ **b** $\sqrt{81}=$ **c** $\sqrt{121}=$ **d** $\sqrt{256}=$

49. Indica entre quins dos nombres enters es troben aquestes arrels:

a $\sqrt{44}=$
b $\sqrt{75}=$
c $\sqrt{125}=$
d $\sqrt{200}=$

Geometria

50. Digues si les ternes següents són pitagòriques:

a 2, 3 i 4
b 3, 4 i 5
c 8, 15 i 17
d 9, 12 i 15

51. Calcula la hipotenusa dels triangles rectangles els catets dels quals mesuren:

a 9 cm i 12 cm
b 6 m i 8 m
c 7 m i 25 m
d 30 cm i 40 cm

52. Calcula el catet que falta dels següents triangles rectangles:

a Hipotenusa: 50 cm. Catet: 48 cm.
b Hipotenusa: 29 cm. Catet: 21 cm.

Probabilitat

53. Escriu l'espai mostral dels experiments següents:

a Tirar un dau de 12 cares.
b Llançar dues monedes.
c Treure una bola d'una urna que conté 5 boles blanques i 2 boles negres.
d Tirar dos daus i restar-ne els resultats.

54. En tirar un dau de 10 cares, indica un esdeveniment:

a Segur.
b Poc probable.
c Impossible.
d Bastant probable.

55. Tenim un dau de 12 cares amb els valors 1, 2, 2, 3, 3, 3, 4, 4, 5, 6, 6, i 6. En llançar-lo una vegada, calcula la probabilitat de treure:

a Un 6. **b** Un nombre parell. **c** Un múltiple de 3.

56. Una urna conté 8 boles blanques, 6 de negres, 4 de vermelles i 2 de verdes. Si es treu una bola a l'atzar, calcula la probabilitat d'obtenir:

a Una bola vermella.
b Una bola negra.
c Una bola blanca.
d Una bola blava.

57. En una urna hi ha 4 boles blanques numerades de l'1 al 4 i 15 boles negres numerades de l'1 al 15. Si n'extraiem a l'atzar una bola:

a Quina és la probabilitat que sigui negra?
b Quina és la probabilitat que sigui parell?

58. En un gran estany conviuen 100 truites amb 400 barbs. Si pesquem un peix, quina és la probabilitat que sigui una truita?

Banc digital

Mates en context

8 AM AL AP Personal El pressupost familiar

S'anomena **pressupost** el conjunt de despeses i ingressos previstos per a un període de temps determinat.

El concepte de pressupost ha estat implícit en les tasques humanes des de sempre i un dels seus objectius principals és la supervivència. Ara, treballarem amb el pressupost d'una família.

Problemes

1. De moment, no coneixem el sou del Dídac i la Maria. Com podem expressar això?
2. Com s'expressaria el que poden guanyar en total?
3. Han elaborat el següent pressupost mensual:

   a La meitat del sou de la Maria per a l'habitatge.
   b La quarta part del sou del Dídac per al cotxe.
   c La cinquena part del total dels ingressos per a oci.
   d Les tres desenes parts del total per a despeses generals.

   Expressa, en funció dels sous del Dídac i la Maria, com queda el pressupost per a cada concepte.
4. Sabem que la Maria guanya 400 euros més que el Dídac. Amb aquesta nova informació, simplifica les expressions que has obtingut en l'exercici 3; primer, deixa el pressupost en funció del sou del Dídac i, després, en funció del sou de la Maria.
5. Quant han destinat a habitatge i cotxe? I a oci i despeses generals? Quant destinen a totes les despeses? Calcula les solucions en funció de la suma dels dos sous.
6. Tenint en compte que estalvi és igual a ingressos menys despeses, quant estalvien al mes? Expressa-ho en funció de tots dos.
7. Si el Dídac guanya 1000 euros, respon totes les preguntes anteriors a partir de les expressions algebraiques que has formulat.
8. Pregunta a casa pel pressupost familiar i expressa'l en llenguatge algebraic. Després, comenta'l amb els companys i les companyes.

Simbolitza: 1, 2, 3, 8

Planteja: 4, 6

Matematitza: 5, 7

9 AM AL AP Personal Tens un problema?

George Pólya (Hongria, 1887 - EUA, 1985) va treballar sobre temes matemàtics molt variats. Va dir: «Si no pots resoldre un problema, aleshores hi ha una manera més senzilla de resoldre'l: troba-la.» Així, per a la solució de problemes va suggerir seguir aquests passos:

1. Entendre el problema.
2. Elaborar un pla per resoldre'l.
3. Executar el pla.
4. Mirar enrere per comprovar-ne els resultats.

Problemes

En començar l'ESO es fa un test de 100 preguntes als estudiants. Cada resposta correcta suma 5 punts i cada resposta incorrecta o cada pregunta no contestada resta 2 punts. Un alumne va obtenir 290 punts.

Quantes preguntes va respondre correctament?

1. Per **entendre el problema**, comença practicant i calcula quina és la puntuació que obtindria en els casos següents:

   a Respon 50 preguntes bé i 50 de malament o les deixa en blanc. Escriu tots els càlculs que fas.
   b Respon 60 preguntes bé i la resta malament.
   c Quants punts, com a màxim, es poden obtenir?
2. Ara, **elaborarem un pla** per resoldre'l.

   a Para atenció a la pregunta que et fan. Quina és la incògnita?
   b A partir de l'apartat anterior i amb les dades de l'enunciat, quantes preguntes no ha respost o bé ha fallat l'alumne?
   c En funció dels apartats anteriors, calcula la puntuació obtinguda.
   d Planteja l'equació que cal resoldre per respondre la pregunta.
3. **Executa el pla** i resol l'equació. Quantes preguntes ha respost correctament l'alumne que ha obtingut 290 punts? Quantes preguntes ha fallat o ha deixat en blanc?
4. A partir dels resultats obtinguts, efectua les mateixes operacions que en la primera pregunta per **comprovar-ne els resultats.**
5. Si l'aprovat se situa en 250 punts, quantes preguntes, com a màxim, es poden fallar o deixar en blanc?

Matematitza: 1, 4

Simbolitza: 2

Planteja: 3

Argumenta: 5

Competències matemàtiques: 1, 2, 11 (act. 8); 3, 4, 7 (act. 9).

10 AM AL AP Social **Els tobogans**

Al poble de la Isabel volen instal·lar tres tobogans especials al parc.

- Volen que el tobogan gros tingui una alçada de 6 m i una rampa de 10 m de longitud, amb 2,1 m d'ample. Per pujar-hi es farà servir una escala de 6,5 m. La plataforma superior serà un quadrat de 2,1 m de costat.
- El mitjà només tindrà 2 m d'alçada, però la rampa serà de 4 m de longitud i 1 m d'ample. En aquest cas, l'escala farà 2,9 m.
- Volen que el tobogan petit sigui semblant al gros però amb una alçada d'1,5 m. Tindrà una plataforma d'1,5 m de costat.

Per seguretat, en els tres tobogans hi haurà una columna vertical que subjectarà la plataforma superior i tindrà una amplada igual que la de la plataforma.

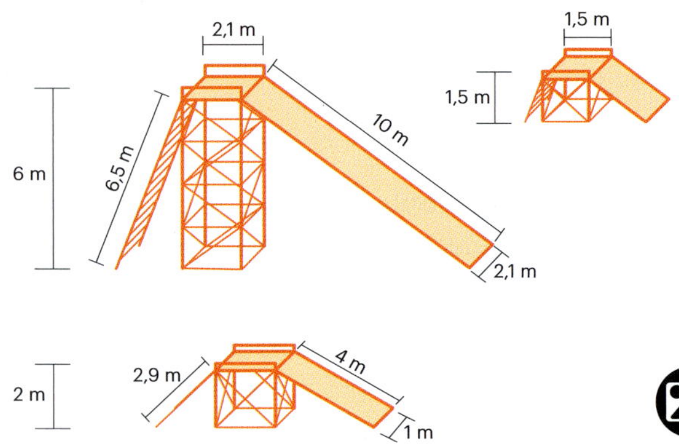

Problemes

1. Dibuixa un esquema del tobogan gros, marca-hi els diferents triangles rectangles que es formen i calcula i indica les mesures que hi falten.
2. A quina distància de la base de la columna de subjecció serà el nen quan es llanci pel tobogan?
3. A quina distància d'aquesta columna caldrà posar el peu de l'escala?
4. Quina és la raó de semblança entre el tobogan gros i el petit?
5. Calcula les mesures de la rampa (incloent-hi l'amplada) i de l'escala del tobogan petit.
6. És el tobogan mitjà semblant als altres dos? Raona la resposta.
7. Respon les preguntes 2 i 3, però ara per al tobogan mitjà.

Representa: 1 **Matematitza: 2, 3, 6, 7**

Argumenta: 4, 6 **Planteja: 5**

11 AM AL Social **El parc de la Sofia**

La Sofia ha heretat una parcel·la a la muntanya de 450 m de longitud per 300 m d'ample. Ha encarregat a l'Àngel, que és enginyer forestal, que li dissenyi un parc en aquest terreny, de manera que tingui nou rectangles limitats per arbres.

L'Àngel l'ha dissenyat de la forma següent, però no ha acotat les distàncies per tal que sigui la Sofia qui les triï:

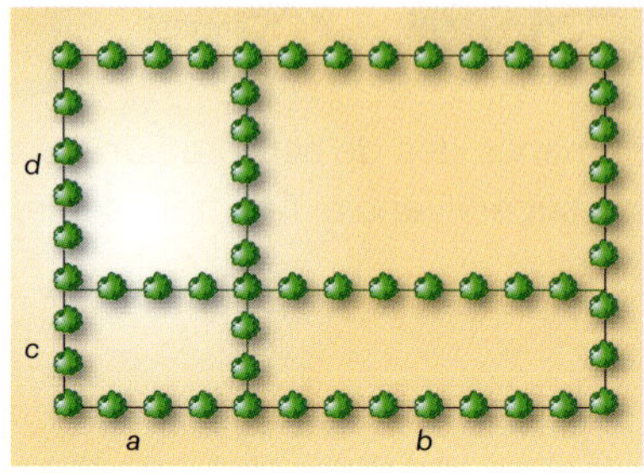

En veure el disseny, la Sofia s'ha queixat perquè deia que només hi veia quatre rectangles i no nou, però l'Àngel li assegura que n'hi ha nou.

Problemes

1. Hi ha nou rectangles. Troba'ls.
2. Dibuixa a la teva llibreta els nou rectangles i digues quant mesuren els seus costats.
3. Expressa el perímetre de cada un dels nou rectangles.
4. Expressa l'àrea de cada un dels nou rectangles.
5. Després de pensar-hi molt, la Sofia ha decidit que el costat *a* faci la meitat que el *b* i que el costat *c* sigui 60 m més petit que el *d*. Quant mesura cada costat?
6. A partir d'aquests valors i fent servir les fórmules obtingudes en l'exercici 3, calcula el perímetre dels nou rectangles.
7. Fes el mateix que en el problema 6, però amb les àrees i les fórmules de l'exercici 4.
8. La Sofia ha decidit plantar diverses fileres d'arbres que travessin els rectangles i quatre camins. Calcula la longitud de les fileres d'arbres.

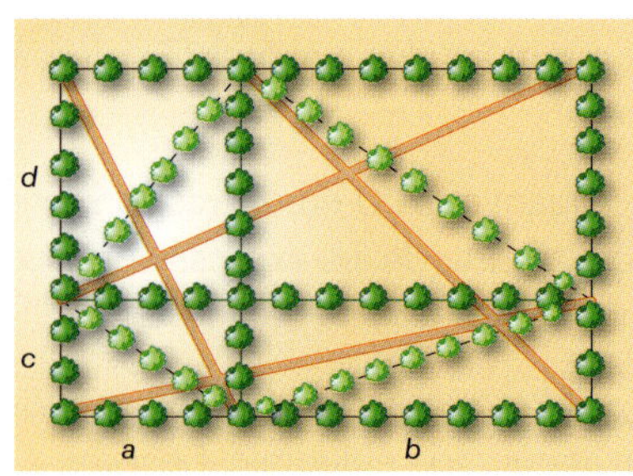

9. Quina figura formen els quatre camins? Quin n'és el perímetre?

Argumenta: 1, 9 **Representa: 2**

Simbolitza: 3, 4 **Planteja: 5** **Matematitza: 6, 7, 8**

12 AM AL Personal La baralla espanyola

La baralla espanyola més habitual consisteix en una pila de 40 cartes (tot i que també n'hi ha de 48 i de 50), dividida en quatre colls: oros, copes, espases i bastos. Cada coll té cartes numerades de l'1 al 7 (cartes numèriques) i tres cartes anomenades figures (la sota, el cavall i el rei). Per a alguns jocs, s'agrupen els colls en curts (oros i copes) i llargs (bastos i espases).

Les dimensions més usuals d'una carta són 65 x 90 mm. El gruix d'una pila de 40 cartes acostuma a ser de 15 mm i la massa, de 100 g.

Problemes

1. Quin és el gruix d'una carta? I la massa?
2. Calcula l'àrea de la superfície d'una carta.
3. Quant mesura la diagonal d'una carta?
4. Si posem les 40 cartes l'una darrere l'altra, quina longitud maxima tindrà la filera?
5. Si col·loquem les cartes de manera que formin un rectangle constituït per quatre files i que cada fila estigui formada per les cartes d'un coll, quines dimensions tindrà el rectangle?
6. Si es vol treure a l'atzar una carta, totes tenen la mateixa probabilitat de sortir? Cada coll té la mateixa probabilitat? Si és així, calcula les dues probabilitats.
7. Si es treu una carta de la baralla a l'atzar, calcula les probabilitats següents:

   a Que sigui un cavall.
   b Que sigui una figura.
   c Que sigui un as o un 3
   d Que sigui un coll curt.
8. Traiem una carta i sabem que és de copes. Quina és la probabilitat que sigui el 3 de copes?
9. Traiem quatre cartes i totes són de bastos. Si traiem una cinquena carta, quina és la probablitat que també sigui de bastos?

Matematitza: 1, 2, 3, 4, 6, 7 **Planteja: 5** **Argumenta: 8, 9**

13 AM AL AP Personal El camió de repartiment

El joc consisteix a descarregar les caixes del camió. Per fer-ho, col·loca 36 fitxes en els nombres que vulguis; no cal que les reparteixis equitativament. Tot seguit, tira dos daus, suma'n el resultat i treu una fitxa que sigui a la caixa del nombre obtingut. Guanya qui aconsegueix treure totes les seves fitxes en menys tirades.

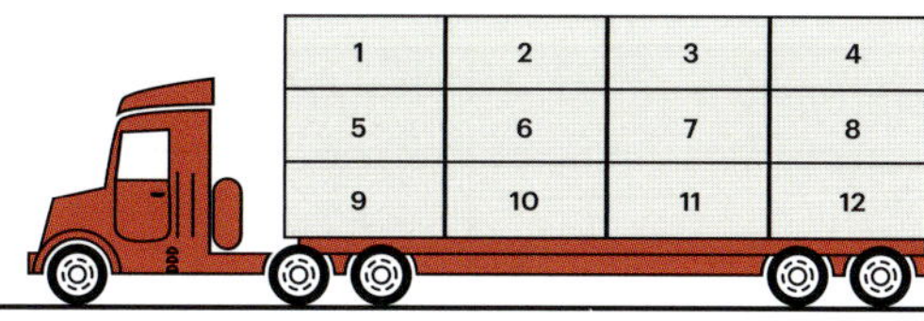

Problemes

1. En quins nombres és millor col·locar més fitxes? I en quins és millor posar-ne poques?
2. Quina et sembla que és la millor distribució de les 36 fitxes?
3. Per parelles o en grup, jugueu a descarregar el camió.
4. Tira dos daus, suma'n els resultats 180 vegades i emplena una taula de freqüències.
5. A partir de les dades de l'exercici anterior, intenta assignar probabilitats a cada esdeveniment.

   Una altra variació d'aquest joc és la següent: "El transportista només descarrega les caixes que coincideixen amb el nombre obtingut en tirar els dos daus. Com és lògic, no pot treure una caixa si en té una altra a sobre".

   Apunta deu nombres com consideris més convenient. Tira els dos daus i ratlla, si pots, el nombre obtingut. Guanya qui primer ratlli tots els nombres.

6. Quins nombres no apuntaries? Per què?
7. Quin col·locaries a sobre de tots?
8. Com col·locaries la resta dels nombres?
9. Juga tu sol i compta el nombre de tirades que et calen per treure totes les caixes.

Argumenta: 1, 6, 7 **Planteja: 2, 8** **Matematitza: 3, 4, 5, 9**

1. Relaciona cada monomi de la columna de l'esquerra amb el seu semblant de la columna de la dreta:

a $4ax$ **A** $5a^2$
b $3xy$ **B** $2x^2y^2$
c $2a^2$ **C** $7ax$
d $6x^2y^2$ **D** xy

2. Copia i completa aquesta taula:

Monomi	Coeficient	Part literal	Grau
$2abc$	2	abc	3
$5x^3$			
$3a^2b^2$			
$4xy^2$			
x^2y			

3. Troba el valor numèric de cada monomi per al valor que s'indica:

a $2a^3$ per a $a = 3$ **b** $3x^2$ per a $x = 2$

4. Resol les següents operacions amb monomis:

a $3b + 2b$ **d** $8y^3 - 5y^3$ **g** $4x^2 \cdot 3x^2$
b $4\,a^2 - a^2$ **e** $8b : 2b$ **h** $15a^3 : 5^a$
c $6x + 4x$ **f** $3a^2 \cdot 2a$ **i** $2y + 6y - 5y$

5. Estudia si aquests nombres formen ternes pitagòriques:

a 27, 36 i 45 **c** 20, 52 i 48
b 6, 8 i 10 **d** 65, 60 i 25

6. Els nombres següents són la longitud en centímetres dels costats d'un triangle rectangle. Indica en cada cas quina és la mesura de la hipotenusa i dels catets:

a 6, 8 i 10 **c** 39, 15 i 36
b 16, 34 i 30 **d** 51, 24 i 45

7. Escriu l'espai mostral dels següents experiments aleatoris:

a Triar un paper doblegat d'una bossa amb els dies de la setmana.
b Treure una bola d'una bossa que conté vuit boles iguals numerades del 10 al 17.
c Agafar a l'atzar un retolador d'entre sis d'iguals, però cadascun d'un color diferent: blau, negre, vermell, verd, rosa i taronja.

8. En una capsa hi ha vuit mocadors de coll: tres són de ratlles, dos són de quadres, un és llis i dos són estampats. Calcula la probabilitat que en triar-ne un sense mirar:

a Sigui estampat. **c** Sigui de ratlles o de quadres.
b No sigui de quadres. **d** Sigui negre.

	4 punts	3 punts	2 punts	1 punt
1. Monomis	Identifico un monomi, els seus elements i el seu grau.	Identifico un monomi i els seus elements, però no en trobo bé el grau.	Identifico un monomi, però no en distingeixo bé ni els elements ni el grau.	No identifico monomis.
2. Valor numèric d'un monomi	Trobo correctament el valor numèric d'un monomi.	Sé com es troba el valor numèric d'un monomi, però m'equivoco en les operacions.	De vegades no substitueixo bé el valor de la variable per trobar el valor numèric.	No sé com es calcula el valor numèric d'un monomi.
3. Operacions amb monomis	Faig correctament les quatre operacions elementals.	Sumo i resto sense errors, però en multiplicar i dividir m'equivoco per trobar la part literal.	Cometo errors en totes les operacions en escriure la part literal del resultat.	No executo sense errors les operacions de càlcul o en escriure la part literal resultant.
4. Ternes pitagòriques i triangles rectangles	Identifico nombres que formen ternes pitagòriques i nombres que representen els catets i la hipotenusa.	Identifico nombres que formen ternes pitagòriques, però de vegades em confonc en associar-los amb els costats.	Identifico nombres que formen ternes pitagòriques, però no els associo als costats corresponents.	No comparo, ni sumo ni resto fraccions correctament.
5. Espai mostral	Identifico raons i proporcions i trobo correctament els termes d'una proporció.	Identifico raons i proporcions i trobo els termes d'una proporció amb algun error.	Identifico raons i proporcions, però no trobo els termes d'una proporció.	No identifico ternes pitagòriques.
6. Càlcul de probabilitat d'un esdeveniment	Trobo bé la probabilitat de qualsevol esdeveniment.	Trobo bé la probabilitat, però de vegades m'equivoco en els càlculs.	De vegades m'equivoco en trobar la probabilitat.	No sé calcular la probabilitat d'un esdeveniment.

PDF

5 Més ràpid, més alt, més fort

1. Per què en el golf guanya qui té menys punts?

2. Com es determina quin és el millor jugador d'un partit de bàsquet?

3. Quant mesura una pista de tennis?

4. S'entén millor la informació presentada en taules o en gràfics?

BLOCS DE CONTINGUTS	Situació 1	Situació 2	Situació 3	Situació 4
NOMBRES I ÀLGEBRA				
Nombres negatius: significat i ús en contextos reals.	●	○		
Nombres enters: operacions.	●	○		
Representació, ordenació en la recta real i operacions. Valors absoluts.	●			
Divisors comuns a diversos nombres.			○	
Fraccions en entorns quotidians.		○		
Fraccions equivalents. Comparació de fraccions.		○	○	
Nombres decimals: representació, ordenació i operacions.		○	○	○
Relació entre fraccions i decimals: conversió i operacions.		○	○	○
Identificació i ús en situacions quotidianes de magnituds directament proporcionals i aplicació a la resolució de problemes.		●	●	
Repartiments directament proporcionals.		●		
Percentatges.		●		○
GEOMETRIA I MESURA				
Càlcul d'àrees.			●	
Circumferència, cercle, arcs i sectors circulars.			●	
Figures semblants.			○	
ESTADÍSTICA I PROBABILITAT				
Variables qualitatives i quantitatives.				●
Taules de freqüències. Freqüències absolutes i relatives.				●
Organització en taules de dades recollides d'una experiència.				●

1 La puntuació en el golf

Per què en el golf guanya qui té menys punts?

AL AS AM Social Professional

Aprèn a...

Utilitzar diferents tipus de nombres per interpretar informació quantitativa.

Calcular el valor d'expressions numèriques entre nombres enters mitjançant operacions elementals i combinades.

Ítem 1. Com es puntua en el golf

El golf consisteix a mirar d'introduir una bola en un forat amb el mínim nombre possible de cops. Cada recorregut té diversos forats i per superar cada forat hi ha un nombre de cops establert, anomenat "par". La puntuació depèn de la diferència entre el nombre de cops que el jugador dona fins que introdueix la bola al forat i els establerts pel par.

Nom	Nombre de cops per completar el forat per sobre o per sota del par	Puntuació
Triple *bogey*	Tres cops més	+3
Doble *bogey*	Dos cops més	+2
Bogey	Un cop més	+1
Par	Els mateixos cops que el par	+0
Birdie	Un cop menys	−1
Eagle	Dos cops menys	−2
Albatros	Tres cops menys	−3

En acabar el recorregut, se sumen les puntuacions obtingudes en cada forat. Una puntuació més baixa vol dir que el jugador ha necessitat menys cops.

Ítem 2. Un dia de golf entre amics

Quatre jugadors principiants van completar un recorregut amb 3 forats. El primer forat de par 3, el segon de par 4 i el tercer de par 5. La taula mostra el nombre de cops que van necessitar per completar cada forat:

Golfista	Forat 1 (par 3)	Forat 2 (par 4)	Forat 3 (par 5)
Pau	2	5	5
Ció	4	3	4
Rafa	3	4	3
Isabel	4	2	7

Ítem 3. Regla dels signes

Multiplicar dos nombres naturals del **mateix signe** dona un resultat positiu.	$(+) \cdot (+) = +$	+
	$(-) \cdot (-) = +$	
Multiplicar dos nombres naturals de **signes oposats** dona un resultat negatiu.	$(+) \cdot (-) = -$	−
	$(-) \cdot (+) = -$	

Construeix amb el que saps

Matematitza

1. Copia la taula següent i completa-la amb les puntuacions obtingudes per cada jugador en cada forat.

Golfista	Forat 1 (par 3)	Forat 2 (par 4)	Forat 3 (par 5)
Pau	*Birdie* (−1)	*Bogey* (+1)	Par (+0)
Ció			
Rafa			
Isabel			

Professor a casa. Sumar i restar nombres enters.

Argumenta

2. Qui ho va fer millor en cada forat? Qui va ser el pitjor en cada forat?

Matematitza

3. Calcula la puntuació de cada jugador sumant les puntuacions que han obtingut en cada forat.

Nom	Forat 1	Forat 2	Forat 3	Total
Pau				
Ció				
Rafa				
Isabel				

4. Ordena les puntuacions dels jugadors i determina qui ha guanyat el recorregut.

Ítem 4. L'ordre de les operacions

1r Les operacions de dins dels parèntesis. Els claudàtors es fan servir per a les que inclouen més d'un parell de parèntesis. Primer es resolen els parèntesis interiors i, després, els claudàtors.

2n Les multiplicacions i les divisions ordenadament d'esquerra a dreta.

3r Les sumes i les restes ordenadament d'esquerra a dreta.

Ítem 5. Resultats de Jordan Spieth

En general, els tornejos professionals tenen un recorregut de 18 forats que els jugadors han de completar quatre vegades. Aquests van ser els resultats de Jordan Spieth, guanyador de l'Open britànic del 2017:

	Forat	1	2	3	4	5	6	7	8	9	10	11	12	13	14	15	16	17	18
	Par de cada forat	**4**	**4**	**4**	**3**	**4**	**4**	**3**	**4**	**4**	**4**	**4**	**3**	**4**	**3**	**5**	**4**	**5**	**4**
Cops	Recorregut 1	4	3	4	3	4	4	3	3	3	4	4	3	4	2	5	4	4	4
	Recorregut 2	3	4	5	3	4	4	3	4	5	4	3	2	4	4	3	5	5	4
	Recorregut 3	4	4	3	3	4	4	2	3	4	4	4	3	4	3	4	4	5	3
	Recorregut 4	5	4	5	4	3	4	3	4	5	4	4	3	5	2	3	3	4	4

Ítem 6. Resultat dels participants espanyols a l'Open britànic

Golfista	R. Cabrera	S. García	P. Larrazábal	J. Rahm
Puntuació	−5	+2	+6	+3

Construeix amb el que saps

Matematitza (5) Elabora una taula a la teva llibreta que s'assembli a la de l'ítem 5, però, en comptes de completar-la amb el nombre de cops que va necessitar Jordan Spieth en cada forat, escriu-hi la puntuació obtinguda en cada forat.

Argumenta (6) Quin recorregut va fer millor? I quin forat li va anar millor?

Matematitza (7) Compta el nombre d'*eagles*, *birdies*, pars i *bogeys* totals que va fer.

(8) Calcula la puntuació que va obtenir en aquell torneig. (Pista: fes servir la informació obtinguda en el problema anterior.)

(9) A partir de l'ítem 6, ordena els jugadors espanyols i digues qui va ser el millor.

(10) Calcula la diferència de puntuacions entre cada dos jugadors espanyols.

Argumenta (11) Calcula quants cops d'avantatge va treure Spieth, que va aconseguir una puntuació de −12, respecte de cadascun d'ells.

El que has construït

Operes (sumes, restes i multipliques) amb **nombres enters positius i negatius.**

Compares **nombres enters.**

Realitzes **operacions combinades** tenint en compte la seva **prioritat** (1r, claudàtors i parèntesis; 2n, multiplicacions i divisions; 3r, sumes i restes).

Apliques la **regla dels signes** en les operacions.

1. Els nombres naturals i els nombres enters

Els **nombres naturals** són els que fem servir per comptar. Aquests nombres sempre són positius i sense decimals.

$$1, 2, 3, 4\ldots$$

Els **nombres enters** són els nombres naturals juntament amb els seus **negatius** corresponents i el **zero** (0); és a dir:

$$\ldots -4, -3, -2, -1, 0, 1, 2, 3, 4\ldots$$

Aquests nombres tampoc tenen decimals (fig. 1).

L'**oposat d'un nombre** és el mateix nombre, però amb el signe contrari. Per tant, l'oposat de 2 és –2, l'oposat de 7 és –7, l'oposat de –3 és 3. S'escriu op ():

$$\text{op}\ (-4) = 4 \qquad \text{op}\ (4) = -4$$

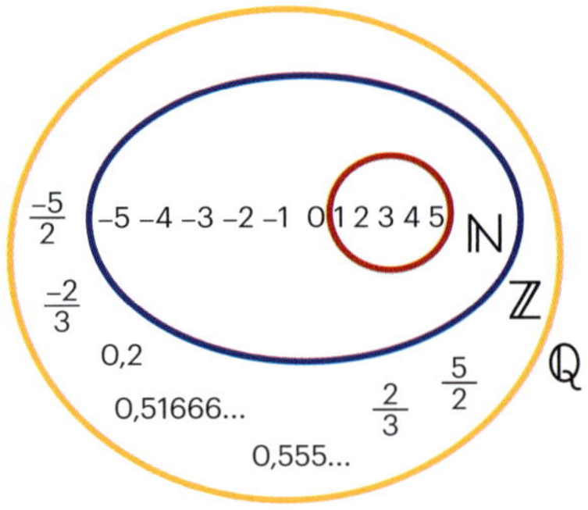

Fig. 1. El conjunt dels nombres naturals es representa amb el símbol ℕ.

ℕ = {1, 2, 3...}

El **conjunt** de nombres enters es representa amb el símbol ℤ i inclou els nombres naturals.

ℤ = {...–3, –2, –1, 0, 1, 2, 3...}

Professor a casa. Els nombres naturals i els enters.

Apunt 1

Recorda que el signe < vol dir "més petit".

Per exemple:

–3 < 1 → a "menys tres és més petit que u".

2. Ordenació en la recta real

La **recta real** és una línia recta en què hi ha representats tots els nombres.

El **0** separa els **nombres positius**, que es troben a la seva **dreta**, dels **nombres negatius**, que se situen a l'**esquerra**.

La distància entre els nombres és fixa i constant, i així s'obté la recta graduada sencera.

Per **ordenar** els nombres enters en la recta real, s'ha de tenir en compte que:

- El 0 separa els positius dels negatius. El 0 sempre és més petit que un nombre positiu, però més gran que qualsevol nombre negatiu.
- Un nombre negatiu sempre és més petit que un de positiu. Així, –10 és més petit que 2, és a dir, –10 < 2 (apunt 1).
- Com més petit és un nombre, més a l'esquerra es troba en la recta real.

Exemples

1. Aquesta és la recta real dels nombres compresos entre –9 i 9, amb els nombres negatius en vermell i els positius en blau. Se sobreentén que la recta inclou tots els nombres reals il·limitadament en cada sentit.

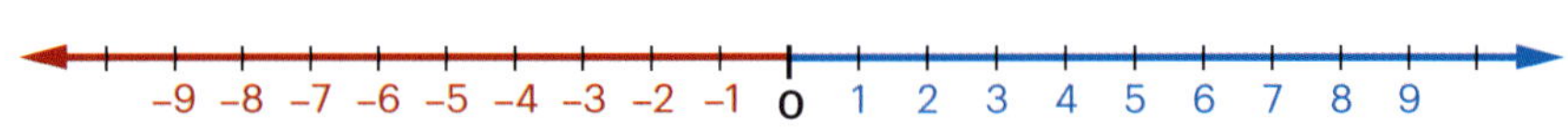

2. En aquesta recta real s'han representat de forma ordenada els nombres –6, –1, 2 i 5.

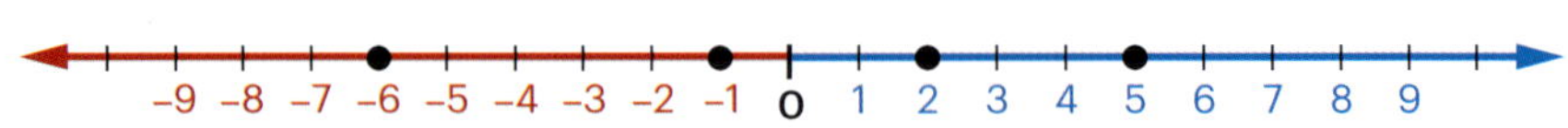

Per tant, es pot afirmar que $-6 < -1 < 2 < 5$.

3. Observa que $2 < 5$

En canvi: $-2 > -5$

3. Valor absolut d'un nombre

El **valor absolut** d'un nombre és aquest nombre, però amb signe positiu. S'escriu entre dues barres verticals, | |. Una altra manera de veure el valor absolut és la distància que hi ha entre aquell nombre i 0.

Exemple

4. El valor absolut de 5 (o +5) és 5 i el valor absolut de –3 és 3.

$|+5| = 5$ $|-3| = 3$

4. Regles i ús dels signes

Quan tenim signes + o – consecutius, se segueix la regla dels signes:

Si són del mateix signe, el resultat és positiu.

Si són de signes oposats, el resultat és negatiu.

$(+) \cdot (+) =$	+
$(-) \cdot (-) =$	
$(+) \cdot (-) =$	–
$(-) \cdot (+) =$	

Dos signes consecutius han d'estar separats per parèntesis. Mai s'escriuen dos signes seguits sense res que els separi.

Exemple

5. Escriure **3 + – 5** és incorrecte; s'ha d'escriure 3 + (–5).

Escriure 3 + (–5) és el mateix que escriure 3 – 5, ja que $(+) \cdot (-)$ és –.

Escriure 3 – (–5) és el mateix que escriure 3 + 5, ja que $(-) \cdot (-)$ és +.

Escriure 3 – (+5) és el mateix que escriure 3 – 5, ja que $(-) \cdot (+)$ és –.

5. Operacions amb dos nombres enters

Per **sumar** dos nombres enters del **mateix signe**, en sumem els valors absoluts, i el resultat té el signe dels sumands.

Per **sumar** dos nombres enters de **signe diferent**, en restem els valors absoluts, i el resultat té el signe del nombre més gran en valor absolut.

Per **restar** dos nombres enters, sumem el primer amb l'oposat del segon, i per saber el signe del resultat fem servir la regla de la suma.

Per **multiplicar** dos nombres enters, en multipliquem els valors absoluts, i el resultat té el signe que dona la regla dels signes.

Per **dividir** dos nombres enters, en dividim els valors absoluts i el resultat té el signe que dona la regla dels signes.

Exemples

6. $5 + 7 = 12$
$-5 + (-3) = -8$

7. $-3 + 5 = 2$
$5 - 9 = -4$

8. $-4 - (+9) = -4 + (-9) = -13$
$-3 - (-7) = -3 + (+7) = +4$

9. $3 \cdot (-5) = -15$
$-4 \cdot (-6) = +24$

10. $18 : (-3) = -6$
$(-10) : (-2) = +5$

Entrena't

1. Resol les operacions següents:

a $(+17) + (+14) =$
b $(-5) + (-8) =$
c $(+14) + (-11) =$
d $(-9) + (+6) =$
e $(+5) - (+11) =$
f $(+12) - (-21) =$
g $(-7) - (-12) =$
h $(-10) - (+20) =$

2. Resol les operacions següents:

a $(+6) \cdot (+9) =$
b $(+12) \cdot (-7) =$
c $(+9) \cdot (+14) =$
d $(-12) \cdot (-12) =$
e $(-85) : (-5) =$
f $(-154) : (+1) =$
g $(-72) : (+9) =$
h $(+98) : (-8) =$

3. Ordena aquests nombres enters i representa'ls en la recta real:

6, −8, 0, −5, 7, −4, 3

4. Resol les operacions combinades següents:

a $3 \cdot (-6) + 12 =$
b $-2 - 3 \cdot (-4) =$
c $-5 \cdot (-7) - 6 \cdot 8 =$
d $15 : (-5) - 4 \cdot (4 - 6) =$
e $-4 + 8 : (-2) + 2 \cdot (7 - 9) =$
f $7 \cdot (-3) - 6 - 8 \cdot 3 =$

Banc digital

Mates en context

1 AM AL AP Social **La puntuació en el futbol**

Actualment, el resultat final d'un partit de futbol de la lliga espanyola es puntua de la manera següent:

- Victòria: 3 punts.
- Empat: 1 punt.
- Derrota: 0 punts.

Al final de la lliga, l'equip guanyador és el que té més punts.

Aquest sistema de puntuació es va començar a aplicar la temporada 1994-95. Abans es puntuava així:

- Victòria: 2 punts.
- Empat: 1 punt.
- Derrota: 0 punts.

Puntuar amb un criteri o amb l'altre pot fer que canviï l'equip que guanya el campionat.

Aquests són els resultats finals d'una lliga:

Equip	Partits jugats	Victòries	Empats	Derrotes
FC Barcelona	38	30	2	6
Reial Madrid CF	38	28	7	3
Atlètic de Madrid	38	25	7	6
Sevilla FC	38	21	6	11
Vila-real CF	38	19	11	8
Athletic Club de Bilbao	38	17	10	11

Problemes

1. Calcula els punts que ha obtingut cada equip, tenint en compte que la victòria val 3 punts, l'empat 1 punt i la derrota 0 punts.
2. Ordena els equips de més a menys puntuació.
3. Fes el mateix que en els problemes 1 i 2 per al cas que cada victòria valgui 2 punts, l'empat 1 punt i la derrota 0 punts. Canvia l'ordre dels equips?
4. Ens podríem inventar qualsevol forma de puntuar els partits. Prova com quedaria la classificació si la victòria sumés 5 punts, l'empat 2 punts i la derrota restés 1 punt.
5. Amb aquestes tres maneres de puntuar, quin equip hauria guanyat més vegades la competició? Quina forma et sembla més justa?
6. Inventa't un sistema de puntuació segons el qual el Vila-real CF quedés per sobre del Sevilla FC.
7. Hi hauria algun sistema de puntuació que fes que el FC Barcelona i el Reial Madrid CF empatessin al final de la lliga?
8. Amb la puntuació de l'exercici anterior, quina seria la classificació final?
9. És possible que el Sevilla FC i l'Athletic Club de Bilbao empatin al final de la lliga? Com?

Matematitza: 1, 2, 3, 4, 8 **Argumenta: 5, 7, 9**
Planteja: 6, 9

2 AM AL AS Personal Jugar als dards

Malgrat que el joc dels dards és molt popular, el sistema de puntuació és poc conegut.

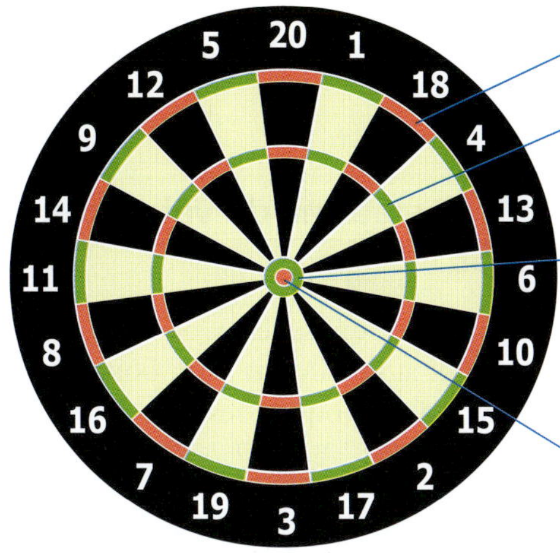

- La diana està dividida en 20 porcions diferents (sectors circulars).
- Cada porció de la diana està encapçalada per un nombre que indica la puntuació del dard que cau en aquella zona.
- Si el dard entra en el segment més interior, la puntuació es triplica, i si cau en el segment exterior, la puntuació es duplica.
- Si cau en el cercle central, es comptabilitzen 50 punts.
- Si cau en el cercle exterior al central, són 25 punts.
- Els dards que cauen per fora del segment de dobles, a la zona on hi ha els nombres, sumen 0 punts.

Cada jugador disposa de tres dards per torn. La puntuació de cada tirada se suma i, així, s'obté el total de cada torn.

Problemes

(1) Quina és la puntuació aconseguida en cada diana del dibuix?

a

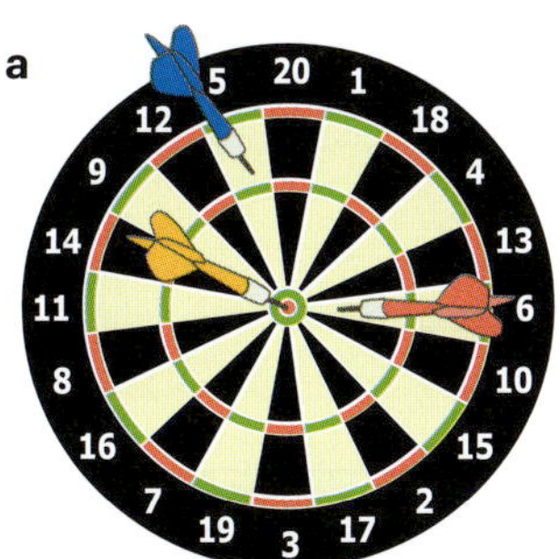

b

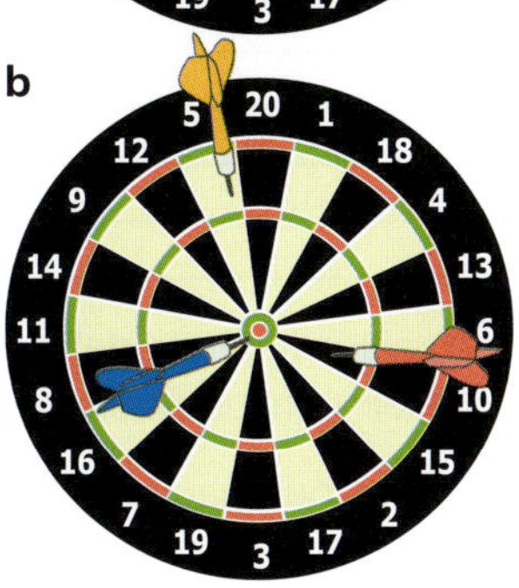

c

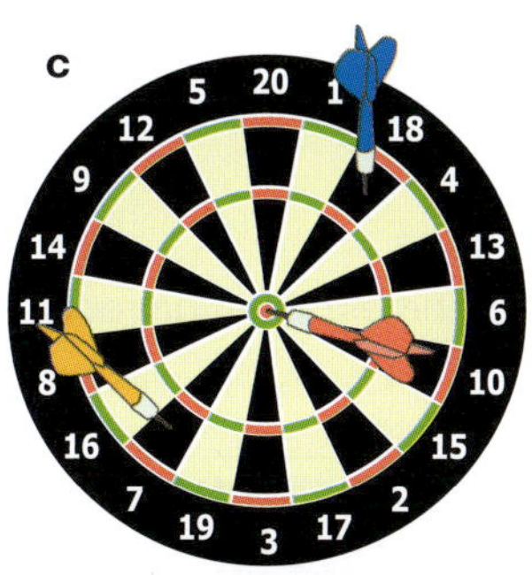

d

(2) Quina pot ser la puntuació màxima d'una tirada (tres dards)? I la mínima? Raona les respostes.

(3) La Judit llança dos dards i cauen en el doble 17 i en el triple 12. Pot aconseguir 100 punts amb el tercer dard? En cas afirmatiu, digues com ho podria fer.

(4) Amb aquest sistema de puntuació, el valor final no pot ser qualsevol nombre. Quins valors, entre el 0 i el 180, no es poden aconseguir amb tres dards?

(5) Ara, suposem que el joc té unes regles diferents: quan un dard es clava en un cercle doble o triple, es considera error i se'n resta la puntuació. Quina seria aleshores la puntuació de les quatre dianes del problema 1?

Matematitza: 1, 5 | Argumenta: 2 | Planteja: 3, 4

3 AM AL AS Personal El 301

Una de les variants d'aquest joc és l'anomenat 301: cada jugador parteix amb aquesta puntuació (301 punts) i ha d'arribar fins al 0 exacte, restant de la puntuació inicial la puntuació aconseguida amb els tres dards per torn.

Problemes

(1) Quin és el nombre mínim de tirades necessàries per aconseguir l'objectiu? Raona la resposta.

(2) Indica diferents formes d'aconseguir l'objectiu si en llançar els tres primers dards s'ha obtingut la puntuació màxima de 180 punts.

(3) L'Alba té 247 punts i encara té dos dards per tirar.

a Quants punts li queden per acabar?
b Els pot aconseguir només amb un dard? De quina manera?
c Digues diferents formes d'aconseguir la puntuació necessària amb els dos dards que li queden.

Argumenta: 1, 3 | Planteja: 2

2 Les matemàtiques reinventen el bàsquet

Com es determina quin és el millor jugador d'un partit de bàsquet?

AL AP AM

Professional

Aprèn a...

Identificar i discriminar relacions de proporcionalitat per resoldre problemes contextualitzats.

Analitzar situacions i reconèixer que hi intervenen magnituds que no són ni directament ni inversament proporcionals.

Ítem 1. Què fa que un jugador de bàsquet sigui millor que un altre?

L'any 1992, la lliga ACB va introduir un sistema per determinar quin jugador havia estat el millor del partit, tenint en compte les cistelles, les pilotes perdudes i les recuperades, els rebots, les assistències, els taps i les faltes.

- **Cistelles**. Hi ha cistelles de 2 punts i de 3. Si s'encerta un tir lliure, s'aconsegueix 1 punt.
- **Pilotes perdudes** (un jugador perd la pilota) i **pilotes recuperades** (un jugador pren la pilota a l'equip contrari).
- **Rebot**. Pilota que s'agafa quan hi ha hagut un tir a cistella i no ha entrat.
- **Assistència**. Passada a un company, que el deixa en una situació d'avantatge.
- **Tap**. Desviament del tir d'un altre jugador quan es disposa a encistellar.

Ítem 2. El sistema de valoració de l'ACB

L'ACB fa servir un sistema de valoració molt senzill: si fas alguna cosa bona, sumes, però si t'equivoques, restes.

Valoració = punts + rebots + assistències + + pilotes recuperades + taps favorables + + faltes rebudes – tirs fallats – – pilotes perdudes – taps en contra – – faltes comeses

Ítem 3. Puntuació dels jugadors d'un partit

La taula següent mostra la informació que es recull de cada jugador en un partit. A partir d'aquestes dades s'analitza com ho ha fet cada jugador i se'n calculen les estadístiques.

Jugador titular	Cistelles			Pilotes		Rebots	Assistències	Taps		Faltes	
	2 p	3 p	1 p	Perdudes	Recuperades			A favor	En contra	Comeses	Rebudes
	Encerts – Intents										
D. Díaz	1-1	2-5	1-2	2	0	3	0	0	0	3	2
M. Heredero	2-2	1-2	2-3	0	3	1	0	0	0	2	1
D. Muñoz	3-4	3-6	2-4	1	5	4	4	0	0	3	0
M. Ramírez	4-10	2-7	2-3	2	1	1	7	0	0	2	6
J. López	5-5	2-6	3-3	0	0	3	1	0	0	3	6

Construeix amb el que saps

Interpreta 1 Quin jugador ha aconseguit més assitències? Quin ha recollit més rebots?

Matematitza 2 Copia i completa aquesta taula:

	Cistelles encertades	Cistelles fallades	Punts totals
D. Díaz			
M. Heredero			
D. Muñoz			
M. Ramírez			
J. López			

Interpreta 3 A partir de la taula anterior, qui et sembla que ha estat el millor jugador del partit? Compara les teves conclusions amb les dels teus companys i les teves companyes de classe.

Matematitza 4 Fes servir el sistema de valoració de l'ACB de l'ítem 3 per calcular les puntuacions. Qui ha estat el millor jugador del partit i qui ha estat el pitjor?

Ítem 4. Raó i proporció

Una **raó** és la **relació** o **comparació** entre dues magnituds *a* i *b* utilitzant el quocient. S'expressa com una fracció $\frac{a}{b}$.

La **igualtat de dues raons** s'anomena **proporció**.

Ítem 5. Percentatges

El percentatge, o tant per cent, representa una raó la quantitat de referència o el total de la qual sempre és 100 unitats.

Construeix amb el que saps

Matematitza

Interpreta

Argumenta

(5) Revisa l'ítem 2, i copia i completa aquesta taula:

Jugador	Raó entre encerts i intents totals	Raó entre encerts i errors totals	Raó entre errors i intents en cistelles de 3 punts
D. Díaz	$\frac{4}{8}$ (4 encerts de 8 intents)	$\frac{4}{4}$ (4 encerts i 4 errors)	$\frac{3}{5}$ (3 errors de 5 intents)
M. Heredero			
D. Muñoz			
M. Ramírez			
J. López			

6 De les raons obtingudes en el problema anterior, identifica quines formen proporció.

(7) Resol el quocient de les fraccions anteriors. Què hi observes?

8 Si M. Heredero tira 14 vegades, quantes cistelles hauria d'anotar per mantenir la raó entre encerts i intents?

(9) Calcula el percentatge d'encerts totals de cada jugador.

10 Si el resultat del partit depèn de l'últim tir, quin jugador et sembla que l'hauria d'efectuar?

11 Ara, suposem que D. Díaz tira 8 vegades i vol aconseguir el 75 % d'encerts. Quantes cistelles hauria d'encertar?

(12) Els tirs de camp (TC) són els tirs de 2 i 3 punts. Copia i completa aquesta taula:

Jugador	TC aconseguits	TC intentats	Raó TC (aconseguits/intentats) simplificada	Decimal	% TC
D. Díaz	3	6		$\frac{1}{2} = 0{,}5$	$0{,}5 \cdot 100 = $ $= 50\,\%$
M. Heredero					
D. Muñoz					
M. Ramírez					
J. López					

13 El club ha decidit repartir 6600 € de manera directament proporcional a la valoració obtinguda mitjançant l'ítem 3. Esbrina la manera com s'haurien de repartir els diners i calcula quina quantitat ha de rebre cada jugador.

El que has construït

Fas servir les raons per relacionar o comparar dues magnituds.

Identifiques quan dues raons formen una proporció.

Calcules un percentatge a partir d'una raó.

Reparteixes **proporcionalment** una quantitat.

6. Raó

Raó i fracció no són el mateix: la **raó** compara **dues magnituds** i la **fracció** expressa una part d'un tot d'una única magnitud (apunt 2).

Exemples

11. Comprem 2 roses per 6€. La raó entre euros i roses és $\frac{6}{2}$. Si resolem la divisió, $\frac{6}{2}=3$, obtenim el preu per rosa.

12. En una aula hi ha 12 alumnes i la raó entre nois i noies és 4 a 8; això s'escriu $\frac{4}{8}$. La fracció que representa el nombre de nois és $\frac{4}{12}$ i la que representa el nombre de noies és $\frac{8}{12}$.

Apunt 2

Una **magnitud** és qualsevol propietat que es pugui mesurar mitjançant un nombre.

El pes i el preu són magnituds; en canvi, el color dels cabells no ho és.

7. Proporció

Una **proporció** expressa una igualtat entre dues raons $\frac{a}{b}$ i $\frac{c}{d}$, és a dir, $\frac{a}{b}=\frac{c}{d}$.

Diem que aquestes **raons** són **semblants** o que formen una proporció.

El quocient de qualsevol d'aquestes proporcions s'anomena **raó** o **constant de proporcionalitat**.

La **propietat fonamental de les proporcions** és aquesta(apunt 3):

$$a \cdot d = b \cdot c$$

Exemple

13. Les raons $\frac{4}{10}$ i $\frac{6}{15}$ són proporcionals. Fixa't que, si s'escriu com una fracció irreductible, en totes dues s'obté $\frac{2}{5}$; per tant, $\frac{4}{10}=\frac{6}{15}$ són semblants.

Observa que es compleix que $4 \cdot 15 = 6 \cdot 10 = 60$.

La raó de proporcionalitat és $\frac{4}{10}=\frac{6}{15}=0,4$.

Apunt 3

Amb la propietat fonamental de les proporcions es pot **calcular qualsevol element desconegut** en una d'aquestes:

$$\frac{x}{5}=\frac{36}{9} \rightarrow 5 \cdot 36 = 9 \cdot x \rightarrow$$

$$x=\frac{5 \cdot 36}{9} \rightarrow x=20$$

$$\frac{7}{14}=\frac{3}{x} \rightarrow x=\frac{3 \cdot 14}{7} \rightarrow x=6$$

7.1 Magnituds directament proporcionals

Dues magnituds són **directament proporcionals** quan, en multiplicar la primera magnitud per un nombre o en dividir-la, la segona queda multiplicada per aquell mateix nombre o dividit entre aquell mateix nombre (apunt 4).

Dues raons qualssevol d'aquestes magnituds formen una **proporció**.

Magnitud *a*	a_1	a_2	a_3	a_4	...
Magnitud *b*	b_1	b_2	b_3	b_4	...

$\frac{a_1}{b_1}=\frac{a_2}{b_2}=\frac{a_3}{b_3}=\frac{a_4}{b_4}=\ldots k$, en què k és la constant de proporcionalitat.

Apunt 4

Si, en augmentar una de les magnituds, l'altra disminueix en la mateixa mesura, es diu que són **inversament proporcionals**.

Exemple: velocitat i temps que es triga. Si es va al doble de velocitat, es triga la meitat del temps.

Exemple

14. Les magnituds "nombre de roses" i "preu de les roses" són directament proporcionals. Així, per una rosa pago 3€, per 2 roses pago 6€, per 3 roses pago 9€...

Observa que es compleix que:

$\frac{1}{3}=\frac{2}{6}, \frac{2}{6}=\frac{3}{9}\ldots$

8. Percentatges

Un **percentatge** és una raó amb denominador 100, és a dir, representa la quantitat que hi ha per cada 100 unitats. El seu símbol és % i també es pot expressar com a raó o com a **nombre decimal** (apunt 5).

Fent servir **proporcions**, es pot resoldre qualsevol problema amb percentatges.

Exemples

15. L'entrada per a un partit de bàsquet costa 80 €, però els familiars dels jugadors només en paguen el 20 %. Quant els val l'entrada?

$$20\,\%\text{ de }80\,€ \rightarrow \frac{20}{100}\cdot 80 = 0{,}2\cdot 80 = 16\,€$$

16. El 30 % dels espectadors d'un partit de bàsquet tenen menys de 25 anys. Si hi ha 600 persones de menys de 25 anys, quants espectadors hi ha al partit?

$$\frac{30}{100}=\frac{600}{x}\rightarrow x=\frac{600\cdot 100}{30}=2000\text{ espectadors}$$

Apunt 5

Càlcul mental. És útil recordar aquests percentatges:

%	Raó	Decimal
10 %	$\frac{10}{100}=\frac{1}{10}$	0,1
20 %	$\frac{20}{100}=\frac{1}{5}$	0,2
25 %	$\frac{25}{100}=\frac{1}{4}$	0,25
50 %	$\frac{50}{100}=\frac{1}{2}$	0,5
75 %	$\frac{75}{100}=\frac{3}{4}$	0,75
100 %		1

8.1 Variacions percentuals

- **Disminucions percentuals:** es decompta un percentatge del total.
- **Increments percentuals:** se suma un percentatge al total.

Exemples

17. Una entrada general per a un partit de bàsquet costa 60 €, però rebaixen el 20 % les de poca visibilitat. Quant val una entrada de poca visibilitat?

Es tracta de calcular una **disminució** percentual. Si rebaixen el 20 %, això vol dir que no pagaràs el 100 % del seu valor, sinó 100 – 20 = 80 %. Per tant:

$$\frac{60}{100}=\frac{x}{80}\rightarrow x=\frac{60\cdot 80}{100}=48\text{ €}$$

18. Un jugador de bàsquet va aconseguir 20 punts en el primer partit de la temporada. Si els punts aconseguits en el següent partit van augmentar el 30 %, quants punts va fer?

Es tracta de calcular un increment percentual. Com que 20 punts és el 100 % del primer partit i ara n'ha aconseguit el 30 % més, llavors 100 + 30 = 130 %; per tant: $\frac{20}{100}=\frac{x}{130}\rightarrow x=\frac{130\cdot 20}{100}=26$ punts

Exemple

19. Un club de bàsquet repartirà 1400 € de manera directament proporcional als punts obtinguts pels seus jugadors durant el partit. Si les puntuacions han estat 8, 10, 20, 25 i 7 punts, quants diners rep cada jugador?

Primer se sumen tots els punts: 8 + 10 + 20 + + 25 + 7 = 70 punts.

Tot seguit, es resol la proporció per a cada jugador. Per al de 8 punts:

$$\frac{70}{1400}=\frac{8}{x}\rightarrow x=\frac{8\cdot 1400}{70}=160\,€$$

Fent els càlculs de la mateixa manera, els jugadors que han fet 7, 10, 20 i 25 punts reben, respectivament 140, 200, 400 i 500 €. Fixa't que 160 + + 200 + 400 + 500 + 140 = = 1400 €.

9. Repartiments directament proporcionals

En un repartiment **directament proporcional**, correspon més a qui té més parts. D'aquesta manera, si un té el doble de parts que l'altre, rebrà el doble, i així successivament.

Professor a casa. Repartiments directament proporcionals.

Entrena't

5. Calcula el valor de x en aquestes proporcions:

a $\frac{5}{7}=\frac{x}{14}$ **b** $\frac{3}{15}=\frac{2}{x}$ **c** $\frac{x}{3}=\frac{5}{8}$ **d** $\frac{5}{x}=\frac{4}{9}$

6. Escriu tres raons que formin una proporció amb $\frac{2}{5}$.

7. Determina si les magnituds següents són directament proporcionals:

a Pes d'una síndria i el seu preu.
b Edat d'una persona i la seva alçada.
c Visitants d'un museu i diners recaptats.
d Talla d'uns pantalons i el seu preu.

8. Indica si les magnituds següents mantenen o no relació de proporcionalitat directa:

a Futbol: temps que un jugador és al terreny de joc i nombre de gols que marca.
b Atletisme: velocitat a la qual corre un atleta i temps que triga a córrer els 100 m.
c Ciclisme: nombre de pedalades i distància que avança.
d Salt d'alçada: velocitat de la cursa abans del salt i alçada que salta.
e Handbol: nombre de passades que es fan i nombre de passades que es reben.

9. Copia i completa les taules de valors de les situacions següents:

a Cada dia bec 3 L d'aigua:

Dies	1	2	3	4	5	6
Litres d'aigua						

b En un equip d'handbol juguen 7 jugadors:

Nombre d'equips	1	2	3		6		10	
Jugadors	7			35		56		84

10. Si un metge atén 12 pacients cada hora, quant temps necessita per atendre 30 pacients?

11. Per 5 pilotes hem pagat 120 €. Calcula el preu de 3 pilotes.

12. Un cotxe recorre 460 km en 4 hores. Quant recorrerà en 2 hores i mitja?

13. Calcula els percentatges següents:

a 20 % de 50.
b 15 % de 400.
c 200 % de 80.
d 80 % de 35.

14. El preu sense IVA d'un rellotge és de 150 €. Si s'hi aplica un IVA del 21 %, quant val el rellotge?

Banc digital

15. Uns pantalons costaven 24 €, però ara estan rebaixats un 25 %. Quant valen ara? Quants diners t'has estalviat?

16. En un institut hi ha 252 nois matriculats, que representen el 45 % del total de l'alumnat. Quantes noies hi ha matriculades en aquest institut?

17. El nombre de socis de l'equip de bàsquet d'un poble ha augmentat el 15 % en la nova temporada. Si ara hi ha 1380 socis, quants n'hi havia la temporada anterior?

18. Copia i completa aquesta taula:

Percentatge	Fracció irreductible	Decimal
30 %	$\frac{3}{10}$	0,30
		0,44
	$\frac{17}{20}$	
45 %		

19. Copia i completa aquesta taula:

Descompte aplicable	Percentatge que s'ha de pagar	Es multiplica per...
17 %	100 % − 17 % = 83 %	0,86
	56 %	
26 %		
		0,78

20. Copia i completa aquesta taula:

Increment aplicable	Percentatge que s'ha de pagar	Es multiplica per...
21 %	100 % + 21 % = 121 %	1,21
	115 %	
		1,08

21. Una botiga rebaixa el 15 % el preu d'un abric de 125 €. Al final de la temporada volen liquidar els que queden i fan una segona rebaixa del 20 %.

a Calcula el preu de l'abric després de la primera rebaixa.
b Quant val després de la segona rebaixa?
c És veritat que la botiga ha aplicat el 35 % de rebaixa en total? Raona la resposta i, en cas negatiu, calcula el percentatge real de la rebaixa.
d Pensa una forma ràpida de calcular el preu final després d'aplicar-hi els dos descomptes consecutius.

Mates en context

4 AM AL AS Social Modalitats esportives

Segons una enquesta, el 79 % de les persones que fan esport practiquen més d'una modalitat esportiva i la resta, només una. Entre les dones és més freqüent que entre els homes la pràctica d'una sola modalitat: el 26,4 % enfront del 16,6 % dels homes.

Problema

(1) Imagina't que en un poble viuen 300 esportistes i extrapolem els resultats de l'enquesta. Calcula:

a El percentatge d'esportistes que només partiquen un esport i el nombre d'esportistes que practiquen més d'un esport.
b La raó entre esportistes que practiquen una modalitat i els que en practiquen més d'una.
c Si el 60 % de la mostra són dones, quantes practiquen només una modalitat?
d Quants homes practiquen més d'una modalitat? Quin percentatge representen? I quantes dones?

Matematitza: a, b, c **Argumenta: d**

5 AM AL AP Personal Alimentació i esport

Els esportistes necessiten alimentar-se a consciència per obtenir uns resultats òptims. Abans d'un partit, al Lluís li han recomanat que consumeixi 2 grams de carbohidrats per cada quilogram del seu pes (2 g/kg).

Problemes

(1) Si el Lluís pesa 50 kg, quants grams de carbohidrats haurà de consumir?

(2) Quin percentatge de carbohidrats representa respecte del seu pes?

(3) Són magnituds directament proporcionals? Quina n'és la raó de proporcionalitat?

Matematitza: 1, 2 **Argumenta: 3**

6 AM AL AP Professional Les proeses de Phelps

Michael Fred Phelps II és un nedador estatunidenc i, l'esportista olímpic més condecorat de la història. En els Jocs Olímpics de Pequín, del 2008, va guanyar 8 medalles d'or i fins a aquell any havia batut 62 rècords mundials. Va fer servir un banyador amb una textura especial, anomenada "pell de tauró". Els estudis van demostrar que els nedadors que nedaven amb aquell banyador milloraven les seves marques prop del 2%. Aquest banyador es va prohibir en les competicions a partir d'aleshores.

Un any més tard, el 2009, en el Campionat Mundial de Natació de Roma, Phelps no va poder fer servir la pell de tauró i va perdre el rècord del món que tenia en la prova de 200 m lliures, a favor de l'alemany Paul Biedermann, que va fer un temps d'1 minut i 42 segons. Phelps va quedar segon, amb una marca d'1 minut, 43 segons i 22 centèsimes.

Problemes

(1) Escriu en segons els temps aconseguits per Biedermann i Phelps.

(2) Calcula quin temps hauria aconseguit Phelps si hagués fet servir la pell de tauró. Hauria guanyat la medalla d'or?

(3) Phelps tenia el rècord mundial de 200 m lliures en 1 minut, 42 segons i 96 centèsimes. Quant temps va perdre en el Campionat Mundial de Natació de Roma? Quin percentatge de pèrdua representa?

Matematitza: 1, 2, 3

7 AM AL AS Social Esports federats

La modalitat esportiva amb més federats és el futbol, ja que el practiquen 2 de cada 5 federats; el segueix el bàsquet, amb 2 de cada 10, i la caça, amb 1 de cada 10. La resta es reparteix a parts iguals entre el ciclisme, el tennis, el judo, el golf i l'escalada.

Problemes

(1) Escriu mitjançant una raó les relacions següents:

a Els que practiquen bàsquet o caça respecte del conjunt de federats.
b Els que practiquen futbol o bàsquet respecte del conjunt de federats.
c Els que practiquen la resta d'esports respecte del conjunt de federats.
d Els que practiquen judo respecte del conjunt de federats.
e Els que practiquen tennis o golf respecte del conjunt de federats.

(2) A partir de les raons anteriors, indica el percentatge que representa cada grup.

(3) Si hi ha 30 000 federats en total, calcula el nombre d'esportistes que practiquen cada esport.

(4) Si s'ha de repartir una subvenció de 500 000 € entre els esports de manera directament proporcional als federats que els practiquen, calcula els diners que corresponen a cada esport.

Matematitza: 1, 2, 3, 4

3 Les dimensions de les pistes

Quant mesura una pista de tenis?

AM AL AP

Social Professional

Aprèn a...

Resoldre problemes de perímetres i àrees, com circumferències i cercles, en contextos reals mitjançant tècniques geomètriques i recursos tecnològics.

Ítem 1. Mides d'una pista de tennis

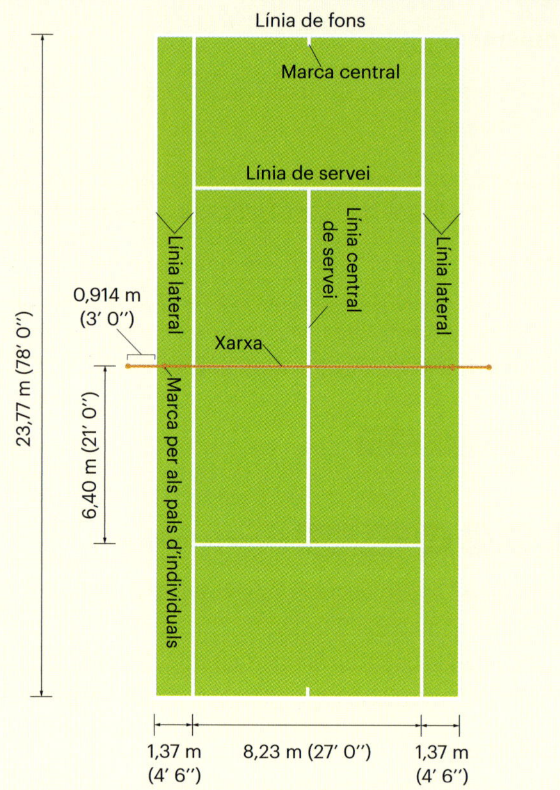

L'amplada de les línies de la pista és de 5 cm, llevat de la de les línies de fons, que fan 10 cm.

Ítem 2. Perímetre i àrea. Àrea d'un rectangle

- El **perímetre**, ***P***, és la suma de totes les longituds de les línies que delimiten una figura.
- **L'àrea**, ***A***, és la mesura de superfície d'una figura geomètrica.

L'àrea, A, d'un rectangle es calcula multiplicant la longitud de la base, b, per l'altura, h.

$$A = b \cdot h$$

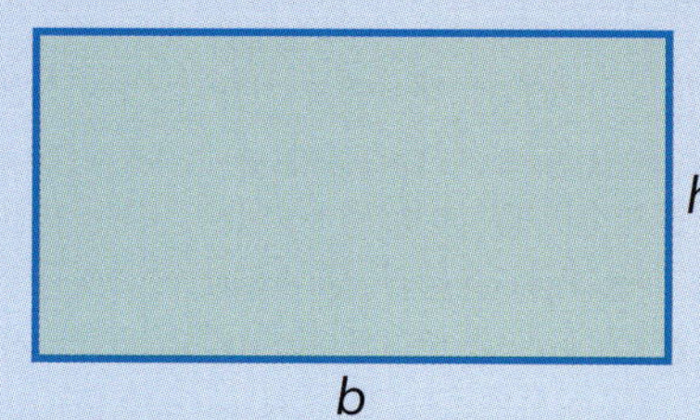

Ítem 3. Peu i polzada

El sistema anglosaxó o sistema imperial coexisteix amb el sistema internacional d'unitats (SI) en alguns països, com el Regne Unit i els Estats Units. Agafa com a referència mesures corporals, com per exemple:

1 polzada (in) = 2,54 cm

1 peu (ft) = 12 in = 30,48 cm

Construeix amb el que saps

Matematitza

1. Quina és la longitud d'una pista de tennis? Quina n'és l'amplada per a un partit d'individuals?

2. Quina distància hi ha entre la línia d'individuals i la de dobles?

Planteja

3. La pista de tennis és un rectangle, però no és l'únic que es pot observar. Quants rectangles hi ha? (Tingues en compte que un rectangle pot formar part d'un altre.)

Matematitza

4. Calcula l'àrea dels rectangles següents:

a Pista d'individuals. **b** Pista de dobles. **c** Zona de servei.

Argumenta

5. Per pintar les línies de la pista, es fa servir una pintura especial. Disposem de dos tipus de pintura: el tipus A, que costa 285 € per cada metre quadrat pintat, i el B, que costa 14 € per metre lineal. Quant costa pintar totes les línies de la pista? Quin és el tipus de pintura més barat?

Matematitza

6. Fixa't que les mesures són una mica estranyes. Això és així perquè, tot i que el joc és d'origen francès, on va adquirir més auge va ser al Regne Unit i, per tant, les normes es van establir segons el sistema anglosaxó. Passa a peus totes les mesures de la pista. Què observes?

Ítem 4. Pistes per a minitennis

A banda de la pista completa reglamentària, hi ha altres models de pistes de minitennis per a nens i nenes, o per a la iniciació dels adults en aquest esport:

- **Pista vermella** (etapa 3). Rectangle que mesura entre 36 i 42 peus de longitud i entre 14 i 20 peus d'amplada. Recomanada per a jugadores d'entre 5 i 8 anys o de nivell inicial.
- **Pista taronja** (etapa 2). Pista que mesura entre 17,68 i 18,29 m i entre 6,10 i 8,23 m d'ample. Recomanada per a jugadors d'entre 8 i 10 anys o de nivell mitjà.
- **Pista verda** (etapa 1). Pista de dimensions completes. Recomanada per a jugadors d'edats compreses entre els 9 i els 10 anys o de nivell avançat.

Ítem 5. Figures proporcionals

Dos rectangles són proporcionals si, en dividir la base entre l'altura, s'obté el mateix nombre en tots dos casos.

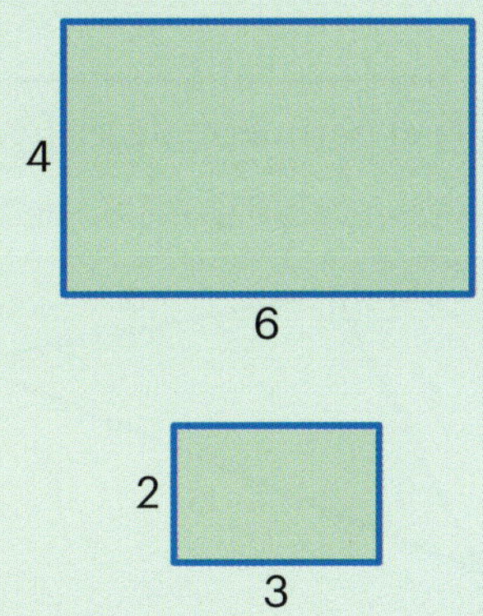

Ítem 6. Raó entre dos nombres

Recorda que la **raó entre dos nombres** o dues mesures és el quocient entre els dos nombres o mesures.

Construeix amb el que saps

Matematitza (7) Passa les mesures de la pista vermella a centímetres i les de la pista taronja a peus.

Argumenta (8) Al pati d'un institut s'ha construït una pista de tennis infantil d'11 m de longitud per 5 m d'amplada. És reglamentària? Quina proporció hi ha entre els seus costats?

Matematitza (9) Calcula el perímetre i l'àrea de la pista taronja més petita possible.

Argumenta (10) Calcula la raó entre els costats de la pista vermella, de la taronja i de la verda. Són rectangles proporcionals?

Matematitza (11) Es vol construir una pista taronja de 17,83 m de longitud per 6,17 m d'ample. Calcula la resta de les mesures per a les línies de la pista.

Planteja (12) Molts esports fan servir rectangles com a zona de joc, i la seva proporció és molt variable, des del ring de boxa, que és un quadrat, fins a la pista de bitlles, que és un rectangle molt allargat. Curiosament, la relació entre el perímetre i l'àrea no és constant. Calcula l'àrea de diversos rectangles amb un perímetre de 60 cm. Finalment, troba l'àrea d'un quadrat de 15 cm de costat.

(13) Ara, fes el contrari: calcula el perímetre de diversos rectangles de 60 cm^2 d'àrea.

El que has construït

Calcules **perímetres de figures planes**.

Obtens àrees de rectangles.

Operes amb **nombres decimals**.

Maneges i calcules **figures proporcionals**.

Saps canviar (convertir) **unitats de mesura**.

10. Perímetre

10.1 Perímetre d'un polígon

El **perímetre** d'un polígon és la suma de les **longituds** de tots els seus costats.

Exemple

20. Calcula el perímetre de les figures següents:

a

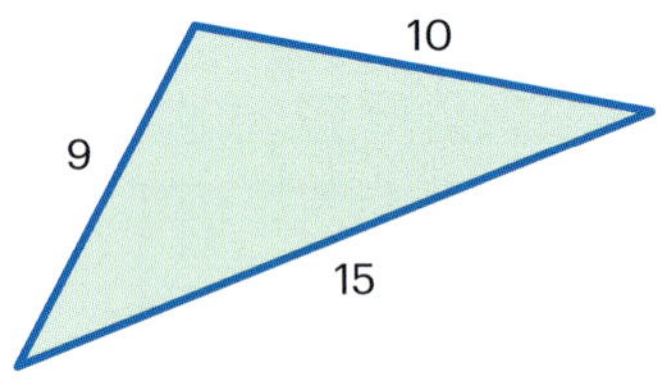

$9 + 10 + 15 = 24$ cm

b

$6 \cdot 2 + 14 \cdot 2 = 40$ cm

c

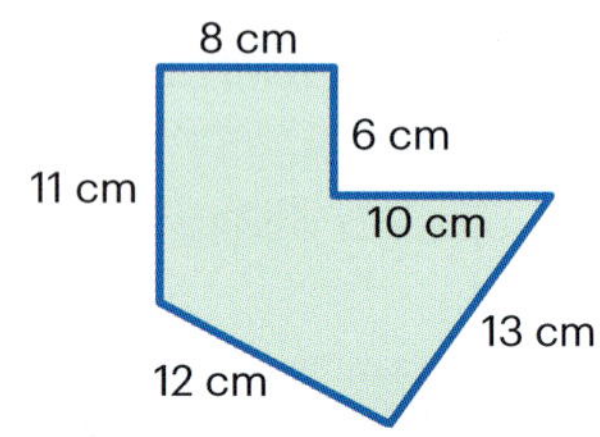

$8 + 6 + 10 + 13 + 12 + 11 = 60$ cm

Exemple

21. Calcula el perímetre d'una circumferència el diàmetre de la qual fa 24 cm.

El radi mesura la meitat que el diàmetre, en aquest cas, 24 : 2 = 12 cm. Per tant, la longitud de la circumferència és aquesta:

$L = 2\pi \cdot r \rightarrow L = 2 \cdot 3{,}14 \cdot 12 =$
$= 6{,}28 \cdot 12 = 75{,}36$ cm

10.2 Perímetre d'una circumferència

Una **circumferència** és una corba que compleix la propietat que tots els seus punts equidisten d'un punt anomenat centre (fig. 2). El seu perímetre, o longitud, L, es calcula amb la fórmula $L = 2\pi \cdot r$, en què r és el radi de la circumferència i π és el nombre pi, que, arrodonit a la centèsima, val 3,14.

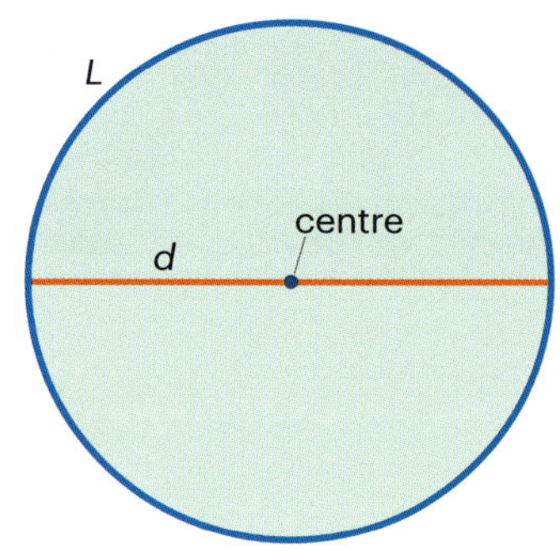

Fig. 2. Elements d'una circumferència.

11. Càlcul de l'àrea de figures geomètriques

La **superfície** és la porció del pla que està delimitada per una línia tancada. L'àrea, A, d'una figura és la mesura de la seva superfície.

Exemples

22. Per calcular l'àrea d'un triangle, només cal aplicar la fórmula. La seva base, b, mesura 18 m i l'altura, h, fa 8 m:

$$A = \frac{b \cdot h}{2} \rightarrow A = \frac{18 \cdot 8}{2} = 72\,\text{m}^2$$

23. Ara, calcularem l'àrea d'un rectangle que fa 7 cm d'altura, h, i que té una base, b, que fa el triple que la seva altura. Com que coneixen els valors, apliquem la fórmula:

$$A = b \cdot h \rightarrow A = 21 \cdot 7 = 147\ \text{cm}^2$$

24. Ara, calcularem l'àrea d'un quadrat de 60 cm de perímetre, P. Com que un quadrat té els quatre costats iguals, un costat, l, mesura: $P = 4l \rightarrow l = P : 4 \rightarrow l = 60 : 4 = 15$ cm.

I com que coneixem el valor d'un costat, podem aplicar la fórmula:

$$A = l^2 \rightarrow A = 15^2 = 225\ \text{cm}^2$$

Figura	Fórmula
Triangle 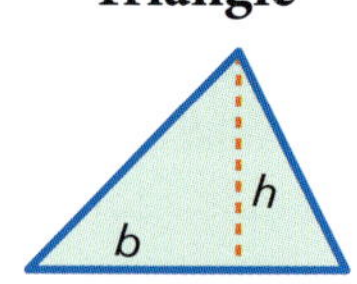	b = base h = altura $A = \frac{b \cdot h}{2}$
Rectangle 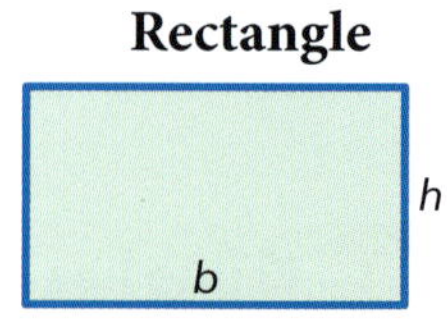	b = base h = altura $A = b \cdot h$
Quadrat 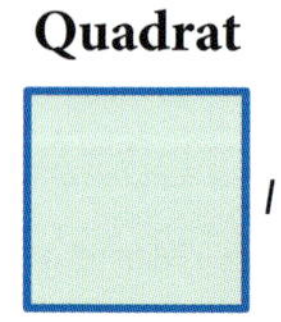	l = costat $A = l^2$

Exemples

25. Per calcular l'àrea d'un rombe les diagonals del qual fan 18 i 10 cm, només cal aplicar la fórmula:

$$A=\frac{D\cdot d}{2}\rightarrow A=\frac{18\cdot 10}{2}=90\,\text{cm}^2$$

26. Ara, calcularem l'àrea d'un romboide la base, b, del qual fa 28 cm i l'altura, h, del qual és la meitat de la base, $h = b : 2 \rightarrow h = 28 : 2 =$ $=14$ cm. A partir del valor d'un costat, apliquem la fórmula:

$$A = b \cdot h \rightarrow A = 28 \cdot 14 = 392\ \text{m}^2$$

27. Les bases d'un trapezi mesuren 64 i 48 cm i l'altura fa 36 cm. L'àrea és aquesta:

$$A=\frac{B+b}{2}\cdot h\rightarrow A=\frac{64+48}{2}\cdot 36=56\cdot 36=2016\,\text{cm}^2$$

28. Ara, calcularem l'àrea d'un hexàgon regular; el seu costat fa 20 cm i la seva apotema, 17,32 cm. Primer en calculem el perímetre, P. Com que un hexàgon té 6 costats: $P = 6 \cdot 20 = 120$ cm.

A partir del valor del perímetre, apliquem la fórmula:

$$A=\frac{P\cdot a}{2}\rightarrow A=\frac{120\cdot 17{,}32}{2}=1039{,}20\,\text{cm}^2$$

29. Ara, calcularem l'àrea d'un cercle el diàmetre del qual fa 40 cm. Com que el radi és la meitat del diàmetre, $r = 40 : 2 = 20$ cm. A partir del valor del radi, apliquem la fórmula:

$$A = \pi \cdot r^2 \rightarrow A = 3{,}14 \cdot 20^2 = 1256\ \text{cm}^2$$

Rombe 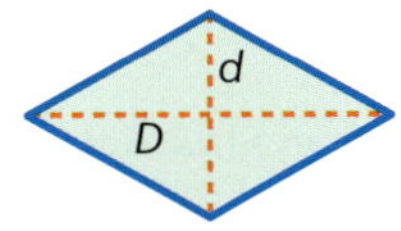	D = diagonal gran d = diagonal petita $A=\frac{D\cdot d}{2}$
Romboide 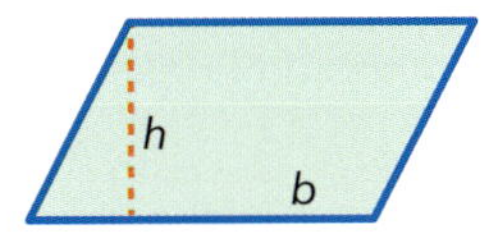	b = base h = altura $A = b \cdot h$
Trapezi 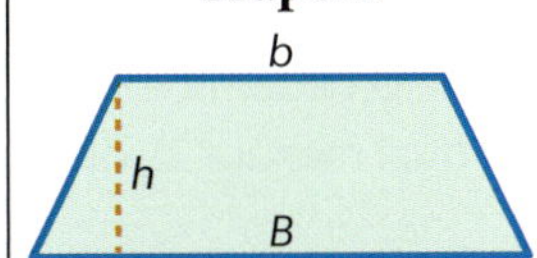	B = base gran b = base petita h = altura $A=\frac{B+b}{2}\cdot h$
Polígon regular 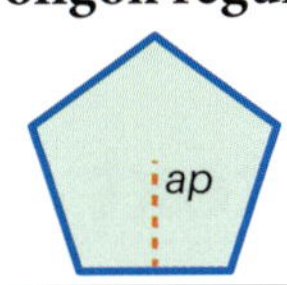	a = apotema P = perímetre $A=\frac{P\cdot a}{2}$
Cercle 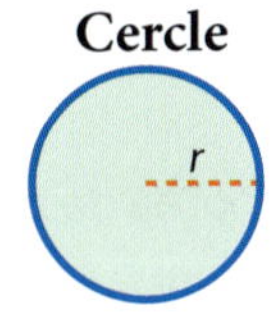	r = radi π = pi (3,14) $A = \pi \cdot r^2$

12. Càlcul de l'àrea de figures complexes

L'àrea d'un **polígon irregular** o d'una **figura composta** per diverses figures simples s'obté descomponent-la en figures senzilles i sumant-ne (o restant-ne) les àrees parcials.

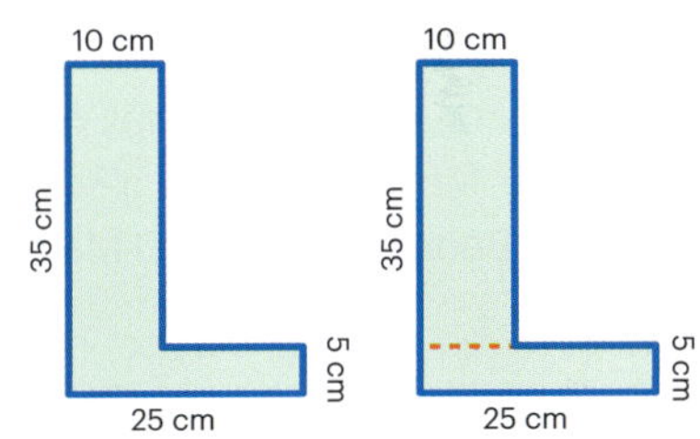

Fig. 3. La figura es compon de dos rectangles.

Professor a casa. Càlcul d'àrees per descomposició.

Exemples

30. Per calcular l'àrea de la figura 3, pots descompondre'n la superfície en dos rectangles.

El rectangle de dalt té una base de 10 cm i una altura de 35 – 5 = 30 cm; la seva àrea fa $A = 30 \cdot 10 = 300\ \text{cm}^2$.

L'altre rectangle té una base de 25 cm i una altura de 5 cm. La seva àrea és $A = 25 \cdot 5 = 125\ \text{cm}^2$.

L'àrea total és $A = 300 + 125 = 425\ \text{cm}^2$.

31. Calcula l'àrea de la part ombrejada de la figura 4.

La superfície ombrejada és un rectangle al qual s'ha tret un cercle. S'han de calcular les àrees respectives i restar el cercle al rectangle:

$$A_{\text{rectangle}} = b \cdot h = 24 \cdot 18 = 432\ \text{cm}^2$$
$$A_{\text{cercle}} = \pi \cdot r^2 = 3{,}14 \cdot 6^2 = 113{,}04\ \text{cm}^2$$
$$A_{\text{total}} = A_{\text{rectangle}} - A_{\text{cercle}} = 432 - 113{,}04 = 318{,}96\ \text{cm}^2$$

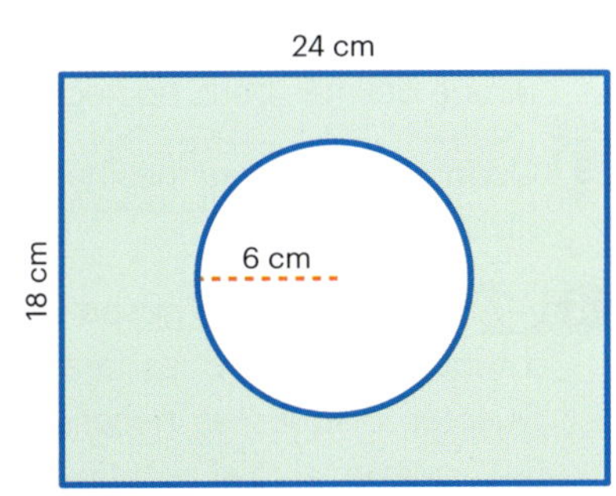

Fig. 4. La superfície ombrejada correspon a un rectangle al qual s'ha restat un cercle.

Entrena't

22. Calcula l'àrea d'un triangle de 120 mm de base i 8 cm d'altura.

23. Troba l'àrea d'un quadrat el costat del qual fa 2,4 cm.

24. Quant val l'àrea d'un rombe les diagonals del qual mesuren 4 m i 32 dm?

25. Troba l'àrea d'un romboide la base del qual fa 6 cm i l'altura, 25 mm.

26. Les bases d'un trapezi mesuren 32 dm i 240 cm i l'altura, 11,8 m. Calcula'n l'àrea.

27. Calcula la longitud de la circumferència i l'àrea d'un cercle el diàmetre del qual mesura 22 dm.

28. Calcula l'àrea d'un cercle la circumferència del qual mesura 62,8 cm.

29. Calcula l'àrea d'aquestes figures:

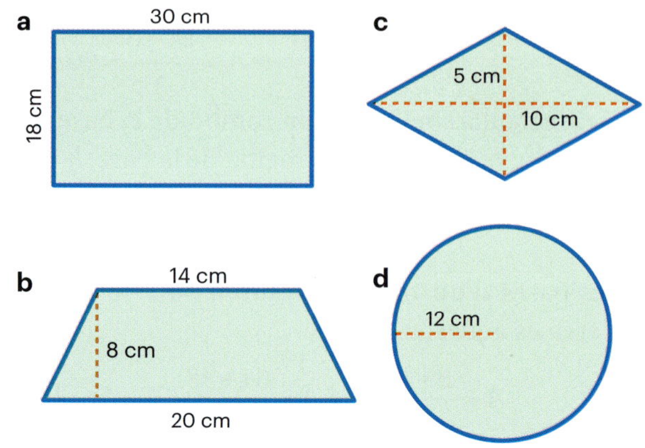

Banc digital

Mates en context

8 AM AL Professional **Les dimensions dels camps de futbol**

La longitud d'un camp de futbol ha de mesurar, com a mínim, 90 m i, com a màxim, 120 m (per a partits internacionals, de 110 a 120 m). D'ample, ha de fer, com a mínim, 45 m i, com a màxim, 90 m (per a partits internacionals de 64 a 75 m).

La mesura més habitual en la lliga espanyola és 105 x 68 m (obligatòria perquè s'hi jugui una final d'un torneig internacional); això és el que mesuren camps com el Santiago Bernabéu, el Camp Nou, Mestalla, Riazor, La Romareda, Balaídos, el Sánchez Pizjuán, el Benito Villamarín, El Madrigal, San Mamés, etc.

També hi ha alguns camps més petits, com l'estadi de Vallecas, que fa 102 x 64 m, o Los Pajaritos, que fa 101 x 68 m. I també n'hi ha de més grans, com Anoeta, que fa 106 x 70 m.

Problemes

(1) Calcula el perímetre del camp més gran possible i el del més petit possible. Quina diferència hi ha?

(2) Calcula l'àrea de joc del camp internacional més gran i també del més petit, no necessàriament internacional.

(3) Quant mesura l'àrea més habitual dels camps de primera divisió?

(4) Es vol posar gespa artificial al camp de l'estadi d'Anoeta. Per fer-ho, es faran servir plaques d'1,5 x 1 m. Quantes plaques es necessitaran? Si cada placa costa 59 €, quin en serà el cost final?

Matematitza: 1, 2, 3 **Argumenta: 4**

9 AM AL Professional **L'àrea petita**

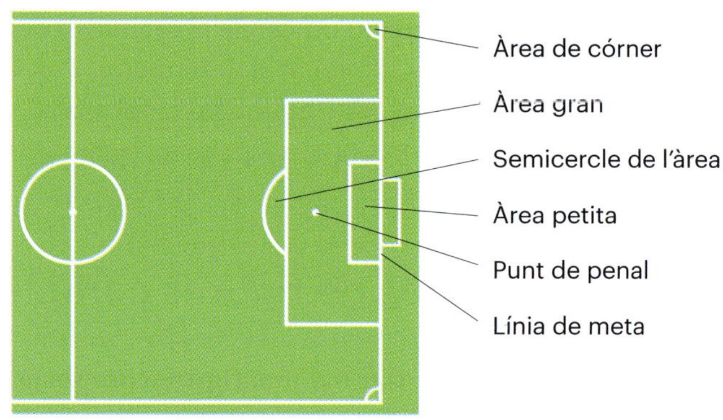

L'àrea petita està formada per dues àrees perpendiculars a la línia de gol, a 5,5 m de la part interior de cada pal de la porteria, i una línia paral·lela a la línia de gol situada a 5,5 m d'aquesta àrea.

L'àrea gran està formada per dues línies perpendiculars a la línia de meta, a 16,5 m de la part interior de cada pal de la porteria, i una línia paral·lela a la línia de meta, a 16,5 m cap a l'interior del terreny de joc, de manera que resulta un rectangle de 40,42 × 16,5 m.

Problemes

(1) Quant mesura de llarg una porteria?

(2) Quina és l'àrea compresa entre l'àrea gran i l'àrea petita?

(3) Si el camp fa 105 x 68 m, quina és la distància entre el cantó del córner i el pal de la porteria?

Matematitza: 1, 2 **Argumenta: 3**

10 AM AL Professional La pista de bàsquet

La **línia de tirs lliures** mesura 3,60 m i és paral·lela a la línia de fons, de la qual la separen 5,80 m.

Fins al 2012, una àrea restringida, o ampolla, era l'espai limitat per la línia de fons, la línia de tirs lliures i dues línies obliqües que surten dels dos extrems de les línies de tirs lliures fins a la línia de fons, a 3 m del seu centre. Actualment, és un rectangle de 5,80 m x 4,90 m entre la línia de fons i la línia de tirs lliures.

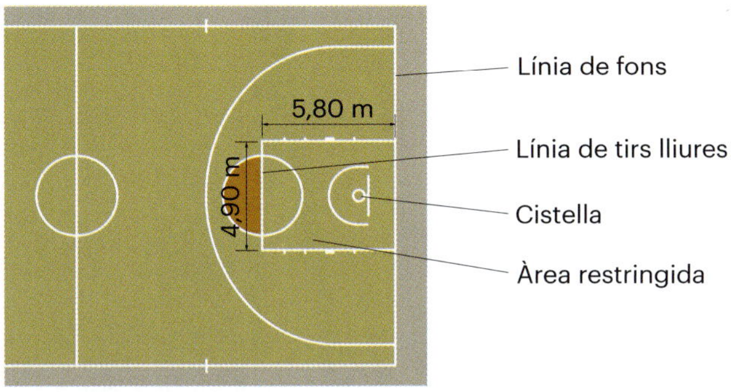

El **passadís de tirs lliures** és l'àrea restringida per un semicercle de 1,80 m de radi, amb el centre al punt mitjà de la línia de tirs lliures.

La **línia de 3 punts** està formada per dos segments rectes i una corba. Els segments rectes són paral·lels i parteixen de la línia de fons, a 6,75 m del punt del terra situat just a sota del centre de la cistella. La distància d'aquest punt al centre de la línia de fons és d'1,575 m. Al seu torn, la corba és un semicercle de 6,75 m de radi que talla els segments rectes i el centre de la qual és el punt esmentat.

Problemes

1. Quina figura formava l'àrea restringida fins al 2012?
2. Quina és la longitud de les línies obliqües de l'antiga àrea restringida?
3. Calcula els metres quadrats de l'antiga àrea restringida i del passadís de tirs lliures.
4. Quant caldria allargar la línia de tirs lliures a cada costat per obtenir el rectangle de la zona restringida actual?
5. Calcula la diferència entre les àrees de la zona restringida antiga i l'actual.
6. La figura que delimita la zona de 3 punts no és només una semicircumferència, però, tot i així, se'n pot calcular l'àrea. Ho sabries fer?
7. Una pista de bàsquet de la NBA mesura 94 peus de llarg per 50 peus d'ample. És més gran o més petita que la de la FIBA? Quina és la diferència expressada en metres quadrats?

Argumenta: 1, 4, 7 | **Matematitza: 2, 3, 5, 6**

11 AM AL Professional El tauler del bàsquet

El tauler és un rectangle d'1,05 x 1,8 m. Al mig hi ha un rectangle pintat de 0,59 m x 0,45 m, que està situat a 0,15 m del cantell inferior del tauler.

El cèrcol de la cistella ha de mesurar 45,7 cm de diàmetre i estar situat a una altura de 3,05 m.

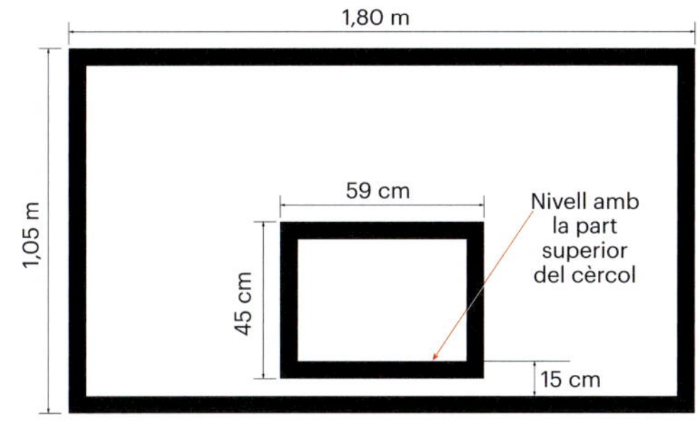

La circumferència màxima de la pilota reglamentària de bàsquet ha de mesurar entre 74,9 i 78 cm. A més, ha de tenir una pressió que permeti, després de deixar-la anar des d'1,80 m d'alçada, que el bot assoleixi entre 1,20 i 1,40 m.

Problemes

1. Quina distància hi ha entre el cantell superior del rectangle interior i el cantell superior del tauler?
2. Quina és l'àrea compresa entre els dos rectangles del tauler?
3. Calcula el diàmetre màxim que pot tenir una pilota de bàsquet.
4. Quan s'encistella, quina superfície "lliure" queda entre la pilota i el cèrcol?
5. Quan es llança una pilota de bàsquet des d'1,8 m, bota 1,4 m. Quant botarà en el segon bot? I en el tercer? I en el quart?
6. Trobeu una fórmula que permeti calcular l'altura màxima de bot en funció del nombre de bots que hagi fet.

Professor a casa. Problema resolt (expressió algebraica).

7. Imagineu-vos que tots els elements d'un partit de bàsquet es basin en figures rectangulars. Si el cèrcol és un quadrat de 47,5 cm de costat i la pilota és un cub de 25 cm d'aresta, on seria més fàcil encistellar-la, a la pista antiga o a l'actual?

Professor a casa. Problema resolt (àrees).

Matematitza: 1, 2, 3

Argumenta: 4, 7 | **Planteja: 5** | **Simbolitza: 6**

4 Olimpíades estadístiques

S'entén millor la informació presentada en taules o en gràfics?

AM AL AS

Social Professional

Aprèn a...

Organitzar en taules dades obtingudes d'una població, de variables quantitatives i qualitatives.

Calcular freqüències absolutes i relatives.

Ítem 1. Espanya als jocs olímpics

Els Jocs Olímpics d'Atenes 1896 van ser els primers de l'edat moderna. Hi van participar 241 atletes de 14 nacionalitats diferents. En l'edició següent, que va ser la de París 1900, hi van participar per primera vegada a la història esportistes espanyols, però després hi va haver un parèntesi de 20 anys sense jocs.

Les disciplines esportives que més medalles han aconseguit per a Espanya han estat la vela, amb 19 medalles, i el ciclisme, amb 14 medalles. Els jocs olímpics en què es van guanyar més medalles van ser Barcelona 1992, amb 22 medalles, i Atenes 2004, amb 19.

En les darreres edicions, Espanya sempre ha guanyat alguna medalla, però abans hi havia hagut edicions en què no se'n va aconseguir cap. En la taula següent es resumeix el nombre total de medalles que ha guanyat Espanya en els jocs olímpics, des de la seva primera participació fins a Londres 2012.

Nombre de medalles	0	1	2	4	5	6	11	17	18	19	22
Nombre de JJOO	9	6	3	1	1	1	1	2	1	1	1

Construeix amb el que saps

Representa

1 Observa la taula i respon les qüestions següents:

a Quina és la variable que s'estudia? És quantitativa o qualitativa? Explica la teva resposta.
b En quantes edicions dels JJOO Espanya ha obtingut una sola medalla? I cap?
c En quantes ha aconseguit més de 20 medalles? I menys de 3?
d Quin nombre de medalles s'ha repetit més sovint en els JJOO ?
e Quantes vegades ha participat Espanya en uns JJOO, des del seu inici fins a l'any 2012?
f Quantes medalles ha aconseguit en aquest temps?

Matematitza

2 Expressa en forma de fracció les vegades en què Espanya ha aconseguit:

a Cap medalla del total de jocs olímpics en què ha participat.
b Una medalla del total de participacions en els JJOO.
c Quatre medalles del total de participacions.

Argumenta

3 Copia aquesta taula i completa-la a partir dels càlculs de l'exercici anterior i dels que falten.

Nombre de medalles	0	1	2	4	5	6	11	17	18	19	22
$\frac{\text{Nre. de vegades}}{\text{Total de JJOO}}$											

Nota: en la fracció $\frac{\text{Nre. de vegades}}{\text{Total de JJOO}}$, "nombre de vegades" és el nombre de JJOO en què Espanya ha guanyat 0, 1, 2... medalles.

Ítem 2. El metall de les medalles PDF

La informació de l'ítem 1 també es pot mostrar gràficament. A més, s'informa del metall de les medalles.

En la taula següent es mostra el percentatge de medalles de cada tipus que s'han obtingut des de la primera participació espanyola en els jocs olímpics fins a Londres 2012.

Metall de la medalla	Percentatge
Or	30 %
Plata	42 %
Bronze	28 %

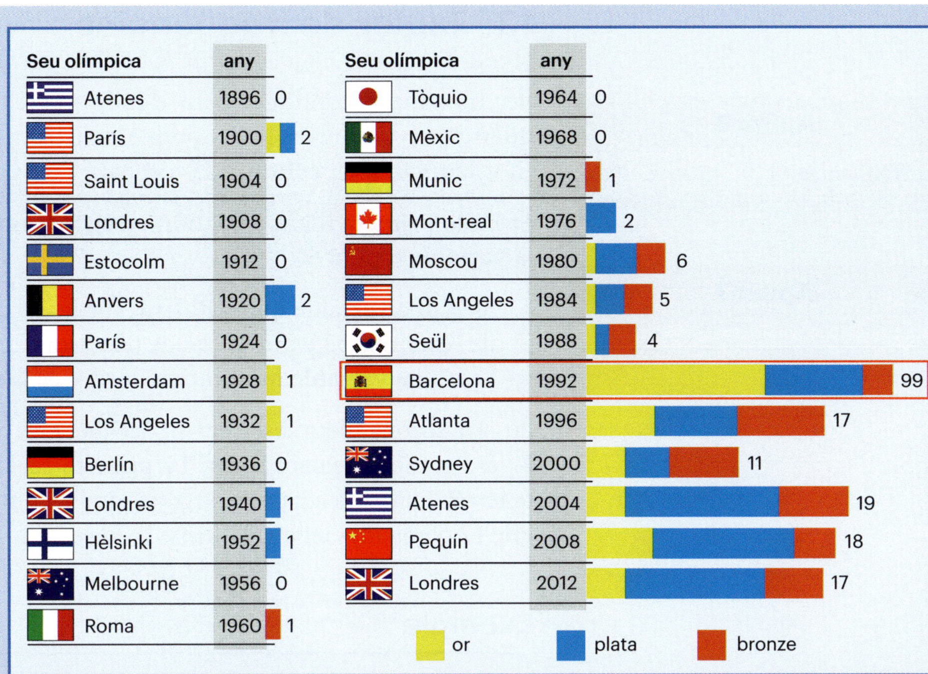

Construeix amb el que saps

Argumenta

Matematitza

4 A partir de la informació de la taula, respon les preguntes:

a Quina és la variable estudiada. Raona-ho.
b De quin metall ha guanyat Espanya més medalles?
c I de quin n'ha obtingut menys?

5 Tenint en compte el nombre total de medalles que Espanya ha aconseguit als jocs olímpics fins a l'edició de Londres 2012, quantes han estat d'or? (Recorda que has calculat el total de medalles en un problema anterior.)

6 Copia i completa aquesta taula:

Metall de la medalla	Or	Plata	Bronze
Nre. de medalles			

7 Copia i completa la taula. S'hi expressa el metall de la medalla aconseguida de les diferents formes que has après:

Metall de la medalla	Or	Plata	Bronze
Percentatge	30 %	42 %	28 %
Nre. de medalles			
$\frac{\text{Nre. de medalles}}{\text{Total de medalles}}$			

El que has construït

Interpretes la informació estadística mostrada en **taules**.

Identifiques la **variable** en una taula.

Reconeixes la **freqüència absoluta** d'un valor.

Expresses mitjançant una **taula** les dades extretes d'una **informació gràfica**.

Calcules el **percentatge associat a cada valor**.

13. Taules de freqüències

Apunt 6

La **freqüència** es la repetició més gran o més petita d'un esdeveniment.

Apunt 7

Les variables estadístiques s'expressen en la forma x_i.

Per mostrar el contingut d'un estudi estadístic, es fan servir les **taules de freqüències** (vocabulari 1). Es poden construir disposant la informació en **fileres** (horitzontal) o en **columnes** (vertical).

1r En la primera filera o columna (segons com s'expressi) s'escriuen els valors de la **variable** (apunt 6).

- Si és una **variable quantitativa**, s'ordenen del més petit al més gran. A la taula de l'exemple 32 és "nombre de televisors" i els valors són 2, 3, 4 i 5.
- Si és una **variable qualitativa**, l'ordre és indiferent.

2n A la segona filera s'escriuen les freqüències de cada valor. A la taula de l'exemple 32 és "nombre de companys". La primera cel·la indica que 3 companys del Carles tenen 2 televisors a casa; la segona, que 9 companys tenen 3 televisors; la tercera, que 12 companys tenen 4 televisors, i la quarta, que 6 companys en tenen 5.

Exemple

32. En aquestes taules es presenta la informació del nombre de televisors que tenen a casa els compays del Carles.

En fileres:

Nre. de televisors	2	3	4	5	
Nre. de companys	3	9	12	6	**Total de companys = 30**

En columnes:

Nre. de televisors	**Nre. de companys**
2	3
3	9
4	12
5	6
	Total de companys = 30

Observa que en les dues taules es mostra la mateixa informació i es fa servir d'una manera o d'una altra segons l'espai disponible.
En els casos que estudiaràs més endavant, és més còmode fer servir columnes, de manera que et recomanem utilitzar aquesta forma quan escriguis a la teva llibreta.

14. Freqüència absoluta, freqüència relativa i percentatge

Tipus de freqüències

Freqüència absoluta:

f_i

Freqüència relativa:

$h_i = \frac{f_i}{N}$

Percentatge:

$t_i = h_i \cdot 100$

$t_i = \frac{f_i}{N} \cdot 100$

- **Freqüència absoluta, f_i.** Nombre de vegades que es repeteix un valor. A la taula de l'exemple 32 és "nombre de companys".
- **Mida de la mostra, *N*.** Nombre total de dades; coincideix amb la suma de totes les freqüències absolutes.
- **Freqüència relativa, h_i.** Raó entre la freqüència absoluta i el total de dades.

$$\text{Freqüencia relativa} = \frac{\text{Freqüència absoluta}}{\text{Mida de la mostra}} \qquad h_i = \frac{f_i}{N}$$

- **Percentatge, t_i.** Nombre de vegades que apareix un valor en l'estudi estadístic, expressant en tant per cent. S'obté multiplicant la freqüència relativa per 100:

$$t_i = h_i \cdot 100$$

O també: $t_i = \frac{f_i}{N} \cdot 100$.

Exemples

33. Observa la taula de freqüències corresponent a l'exemple 32:

Nre. de televisors (x_i)	Nre. de companys (f_i)	Freqüència relativa (h_i)	Percentatge (t_i)
2	3	$\frac{3}{30}$	$\frac{3}{30} \cdot 100 = 10$
3	9	$\frac{9}{30}$	$\frac{12}{30} \cdot 100 = 40$
4	12	$\frac{12}{30}$	$\frac{9}{30} \cdot 100 = 30$
5	6	$\frac{6}{30}$	$\frac{6}{30} \cdot 100 = 20$
	N = 30	**Total = 1**	**Total = 100**

La suma de les freqüències absolutes és el total de companys, N.

La suma de totes les freqüències relatives és 1.

La suma de tots els percentatges és 100.

34. Vam fer una enquesta sobre l'estació de l'any que més agrada i es van obtenir les respostes següents:

Estiu	Tardor	Estiu	Primavera	Hivern
Tardor	Hivern	Primavera	Estiu	Estiu
Primavera	Estiu	Tardor	Primavera	Estiu
Primavera	Tardor	Primavera	Estiu	Estiu

Quan ja s'han comptat les respostes, el total de dades és 20 ($N = 20$).

Agrupem les dades en una taula de freqüències:

Estació de l'any (x_i)	Freqüència absoluta (n_i)	Freqüència relativa (f_i)	Percentatge (t_i)
Primavera	6	$\frac{6}{20}$	$\frac{6}{20} \cdot 100 = 30$
Estiu	8	$\frac{8}{20}$	$\frac{8}{20} \cdot 100 = 40$
Tardor	4	$\frac{4}{20}$	$\frac{4}{20} \cdot 100 = 20$
Hivern	2	$\frac{2}{20}$	$\frac{2}{20} \cdot 100 = 10$
	N = 20	**Total = 1**	**Total = 100**

L'ordre dels valors

L'ordre dels valors en les variables qualitatives no importa.

En l'exemple 34 s'han escrit les estacions de l'any en l'ordre en què les aprenem.

En altres exercicis, les variables se solen ordenar alfabèticament.

Entrena't

30. S'ha enquestat un grup d'alumnes de 1r d'ESO sobre el nombre de mòbils que tenen a casa i s'han obtingut aquestes respostes:

3	2	1	3	2	2	3	4
2	1	4	2	2	1	4	4
4	3	2	3	1	3	3	1

Elabora a la teva llibreta una taula de freqüències amb els resultats anteriors.

31. Els amics de la Júlia han escrit en un full quina mascota tenen:

Hàmster	Gos	Gos	Gat
Gos	Gat	Gos	Hàmster
Gat	Gat	Gos	Gos
Gos	Hàmster	Gat	Gat

Elabora la taula de freqüències.

32. L'esport que practica un grup de persones triades a l'atzar es reflecteix en aquesta taula:

Esport	Nombre de persones
Natació	21
Bàsquet	15
Futbol	32
Voleibol	10
Tennis	24

a Quina és la variable aleatòria? De quin tipus és?
b Quin tipus de freqüència apareix a la taula?
c A quantes persones es va preguntar?
d Quin percentatge de persones practiquen tennis?

33. Segons les estadístiques sobre incendis forestals, el nombre de conats (sinistres que afecten menys d'1 ha) produïts entre 2001 i 2005 va ser aquest:

Any	Nombre de conats
2001	12 455
2002	12 110
2003	11 982
2004	13 750
2005	16 475

Afegeix a la taula la columna de percentatges.

34. Les temperatures màximes enregistrades en una ciutat durant un mes de l'any queden reflectides en la taula següent:

Temperatura (°C)	8	9	10	11	12	13
Nombre de dies	5	8	6	4	2	3

a Durant quin mes es va realitzar l'estudi?
b Quin tipus de freqüència apareix en la taula?
c Durant quants dies la temperatura ha estat inferior a 10 °C?
d Quin percentatge de dies la temperatura va ser superior a 11 °C?

35. En una biblioteca pública s'ha observat que, de cada 10 persones que en són usuàries, 6 són joves, 4 són adultes i 2 són infants.

a Quin tipus de freqüència es fa servir en la informació anterior? Raona la resposta.
b Si durant un dia de juny van anar a la biblioteca 150 persones, quantes eren joves, quantes eren adultes i quantes eren infants?
c Aplega la informació anterior en una taula de freqüències absolutes i relatives.

36. En la taula següent es mostra el nombre de germans que tenen els companys de classe del Lluc:

Nre. de germans	0	1	2	3
Nre. de companys	7	11	4	2

a Quants companys té el Lluc?
b Copia i completa a la teva llibreta o en un full de càlcul la taula amb la columna de freqüències relatives i la de percentatges.

37. Segons una enquesta feta en un centre escolar, 4 de cada 5 alumnes realitza alguna activitat després de les classes.

a Quin percentatge del total de l'alumnat representa?
b Si al centre hi ha 600 alumnes, quants fan activitats després de l'horari escolar?

38. Un grup d'amics ha decidit, mitjançant una votació, el lloc on passaran les vacances l'estiu que ve. El 40 % vol anar a la platja, el 30 % vol anar a la muntanya i a la resta li és igual.

a Elabora una taula amb les dades anteriors.
b Afegeix-hi les columnes de freqüències absolutes i relatives, si saps que el grup és de 10 amics.

Mates en context

12 AM AL AS Social Les dones als jocs olímpics

L'accés de les dones al món de l'esport ha estat tardà i ple de dificultats. Pierre de Coubertin, creador dels jocs olímpics moderns, es va oposar tota la vida al fet que les dones poguessin competir-hi. A París 1900 es va permetre la participació femenina per primera vegada; només hi van participar sis dones en dos esports: golf i tennis. Els d'Amsterdam 1928 van ser els primers jocs amb una participació ja significativa de dones, amb prop de 300, que representaven gairebé el 10 % del total.

Londres 2012 va ser la primera cita olímpica en què tots els països van dur representants femenines. Van competir-hi 4850 dones, aproximadament el 46 % del total, que representava un increment del 4 % respecte de Pequín 2008.

Problemes

1 Calcula quants esportistes van participar en Londres 2016.

2 Quantes esportistes van assistir a Pequín 2008?

3 La participació femenina espanyola en els jocs olímpics d'hivern ha estat la següent:

Nre. de dones	0	1	2	3	4	5	6	7	8	9
Nre. de JJOO	9	2	2	1	2	3	1	0	1	1

a En quants jocs d'hivern han participat esportistes espanyoles?

b Construeix la taula en format vertical i afegeix-hi columnes de freqüència relativa i percentatge.

4 El primer peveter olímpic es va encendre a Amsterdam el 1928; des de llavors, només en set ocasions una dona ha participat en l'encesa de la flama i dues d'aquestes vegades ho ha fet una dona sola. Completa la taula següent i afegeix-hi les freqüències que hi falten.

Nre. de dones	0	1
Nre. de JJOO		

Argumenta: 1, 4 **Matematitza: 2, 3**

13 AM AL AS Social Ús de les xarxes socials

Algunes de les conclusions de l'Estudi Anual de Xarxes Socials a Espanya (2017, IAB) són aquestes:

- El 86 % de la població d'entre 16 i 65 anys usa les xarxes socials.
- Això són 19 200 milions de persones.
- L'ús de cada xarxa social es mostra en el gràfic següent:

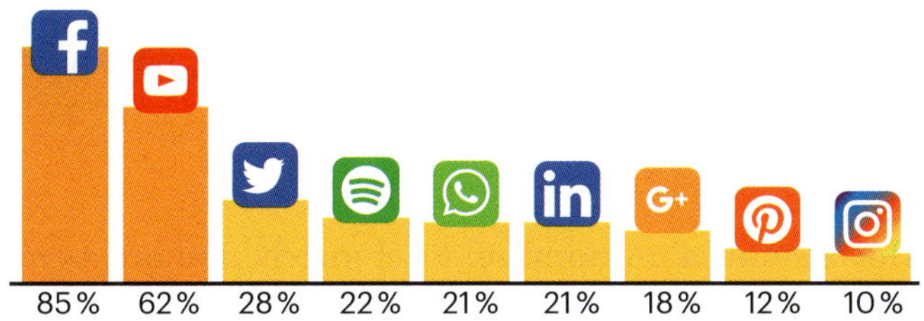

Problemes

1 Construeix la taula amb el percentatge que mostri l'ús de cada xarxa social.

2 A partir del nombre d'usuaris espanyols de les xarxes socials (XS), afegeix a la taula anterior la columna de la freqüència absoluta.

3 Completa aquesta taula de freqüències:

Usa les XS	Percentatge	Freqüència absoluta	Freqüència relativa
Sí			
No			

Argumenta: 1, 3 **Matematitza: 2**

14 AM AL Social El color dels cotxes

Segons els principals fabricants de pintura, els colors més escollits per als cotxes d'arreu del món són aquests:

Blanc i blau cel: 24 % Negre: 19 %

Gris platejat: 6 % Gris: 15 %

Vermell: 10 % Blau marí: 7 %

Altres: ?

Problemes

1 Calcula el percentatge que correspon als altres colors escollits.

2 Completa la taula de freqüències per a un estudi fet amb 200 cotxes.

Matematitza: 1

NOMBRES I ÀLGEBRA

Nombres enters

Nombres naturals. Són els que fem servir per comptar: 1, 2, 3, 4... Són positius i sense decimals.

Nombres enters. Són els nombres naturals juntament amb els negatius i el 0: ...$-2, -1, 0, 1, 2$... Tampoc no tenen decimals.

Oposat d'un nombre. És el mateix nombre, però amb signe contrari:

$$\text{op}(2) = -2 \qquad \text{op}(-3) = 3$$

Valor absolut d'un nombre. És el mateix nombre, però amb signe positiu:

$$|-5| = 5 \qquad |5| = 5$$

Una altra manera de veure el valor absolut és la distància que hi ha d'aquell nombre al 0.

Per **ordenar els nombres enters** cal tenir en compte que:

- El 0 separa els nombres positius dels negatius. El 0 sempre és més petit que un nombre positiu, però més gran que qualsevol nombre negatiu.
- Un nombre negatiu sempre és més petit que un de positiu: $-10 < 2$.

Recta real. Línia recta en què hi ha representats tots els nombres.

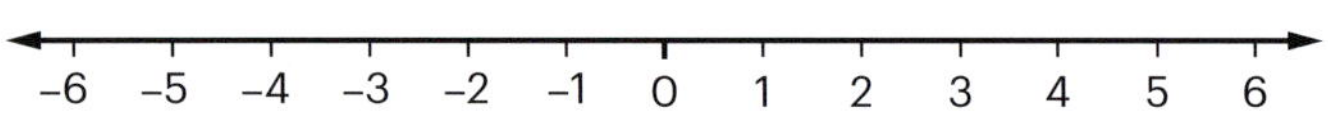

Operacions amb nombres enters

Regla dels signes

Multiplicar (o dividir) dos nombres naturals del **mateix signe** dona un resultat positiu.	$+ \cdot + = +$	+
	$- \cdot - = +$	
Multiplicar (dividir) dos nombres naturals de **signes oposats** dona un resultat negatiu.	$+ \cdot - = -$	–
	$- \cdot + = -$	

Quan apareixen els signes + i – junts, se segueix la **regla dels signes**:

$$3 + (-5) = 3 - 5 \qquad 3 - (-5) = 3 + 5$$

Per **sumar** dos nombres enters del **mateix signe**, se'n sumen els valors respectius i el resultat té el signe dels sumands:

$$5 + 7 = 12 \qquad -5 + (-3) = -8$$

Per **sumar** dos nombres enters de **signe diferent**, se'n resten els valors absoluts respectius i el resultat té el signe del més gran:

$$-3 + 5 = 2 \qquad 5 - 9 = -4$$

Per **multiplicar** dos nombres enters, se'n multipliquen els valors absoluts respectius i el resultat té el signe que dona la regla dels signes:

$$3 \cdot (-5) = -15 \qquad -4 \cdot (-6) = +24$$

Per **dividir** dos nombres enters, es divideixen els valors absoluts respectius i el resultat té el signe que dona la regla dels signes:

$$18 : (-3) = -6 \qquad (-10) : (-2) = +5$$

Raons i proporcions

Raó. Relació entre dues magnituds a i b fent servir el quocient. S'expressa d'una manera semblant a una fracció:

$$\frac{a}{b} \rightarrow a \text{ és a } b$$

Proporció. Igualtat entre dues raons:

$$\frac{a}{b} = \frac{c}{d}$$

- Aquestes raons són **semblants** i **formen una proporció**.
- El quocient de qualsevol d'aquestes proporcions s'anomena **raó** o **constant de proporcionalitat**.
- Compleixen la **propietat fonamental de les proporcions**:

$$a \cdot d = b \cdot c$$

- Dues magnituds són **directament proporcionals** quan, en multiplicar o dividir la primera per un nombre, la segona queda multiplicada o dividida pel segon nombre.
- Dues raons qualssevol d'aquestes magnituds formen una **proporció**.

Percentatge. Raó amb denominador 100.

- Representa la quantitat que hi ha per cada 100 unitats.
- El seu símbol és % i s'escriu a%, en què a és el percentatge (exemple: 20 %).

GEOMETRIA I MESURES

Perímetres i àrees

Perímetre (*P*). Suma de totes les longituds de les línies que determinen una figura.

Àrea (*A*). Mesura de la superfície d'una figura.

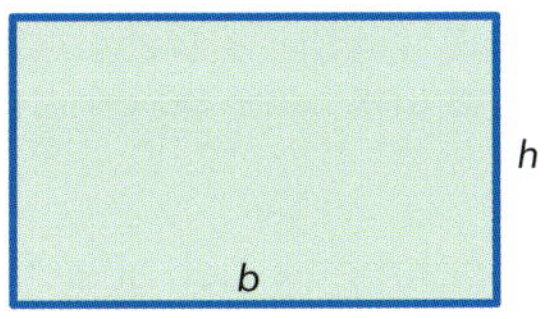	$A = b \cdot h$
	$A = l^2$
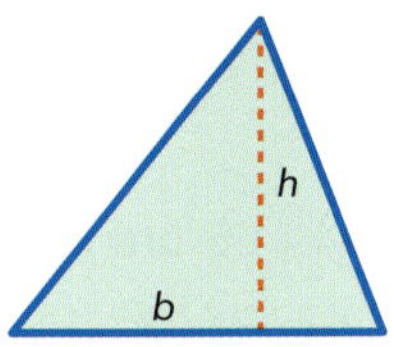	$A = \frac{b \cdot h}{2}$
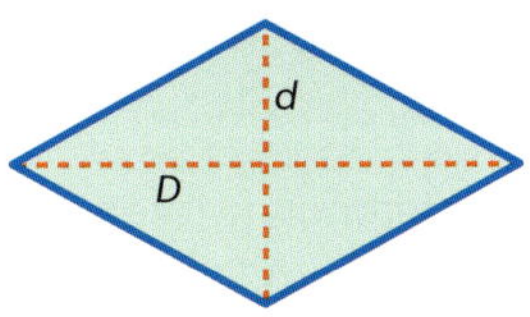	$A = \frac{D \cdot d}{2}$
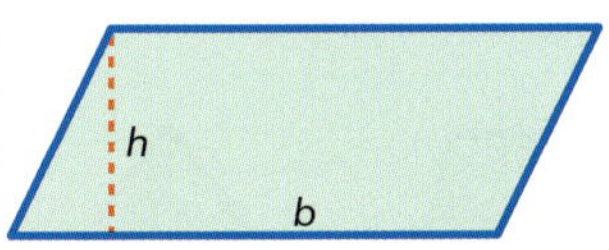	$A = b \cdot h$
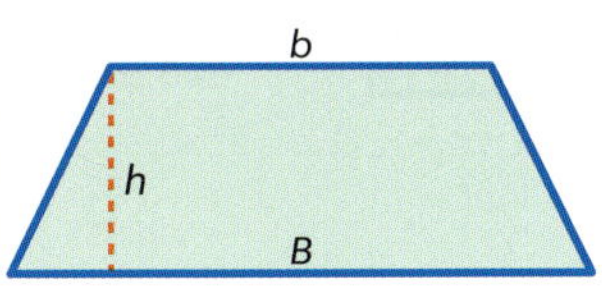	$A = \frac{B + b}{2} \cdot h$
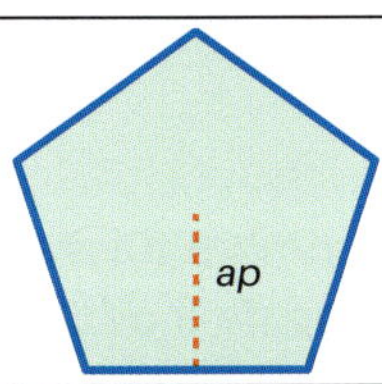	$A = \frac{P \cdot ap}{2}$
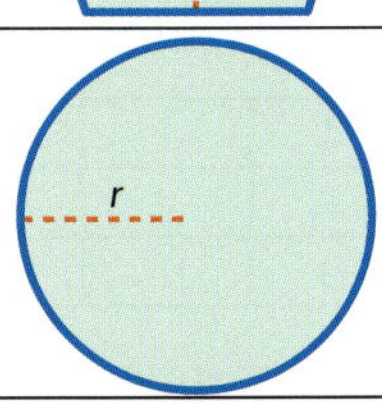	$L = 2\pi \cdot r$ $A = 2\pi \cdot r^2$

Quan la figura no és regular, primer cal "trossejar-la" en figures l'àrea de les quals puguem calcular fàcilment i, després, sumar totes les àrees.

ESTADÍSTICA I PROBABILITAT

Taules estadístiques

Els resultats d'un estudi estadístic es resumeix en taules de freqüències. Es poden representar en columnes (vertical).

- En la **primera columna** s'escriuen els **valors** de la **variable estadística, X_i**:
  - Si és una **variable quantitativa**, els valors s'escriuen del més petit al més gran.
  - Si és una **variable qualitativa**, no importa l'ordre en què apareguin.
- En la **segona columna** i les següents s'escriuen les **freqüències**.

Mida de la mostra

Mida de la mostra, *N*. Nombre de dades que es recullen en un estudi estadístic.

En una taula, aquest nombre s'obté sumant totes les freqüències absolutes.

Freqüències

Poden ser de diversos tipus. Les que s'han estudiat són aquestes:

Frequència absoluta, f_i. Nombre de vegades que es repeteix un valor.

Freqüència relativa, h_i. Raó entre la freqüència absoluta i el total de dades, *N*.

$$h_i = \frac{f_i}{N}$$

Percentatge, t_i. Nombre de vegades que apareix un valor en l'estudi estadístic, expressat en tant per cent.

$$t_i = h_i \cdot 100$$

Variable estadística X_i	Freqüència absoluta f_i	Freqüència relativa $h_i = \frac{f_i}{N}$	Percentatge $t_i = f_i \cdot 100$
x_1	f_1	$h_1 = \frac{f_1}{N}$	$t_1 = h_1 \cdot 100$
x_2	f_2	$h_2 = \frac{f_2}{N}$	$t_2 = h_2 \cdot 100$
	$F = f_1 + f_2$		

Entrena't +

Nombres enters

39. Resol les operacions següents:

a (−11) + (+8) =
b (−9) + (−12) =
c (+4) + (+18) =
d (+16) + (−6) =
e (+6) − (+8) =
f (+9) − (−15) =
g (−12) − (−18) =
h (−7) − (+10) =

40. Resol les operacions següents:

a (+7) · (+8) =
b (+6) · (−5) =
c (+4) · (+18) =
d (−9) · (−8) =
e (−63) : (−7) =
f (+132) : (+12) =
g (−56) : (+8) =
h (+48) : (−9) =

41. Ordena els següents nombres enters i representa'ls en la recta real: 7, 11, −2, 0, −8, −10, 5, −3, −9, −4.

42. Resol les següents operacions combinades:

a −3 · 5 + 7 =
b 6 − 4 · (−2) =
c 3 · (−4) − 2 · 5 =
d 4 : (−2) − 3 · (5 − 7) =
e 3 + 12 : (−2) + 5 · (2 − 4) =
f −5 · (−2) + 4 − 7 · 2 =

Banc digital

Raons i proporcionalitat

43. Copia i completa les taules de valors de les situacions següents:

a Un ciclista recorre 120 km en 4 h:

Temps (h)		3	4	7	10			25
Distància (km)	30		120			360	480	

b Un camió pot transportar fins a 30 sacs de patates de 200 kg cada un:

Massa dels sacs (kg)	10	20	30		50	60		
Nre. de sacs			200	150			60	50

44. Per fer un pastís de formatge per a 4 persones es necessiten 2 ous, 100 g de llet condensada, 250 g de formatge fresc i mig litre de llet. Quina quantitat de cada ingredient farà falta per elaborar un pastís de formatge per a 18 persones?

45. La Rosa vol repartir 100 bombons entre els seus 3 fills, de manera que el repartiment sigui proporcional a la nota que han tret en Matemàtiques: el Dídac ha tret un 9, l'Eva un 6 i el Ferran un 5. Quants bombons corresponen a cadascun? Quin percentatge en rep cadascun?

46. Calcula aquests tants per cent:

a 25% de 500.
b 40% de 80.
c 50% de 3000.
d 125% de 600.

Banc digital

Àrees

47. Calcula l'àrea d'un triangle que té una base de 84 cm i una altura de 62 cm.

48. Calcula l'àrea d'un quadrat el perímetre del qual fa 68 cm.

49. Calcula el perímetre i l'àrea d'un rectangle de 44 cm de longitud i 225 mm d'ample.

50. Quant val l'àrea d'un rombe les diagonals del qual fan 4 m i 32 dm?

51. Troba l'àrea d'un romboide que té una base de 21 cm i una altura que fa la meitat de la base.

52. Les bases d'un trapezi mesuren 84 i 66 cm i l'altura, 1 m. Calcula'n l'àrea.

53. Calcula el perímetre i l'àrea d'un octàgon regular de 24 cm de costat i 29 cm d'apotema.

54. Calcula la longitud de la circumferència i l'àrea d'un cercle el diàmetre del qual mesura 44 cm.

55. Calcula l'àrea de les figures següents:

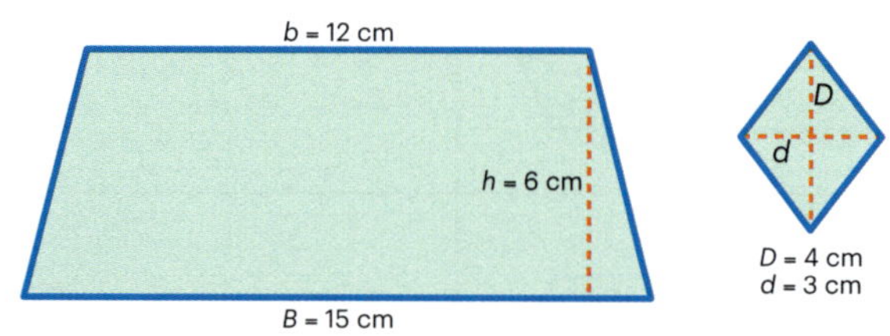

Banc digital

Taules estadístiques

56. La taula següent indica el nombre d'assignatures que ha suspès l'alumnat d'un grup de 1r d'ESO en la segona avaluació:

0	2	1	3	4	1	0
1	0	0	1	1	3	2
4	3	2	0	0	1	1

Construeix la taula de freqüències corresponent.

Banc digital

Mates en context

15 AM AL AP Professional Organitzem una venda

L'empresa Promocions Thau, SL ven material per a publicitat, amb les tarifes següents:

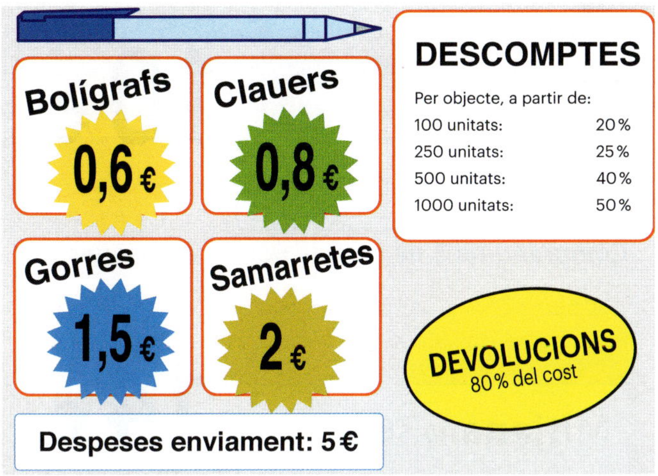

Amb el propòsit de recaptar diners per a un viatge cultural, l'alumnat de 1r d'ESO i les seves famílies fan una comanda de 80 bolígrafs, 40 samarretes, 60 clauers i 50 gorres. Ho vendran a aquests preus:

Bolígrafs 2 €	Clauers 3 €
Gorres 5 €	Samarretes 8 €

Ho venen tot i fan una altra comanda encara més gran: 1200 bolígrafs, 200 samarretes, 800 clauers i 400 gorres. Ja no els quedaven gorres com les que havien comprat l'altra vegada i les noves valen un 20 % més.

En acabar la campanya no aconsegueixen vendre-ho tot i retornen el que els ha sobrat: 150 bolígrafs, 25 samarretes, 80 clauers i 30 gorres.

Problemes

1. Quant els va costar la primera comanda? (No et descuidis les despeses d'enviament.)
2. Quants diners van guanyar amb la primera comanda?
3. Quant els va costar la segona comanda?
4. Quants diners haurien guanyat amb la segona comanda si ho haguessin venut tot?
5. Quant van guanyar després de retornar tot el que no havien venut?
6. Quin tant per cent de bolígrafs, clauers, gorres i samarretes van haver de tornar?
7. Amb quin objecte van guanyar més diners en total (no per unitat)?

Argumenta: 1, 4, 5, 6, 7 **Matematitza: 2, 3**

16 AM Professional El joc de màgia

Al Daniel i al Dídac els agrada molt la màgia i han decidit comprar-se un joc que val 150 € per practicar i preparar un espectacle. De moment, el Daniel té 30 € i el Dídac en té 45 €.

Problemes

1. Quin percentatge del total té estalviat el Daniel? I el Dídac?
2. Quin percentatge del total tenen entre tots dos?
3. Mentre estalvien la quantitat que els falta, han rebaixat el joc un 20 %. Quant costa ara?
4. Ha estat l'aniversari del Daniel i li han regalat diners. S'ha gastat el 15 % del que li han donat en cromos, el 30 % al cine i ha estalviat 11 € per al joc de màgia. Quants diners li han regalat?
5. El Dídac ha augmentat els seus estalvis un 20 %. Quants diners té ara?
6. Amb els nous estalvis, ja tenen prou diners per comprar-se el joc. Quant els ha costat finalment? Quin percentatge els han rebaixat al final?
7. (+ −) L'espectacle de màgia ha estat un èxit i han recaptat 570 €. Si es volen repartir aquests diners segons els estalvis que cadacun d'ells ha aportat, quants diners corresponen a cada amic?

Matematitza: 1, 2, 3, 5 **Argumenta: 4, 6, 7**

17 CM Professional Comprar a les rebaixes

REBAIXES	
Pantalons 15 €	Rebaixa 25 %
Camises 12 €	Rebaixa 20 %
Jerseis 20 €	Rebaixa 30 %
Jaquetes 80 €	Rebaixa 40 %
Caçadores 50 €	Rebaixa 35 %

Problemes

1. (+ −) Elabora una taula amb els nous preus.
2. La Laura té 120 € i necessita 2 pantalons, 3 camises i 1 jersei.
   - **a** Quant es gastaria si s'ho comprés tot?
   - **b** Quant s'estalviaria respecte del preu original?
   - **c** Quant li sobraria després de la compra?
   - **d** Es podria comprar un abric?
   - **e** Quants diners li farien falta per comprar-se un abric i una caçadora?

Matematitza: 1 **Argumenta: 2**

18 AM AL AP Social Els tornejos d'estels

A l'Índia són molt populars els tornejos d'estels, entre equips o individuals. L'objectiu és fer caure l'estel del contrincant, xocant-hi o tallant-ne el fil.

Es fan servir dos models d'estels, un de quadrat i un altre amb la forma arquetípica. Tots dos són plans, petits i lleugers, fabricats amb paper de seda i bambú.

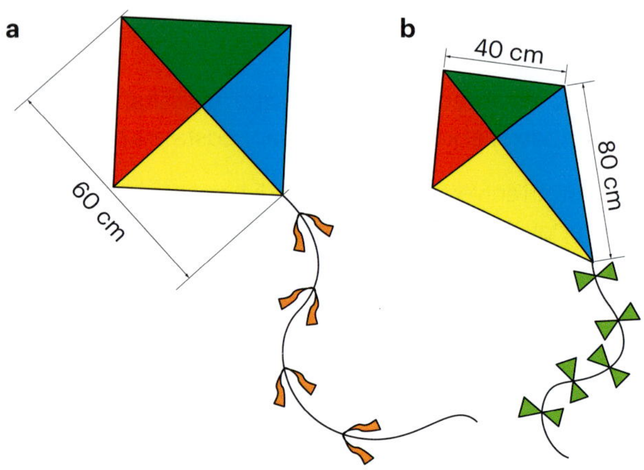

Els fils són molt abrasius, tant que només amb el fregament es pot arribar a tallar el fil de l'estel del contrincant i, així, fer-lo caure.

Problemes

1. Calcula la quantitat de paper de seda necessari per fabricar cada model. Quin és més gros?
2. Si el paper de seda té un preu de 240 €/m² i les varetes de bambú valen 35 €/m, quant costa aquest material per a cada model?
3. Tenim diversos estels del model **b**. La vareta més gran mesura 120 cm i la més petita, 80 cm, però no s'encreuen en el mateix punt. Una s'encreua als 20 cm de l'extrem de la vareta llarga; una altra, a 30 cm; una altra, a 40 cm; una altra, a 50 cm, i la darrera, a 60 cm. Calcula l'àrea de cadascun d'aquests estels. Què hi observes?

Matematitza: 1, 2 **Argumenta: 3** **Planteja: 3**

19 AM AL AP Professional Repartir una pizza

La pizza és un pa pla, enfornat i cobert amb salsa de tomàquet i altres ingredients, com ara formatge, salami, xampinyons, ceba, pernil, olives... És original de la cuina napolitana (Itàlia).

Hi ha molts tipus de pizzes i molts preus, també. Normalment, les cadenes de pizzeries a domicili ofereixen tres formats: petit, mitjà i gran (familiar).

Problemes

1. Quant mesura la superfície de cada pizza?
2. Tens una pizza familiar i te'n vols menjar la mateixa quantitat que si en tinguessis una de petita només per a tu. Com ho faries?
3. Quant costa el metre quadrat de pizza de cada mida? Quina resulta més barata?
4. Si la pizza petita costés 12 €, quant costarien les altres dues mesures per mantenir la proporció de preus?
5. Has dividit diverses pizzes petites en vuit porcions cadascuna. Quantes d'aquestes porcions hauries d'ajuntar perquè equivalguessin a una pizza mitjana? I a una de familiar?
6. Analitza les ofertes del fullet i calcula i raona quina surt més barata.

Matematitza: 1, 4 **Argumenta: 2, 3, 6** **Planteja: 5**

20 AM AL AS Professional Les anelles olímpiques

Des de la primera edició dels jocs olímpics de l'era moderna, el 1896, es lliuren medalles olímpiques als esportistes que guanyen les diverses proves i als que aconsegueixen classificacions millors. Els guanyadors de la primera edició no van rebre medalles d'or, sinó de plata, i als que van arribar en segon lloc els van donar medalles de bronze.

La taula següent mostra els sis països que més medalles d'or han aconseguit en els jocs olímpics, des del seu inici fins als de Rio de Janeiro 2016:

País	Percentatge de medalles d'or
Estats Units	37
Rússia	22
Alemanya	16
Regne Unit	9
Xina	8
França	8

Problemes

1. Si saps que entre els 6 països han aconseguit 2745 medalles d'or, afegeix a la taula la columna de freqüències absolutes.

2. +− El nombre total de medalles d'or que s'han repartit en els jocs olímpics ha estat de 5583. Anomenarem el grup de països de la taula anterior "Sis primers" i anomenarem la resta de països "Resta".

   Copia i completa la taula següent amb el percentatge de medalles d'or guanyades per cada grup de països i el nombre que correspon a cada grup:

Països	Percentatge	Freqüència absoluta
Sis primers		
Resta		

Planteja: 1, 2 Argumenta: 2

21 AM AL AV Social Els noms més comuns

A continuació es mostren els 10 noms d'home (20550 milions) i de dona (21450 milions) més comuns a Espanya:

Nom (homes)	Freqüència absoluta	Tant per 1000
Antonio	699226	34,1
David	355936	17,4
Francisco	518328	25,3
Francisco Javier	287944	14,0
Javier	303475	14,8
José	623393	30,4
José Antonio	312342	15,2
José Luis	295742	14,4
Juan	359723	17,5
Manuel	607365	29,6

Nom (dones)	Freqüència absoluta	Tant per 1000
Ana María	267452	12,5
Carmen	404828	18,9
Isabel	274046	12,8
Josefa	290661	13,6
Laura	251499	11,7
María	606963	28,3
María del Carmen	662546	30,9
María Dolores	262767	12,3
María del Pilar	265352	12,4
María Teresa	253371	11,8

Problemes

1. Ordena els noms d'home i de dona (per separat) de més a menys freqüència.

2. +− Calcula, amb tres decimals, la freqüència relativa de cada nom.

3. Ordena els noms d'home i de dona (barrejats) de la freqüència absoluta més gran a la més petita.

4. Ordena els noms d'home i de dona (barrejats) de la freqüència relativa més gran a la més petita.

5. Coincideixen ambdues llistes? Per què et sembla que passa això?

Matematitza: 1, 2, 3, 4 Argumenta: 5

1. Uns grans magatzems tenen un ascensor que va des del tercer soterrani fins al pis 10. Copia i completa aquesta taula:

Puges a l'ascensor	Baixes de l'ascensor	Puges*
Soterrani 2		7 plantes
	Planta 4	−3 plantes
Planta 9	Planta baixa	
	Soterrani 1	−6 plantes
Planta 3	Soterrani 3	

*Una pujada negativa vol dir que baixes.

2. En un corral hi ha 8 oques i 16 conills. Completa aquestes frases:

a La raó entre oques i conills és...
b La raó entre conills i oques és...
c La raó entre oques i el nombre total d'animals és...
d Per cada oca, hi ha ... conills.

3. La Maria té un val de descompte de 2€. Calcula quin tant per cent de descompte suposaria segons l'article que compri:

a Un llibre de 20€.
b Un bolígraf de 2€.
c Un joc de regles de 5€.

4. L'Àngel té una paga mensual de 70€. Els seus pares li han dit que l'hi apujaran i el deixen triar entre apujar-la el 15% o apujar-la 10€. Què li convé més a l'Àngel?

5. L'Anna, la Berta i el Carles tenien, respectivament, 5, 3 i 2€. Han reunit tots els diners i han comprat 2000 folis.

a Com se'ls poden repartir de la manera més justa?
b Quin percentatge de folis rep cadascun?

6. Si saps que el radi de cada una d'aquestes circumferències mesura 6 cm, calcula:

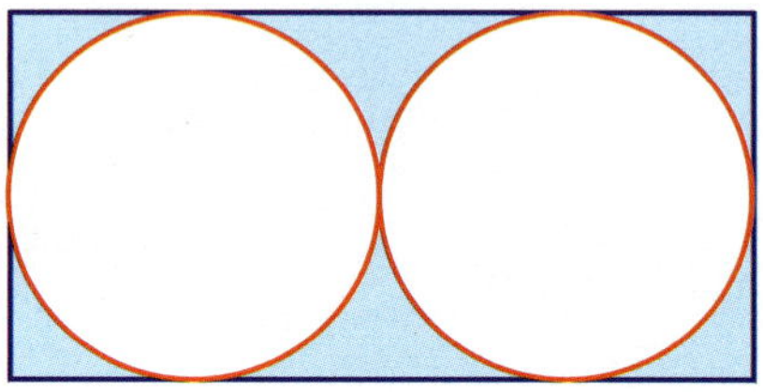

a L'àrea d'un cercle.
b L'àrea del rectangle.
c L'àrea ombrejada.
d La longitud o perímetre d'una circumferència.
e El perímetre d'un rectangle.

7. S'ha fet una enquesta entre l'alumnat de 1r B per saber el nombre de germans que tenen i s'han obtingut aquests resultats:

0 0 2 1 1 1 1 3 0 1 1 0 1 0 2
0 1 1 2 1 1 0 0 2 1 1 1 0 1 1

a Calcula'n les freqüències absolutes i mostra-les en una taula.
b Calcula'n les freqüències relatives.

	4 punts	3 punts	2 punts	1 punt
1. Operacions amb nombres enters	Identifico els nombres enters i hi opero correctament.	Identifico els nombres enters i hi opero correctament, a pesar d'algun error.	Identifico els nombres enters, però m'equivoco en operar-hi.	No identifico els nombres enters i no sé operar-hi.
2. Concepte de raó	Entenc el concepte de raó i la calculo correctament.	Entenc el concepte de raó i la calculo correctament, llevat d'algun cas.	Entenc el concepte de raó, però m'equivoco en calcular-la.	No entenc el concepte de raó i no la sé calcular.
3. Percentatges	Entenc el concepte de percentatge i el calculo correctament.	Entenc el concepte de percentatge i el calculo correctament, llevat d'algun cas.	Entenc el concepte de percentatge, però m'equivoco en calcular-lo.	No entenc el concepte de percentatge i no el sé calcular.
4. Augment percentual	Identifico els augments percentuals i els calculo correctament.	Identifico els augments percentuals i els calculo correctament, a pesar d'algun error.	Identifico els augments percentuals, però m'equivoco en calcular-los.	No identifico els augments percentuals i no els sé calcular.
5. Repartiment proporcional	Entenc què és un repartiment proporcional i el calculo correctament.	Entenc què és un repartiment proporcional i el calculo correctament, llevat d'algun error.	Entenc què és un repartiment proporcional, però em confonc en calcular-lo.	No entenc què és un repartiment proporcional i no el sé calcular.
6. Figures planes	Entenc els enunciats, i en calculo els perímetres i les àrees.	Entenc els enunciats, i gairebé sempre en calculo bé els perímetres i les àrees.	Entenc els enunciats, però m'equivoco en el càlcul de perímetres i àrees.	No entenc els enunciats i no calculo perímetres ni àrees.
7. Freqüències	Entenc el significat de freqüència i la calculo correctament.	Entenc el significat de freqüència i la calculo correctament, llevat d'algun cas.	Entenc el significat de freqüència, però m'equivoco en les operacions.	No entenc el significat de freqüència i no la sé calcular.

6 Mengem nombres

Quantes calories ingereixo? És saludable la meva dieta?

Què li toca, a cadascú? Prenem massa sucre?

Quina forma tenen els envasos? Dins de quin envàs hi cap més aliment?

BLOCS DE CONTINGUTS	Situació 1	Situació 2	Situació 3
NOMBRES I ÀLGEBRA			
Nombres enters: significat i ús en contextos reals.	●		
Càlcul de percentatges. Augments i disminucions percentuals.	●	●	
Raó i proporció. Constant de proporcionalitat.	●		
Fraccions en entorns quotidians.		●	
Fraccions equivalents.		●	
Representació i ordenació de fraccions.		●	
Operacions amb fraccions.		●	
GEOMETRIA I MESURA			
Càlcul d'àrees i perímetres de figures planes.			●
Càlcul d'àrees per descomposició en figures simples.			●
Propietats, regularitats i relacions dels poliedres. Càlcul de longituds, superfícies i volums del món físic.			●
ESTADÍSTICA I PROBABILITAT			
Organització en taules de dades recollides en una experiència.	●		
Diagrames de barres i de sectors. Polígons de freqüències.	●		
Interpretació de gràfics.	●		

1 La gasolina del cos

Quantes calories ingereixo? És saludable la meva dieta?

AM AL AP AC AD

Social · Personal · Professional

Aprèn a...

Fer servir els nombres enters i les seves operacions per resoldre problemes quotidians i interpretar-ne els resultats obtinguts.

Utilitzar la calculadora i els recursos tecnològics per organitzar dades i generar gràfics estadístics.

Ítem 1. La unitat d'energia dels aliments

Les **calories** són la unitat de mesura que es fa servir per quantificar la quantitat d'energia que els aliments aporten. L'energia dels aliments és necessària perquè el nostre organisme funcioni de manera adequada. Necessitem consumir calories per poder viure.

Els aliments estan compostos per tres tipus principals de nutrients, que proporcionen l'energia necessària:

- **Carbohidrats**: proporcionen 4 calories per gram.
- **Proteïnes**: aporten 4 calories per gram.
- **Greixos**: proporcionen 9 calories per gram.

Per al funcionament correcte del cos, també són necessàries les vitamines, els minerals i la fibra. És important consumir les calories necessàries, però ni més ni menys.

Ítem 2. Nutrients per cada 100 g

Aliment	Proteïnes (grams)	Greixos (grams)	Carbohidrats (grams)
Vedella	24,6	10,1	0
Pollastre	29,8	5,4	0
Xoriço	11	44,2	0,9
Cereals	3	1	30
Verdures	2	0	5
Fruites	1	0	15
Cigrons	22,1	5	57,8
Lactis	5	6	9
Oli	0	20	0
Pa	3	0,89	15
Peix	25	10	0

Carbohidrats

Proteïnes

Greixos

Construeix amb el que saps

Matematitza (1) Segons l'ítem 1, quantes calories aporta un aliment que té 4 g de carbohidrats? I un que tingui 12 g de proteïnes? I un que tingui 5 de greixos?

Argumenta (2) Quin percentatge de greixos hi ha en el xoriço? Calcula el percentatge d'altres nutrients que té el xoriço i que la taula no mostra.

(3) Observa l'ítem 2 i respon les preguntes següents:

a Quin aliment conté més proteïnes?
b Quina quantitat de proteïnes, greixos i carbohidrats ingeriré si em menjo un filet de vedella de 150 g?
c Si de segon plat em menjo un filet de peix, que m'aporta 20,4 g de proteïnes, quant pesa el filet?

Matematitza (4) Fixa't en l'ítem 1 i calcula la quantitat de calories que aporta cada aliment de l'àpat anterior.

Argumenta (5) Avui per dinar menjaré 30 g de verdures de primer plat i 80 g de pit de pollastre de segon; per postres, menjaré una peça de fruita que pesa 55 g. Calcula les calories que aporta el meu menú.

Comunica (6) Escriu el teu menú preferit. Tot seguit, busca informació sobre els nutrients que contenen els aliments que has triat i calcula les calories que consumeixes amb aquest menú.

Ítem 3. Dieta saludable

S'entén per **dieta saludable** la ingesta d'aliments que ajuda a mantenir, recuperar o millorar la salut.

Segons l'Organització Mundial de la Salut (OMS), una dieta saludable ens ajuda a protegir-nos de moltes malalties. Les dietes poc sanes i la poca activitat física es troben entre els principals factors de risc per a la salut a tot el món.

Una dieta saludable té aquesta composició: 57 % de carbohidrats, 25 % de greixos, 15 % de proteïnes i 3 % de fibra.

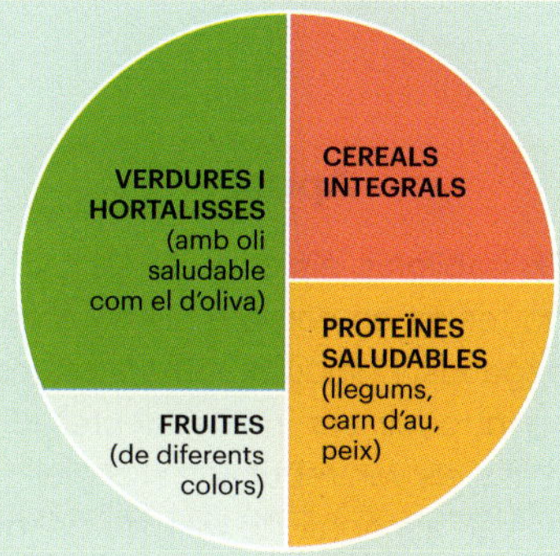

Ítem 4. La dieta de la Maria

Els aliments que consumeix la Maria es poden resumir així: 15% de **llegums** (5% de proteïnes, 10% de carbohidrats), 8% d'**arròs i pasta** (carbohidrats), 20% de **fruites** (carbohidrats), 20% de **verdures** (5% de proteïnes, 14% de carbohidrats, 1% de fibra), 2% de **patates** (carbohidrats), 5% de **cereals** (4% de carbohidrats, 1% de fibra), 4% de **lactis** (2% de proteïnes, 2% de greixos), 5% d'**ous** (2% de proteïnes, 3% de greixos), el 6% de **peix** (3% de proteïnes, 3% de greixos), 5% de **carn** (3% de proteïnes, 2% de greixos), 6% d'**oli** i **fruites seques** (greixos) i 4% d'**altres** (greixos).

Construeix amb el que saps

Argumenta

7 És saludable la dieta de la Maria? Tal com es presenta la informació, es pot respondre la pregunta?

8 Per organitzar les dades de l'ítem 4, copia i completa aquesta taula:

	Fibra	Hidrats	Proteïnes	Greixos	Total
Llegums	0%	10%	5%	0%	15%
Arròs i pasta					

Matematitza

9 Representa en un gràfic les dades de l'ítem 3. Per fer-ho, has d'utilitzar un diagrama de sectors. És a dir, has de dividir un cercle de manera que cadascun dels conceptes tingui una superfície directament proporcional al percentatge que representa. Així, la dieta equilibrada haurà de contenir el 25% de greixos; per tant, el sector haurà de tenir: $\frac{\text{Percentatge}}{\text{Graus}} \rightarrow \frac{100\,\%}{360^\circ} = \frac{25\,\%}{x} \Rightarrow x = \frac{360 \cdot 25}{100} = 90^\circ$

Calcula els graus de la resta de nutrients i dibuixa el diagrama.

10 Dibuixa un diagrama de sectors que representi la dieta de la Maria, tenint en compte les dades que has organitzat en la taula de l'exercici 8.

Comunica

11 A partir dels dos gràfics, completa les afirmacions següents:

a Més de la meitat d'una dieta equilibrada ha d'estar formada per ____________.
b La Maria hauria d'ingerir més _______________ i menys ____________________.
c La Maria ingereix _________________ fibra en la seva alimentació.
d Una quarta part d'una dieta equilibrada hauria d'estar constituïda per _______.

12 Elabora una llista dels aliments que consumeixes habitualment i assigna'ls una freqüència a manera de percentatge. Representa les dades en un diagrama de sectors i raona si la teva dieta és o no equilibrada.

El que has construït

Organitzes les dades en **taules** i hi saps treballar.

Construeixes **diagrames de sectors** per representar visualment la informació.

Interpretes la **informació dels gràfics** per respondre les preguntes.

1. Nombres. Operacions

Apunt 1

Els babilonis, els egipcis i els grecs no tenien en compte els nombres negatius. L'hindú Brahmagupta els va introduir per indicar deutes. Els àrabs els van rebutjar i, al segle XIX, es van acceptar de manera definitiva.

El conjunt dels **nombres enters** està format pels nombres naturals, els negatius corresponents i el zero. Així, els enters poden ser positius o negatius (apunt 1). Es fan servir en moltes situacions de la vida real; per exemple, per indicar que he guanyat 200 euros (+200) o que dec a algú 30 euros (−30).

Regla dels signes

	+	−
+	+	−
−	−	+

Signes iguals: +

Signes diferents: −

Exemples

1. Sumes i restes amb nombres enters:

Suma	Resta
En tinc 5 i me'n donen 6; per tant, en tinc 11.	4 − 2 = 2 Soc a la planta 4 i en baixo 2; ara soc a la planta 2.
−5 + (−6) = −11 En devia 5 i ara en dec 6 més; per tant, en dec 11.	2 − 4 = −2 Soc a la planta 2 i baixo 4 pisos; ara soc a la planta −2.
5 + (−6) = −1 En tinc 5 i en dec 6; per tant, en dec 1.	−4 − 2 = −6 Soc a la planta −4 i baixo 2 pisos; ara soc a la planta −6.
−5 + 6 = 1 En dec 5 i n'aconsegueixo 6; me'n queda 1.	

2. Multiplicacions amb nombres enters:

$3 \cdot (-2) = -6 \rightarrow$ M'arriben 3 factures de 2 €; per tant, perdo 6 €.
$(-3) \cdot 2 = -6 \rightarrow$ M'anul·len 3 ingressos de 2 €; per tant, perdo 6 €.
$(-3) \cdot (-2) = 6 \rightarrow$ M'anul·len 3 factures de 2 €; per tant, guanyo 6 €.

3. Divisions amb nombres enters:

$(-8) : (-2) = 4$ $\quad (-8) : 2 = -4$ $\quad 8 : (-2) = -4$

Apunt 2

Per multiplicar per la unitat seguida de zeros, desplacem la coma a la dreta tantes posicions com zeros acompanyin la unitat. Per dividir, desplacem la coma cap a l'esquerra.

$2{,}4567 \cdot 10^3 = 2456{,}7$

$2{,}47 : 10^3 = 0{,}00247$

Entre un nombre enter i el consecutiu hi ha una quantitat infinita de nombres: són els nombres decimals. N'hi ha alguns que tenen moltes xifres decimals, per això, per treballar-hi, fem servir una aproximació al nombre. Hi ha dues maneres d'aproximar:

- **Truncar**. Se suprimeixen directament les xifres decimals amb les quals no es vulgui treballar.
- **Arrodonir**. Ens fixem en la unitat decimal posterior a la que volem arrodonir: si és més gran o igual que 5, augmentem en una unitat la unitat decimal anterior; en el cas contrari, la deixem com està.

Exemples

4. Observa com es realitzen les aproximacions pels dos mètodes.

	Truncament			Arrodoniment		
	Dècima	Centèsima	Mil·lèsima	Dècima	Centèsima	Mil·lèsima
2,3615	2,3	2,36	2,361	2,4	2,36	2,362

5. Observa l'ordre de la jerarquia d'aquesta operació.

$2 + 5 \cdot (3 - 2 - 4) - 2^4 : (8 + 1 - 7)^2$	
1r Parèntesis i claudàtors	$2 + 5 \cdot (-3) - 2^4 : 2^2$
2n Potències i arrels	$2 + 5 \cdot (-3) - 4$
3r Multiplicacions i divisions	$2 - 15 - 4$
4t Sumes i restes	-17

Professor a casa. Exemple resolt (jerarquia en les operacions).

2. Tractament de la informació

El món que ens envolta és ple de dades i informació. Per poder entendre i analitzar millor les dades, s'organitzen en taules i es representen mitjançant gràfiques. Les **taules** permeten ordenar i classificar conjunts de dades, de manera que interpretar-les sigui més senzill. En són un exemple les **taules de freqüències**, que es fan servir en els estudis estadístics.

Nota històrica

Les primeres civilitzacions ja elaboraven taules de censos. Les primeres gràfiques lineals van aparèixer al segle X. Les primeres gràfiques de barres i els primers diagrames de sectors no es van fer servir fins al segle XVIII.

Exemple

6. S'ha preguntat a l'alumnat de 1r d'ESO quants àpats fan al dia. Les respostes es mostren en la següent taula de freqüències:

x_i	f_i	h_i
2	4	0,08
3	10	0,2
4	12	0,24
5	20	0,4
6	4	0,08
Total	**50**	**1**

x_i: cada una de les respostes diferents de l'alumnat.

f_i: freqüència absoluta o nombre de vegades que es repeteix cada resposta.

h_i: freqüència relativa, és a dir, el quocient entre la freqüència absoluta i el nombre total de dades.

Es diu que una imatge val més que mil paraules. Els **gràfics** presenten la informació de manera visual. Hi ha diferents tipus de gràfics:

- **Diagrama de barres**. És un tipus de gràfic que es fa servir per representar variables estadístiques. En l'eix *OX* s'escriuen els diferents valors de la variable i en l'eix *OY*, les seves freqüències absolutes.
- **Polígon de freqüències**. S'obté unint l'extrem de les barres del gràfic anterior.
- **Diagrama de sectors**. És un cercle dividit en tants sectors com dades diferents hi hagi. L'angle de cada sector és directament proporcional a la seva freqüència absoluta. Es calcula mitjançant proporcions.

Professor a casa. Fer un gràfic en Excel.

Exemples

7. Observa el diagrama de barres corresponent a les dades de l'exemple 6:

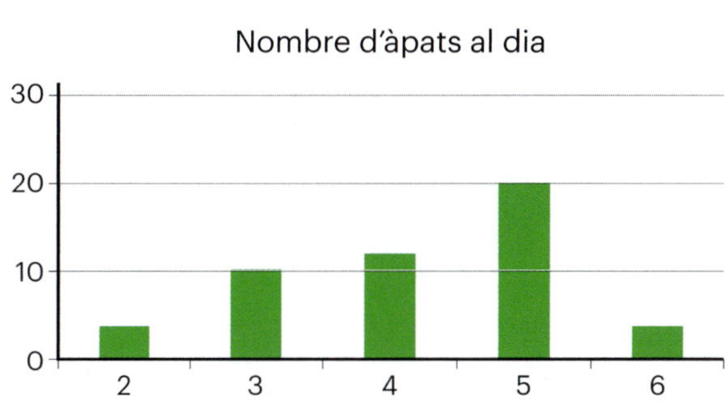

8. Observa com es construeix el diagrama de sectors a partir de les dades de l'exemple 6:

$$\frac{\text{Total dades}}{\text{Graus}} \rightarrow \frac{50}{360^\circ} = \frac{4}{x} \Rightarrow x = \frac{360 \cdot 4}{50} = 28{,}8^\circ$$

$$\frac{50}{360^\circ} = \frac{10}{x} \Rightarrow x = 72^\circ$$

$$\frac{50}{360^\circ} = \frac{12}{x} \Rightarrow x = 86{,}4^\circ$$

$$\frac{50}{360^\circ} = \frac{20}{x} \Rightarrow x = 144^\circ$$

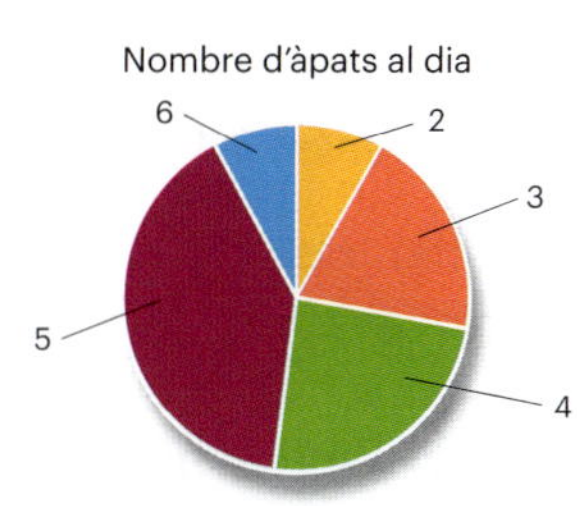

Entrena't

1. Expressa amb enters les situacions següents:

a El que he menjat m'aporta 35 calories.
b He perdut 2 kg de pes.
c He cremat 200 calories al gimnàs.
d He de conservar l'aliment a 10 °C sota zero.
e D'aquí a deu dies.

2. Completa la taula següent perquè cada filera, columna i diagonal sumin −3:

−7	4	6	
	−2	−5	4
	5	−1	
3			7

3. Copia i completa la taula següent:

Valors				$a - b + c - d$	$-a - b + c - (-d)$
a	b	c	d		
−2	1	3	4		
4	−2	−1	−3		

4. Resol les operacions següents:

a $(6{,}2 + 3{,}8) \cdot 2{,}5 - (-10{,}5 + 2{,}5) : 4 =$
b $-3 + 2 \cdot (5 - 2 \cdot 3 + 4 \cdot (-2) - 3) : 2 =$
c $4 - 2 \cdot (4{,}4 + 10{,}6) : 5 + 2 \cdot (-3) - 7 =$

5. Arrodoneix els nombres i completa la taula:

Nombre	**Dècimes**	**Centèsimes**	**Mil·lèsimes**
3,1215			
0,0893			
2, 3652			

6. Quantes ampolles de llet de 0,75 L es poden omplir amb la llet que hi ha en un bidó de 25,73 L?

7. Si el formatge val 11,5 €/kg, quant formatge es pot comprar amb 8 €?

8. El pes d'una caixa amb 24 llaunes de conserva és de 13,44 kg. Quin és el pes aproximat d'una llauna?

9. El valor de les accions d'una empresa disminueixen a la borsa 45 cèntims cada dia. Si avui valen 36,75 €, quin valor tenien fa 5 dies?

10. Escriu tots els nombres enters més grans que −13 i el valor absolut dels quals sigui més gran que 2.

Banc digital

11. Quan anava cap a l'institut he decidit comptar els passatgers de l'autobús. Hi ha pujat un grup de 5 persones. Primer n'han baixat 2 i després n'han baixat 6, però en arribar a la parada del centre comercial n'han pujat 20. Si ara hi ha 53 persones a l'autobús, quantes n'hi havia quan he començat a comptar? Expressa matemàticament la situació.

12. S'ha estudiat el pes de les fruites i els resultats han estat els següents:

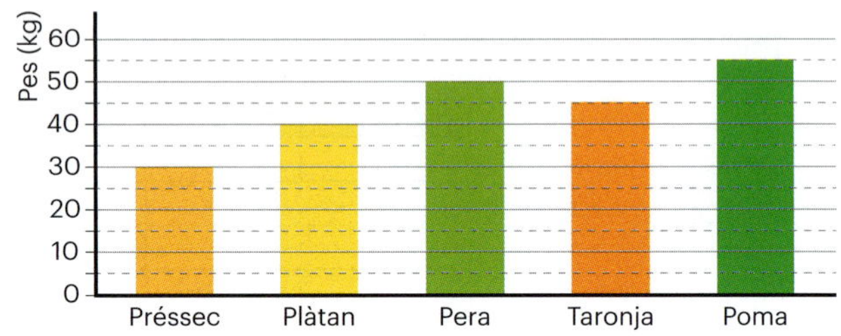

a Quina fruita pesa més? I quina pesa menys?
b Quina diferència de pes hi ha entre la poma i el plàtan?
c En una fruitera hi ha 3 pomes, 1 plàtan, 2 peres i 5 taronges. Em menjo el plàtan, 1 poma i 3 taronges. Quant pesen les fruites que queden a la fruitera?

13. Completa la taula de freqüències i dibuixa el diagrama de barres i el polígon de freqüències corresponents.

Dades	**Freqüència absoluta**	**Freqüència relativa**
0	10	0,25
1	6	
2		0,625
3		
Total	40	

14. Construeix un diagrama de sectors a partir de les dades de la taula de freqüències de l'exercici anterior.

15. S'ha preguntat a un grup de 90 estudiants quin aliment els agrada més d'entre cinc de possibles i s'ha obtingut aquest diagrama de sectors:

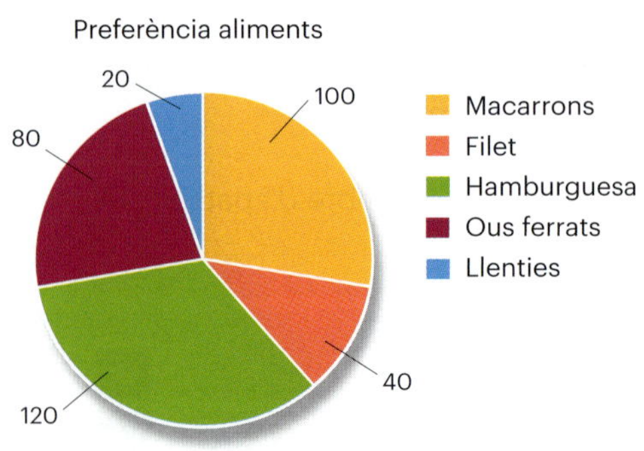

a Quants estudiants han triat cada aliment?
b Construeix un diagrama de barres que representi la mateixa informació.

Mates en context

1 AM AL AP Social Interpreto les etiquetes

En un producte de cacau, l'etiqueta d'informació nutricional per cada 100 g diu això:

- Greixos 2,4 g (dels quals, saturats 1,5 g).
- Hidrats de carboni 78 g (dels quals, sucres 70 g).
- Fibra alimentària 7,8 g.
- Proteïnes 6,8 g.
- Sal 0,14 g.

Problemes

1. (+ −) Tot plegat, suma 100 g? Hi ha altres components que no hi consten. Quant sumen?
2. Quina raó representen els hidrats de carboni respecte del total? I els greixos? I els greixos saturats en relació amb el total dels greixos? Escriu també el percentatge equivalent.
3. Quin percentatge representen els sucres respecte dels hidrats de carboni? I respecte del total?
4. Calcula, aproximadament, les calories que aporten 100 g del producte, tenint en compte les dades de l'ítem 1.
5. Cada llesca de pa amb cacau en conté 18 g. Calcula la quantitat de nutrients i de calories que hi ha en cada llesca.
6. L'OMS recomana no ingerir més de 50 g diaris de sucre.
   a Quina raó representa el sucre de més respecte del màxim recomanat? I en percentatge?
   b Quantes llesques de pa amb cacau s'haurien de consumir al dia com a màxim?
7. Elabora un diagrama de sectors en què es representi la informació de l'etiqueta.
8. Si compares el diagrama de l'exercici anterior amb el de la dieta saludable de l'ítem 3, quines conclusions n'extreus?
9. Què menges per esmorzar normalment?
   Calcula els nutrients i les calories que consumeixes en un esmorzar.

Matematitza: 1, 2, 3, 4, 5, 6, 7 **Argumenta: 8, 9**

2 AM AL AP Social Despeses al mercat

Els jueus eren coneguts per ser els millors banquers de l'edat mitjana. Feien servir dos llibres per a les seves finances: un llibre per als préstecs, en el qual escrivien amb tinta negra, i un altre llibre per apuntar allò que els deixaven a ells, en què escrivien amb tinta vermella. D'aquí ve l'expressió "el compte del banc ha quedat en nombres vermells", quan queda en negatiu.

Vas a comprar al mercat, però no portes diners, de manera que pagues amb targeta tot allò que compres. Per controlar les despeses, vas apuntant els comptes en una taula, per tal de poder comprovar després els moviments del compte bancari.

La ruta pel mercat és la següent:

- Passes per la fruiteria, que és a la primera planta, i hi compres 2,7 kg de pomes a 1,45 €/kg i 750 g de maduixes a 2,6 €/kg.
- La parada següent és la peixateria, dues plantes més amunt. Hi compres 3,5 kg de lluç a 13,5 €/kg i 2 kg de seitons a 4,5 €/kg.
- Baixes tres plantes per anar a la carnisseria. Hi compres un quilo i mig de pit de pollastre a 6,5 €/kg i 2 kg de llom a 5 €/kg.
- Puges quatre plantes per canviar un abric que no t'anava bé. Et tornen 75 €.
- Com que t'has cansat, decideixes menjar una mica a la cafeteria, que és a la cinquena planta. Beus un refresc i et menges un entrepà per 4,5 €.

Problemes

1. Quants quilograms de productes has comprat?
2. Calcula quant t'has gastat a la fruiteria, la peixateria, la carnisseria i la cafeteria.
3. Completa una taula com aquesta amb els moviments de la targeta:

Deure	Haver	Concepte

4. Si al teu compte hi havia 10 €, quants diners et queden? El compte està en nombres vermells? Expressa-ho amb una operació.
5. Escriu amb una operació els desplaçaments que has fet amb l'ascensor. Has aparcat el cotxe al segon soterrani. Expressa amb una operació com hi arribaries.

Matematitza: 1, 2, 3, 5 **Argumenta: 4**

2 Fraccions: exactitud en repartir

Què li toca, a cadascú?

Prenem massa sucre?

AM AL AP

Social Personal

Aprèn a...

Identificar els nombres fraccionaris i fer-los servir per interpretar informació quantitativa.

Fer servir els nombres fraccionaris i les seves operacions elementals per resoldre problemes quotidians contextualitzats.

Ítem 1. La festa d'aniversari

Avui és l'aniversari dels bessons Anna i Jaume. Per celebrar-ho, han organitzat un berenar amb tots els seus amics. Entre tots dos, reuneixen 10 amics: 5 nois i 5 noies.

Els dos germans i els seus pares, per a la festa, han preparat fruita seca, entrepans i canapès.

Ítem 2. Representació en la recta numèrica

Les fraccions pròpies es representen entre 0 i 1. Es divideix aquest segment en tantes parts iguals com indiqui el denominador i, a partir de 0, se'n compten tantes com indiqui el numerador.

Representació en la recta numèrica

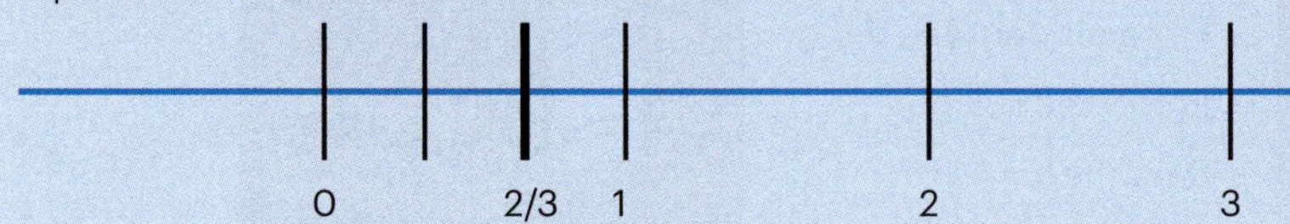

Per representar fraccions impròpies, primer es descomponen en una suma de fraccions unitat més una fracció pròpia. A partir de 0 es compten les fraccions unitat i en la següent es representa la fracció pròpia, tal com s'ha indicat abans: $\frac{5}{4}=\frac{4}{4}+\frac{1}{4}=1+\frac{1}{4}$.

Representació en la recta numèrica

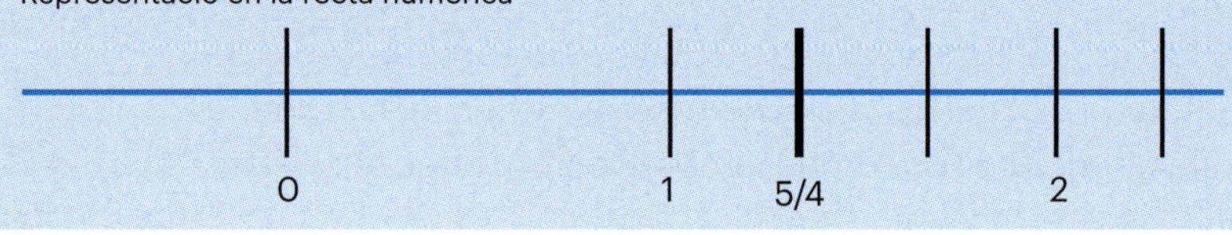

Construeix amb el que saps

Matematitza 1 Per a la festa d'aniversari, van preparar 60 canapès en total: la quarta part eren de paté, 2/5 eren de pernil i formatge, la sisena part eren d'anxoves amb tomàquet i la resta eren de formatge amb nous. Quants canapès van fer de cada tipus?

L'exemple següent et pot ajudar: $\frac{3}{8}$ de $24=\frac{3}{8}\cdot 24=\frac{3}{8}\cdot\frac{24}{1}=\frac{3\cdot 24}{8\cdot 1}=\frac{72}{8}=9$.

2 Quina fracció del total correspon als canapès de formatge amb nous?

Argumenta 3 Si haguessin fet la mateixa quantitat de tots els tipus de canapès, quants n'hi hauria de cada tipus? Quina fracció del total representaria cada tipus de canapè en aquest cas?

Matematitza 4 Al final de la festa, s'havien menjat 2/3 dels canapès de patè, la meitat dels de pernil i formatge i la cinquena part dels d'anxoves amb tomàquet. Quina fracció del total es van menjar de cada tipus?

Argumenta 5 Calcula la fracció de canapès que es van menjar en total. Quina fracció en va quedar?

6 El pare del Jaume va preparar una gerra grossa de batut de fruites de temporada.

a Si amb la gerra plena es poden omplir 5 gots, quina fracció de la gerra conté un got?

b Tenint en compte l'apartat *a*, si cadascú es begués un got de batut, quina fracció representaria la quantitat necessària per emplenar-los tots?

c A quantes gerres de batut equival la fracció de l'apartat *b*?

Representa 7 Representa en la recta numèrica totes les fraccions de l'enunciat de l'exercici 1 i l'obtinguda en l'apartat *b* de l'exercici 6.

Ítem 3. Quantitat de sucre recomanada

L'OMS (Organització Mundial de la Salut) és un organisme de les Nacions Unides que porta a terme funcions relacionades amb la salut pública a tot el món.

Per a una persona sana, l'OMS recomana no prendre més de 50 g de sucre al dia (equivalent a 12 culleradetes rases).

L'Anna, per esmorzar abans d'anar a classe, cada matí es pren un got de llet amb cereals. A l'hora del pati es menja un brioix de xocolata. I, per berenar, es menja un iogurt natural amb una culleradeta de mel i una peça de fruita.

Ítem 4. Equivalències

El sucre que conté cadascun dels aliments que consumeix l'Anna, mesurat en tasses, queda reflectit en la taula següent:

Aliments	Tasses
	$\frac{1}{3}$
	$\frac{1}{6}$
	$\frac{1}{48}$
	$\frac{5}{16}$

Ítem 5. Divisió de fraccions

Per repartir 1 kg de sucre en paquets d' $\frac{1}{4}$ kg, es necessitaran 4 paquets de 250 g cadascun. Això és, $1:\frac{1}{4}=4$. El repartiment de 3 kg requereix 12 paquets com els anteriors (4 per cada kg), és a dir, $3:\frac{1}{4}=3\cdot 4=12$.

I si fossin 3 kg en paquets de $\frac{3}{4}$, caldria dividir la quantitat corresponent a $\frac{1}{4}$ entre 3, perquè cada paquet és tres vegades més gros. Per tant, $3:\frac{3}{4}=\frac{3\cdot 4}{3}=4$. En general, $\frac{a}{b}:\frac{c}{d}=\frac{a\cdot d}{b\cdot c}$.

Construeix amb el que saps

Matematitza

8 Calcula la quantitat de sucre que l'Anna es pren cada dia.

Per fer-ho, segueix aquests passos:

a Troba el mínim comú múltiple dels denominadors 3, 6, 48 i 16.

b Calcula una fracció equivalent a les que hi ha en la taula de l'ítem 4, de manera que tinguin de denominador el m. c. m. anterior.

c Substitueix cada fracció per la seva equivalent, resol i simplifica l'operació $\frac{1}{3}+\frac{1}{6}+\frac{1}{48}+\frac{5}{16}$.

d Completa la frase amb la fracció corresponent: «L'Anna pren ____ de tasses de sucre al dia».

Argumenta

9 Calcula el nombre de tasses d' $\frac{1}{4}$ de sucre que l'Anna consumeix diàriament. S'ajusta a la recomanació de l'OMS?

Matematitza

10 Si canviés el brioix de l'hora del pati i el iogurt del berenar per una poma, que conté sucre en una quantitat equivalent a $\frac{1}{20}$ de tassa, quina fracció de sucre consumiria al dia? Quina diferència hi ha amb la quantitat anterior?

El que has construït

Representes **fraccions** en la **recta numèrica**.

Efectues **sumes i restes** de fraccions amb denominador diferent.

Efectues **multiplicacions i divisions** de fraccions.

Apunt 3

Un nombre es pot considerar com una fracció de denominador 1.

$$7 = \frac{7}{1} = \frac{14}{2} = \frac{21}{3}$$

Professor a casa. Descomposició de fraccions impròpies.

3. Representació de fraccions

Les fraccions es representen en la recta numèrica de la manera següent:

- Les **fraccions pròpies** es representen en el segment entre 0 i 1. Es divideix en tantes parts iguals com indiqui el denominador i, partint del 0, es compten tantes parts com indiqui el numerador.
- Les **fraccions impròpies** es descomponen en la suma de fraccions unitat més una fracció pròpia. Partint de 0, primer es compten les fraccions unitat i, en la següent, es representa la fracció pròpia amb el mètode que s'ha explicat en el paràgraf anterior.

Exemple

9. Per representar la fracció $\frac{3}{5}$, es divideix el segment entre 0 i 1 en cinc parts iguals, i, a partir de 0, es compten 3 unitats.

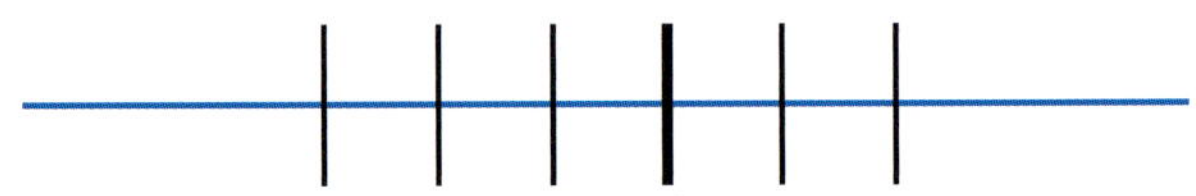

La fracció $\frac{5}{3}$ s'ha de descompondre, $\frac{5}{3} = \frac{3}{3} + \frac{2}{3} = 1 + \frac{2}{3}$.

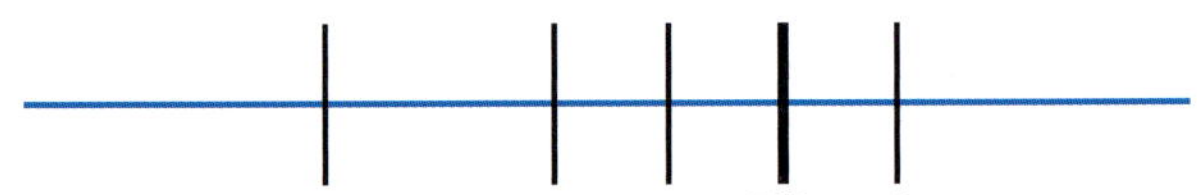

Apunt 4

Donada la definició de numerador i denominador, trobar la fracció d'un nombre consisteix a dividir aquest nombre en tantes parts iguals com indica el denominador i agafar-ne tantes com indica el numerador.

Per fer-ho, acostuma a ser més fàcil calcular la fracció d'un nombre mitjançant la segona forma.

Jerarquia de les operacions

L'ordre per operar amb fraccions és el mateix que el que s'ha estudiat per als nombres naturals i els nombres enters.

Exemples

11. $\frac{3}{8} \cdot \frac{6}{7} = \frac{3 \cdot 6}{8 \cdot 7} = \frac{18}{56} = \frac{9}{28}$

12. La fracció inversa de $\frac{5}{11}$ és $\frac{11}{5}$, ja que:

$$\frac{5}{11} \cdot \frac{11}{5} = \frac{5 \cdot 11}{11 \cdot 5} = \frac{55}{55} = 1.$$

4. Fracció d'un nombre

Per trobar la **fracció d'un nombre**, es multiplica la fracció per aquell nombre. Aquest càlcul es pot fer de dues formes:

- Multiplicant el nombre pel numerador de la fracció i dividint-ne el resultat entre el denominador.
- Dividint el nombre entre el denominador i multiplicant-ne el resultat pel numerador (apunt 4).

Exemple

10. Els $\frac{5}{8}$ de 72 són $\frac{5}{8} \cdot 72 = \frac{5 \cdot 72}{8} = 5 \cdot 9 = 45$.

5. Multiplicació de fraccions

El resultat de **multiplicar dues o més fraccions** és una altra fracció que té, de numerador, el producte dels numeradors i, de denominador, el producte dels denominadors:

$$\frac{a}{b} \cdot \frac{c}{d} = \frac{a \cdot c}{b \cdot d}$$

6. Inversa d'una fracció

La **fracció inversa** d'una altra és la que, multiplicada per si mateixa, dona com a resultat 1. S'obté intercanviant la posició del numerador i el denominador.

En general, la inversa de $\frac{a}{b}$ és $\frac{b}{a}$.

7. Divisió de fraccions

La **divisió** de dues fraccions és una altra fracció que es pot obtenir:

- Multiplicant la primera per la inversa de la segona: $\frac{a}{b}:\frac{c}{d}=\frac{a}{b}\cdot\frac{d}{c}=\frac{a\cdot d}{b\cdot c}$.
- Multiplicant les fraccions en creu (apunt 5), tal com s'indica: $\frac{a}{b}:\frac{c}{d}=\frac{a\cdot d}{b\cdot c}$.

Exemple

13. Observa les dues formes de calcular la divisió $\frac{10}{6}:\frac{8}{3}$:

I. $\frac{10}{6}:\frac{8}{3}=\frac{10}{6}\cdot\frac{3}{8}=\frac{30}{48}=\frac{5}{8}$

II. $\frac{10}{6}:\frac{8}{3}=\frac{10\cdot 3}{6\cdot 8}=\frac{30}{48}=\frac{5}{8}$

Apunt 5

Observa com es divideixen fraccions seguint les fletxes:

$$\frac{a}{b} \times \frac{c}{d} = \frac{a\cdot d}{b\cdot c}$$

8. Reducció de fraccions a denominador comú

Es tracta d'expressar les fraccions mitjançant d'altres que en són equivalents, de manera que totes tinguin el **mateix denominador**. El denominador comú serà el m. c. m. dels denominadors (apunt 6).

Per fer-ho:

1. Es troba el m. c. cm. dels denominadors.
2. S'obtenen fraccions equivalents a les inicials, de manera que el seu denominador sigui el m. c. m. obtingut.

Exemple

14. Redueix a denominador comú $\frac{3}{2}, \frac{7}{6}$ i $\frac{5}{4}$.

Primer es calcula el m. c. m. (2, 6, 4) = 12.

$\frac{3}{2}=\frac{3\cdot 6}{2\cdot 6}=\frac{18}{12}$ $\quad\frac{7}{6}=\frac{7\cdot 2}{6\cdot 2}=\frac{14}{12}$ $\quad\frac{5}{4}=\frac{5\cdot 3}{4\cdot 3}=\frac{15}{12}$

Professor a casa.
Descomposició de fraccions impròpies.

Apunt 6

Recorda

Per trobar el m. c. m. de diversos nombres, primer se n'ha d'obtenir la descomposició factorial. El m. c. m. es calcula multiplicant els factors comuns i no comuns elevats a l'exponent més gran.

9. Suma i resta de fraccions amb diferent denominador

Per **sumar i restar fraccions** que no tenen el mateix denominador, se segueixen aquests passos:

1. Es redueixen a denominador comú.
2. Se sumen o es resten les noves fraccions. Recorda que el resultat és una altra fracció que té el mateix denominador i el numerador de la qual és la suma o la resta dels numeradors (apunt 7).

Exemple

15. Calcula $\frac{1}{2}+\frac{7}{9}-\frac{5}{6}$:

I. m. c. m. (2, 9, 6) = $2\cdot 3^2=18$

II. $\frac{1}{2}=\frac{9}{18}$; $\frac{7}{9}=\frac{14}{18}$; $\frac{5}{6}=\frac{15}{18}$

III. $\frac{1}{2}+\frac{7}{9}-\frac{5}{6}=\frac{9}{18}+\frac{14}{18}-\frac{15}{18}=\frac{8}{18}=\frac{4}{9}$

Apunt 7

Sempre que es resolen operacions amb fraccions, cal simplificar-ne el resultat, si és possible.

Entrena't

16. Calcula:

a Els $\frac{3}{5}$ de 75.

b Els $\frac{6}{11}$ de 99.

c Els $\frac{7}{9}$ de 90.

d Els $\frac{3}{10}$ de 100.

17. Representa:

a Les següents fraccions pròpies en la recta numèrica. Fes una recta diferent per a cada una:

$\frac{3}{8}$ $\frac{1}{6}$ $\frac{4}{10}$ $\frac{2}{5}$ $\frac{5}{9}$

b En la mateixa recta numèrica $\frac{4}{10}$ i $\frac{2}{5}$. Què hi observes? Com són les fraccions?

18. Representa:

a Les següents fraccions impròpies:

$\frac{3}{2}$ $\frac{6}{4}$ $\frac{10}{5}$ $\frac{9}{4}$ $\frac{8}{3}$

b En la mateixa recta numèrica $\frac{3}{2}$ i $\frac{6}{4}$. Com són les fraccions?

c Ara, escriu dues fraccions la representació de les quals sigui el mateix punt que les de l'apartat *b*.

19. D'un cistell de pomes, la Míriam se'n va menjar $\frac{1}{6}$ del total i en Dídac, la quarta part. Quina fracció del total de pomes va quedar al cistell?

20. Resol amb fraccions les multiplicacions i les divisions següents:

a $\frac{4}{3} \cdot \frac{9}{2}$

b $\frac{8}{6} \cdot \frac{3}{5}$

c $\frac{7}{4} \cdot \frac{1}{14}$

d $\frac{6}{9} : \frac{2}{3}$

e $\frac{1}{8} : \frac{7}{4}$

f $\frac{10}{4} : \frac{5}{2}$

21. Troba el resultat de les següents sumes i restes amb fraccions:

a $\frac{1}{8} + \frac{5}{2}$

b $\frac{5}{6} + \frac{2}{3}$

c $\frac{2}{7} - \frac{3}{14}$

d $\frac{5}{4} - \frac{7}{8}$

e $\frac{3}{10} + \frac{4}{5} + \frac{3}{2}$

f $\frac{1}{12} + \frac{8}{3} + \frac{5}{6}$

g $\frac{2}{6} + \frac{9}{4} - \frac{4}{3}$

h $\frac{13}{5} - \frac{3}{2} + \frac{1}{4}$

22. Troba un nombre, si saps que la meitat de la seva meitat és 6.

23. Quina és la fracció que, en dividir-la entre 3, dona $\frac{2}{9}$?

24. Calcula la fracció que, en ser multiplicada per 4, dona com a resultat $\frac{3}{2}$.

25. Si a una fracció se li resta $\frac{1}{5}$ i s'obté $\frac{7}{10}$, quina fracció és?

Banc digital

Mates en context

3 AM AL Personal **L'afició de la Laura**

Com que a la Laura li agrada pintar, el dia del seu aniversari li vaig regalar una capsa de colors de cera. A banda de pintar a casa, també surt amb el seu pare per dibuixar paisatges.

Problemes

1. Durant els tres primers mesos va gastar la quarta part dels colors. Quina fracció li'n quedava?
2. Dos mesos més tard havia esgotat la tercera part dels colors que li havien quedat. Quina fracció del total va gastar en aquells dos mesos?
3. Calcula la fracció de colors que va gastar durant els cinc mesos.
4. Troba la fracció de colors que li van quedar.
5. Si en aquell moment tenia 18 colors, quants en tenia la capsa al principi?
6. En tan sols un mes més, va gastar 8 colors. Quina fracció del total li quedava?

Matematitza: 1, 2, 3, 5 **Argumenta: 4, 6**

4 AM AL AP Personal Qui llegeix més ràpid?

El Dia del Llibre, el Daniel i l'Helena es regalen un llibre l'un a l'altre.

El comencen a llegir l'endemà mateix i volen comprovar qui triga menys a acabar-lo. Com era previsible, el nombre de pàgines d'un llibre i de l'altre no és el mateix.

La taula següent mostra com avancen en el ritme de lectura durant els tres primers dies:

Dies	Daniel	Helena
1r	$\frac{1}{17}$	$\frac{1}{15}$
2n	$\frac{1}{6}$ del que li quedava	El doble del dia anterior
3r	La meitat del que va llegir el dia anterior	$\frac{1}{11}$ del que li quedava

Problemes

1. Calcula la fracció de pàgines que li quedaven per llegir al Daniel el primer dia.
2. Troba la fracció de pàgines que va llegir el Daniel el segon dia.
3. Quina fracció del total de pàgines havia llegit entre els dos primers dies? Quina fracció li quedava encara per llegir?
4. Troba la fracció corresponent a les pàgines que va llegir el tercer dia i la que indica tot el que havia llegit fins a aquell moment.
5. Quina fracció li queda encara per llegir?
6. Torna a fer els mateixos exercicis, però referits a l'Helena.
7. Tenint en compte la fracció del llibre que ha llegit cadascú, qui ha llegit més?
8. Quantes pàgines té el llibre del Daniel, si encara li'n falten per llegir 380? I el de l'Helena, si sabem que encara li'n falten per llegir 240?
9. Calcula el nombre de pàgines que va llegir cada amic durant cada un dels tres primers dies.

Matematitza: 1, 2, 3, 4, 6, 8, 9 **Argumenta: 5, 7**

5 AM AL Social Els embassaments abans i després de ploure

La capacitat dels embassaments espanyols és, aproximadament, de 56 074 hm^3.

En les èpoques d'escassetat de pluja, l'aigua embassada disminueix fins a una quantitat preocupant. Per sort, durant les èpoques més plujoses, es tornen a recuperar prou com per poder abastir el consum racional.

Problemes

1. A la fi de l'estiu passat, el pantà que hi ha a prop del poble del Cesc tenia la desena part de la seva capacitat màxima. Si, per cobrir les necessitats d'abastiment d'aigua del poble, ha d'estar, almenys, a la cinquena part d'aquesta capacitat, quina fracció del total li faltava en aquell moment per cobrir les necessitats del poble?
2. Amb les pluges d'hivern, el pantà va augmentar el triple de l'aigua que tenia. Quina fracció de la capacitat total tenia al final de l'hivern?
3. En aquell moment, va aconseguir arribar a la meitat de la seva capacitat? Quant li faltava o quant li sobrava respecte d'aquella mesura?
4. Durant les pluges de la primavera, el pantà es va omplir fins als $\frac{3}{4}$ de la seva capacitat total. Quina fracció d'aigua va recollir en aquell temps?
5. Amb aquella capacitat, quantes vegades es poden abastir les necessitats de la població?
6. Si la capacitat del pantà és de 3160 hm^3, calcula la quantitat d'aigua en aquests moments:

   a Al final de l'estiu passat.
   b Al final de l'hivern.
   c A la fi de la primavera.
7. Hi ha persones que passen de viure a la ciutat a viure en algun poble. Si durant un any la població del poble del Cesc augmentés la meitat, quina fracció de la capacitat del pantà es necessitaria, com a mínim, per abastir tots els habitants?

Argumenta: 1, 2, 3, 7 **Matematitza: 4, 5, 6**

3 La forma del menjar!

Quina forma tenen els envasos? Dins de quin envàs hi cap més aliment?

AM AL AP

Social Personal

Aprèn a...

Analitzar diferents cossos geomètrics i identificar-ne els elements característics.

Resoldre problemes que requereixen calcular longituds, superfícies i volums del món físic fent servir propietats, regularitats i relacions dels poliedres.

Ítem 1. El menjar i els envasos

En la nostra societat, la majoria dels aliments ens arriben envasats i la majoria dels envasos són figures geomètriques que, en matemàtiques, s'anomenen *prismes* (com una capsa de cereals, per exemple) o *cilindres* (com les llaunes de conserves o de refrescos). Gràcies al fet que els envasos tenen aquesta forma, en podem obtenir molta informació.

Ítem 2. La forma és important

Els envasos que no tenen totes les cares planes (com ara una llauna de conserves) s'acostumen a empaquetar en grups o lots de diversos elements i es guarden en capses en forma de prisma, perquè així són molt més fàcils d'emmagatzemar. Per exemple, les llaunes de conserves se solen vendre en lots de 2, 3, 4 o 6 llaunes agrupades en una capsa (en general, de cartró) en forma de prisma. Les galetes circulars també s'emmagatzemen de manera que formen una pila en forma cilíndrica i aquest paquets es fiquen en capses que tenen forma de prisma.

Ítem 3. Les llaunes

Les llaunes són un tipus d'envàs molt utilitzat gràcies al fet que tenen un preu baix i que conserven molt bé els aliments.

Hi ha dos tipus de llaunes: les d'alumini, com les dels refrescos, i les de llauna, que són les que es fan servir, sobretot, per a les conserves.

Aquestes llaunes tenen forma cilíndrica i presenten, normalment, unes mesures estàndards:

- Llauna d'alumini: radi de 33 mm i altura de 112 mm.
- Llauna de llauna: radi de 34 mm i altura de 34 mm.

Ítem 4. Formes i mesures dels envasos

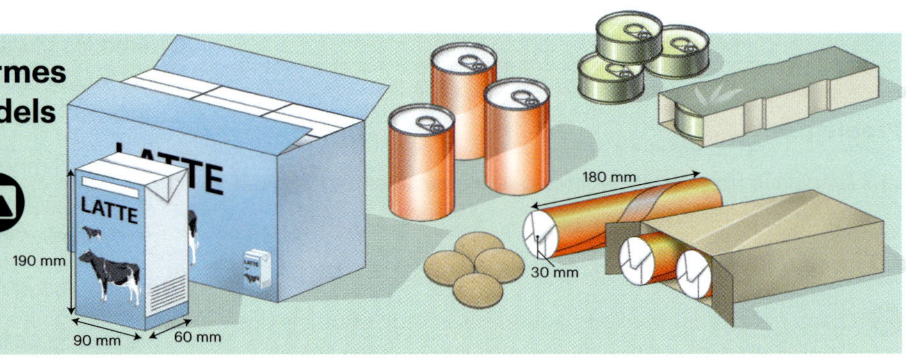

Construeix amb el que saps

Comunica

① Quin tipus de figura són les llaunes de tonyina? I les llaunes de refresc? I les capses de cereals? I els paquets de galetes? Comenta amb els companys i les companyes les diferents formes d'envasos alimentaris que us vinguin al cap i mireu de trobar aliments amb envasos poc habituals.

Representa

② Dibuixa com quedarien la llauna de conserves petita i la grossa del dibuix de l'ítem 4 si se'n posessin totes les cares, estirades sobre una taula (d'això se'n diu obtenir-ne el desenvolupament). Quines figures són? Escriu-ne les dimensions.

③ Ara, dibuixa com quedaria un bric de llet com el del dibuix de l'ítem 4 si en poses totes les cares estirades sobre una taula. Quines figures són? Escriu-ne les dimensions.

Matematitza

④ Calcula l'àrea de les figures dels exercicis 2 i 3.

⑤ Amb els resultats de l'exercici anterior, calcula (en mm^2) la superfície de llauna que es necessita per fabricar una llauna petita i la que es necessita per a una llauna grossa. Quantes llaunes de les petites es poden fabricar per cada llauna grossa?

Ítem 5. El cub

El cub (normalment, anomenat també dau) és una figura geomètrica tridimensional, de sis cares que són quadrats.

El volum d'un cub es calcula amb la fórmula següent:

$$V = l^3$$

En aquesta fórmula, l és la longitud dels costats dels quadrats que té per cares.

Ítem 6. Volum d'un cilindre

El volum d'un cilindre es calcula així: $V = A_{base} \cdot$ altura.

Com que la base és un cercle i l'altura se sol expressar amb la lletra h, aquesta fórmula també es pot escriure així:

$$V = \pi \cdot r^2 \cdot h$$

Ítem 7. Recorda

1 mL = 1 cm^3 i 1 L = 1 dm^3

Àrea d'un rectangle:

$$A = b \cdot h$$

Àrea d'un cercle: $A = \pi \cdot r^2$

Longitud d'una circumferència:

$$L = 2 \cdot \pi \cdot r$$

Construeix amb el que saps

Argumenta

6 L'empresa que comercialitza les llaunes de tonyina vol fer paquets amb les llaunes petites i agrupar-les de sis en sis. Cada lot de sis va en una capsa de cartró. Troba diferents maneres de col·locar les llaunes i calcula quant de cartró es necessitaria en cada cas per fabricar la capsa que les contingués. Quina seria la millor manera d'agrupar-les? Comenta-ho amb els companys i les companyes.

Matematitza

7 Amb la fórmula de l'ítem 6, calcula el volum de cada tipus de llauna. Quantes llaunes petites farien falta per omplir la llauna grossa?

8 Si es vol omplir un recipient de 750 cL, quantes llaunes petites farien falta? I quantes llaunes grosses?

Argumenta

9 Al supermercat hi ha una oferta de galetes. Malgrat que són rodones, aquestes galetes estan agrupades en capses amb dos paquets cada una, tal com es veu en el dibuix de l'ítem 4. Volem agafar la màxima quantitat possible d'aquestes capses, tenint en compte les dimensions de l'armari on les hem de desar. Si les capses de galetes mesuren 144 × 72 × 230 mm i les dimensions de l'armari són 500 × 500 × 200 mm, esbrina de quina manera hi caben més capses i calcula-ho.

Matematitza

10 Calcula l'espai que ha quedat sense omplir de l'armari de l'exercici 9.

11 Dins d'una capsa de galetes hi ha parts que han quedat buides, perquè els dos cilindres continguts dins dels paquets no ocupen tot l'espai de la capsa. Calcula el volum que sobra dins de cada capsa a partir de les mesures del dibuix de l'ítem 4.

12 Amb les dades obtingudes en els exercicis 10 i 11, calcula l'espai que sobrarà dins de l'armari.

13 Una llauna de refresc de les dimensions que es donen en l'ítem 3 sol contenir 33 cL. Calcula les dimensions de la llauna i l'espai en què no hi ha refresc.

14 Si tenim una ampolla de refresc de 2 L, quants gots cilíndrics de 5 cm de diàmetre i 10 cm d'altura podríem emplenar? Quina quantitat sobraria?

Argumenta

15 Si tenim una llauna de refresc de 33 cL, el contingut cabria en un got de 5 cm de diàmetre i 10 cm d'altura? Si els glaçons de gel són cubs de 2 cm de costat, quants glaçons podríem ficar al got sense que el líquid sobreeixís?

El que has construït

Reconeixes **prismes i cilindres**.

Saps obtenir el **desenvolupament de figures tridimensionals**.

Calcules l'àrea i la superfície de prismes i cilindres.

10. Poliedres

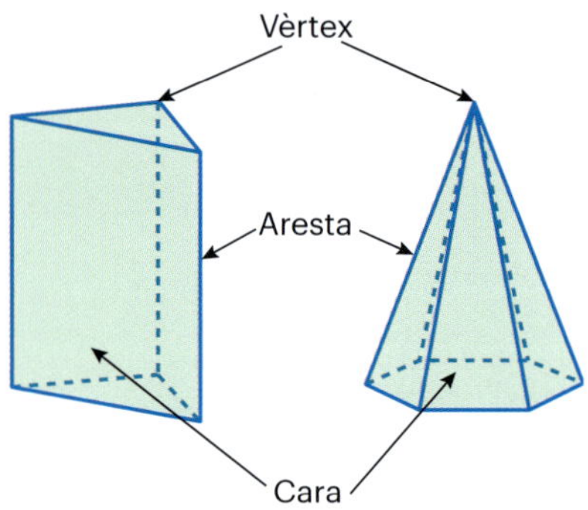

Fig. 1. Elements d'un poliedre.

Un **poliedre** és un cos geomètric tridimensional que està limitat per quatre o més polígons (fig. 1).

Els poliedres poden ser convexos o còncaus. Un poliedre és **convex** si el segment que uneix qualsevol parell de vèrtexs està contingut dins del poliedre; en el cas contrari, es tracta d'un poliedre **còncau**.

Per als poliedres convexos hi ha una fórmula que relaciona el nombre de cares, vèrtexs i arestes. Aquesta relació es coneix com la **fórmula d'Euler**:

Nombre de cares + Nombre de vèrtexs = Nombre d'arestes + 2

El desenvolupament d'un poliedre és la figura que s'obté en estendre'l sobre un pla.

Exemple

16. Aquí es pot observar el desenvolupament de dos poliedres diferents:

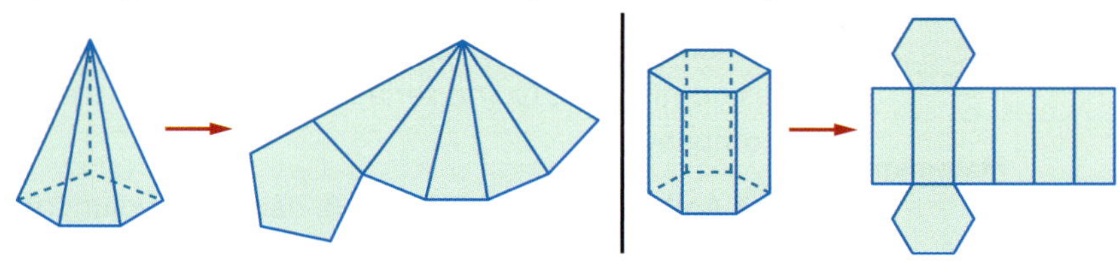

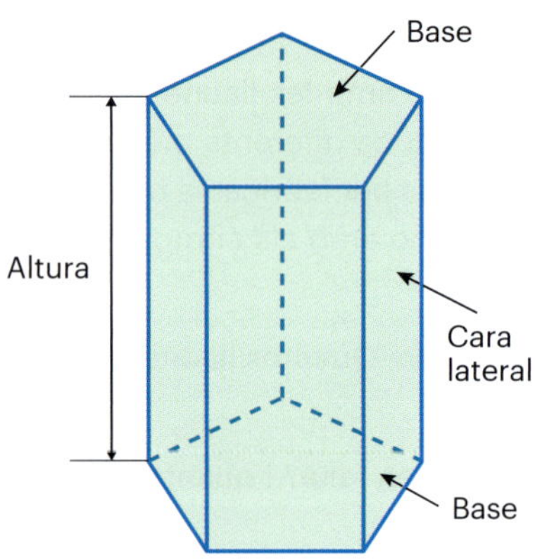

Fig. 2. Elements d'un prisma.

11. Prismes

Un **prisma** és un poliedre que té dues cares iguals i paral·leles, anomenades bases. Les cares restants són paral·lelograms (fig. 2).

Els prismes es distingeixen i s'anomenen segons el polígon de les bases. Per tant, hi ha prismes triangulars, quadrangulars, pentagonals, etc.

L'**àrea total** d'un prisma es calcula sumant les àrees dels polígons que el componen:

$$A_{total} = A_{bases} + A_{lateral}$$

El **volum** es calcula a partir de la fórmula següent:

$$V = A_{base} \cdot h$$

Exemple

17. Per calcular el volum d'un prisma rectangular de 2 cm de base per 8 cm d'altura i 3 cm de fons, cal trobar l'àrea de la base. Com que la base és un rectangle:

$A_{base} = 2 \cdot 3 = 6$

Així, el volum del prisma és:

$V = A_{base} \cdot h = 6 \cdot 8 = 48$

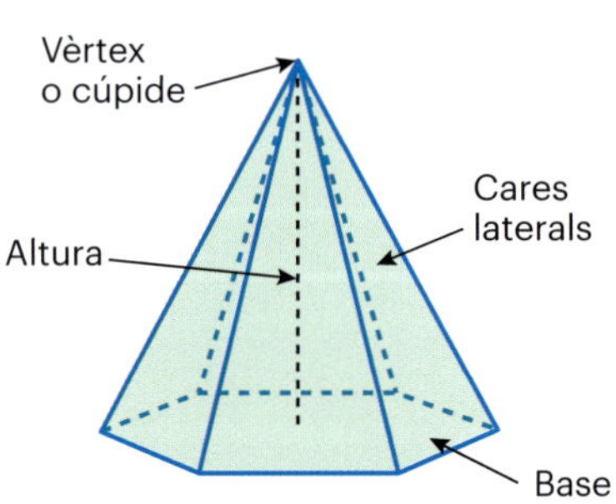

12. Piràmides

Una **piràmide** és un poliedre que té de base un polígon qualsevol i de cares laterals triangles que concorren en un vèrtex comú.

Les piràmides es diferencien i s'anomenen segons el polígon de la seva base; així, hi ha piràmides triangulars, quadrangulars, pentagonals, etc.

L'**àrea total** d'una piràmide es calcula sumant les àrees dels polígons que la componen: $A_{total} = A_{bases} + A_{lateral}$

El **volum** es calcula a partir de la fórmula següent:

$$V = \frac{1}{3} \cdot A_{base} \cdot h$$

Professor a casa. Àrea i volum d'una piràmide.

13. Cossos de revolució

Un **cos de revolució** és un cos geomètric obtingut a partir d'una figura plana que gira al voltant d'un eix.

Professor a casa. Àrea i volum d'un cilindre.

14. Cilindre

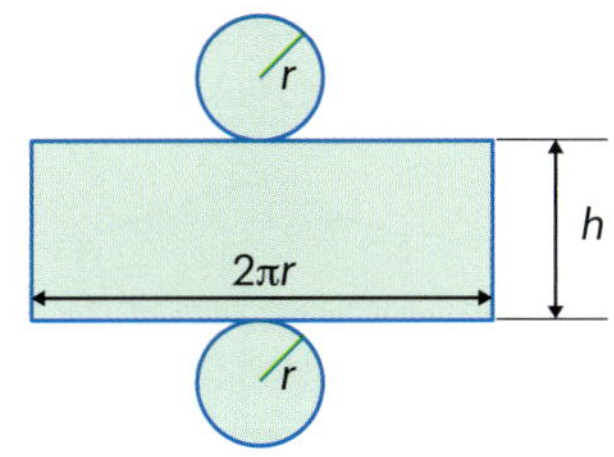

Un **cilindre** és un cos de revolució generat en girar un rectangle al voltant d'un eix.

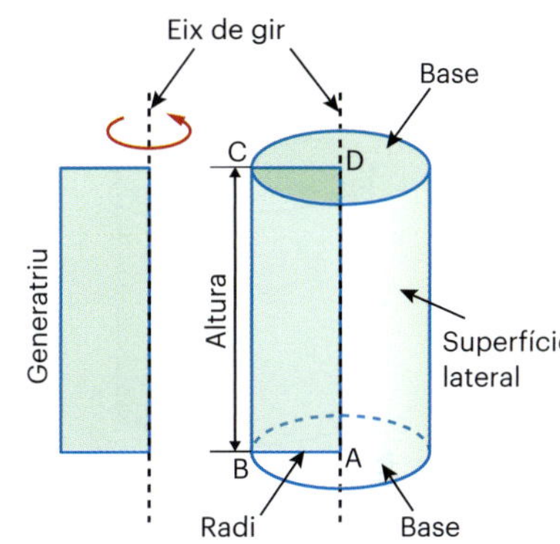

L'àrea total d'un cilindre es calcula sumant les àrees de les figures que el componen:

$$A_{\text{total}} = A_{\text{bases}} + A_{\text{lateral}} = \pi \cdot r^2 + 2 \cdot \pi \cdot r \cdot h$$

El **volum** es calcula a partir de la fórmula següent:

$$V = A_{\text{base}} \cdot h = \pi \cdot r^2 \cdot h$$

Exemple

18. Per calcular el volum d'aquest cilindre, cal trobar l'àrea de la base, que, com que és un cilindre, serà aquesta:

$$A_{\text{base}} = \pi \cdot r^2 = 3{,}14 \cdot 2^2 = 12{,}56 \text{ cm}^2$$

Per tant, el volum del cilindre és:

$$V = A_{\text{base}} \cdot h = 12{,}56 \cdot 4 = 50{,}24 \text{ cm}^3$$

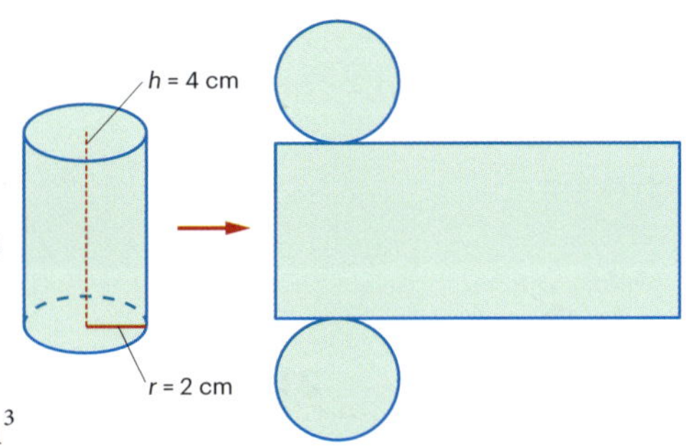

15. Con

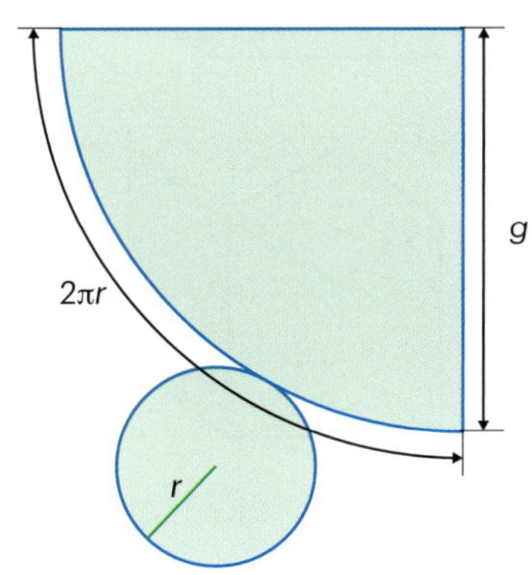

Un **con** és un cos de revolució generat en girar un triangle rectangle al voltant d'un dels catets.

L'**àrea total** d'un con es calcula sumant les àrees de les figures que el componen:

$$A_{\text{total}} = A_{\text{base}} + A_{\text{lateral}} = \pi \cdot r^2 + 2 \cdot \pi \cdot r \cdot g$$

El **volum** es calcula fent servir aquesta fórmula:

$$V = \frac{1}{3} \cdot A_{\text{base}} \cdot h = \frac{1}{3} \cdot \pi \cdot r^2 \cdot h$$

16. Esfera

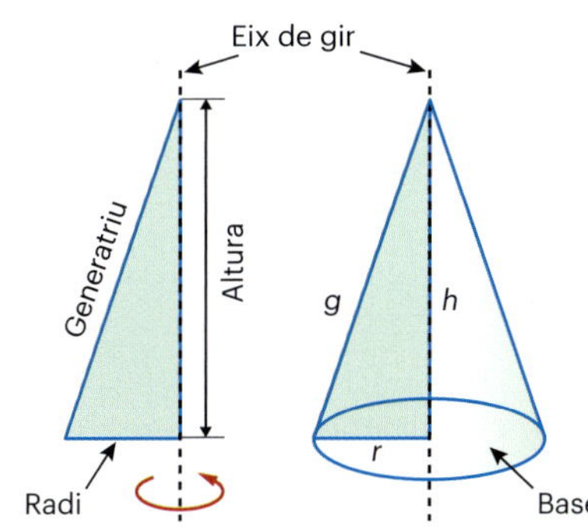

Una **esfera** és un cos de revolució generat en girar un semicercle al voltant del seu diàmetre.

L'**àrea** d'una esfera no es pot calcular sumant les àrees de les figures que la componen perquè una esfera no té desenvolupament pla. Per calcular-la, es fa servir la fórmula $A = 4 \cdot \pi \cdot r^2$.

El **volum** es calcula a partir de la fórmula següent: $V = \frac{4}{3} \cdot \pi \cdot r^3$.

Entrena't

26. Indica en cada cas si la figura corresponent és un poliedre o un cos de revolució, digues quin nom rep i dibuixa'n el desenvolupament:

a

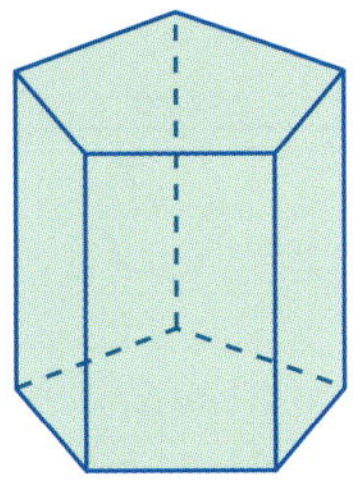

c

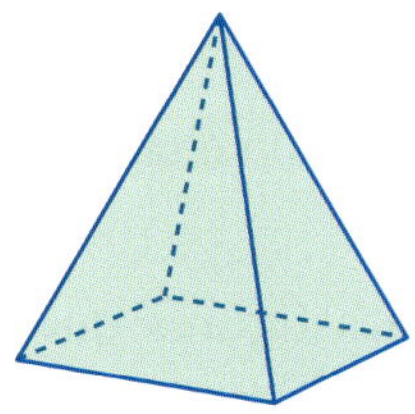

b

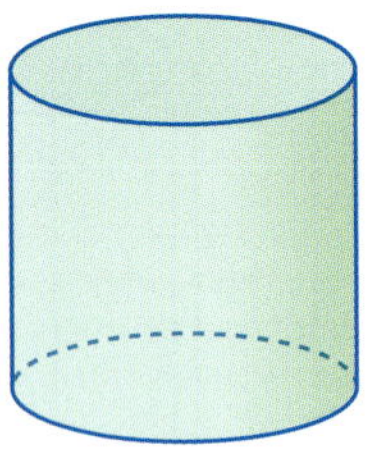

d

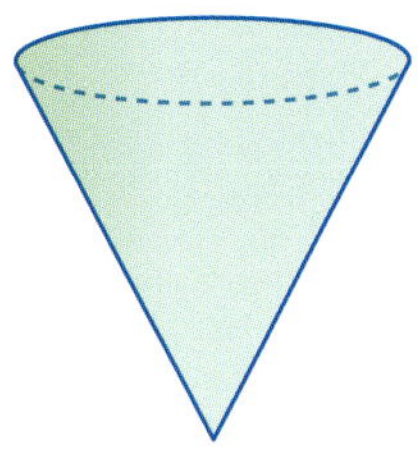

27. Calcula el nombre de cares, vèrtexs i arestes de cadascun d'aquests poliedres. A continuació, classifica'ls en convexos o còncaus i comprova que es compleix la fórmula d'Euler en aquells que siguin convexos:

a

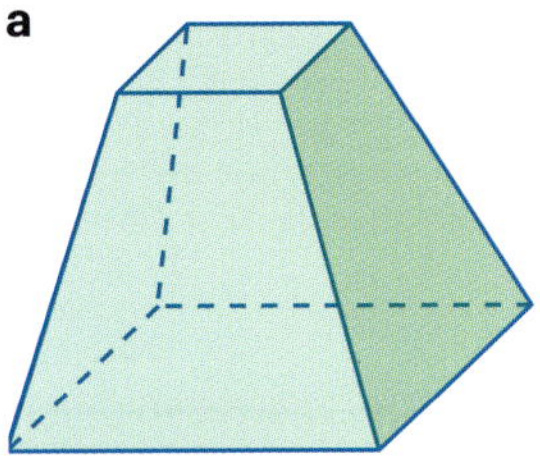

d

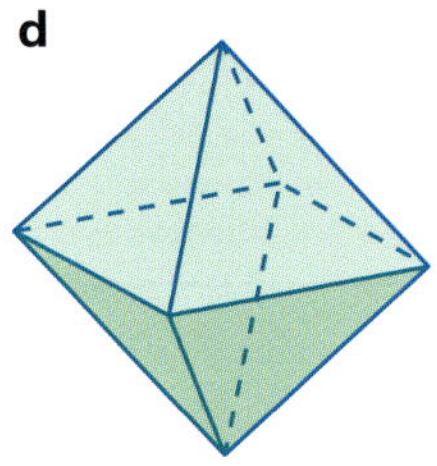

b

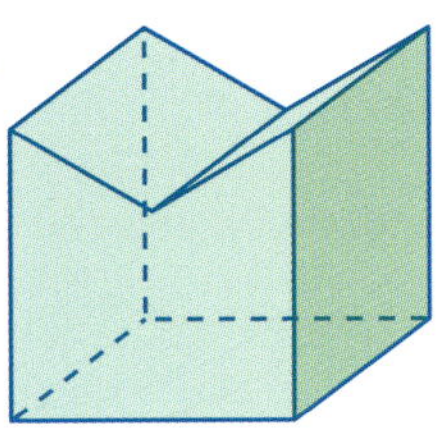

e

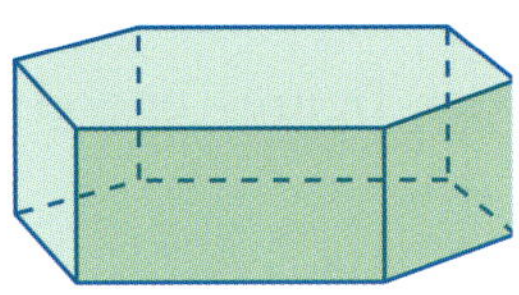

c

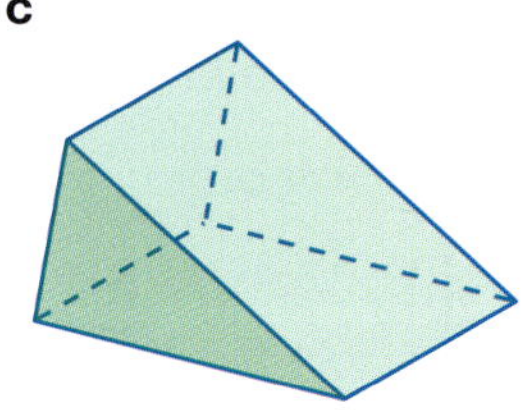

f

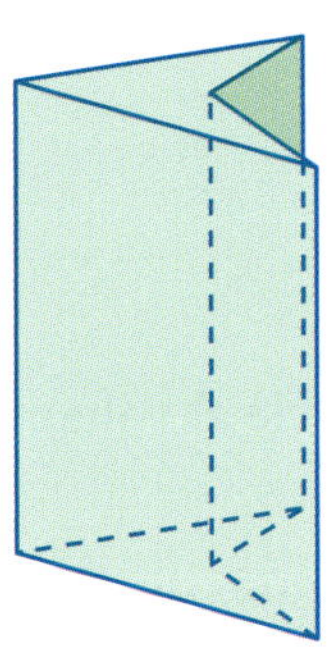

28. Calcula l'àrea i el volum d'una esfera el radi de la qual fa 5 cm.

29. Calcula l'àrea i el volum dels prismes següents:

a

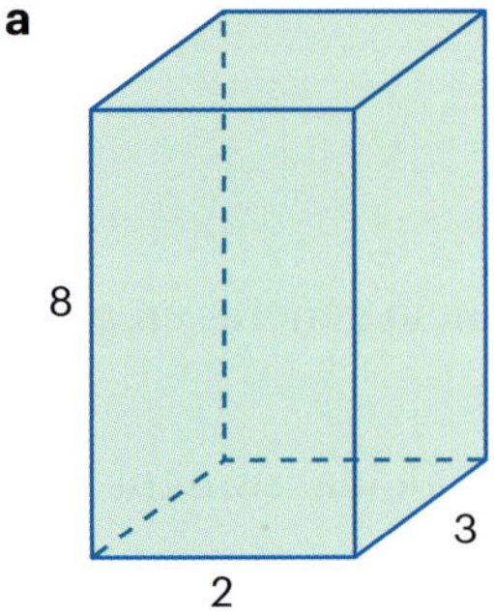

b

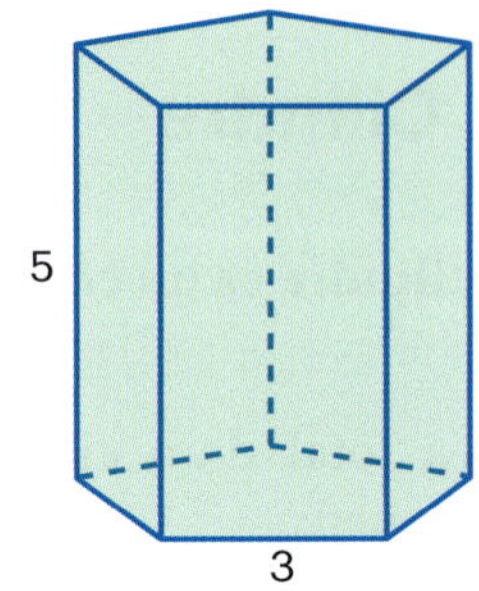

30. Calcula l'àrea i el volum de la piràmide. Tingues en compte que per calcular l'àrea de les cares laterals necessites l'altura dels triangles, que no és la mateixa que la de la piràmide:

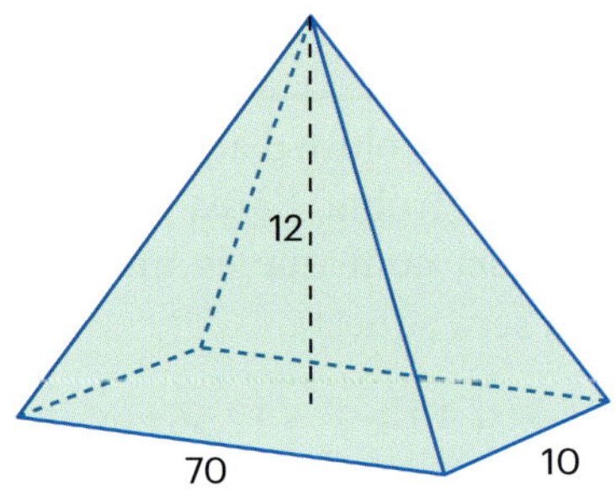

31. Calcula l'àrea i el volum d'aquests cilindres:

a

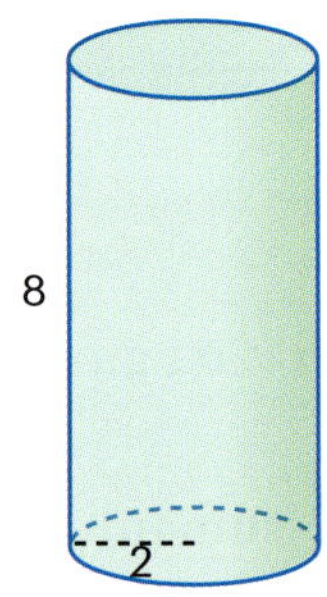

b

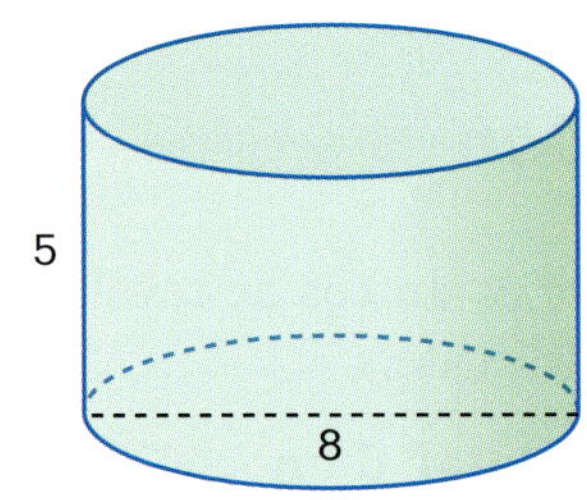

32. Calcula l'àrea i el volum del con següent. Recorda que la generatriu és la hipotenusa del triangle rectangle que genera el con.

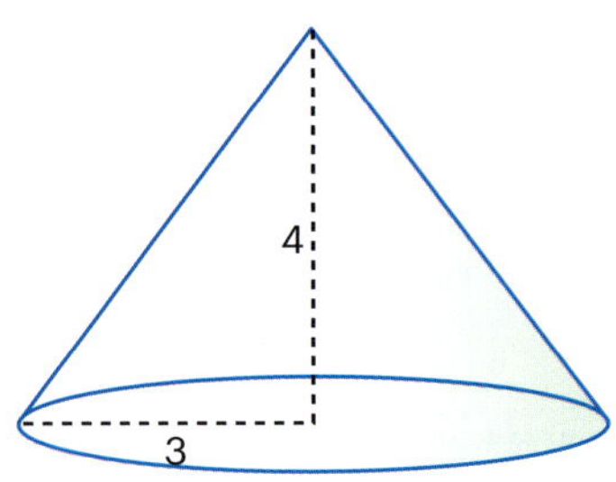

Banc digital

Mates en context

6 AM AL Social La piscina

L'Ivan, a la seva parcel·la, hi té una piscina desmuntable de forma cilíndrica, de 3 m de diàmetre i 120 cm de profunditat. Ara, es vol fer una piscina d'obra i més gran, en forma de prisma rectangular de 3 m d'ample, 5 m de llarg i 120 cm de profunditat.

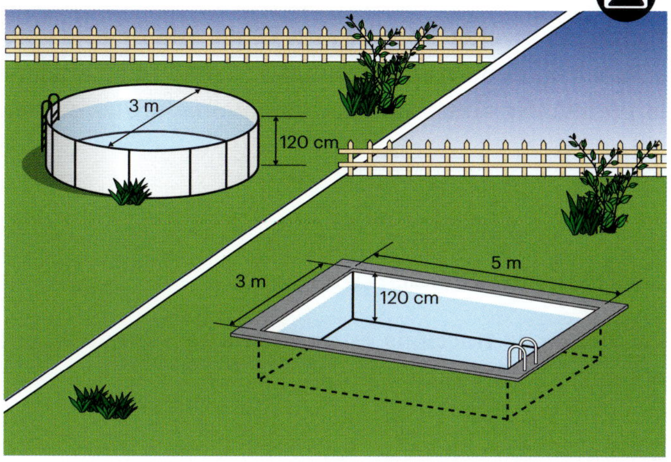

Problemes

1. Per muntar la piscina cilíndrica, primer ha de col·locar el terra. Quina àrea ocuparà?
2. Per continuar muntant la piscina, necessita posar-hi la paret lateral, que és una xapa. Quina forma tindrà? Quina en serà l'àrea?
3. Per acabar de muntar-la, necessita col·locar per tota la vora superior unes peces de plàstic. Quant mesuraran en total?
4. Quin és el volum, en metres cúbics, de la piscina desmuntable? Quina n'és la capacitat, en litres?
5. La piscina d'obra és força més gran que la desmuntable. Calcula'n el volum i compara'l amb el de la piscina desmuntable. Quants metres cúbics hi ha de diferència? A quants litres es correspon aquesta diferència?
6. L'Ivan vol cobrir el terra de la piscina d'obra amb rajoles quadrades de 2 cm de costat. Quantes rajoles necessitarà per cobrir tot el fons?
7. També vol millorar les parets d'aquesta piscina i les pintarà amb una pintura impermeabilitzant. Calcula la superfície que ha de pintar.
8. Per prevenir accidents, vol col·locar una goma a les vores de la nova piscina. Quants metres de goma necessitarà per cobrir tota la vora de la piscina?

Matematitza: 1, 2, 3, 4, 5, 7, 8 **Argumenta: 6**

7 AM AL Social La carpa del circ

Una companyia de circ està a punt de començar una nova gira i ha pensat canviar la carpa per una altra amb un disseny nou.

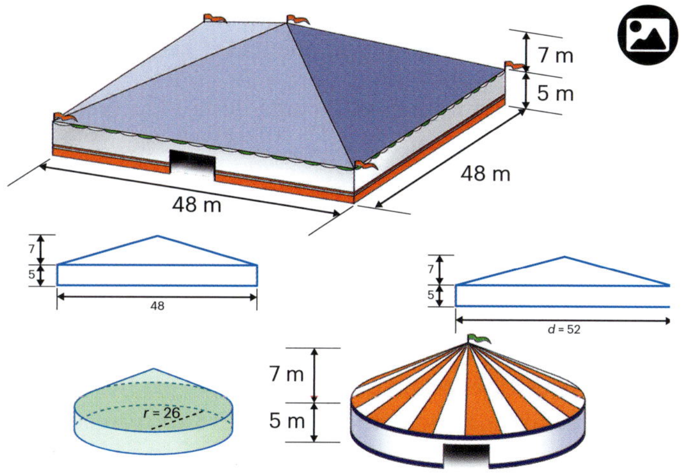

Problemes

1. Quines figures formen el disseny de la primera carpa? I el de la segona?
2. Dibuixa les figures per separat i indica'n les dimensions.
3. Dibuixa el desenvolupament pla de les figures del problema anterior.
4. Quina carpa tindrà més volum?
5. Quina carpa tindrà més superfície?
6. Calcula la generatriu del con que forma el sostre del primer model de carpa.
7. Calcula la superfície de tela que es necessita per construir el primer tipus de carpa. Fixa't que no necessites tela per al terra ni per a l'espai entre el cilindre i el con.
8. Calcula el volum de la primera carpa.
9. Troba l'altura de les cares laterals que formen la piràmide del sostre de la segona carpa.
10. Calcula la superfície de tela que es necessita per construir el segon tipus de carpa. Fixa't que no necessites tela per al terra ni per a l'espai entre el prisma i la piràmide.
11. Determina el volum de la segona carpa.
12. Quina carpa necessita més metres quadrats de tela?
13. Quina carpa té més volum?

Argumenta: 1, 4, 5

Representa: 2, 3 **Matematitza: 6, 7, 8, 9, 10, 11, 12, 13**

NOMBRES I ÀLGEBRA

Nombres enters

El conjunt dels **nombres enters** està format pels nombres **naturals**, els **negatius** corresponents i el **zero.**

Es fan servir en moltes situacions de la vida real i s'hi poden realitzar les operacions elementals: suma, resta, multiplicació i divisió.

Nombres decimals

Els **nombres decimals** són els infinits nombres que hi ha entre un enter i el nombre consecutiu. N'hi ha alguns que tenen moltes xifres decimals, de manera que, per treballar-hi, es fa servir alguna d'aquestes dues formes d'aproximació:

- **Aproximació per truncament**. Se suprimeixen les xifres decimals amb les quals no vulguem treballar.
- **Aproximació per arrodoniment**. Cal fixar-se en la unitat decimal posterior a la que es vol arrodonir. Si la unitat decimal és més gran o igual que 5, s'augmenta en una unitat la unitat decimal anterior; en el cas contrari, es deixa tal com està.

Jerarquia de les operacions

Hem d'indicar l'ordre en què cal resoldre les operacions amb qualsevol tipus de nombre que tinguem.

Representació de fraccions

Les fraccions es representen en la **recta numèrica**:

- Les **fraccions pròpies** es representen entre 0 i 1. Es divideix aquest segment en tantes parts iguals com indiqui el denominador i, a partir de 0, se'n compten tantes com indiqui el numerador.
- Les **fraccions impròpies** es descomponen primer en una suma de fraccions unitat més una fracció pròpia. A partir de zero, es compten les fraccions unitat i en la següent es representa la fracció pròpia com es descriu en el paràgraf anterior.

Fracció d'un nombre

Per trobar la fracció d'un nombre, es multiplica la fracció per aquell nombre.

Es pot fer de dues maneres:

- Multiplicant el nombre pel numerador de la fracció i dividint-ne el resultat entre el denominador.
- Dividint el nombre entre el denominador i multiplicant-ne el resultat pel numerador.

Multiplicació de fraccions

El resultat de **multiplicar** dues o més fraccions és una altra fracció que té, de numerador, el producte dels numeradors i, de denominador, el producte dels denominadors: $\frac{a}{b}\cdot\frac{c}{d}=\frac{a\cdot c}{b\cdot d}$.

Inversa d'una fracció

La **fracció inversa** d'una altra és la que, multiplicada per si mateixa, dona com a resultat 1. S'obté intercanviant la posició del numerador i el denominador. La inversa de $\frac{a}{b}$ és $\frac{b}{a}$.

Divisió de fraccions

La **divisió** de fraccions és una altra fracció que es pot obtenir:

- Multiplicant la primera per la inversa de la segona: $\frac{a}{b}:\frac{c}{d}=\frac{a}{b}\cdot\frac{d}{c}=\frac{a\cdot d}{b\cdot c}$.
- Multiplicant les fraccions en creu: $\frac{a}{b}\times\frac{c}{d}=\frac{a\cdot d}{b\cdot c}$.

Reducció de fraccions a denominador comú

S'expressen les fraccions mitjançant altres d'equivalents, de manera que tinguin totes el **mateix denominador** (el m. c. m. dels denominadors):

1. Es troba el m. c. m. dels denominadors.
2. Es busquen fraccions equivalents a les de partida i el denominador de les quals sigui el m. c. m. trobat.

Suma i resta de fraccions amb diferent denominador

Per **sumar i restar fraccions** que no tenen el mateix denominador, se segueixen aquests passos:

1. Es redueixen a denominador comú.
2. Se sumen o es resten les noves fraccions. Recorda que el resultat és una altra fracció que té el mateix denominador i el numerador de la qual és la suma o la resta dels numeradors.

GEOMETRIA I MESURES

Poliedres

Un **poliedre** és un cos geomètric tridimensional que està limitat per quatre o més polígons.

Els poliedres poden ser **convexos** o **còncaus**. Un poliedre és convex si el segment que uneix qualsevol parell de vèrtexs està contingut dins d'un poliedre; en el cas contrari, és un poliedre còncau.

Per als poliedres convexos, hi ha una fórmula que relaciona el nombre de cares, vèrtexs i arestes. Aquesta relació es coneix com la **fórmula d'Euler**:

Nombre de cares + Nombre de vèrtexs = Nombre d'arestes + 2

El desenvolupament d'un poliedre és la figura que s'obté en estendre'l sobre un pla.

- **Prismes**. Poliedres que tenen dues cares iguals i paral·leles, anomenades bases. La resta de les cares són paral·lelograms. Els prismes es distingeixen i s'anomenen segons el polígon de les bases; així, tenim prismes triangulars, quadrangulars, pentagonals, etc.
- **Piràmides**. Poliedres que tenen de base un polígon qualsevol i les cares laterals del qual són triangles que concorren en un vèrtex comú. Les piràmides es distingeixen i s'anomenen segons el polígon de la seva base; així, hi ha piràmides triangulars, quadrangulars, pentagonals, etc.

Cossos de revolució

Un cos de revolució és un cos geomètric obtingut a partir d'una figura plana que gira al voltant d'un eix.

- **Cilindre**. Cos de revolució generat en girar un rectangle al voltant d'un eix.
- **Con**. Cos de revolució generat en girar un triangle rectangle al voltant d'un dels seus catets.
- **Esfera**. Cos de revolució generat en girar un semicercle al voltant del seu diàmetre.

Figura	Àrees	Volum
Prisma 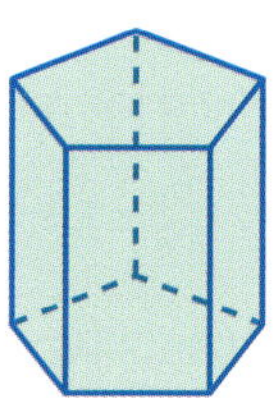	$A_L = P_B \cdot h$ $A_T = A_L + 2 \cdot A_B$	$V = A_B \cdot h$
Cilindre 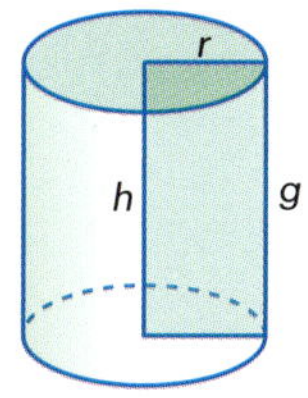	$A_L = 2 \cdot \pi \cdot r \cdot h$ $A_T = 2 \cdot \pi \cdot r \cdot (h + r)$	$V = \pi \cdot r^2 \cdot h$
Piràmide 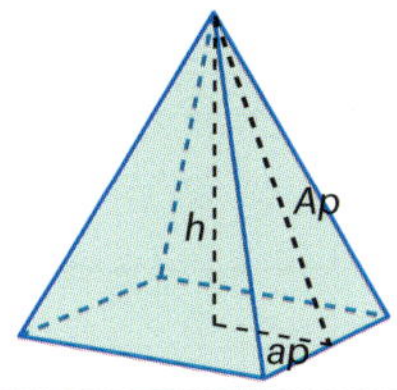	$A_L = \frac{P_B \cdot Ap}{2}$ $A_T = A_L + A_B$	$V = \frac{A_B \cdot h}{3}$
Con 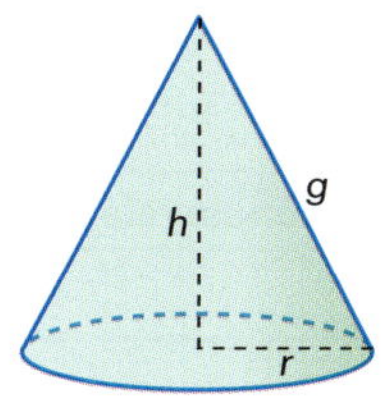	$A_L = \pi \cdot r \cdot g$ $A_T = \pi \cdot r \cdot (g + r)$	$A = 4 \cdot \pi \cdot r^2$
Esfera 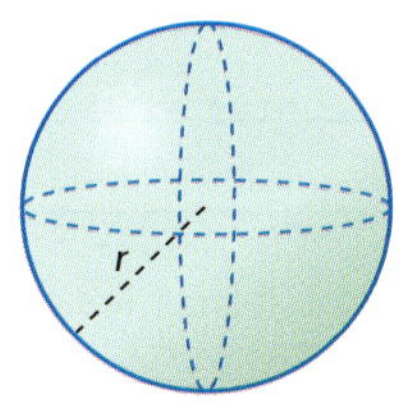	$A = 4 \cdot \pi \cdot r^2$	$V = \frac{4}{3} \cdot \pi \cdot r^3$

ESTADÍSTICA I PROBABILITAT

Tractament de la informació

Per entendre i analitzar millor la informació del món que ens envolta, podem organitzar les dades en taules i representar-los en gràfiques.

- **Taules**. Permeten ordenar i classificar conjunts de dades perquè sigui més fàcil interpretar-les. Un cas concret és la taula de freqüències, que es fa servir en els estudis estadístics.
- **Gràfics**. N'hi ha de diversos tipus:

  –**Diagrama de barres**: s'escriuen els diferents valors de la variable en l'eix *OX* i les seves freqüències absolutes en l'eix *OY*.

  –**Polígon de freqüències**: s'obté unint l'extrem de les barres del gràfic anterior.

  –**Diagrama de sectors**: es divideix un cercle en tants sectors com dades tinguem; l'angle de cada sector és directament proporcional a la seva freqüència absoluta.

Entrena't +

Nombres i àlgebra

33. Expressa amb enters les situacions següents:

- **a** Tinc 35 cèntims a la butxaca.
- **b** He baixat 3 plantes.
- **c** D'aquí a 3 dies.
- **d** La temperatura és de 4 °C sota zero.

34. Copia i completa la taula següent:

Valors				$3 \cdot (a - b \cdot c)$	$d - a \cdot c - (-b)$
		c	*d*		
−3	2	−5	4		
−2	2	−4	3		

35. Completa aquesta taula de freqüències; després, dibuixa el diagrama de barres i el polígon de freqüències:

Dades	Freqüència absoluta	Freqüència relativa
0	4	
	8	
2		0,3
3		
Total	50	

36. Construeix un diagrama de sectors amb les dades de la taula.

Banc digital

37. Representa en la recta numèrica aquestes fraccions:

$$\frac{4}{9} \quad \frac{5}{2} \quad \frac{1}{5} \quad \frac{8}{6} \quad \frac{9}{10}$$

38. Calcula:

- **a** $\frac{4}{7}$ de 63
- **b** $\frac{5}{12}$ de 120
- **c** $\frac{5}{6}$ de 48
- **d** $\frac{8}{9}$ de 54

39. Troba el resultat de les següents multiplicacions i divisions amb fraccions:

- **a** $\frac{2}{9} \cdot \frac{3}{8}$
- **b** $5 : \frac{15}{2}$
- **c** $\frac{10}{7} \cdot \frac{21}{5}$
- **d** $\frac{9}{8} : \frac{9}{4}$

40. Calcula:

- **a** $\frac{4}{5} + \frac{2}{15}$
- **b** $\frac{7}{4} + \frac{2}{3} - \frac{5}{6}$
- **c** $\frac{7}{12} - \frac{1}{3}$
- **d** $2 - \frac{7}{8} - \frac{1}{12}$

41. Opera i simplifica:

- **a** $\frac{1}{6} + \frac{5}{6} \cdot \frac{3}{4}$
- **b** $\frac{5}{2} : \left(1 - \frac{7}{8}\right)$
- **c** $\frac{3}{10} \cdot \left(\frac{2}{9} - \frac{1}{3}\right)$
- **d** $\frac{11}{15} - \left(\frac{2}{5} - \frac{1}{3}\right) : \frac{1}{2}$

42. D'una cinta de setí se'n tallen $\frac{3}{5}$ per fer-ne un llaç. Encara en queden 60 cm. Quina era la longitud de la cinta?

Banco digital

Geometria i mesura

43. Indica en cada cas si la figura és un prisma o un cos de revolució, digue'n el nom i dibuixa'n el desenvolupament:

a

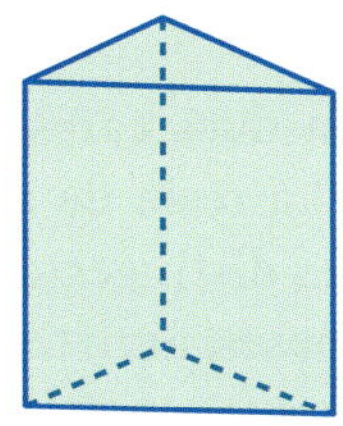

b

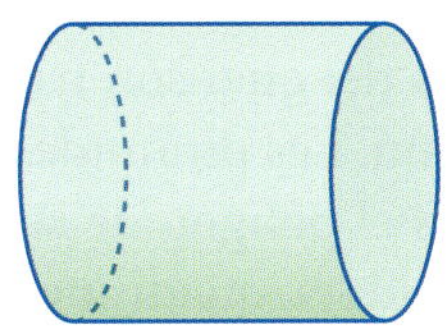

c

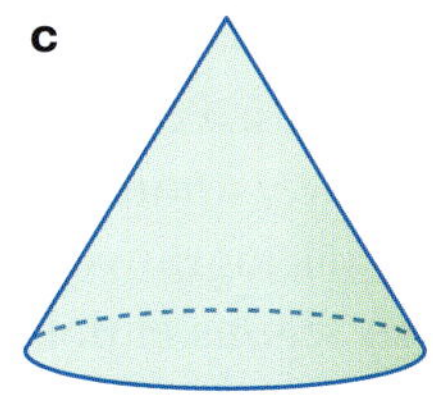

d

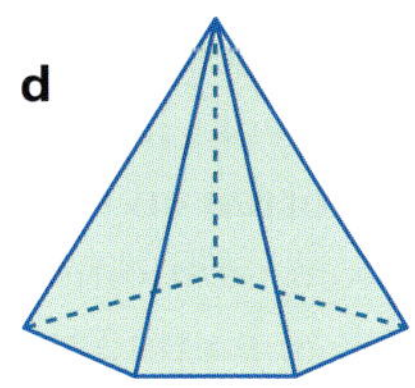

44. Calcula el nombre de cares, vèrtexs i arestes d'aquests poliedres. Classifica'ls, també, en convexos i còncaus i comprova que es compleix la fórmula d'Euler en el cas dels convexos:

a

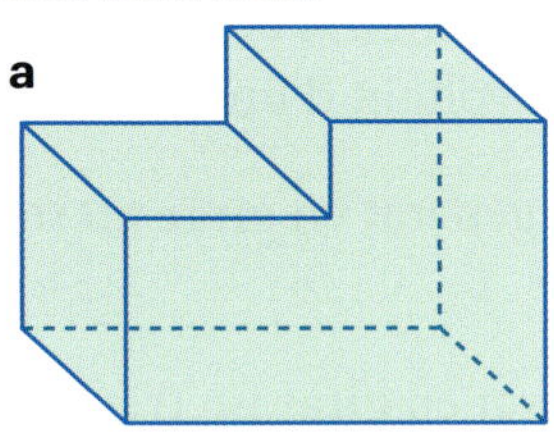

b

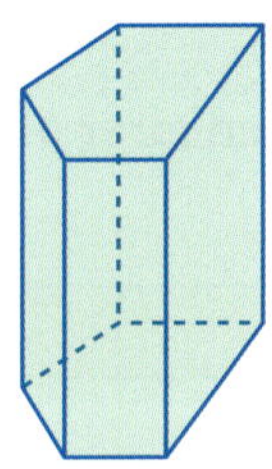

c

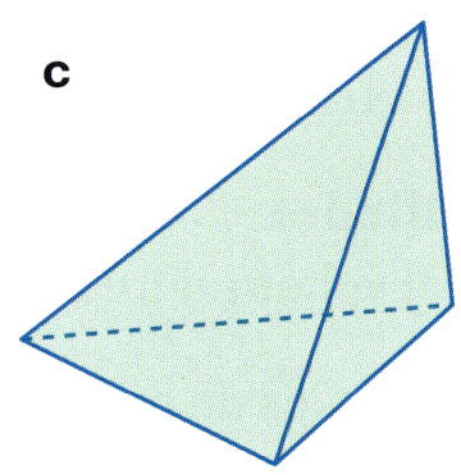

d

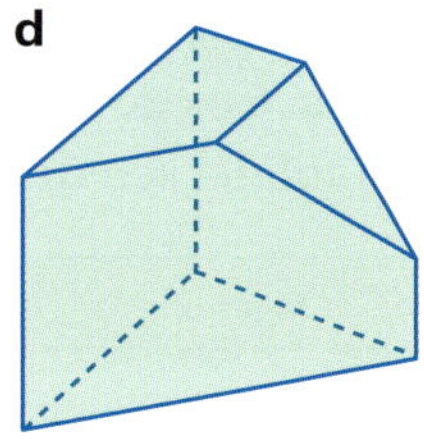

45. Digues tres exemples d'objectes que tinguin forma de:

- **a** Piràmide quadrangular.
- **b** Piràmide.
- **c** Cilindre.
- **d** Con.
- **e** Esfera.
- **f** Prisma triangular.

Mates en context

8 AM AL AP AV Social **Els aliments que més es compren a les llars espanyoles**

Les famílies espanyoles cada vegada són més conscients de la importància de portar una alimentació saludable.

Segons un informe que cada any elabora el Ministeri d'Agricultura, Pesca i Alimentació, el producte més demanat a les llars espanyoles és la fruita, seguida de les hortalisses.

Espanya es va gastar, l'any 2016, 67 095,51 milions d'euros en alimentació. Segons l'estadística, els productes frescos sumen el 44,1% d'aquella quantitat.

L'evolució de la despesa en alimentació des de l'any 2009 fins a l'any 2016 es mostra en aquesta taula:

Any	Despesa (€)
2009	68 655,35
2010	67 085,46
2011	67 519,86
2012	67 634,38
2013	68 875,75
2014	66 443,46
2015	67 043,6
2016	67 095,51

Problemes

1. Quina va ser la despesa en productes frescos l'any 2016?
2. Elabora un diagrama de barres amb les dades de la taula. Escriu-hi els anys en l'eix horitzontal.
3. Calcula la diferència entre cada any i el següent. Aquesta diferència sempre és positiva? Què vol dir això?
4. Calcula el percentatge que ha variat la despesa entre un any i el següent i indica si és un augment o una disminució percentual.
5. Partint del 2009, que considerarem que representa el 100%, suma i resta els percentatges d'augment i disminució percentual de l'exercici anterior. Quin percentatge representa la despesa l'any 2016?
6. Calcula el percentatge de variació entre els anys 2009 i 2016. Obtens el mateix?
7. Pensa quin deu ser el motiu pel qual els dos percentatges no coincideixen.

Matematitza: 1, 3, 4, 5, 6

Representa: 2 **Argumenta: 7**

9 AM AL AP Social **Amoïnat o no?**

S'ha preguntat a 6000 persones sobre el seu grau de preocupació a propòsit de si els aliments passen o no un control sanitari adequat. El gràfic següent presenta els resultats de l'enquesta:

Control de qualitat dels aliments

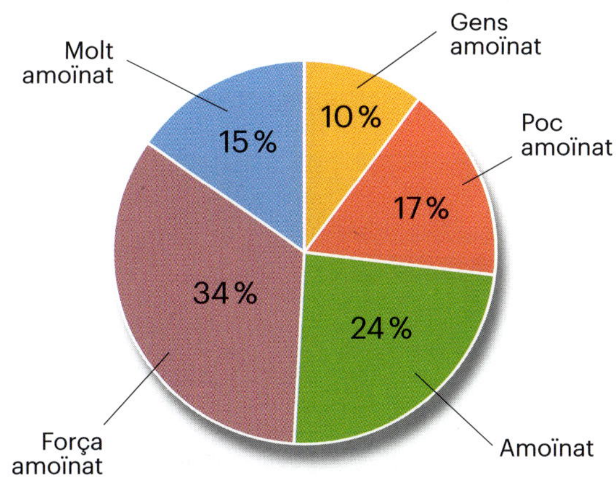

Problemes

1. Calcula els graus de cada sector.
2. Elabora una taula de freqüències a partir del gràfic.
3. Elabora un diagrama de barres a partir de la taula de freqüències.
4. Quin percentatge de persones estan poc o gens amoïnades?
5. Quantes persones estan molt o força amoïnades?
6. Segons els gràfics, et sembla que s'haurien de revisar els controls sanitaris?
7. Fes la mateixa enquesta a 30 alumnes de l'institut. Abans, però, respon aquestes qüestions:
   a Aproximadament, quants d'aquests 30 estudiants haurien d'estar gens o poc amoïnats?
   b Aproximadament, quants d'aquests 30 estudiants haurien d'estar força o molt amoïnats?
8. Fes l'enquesta a diversos alumnes –procura que siguin de tots els cursos– i elabora una taula de freqüències amb les seves respostes.
9. Representa els resultats en un diagrama de sectors i compara'n els resultats amb el diagrama de l'exercici.
10. Compara els resultats obtinguts en l'enquesta amb els teus càlculs de l'activitat 7. Coincideixen? Per què?

Matematitza: 1, 2, 7, 8 **Representa: 3, 9**

Argumenta: 4, 5, 6, 10 **Comunica: 8**

10 AM AL AP Social Professional **Final de curs en una granja escola.**

A final de curs, els alumnes de 1r d'ESO d'un institut aniran a visitar una granja escola.

En aquest lloc hi ha animals als quals hauran de cuidar, alimentar, donar aigua, etc.

A la granja hi ha mamífers i hi ha aviram. L'aviram representa $\frac{2}{5}$ del total d'animals.

Problemes

1. Si la meitat de l'aviram són gallines, quina fracció expressa la quantitat de gallines que hi ha a la granja respecte del total d'animals?
2. La resta d'aus són ànecs i galls dindi. Quina fracció d'aquests animals hi ha? Són més o menys que les gallines?
3. Quina fracció de mamífers hi ha a la granja?
4. Dels mamífers, l'onzena part són vaques. I hi ha la mateixa quantitat d'ases que de cabres. Quina fracció representa la quantitat que hi ha entre les vaques, els ases i les cabres?
5. El total de vedells és el doble que el de vaques. Quina és la fracció que expressa el total de vedells?
6. El nombre de conills i porcs és el mateix que el de vedells. Escriu la fracció que expressa la quantitat que hi ha entre tots tres.
7. Si sabem que en total hi ha 33 mamífers, quantes aus hi ha a la granja? Quants animals hi ha en total?
8. Calcula les gallines, les vaques i els vedells que hi ha a la granja.
9. Si la resta d'animals són 1 bou, 4 ovelles, 4 ànecs i 2 galls dindi, quina fracció representen aquestes respecte del total d'animals de la granja?

Matematitza: 1, 3, 8 **Argumenta: 2, 7, 9** **Planteja: 4, 5, 6**

11 AM AL AP Social **Mòbils, a quina edat?**

En un diari d'abast nacional, l'any 2017 s'hi va publicar un estudi sobre l'ús dels telèfons mòbils per part dels joves amb edats entre els 10 i els 15 anys.

Segons aquell estudi, la quarta part dels nens i nenes de 10 anys fan servir el telèfon mòbil. Quan tenen 11 anys, $\frac{9}{20}$ té mòbil. Als 12 anys, les tres quartes parts en tenen; als 13, es produeix un augment de $\frac{2}{25}$ respecte dels 12 anys. Als 14 i 15 anys, els joves que tenen mòbil ja són el doble dels que en tenien amb 11 anys.

Problemes

1. Calcula la fracció de nois i noies de 13 anys que fan servir el telèfon mòbil.
2. Quina és la fracció que en representa l'ús entre els 14 i els 15 anys?
3. Per quin nombre es multiplica la fracció d'ús de mòbil als 10 anys per expressar quants en tenen als 12 anys?
4. Augmenta més entre els 10 i els 11 anys o entre els 11 i els 12 anys?
5. Com varia l'ús del mòbil entre els 13 i els 14 anys?
6. En grups, estudieu quants dels vostres companys de classe tenen mòbil i compareu si la fracció corresponent s'ajusta a l'estudi anterior.
7. **a** També en grup, estudieu a quina edat van tenir els companys i companyes de classe un mòbil per primera vegada.

   b Pregunteu també per a què el feien servir i per a què l'utilitzen ara.
8. Escolliu un portaveu del grup per debatre a l'aula sobre quina és l'edat més adient per tenir mòbil i sobre la necessitat de tenir-ne o no, en el vostre cas.

Matematitza: 1, 2, 3 **Argumenta: 4, 5, 8** **Planteja: 6, 7**

12 AM AL Científic La piràmide de Kheops

La piràmide de Kheops està considerada com una de les set meravelles del món. Aquesta construcció egípcia té una base quadrada de 230 m de costat i té una altura total de 146 m.

Problemes

1. Dibuixa la piràmide i identifica'n les arestes, els vèrtexs, les cares laterals i la base. Comprova si es compleix la fórmula d'Euler.
2. En el dibuix anterior, apunta-hi les mesures de la piràmide. Quina figura és la base? I les cares laterals? Són totes iguals?
3. Calcula l'altura de cada cara lateral.
4. Si volguéssim cobrir tota la piràmide amb una tela, quants metres quadrats necessitaríem? Tingues en compte que no es pot tapar la base de la piràmide.
5. Calcula el volum de la piràmide.

Representa: 1, 2 **Matematitza: 3, 4, 5**

14 AM AL Social La vaixella

La Txell, en la seva vaixella, hi té dos tipus de recipients com els que es mostren en el dibuix:

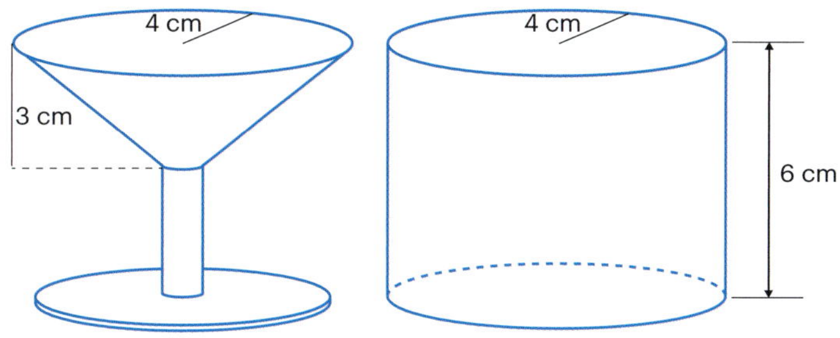

Problemes

1. Fixa't en les dimensions de tots dos recipients i digues quin et sembla que té més capacitat?
2. Calcula el volum dels dos recipients. Observes alguna relació entre tots dos?
3. Quants gots de forma cònica caldrien per emplenar un cilindre?
4. Ara, imagina't que els recipients tenen un radi de 2 cm i calcula'n una altra vegada el volum. Es compleix el mateix que en els problemes 2 i 3?
5. Si els recipients fossin molt grossos i tinguessin un radi de 10 cm i una altura de 20 cm, es continuaria complint el mateix? Calcula-ho.

Argumenta: 1, 5 **Matematitza: 2, 3, 4**

13 AM AL Professional Les joies

En una joieria es ven una esfera d'or massís de 50 mm de radi.

Problemes

1. Dibuixa la joia i anota'n les dimensions.
2. Calcula la superfície de la joia.
3. Troba el volum de la joia.
4. Si la joia tingués el doble de radi, quant et sembla que faria de superfície? I de volum?
5. Calcula la superfície i el volum de la joia amb el doble de radi. Què hi observes respecte de la superfície i el volum de la joia original? Per què et sembla que passa?

Representa: 1 **Matematitza: 2, 3, 4** **Argumenta: 5**

15 AM AL Social La col·lecció de llibres

L'Helena i el Cèsar tenen una col·lecció de 10 llibres. Cada llibre mesura 17 cm d'amplada, 24 cm de longitud i 2 cm de gruix.

Problemes

1. Calcula el volum i la superfície total de cada llibre.
2. Hi ha tres formes d'agrupar els llibres: apilar-los l'un a sobre de l'altre; posar-los en filera, l'un al costat de l'altre amb els llibres en vertical, o posar-los en filera, l'un al costat de l'altre, però amb els llibres en horitzontal. Dibuixa les tres opcions i calcula les dimensions que tindria cada prisma.
3. Quina seria la forma més eficient de col·locar-los, si els volen embolicar gastant la mínima quantitat de paper possible? I quina és la forma menys eficient?

Matematitza: 1, 3 **Representa: 2**

Competències matemàtiques: 1, 2, 6 (act. 12, 13); 2, 5 (act. 14); 1, 3 (act. 15).

1. Escriu el nombre enter que correspon a cada situació:

a Pitàgores va néixer l'any 569 aC.
b El meu pare treballa al pis 23 d'un gratacel.
c L'any passat, la temperatura mínima va ser de 24 °C sota zero.
d El submarí es troba a 275 m sota el nivell del mar.
e He estalviat 70 €.
f M'he menjat mitja pizza.

2. Resol les següents operacions combinades:

a $4 + 5 \cdot 6 =$
b $1 + 2 \cdot (3 + 4) - 5 =$
c $3 \cdot (7 - 4) - 2 \cdot (9 - 6) =$
d $2 \cdot (3 \cdot 2 - 4) - 3 \cdot (10 - 2 \cdot 3) =$

3. Resol aquestes operacions amb fraccions:

a $\frac{3}{7}+\frac{9}{7}-\frac{5}{7}=$
b $\frac{2}{3}+\frac{4}{5}=$
c $\frac{5}{6}-\frac{3}{4}=$
d $1+\frac{1}{2}=$
e $\frac{21}{4}-3=$
f $\frac{1}{3}+\frac{1}{4}-\frac{1}{6}=$

4. Resol les següents operacions amb fraccions i simplifica:

a $\frac{3}{8}\cdot\frac{2}{9}=$
b $\frac{5}{6}:\frac{3}{4}=$
c $\frac{3}{8}:6=$
d $5\cdot\frac{3}{10}=$
e $4:\frac{2}{3}=$
f $\left(\frac{2}{3}\cdot\frac{3}{4}\right):\frac{1}{2}=$

5. El sou mensual de diversos treballadors es pot comprovar en aquesta gràfica:

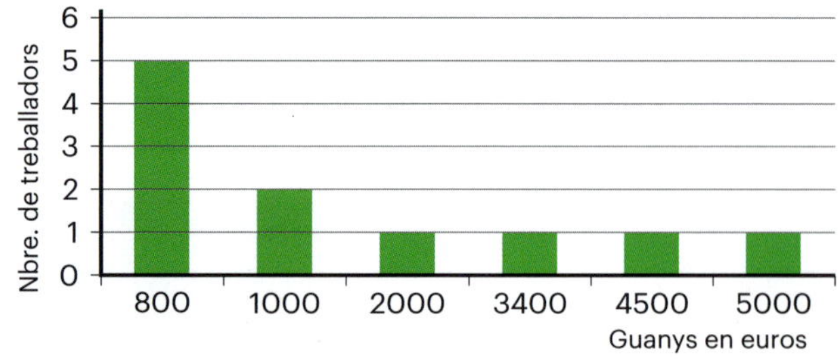

a Quant guanya el que més cobra? I el que menys?
b Quants obrers guanyen 800 €? ¿I 2000 €?
c Quants treballadors té l'empresa?

6. En una classe amb 25 alumnes, el nombre d'assignatures suspeses per cada un d'ells és aquest:

3, 1, 0, 0, 3, 0, 2, 2, 1, 0, 0, 2, 0, 0, 4, 3, 5, 1, 0, 4, 1, 3, 2, 0, 1

Elabora un diagrama de barres amb aquestes dades.

7. Calcula el volum de les figures següents:

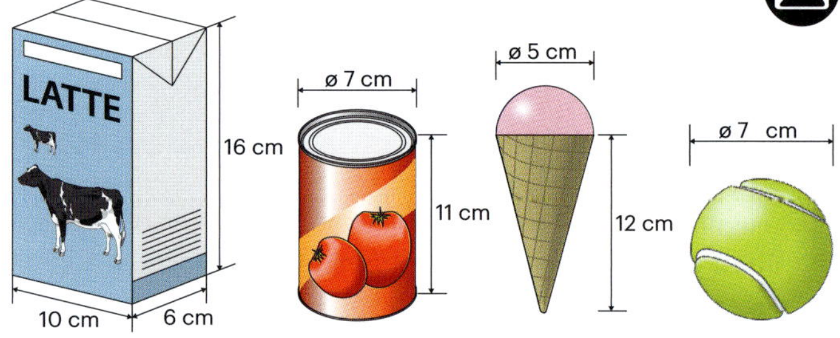

	4 punts	3 punts	2 punts	1 punt
1. Nombres enters	Entenc bé els nombres enters i no m'equivoco en escriure'ls.	Entenc bé els nombres enters, però cometo errors en escriure'ls.	No entenc bé els nombres enters negatius.	No distingeixo els nombres positius dels negatius.
2. Operacions combinades	Resolc correctament tota mena d'operacions combinades.	Faig servir bé la jerarquia d'operacions, però cometo errors de càlcul.	No sempre utilitzo bé la jerarquia d'operacions i m'equivoco en algun càlcul.	No tinc en compte la jerarquia de les operacions.
3. Operacions amb fraccions	Resolc correctament tota mena d'operacions amb fraccions.	Sé operar amb fraccions, però m'equivoco en algun càlcul o no simplifico.	Hi ha alguna operació amb fraccions que no sé resoldre.	No sé operar amb fraccions.
4. Gràfiques estadístiques	Entenc una gràfica estadística i la sé representar bé.	Entenc i sé representar una gràfica estadística, però cometo algun error.	Sé representar una gràfica estadística, però no entenc les gràfiques.	No sé representar gràfiques estadístiques ni les entenc.
5. Volums de cossos geomètrics	Conec les fórmules dels volums i els calculo sense errors.	Conec les fórmules dels volums i els calculo, però cometo algun error.	No conec totes les fórmules dels cossos geomètrics, però utilitzo bé les que conec.	No sé calcular volums de cossos geomètrics.

PROJECTE 3

LES DONES MATEMÀTIQUES COMPTEN

Què han aportat les dones que s'han dedicat a les matemàtiques?

4 sessions

Mou les teves capacitats

Creativitat

Pensament crític

Valors

PRESENTACIÓ DEL PROJECTE

Segur que coneixes noms de matemàtics com Pitàgores, Tales, Newton, Gauss..., però pots anomenar alguna matemàtica?

Al llarg de la història, les dones no han tingut les mateixes oportunitats que els homes a l'hora de desenvolupar una carrera matemàtica, però han contribuït al progrés d'aquesta disciplina.

Amb aquest projecte:

- Coneixeràs la vida i els èxits de dones matemàtiques.
- Elaboraràs un joc de cartes amb la informació recollida.

Juga i guanya!

QUÈ HAS DE SABER PER TENIR ÈXIT EN AQUEST PROJECTE?

Per fer un bon projecte, has de conèixer el següent:

- La biografia de dones de totes les èpoques que han contribuït, amb la seva saviesa, al desenvolupament de les matemàtiques.
- Els seus èxits.
- La manera com han ajudat a millorar la visibilitat de la dona en les matemàtiques.

I aprèn a jugar al "joc de les famílies"! En aquest joc, les matemàtiques hi intervenen en forma d'atzar i càlcul de probabilitats.

PRODUCTE FINAL

El producte final consisteix en un joc de cartes, a l'estil del popular joc de cartes de les famílies, que inclogui la informació més rellevant que hàgiu recollit.

En l'última sessió podreu fer unes quantes partides seguint el sistema de joc de les famílies.

Qui utilitzarà millor les aportacions de les matemàtiques per guanyar la partida?

Què aprendré?

Creativitat
Seleccionaràs les aportacions més importants de cada científica i elaboraràs unes cartes amb un bon disseny.

Pensament crític
Analitzaràs les causes que provoquen desigualtat per raó de sexe, defensaràs la teva opinió de forma argumentada i proposaràs solucions.

Valors
Pensaràs en altres situacions que reflecteixen desigualtats semblants a la que es tracta en aquest projecte i proposaràs accions personals per reduir-les.

Projecte 3 I Les dones matemàtiques compten

QUÈ FAREM?

En grups de 4

Sessions 1 i 2 **Seleccionar dones matemàtiques i recopilar la informació més rellevant sobre elles.**	Per atzar, a cada grup li correspondrà un període històric o "família": de l'antiguitat fins a l'edat mitjana, de l'edat mitjana fins al segle XVIII, el segle XIX, el segle XX i les matemàtiques actuals. Cada grup ha d'escollir sis dones matemàtiques del seu període històric. Buscarem imatges i informació sobre la feina de cadascuna i seleccionarem el que ens sembli més important.
Sessió 3 **Preparar les cartes.**	Cada família tindrà un color que indicarà el seu període. Cada carta de la família estarà numerada de l'1 al 6, segons la data de naixement de la matemàtica. Podem crear les nostres cartes amb aplicacions gratuïtes en línia que hi ha disponibles a internet. Les presentarem davant la resta de la classe.
Sessió 4 **Realitzar el torneig de cartes.**	Organitzarem una lliga entre grups i jugarem amb totes les cartes que hem creat.

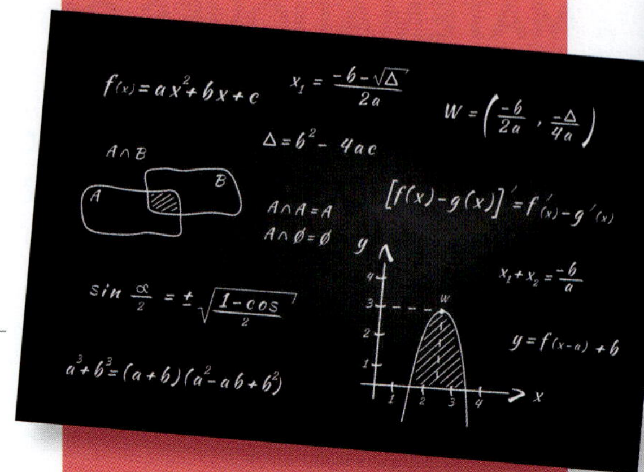

EL TORNEIG!

Ja teniu les vostres cartes? Aleshores, ha arribat el moment de jugar!

- S'ajunten les cartes de tots els grups per formar un sol joc.
- Els grups s'enfrontaran de dos en dos; es repartiran les cartes equitativament i a l'atzar.
- El sistema de joc és el del conegut joc de les famílies. Guanya el primer grup que aconsegueixi les cartes de totes les dones matemàtiques d'una mateixa família o període històric.

"Els èxits de les grans dones matemàtiques tenen un mèrit doble, ja que, sovint, han de superar obstacles determinats per la seva condició de dones."

QUÈ AVALUAREM?

El professor o la professora avaluarà aquest projecte amb la rúbrica que et presentarà.

Aquesta rúbrica valorarà, com a mínim, aquests aspectes:

- Les cartes: el tractament de la informació ha de ser coherent amb les dones matemàtiques escollides i les cartes han de tenir un disseny treballat.
- El desenvolupament del torneig, amb joc net i sense conflictes.

La tasca s'avaluarà tant individualment com col·lectivament.

Podràs autoavaluar-te i avaluar els altres membres del teu equip i els dels altres equips.

7 Jocs numèrics

1. Es pot fer màgia amb les matemàtiques? Qui guanya?

2. És fàcil guanyar quan es juga? Quina és la probabilitat de guanyar?

3. Es guanya traçant línies? Sectors i corones circulars al Trivial?

BLOCS DE CONTINGUTS	Situació 1	Situació 2	Situació 3
NOMBRES I ÀLGEBRA			
Múltiples i divisors.		●	
Nombres negatius. Significat i ús en contextos reals. Operacions amb nombres enters.	●		
Iniciació al joc algebraic.	●		
Traducció d'expressions del llenguatge quotidià que representen situacions reals en el llenguatge algebraic, i viceversa.	●		
Operacions amb expressions algebraiques senzilles.	●		
Equacions de primer grau amb una incògnita. Resolució. Interpretació de les solucions. Resolució de problemes.	●		
GEOMETRIA I MESURA			
Relacions i propietats de figures en el pla: paral·lelisme i perpendicularitat.			●
Construccions geomètriques senzilles: mediatriu, bisectriu.			●
Els angles i les seves relacions.			●
Mesura i càlcul d'angles de figures planes.			●
Circumferència, cercle, arcs i sectors circulars.			●
ESTADÍSTICA I PROBABILITAT			
Formulació de conjectures sobre el comportament de fenòmens aleatoris senzills i disseny d'experiències per comprovar-les.		●	
Esdeveniments elementals equiprobables i no equiprobables.		●	
Espai mostral en experiments senzills.		●	
Càlcul de probabilitats mitjançant la regla de Laplace en experiments senzills.		●	
Iniciació pràctica a la probabilitat condicionada.		●	

1 Cartes màgiques

Es pot fer màgia amb les matemàtiques?
Qui guanya?

AM AL AP Social

Aprèn a...
Fer servir els nombres enters, les seves operacions i les seves propietats per resoldre problemes, en operacions combinades i respectant la jerarquia de les operacions.
Descriure situacions que depenen de quantitats desconegudes mitjançant expressions algebraiques i operar-hi.

Ítem 1. Truc de màgia 1

El mag està molt segur d'endevinar les coses i diu que té escrit dins d'un sobre el nombre que el voluntari obtindrà després d'unes indicacions. Es mostra al voluntari un joc de cartes (sense les figures) i se li demana que en triï una. Sense que el mag vegi la carta, diu al voluntari que efectuï aquestes operacions:

- ✓ Resta 12 al nombre de la carta.
- ✓ Multiplica per 2 el nombre obtingut.
- ✓ Suma-hi 9.
- ✓ Resta-hi la xifra de la carta escollida.
- ✓ Suma-hi 25.
- ✓ Resta-hi la xifra de la carta.
- ✓ Digues el nombre resultant.

El mag, deu haver endevinat el nombre?

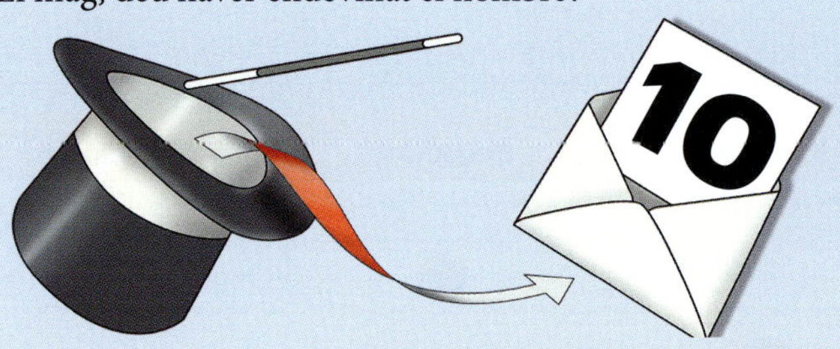

Ítem 2. Truc de màgia 2

Com que ho encerta tot, el mag és molt més audaç i diu que, amb un sol nombre, és capaç d'endevinar el nombre i el coll de la carta escollida. Un cop més, ensenya al voluntari el joc de cartes sense les figures i el voluntari n'escull una. I rep aquestes indicacions:

- ✓ Resta 18 al nombre de la carta.
- ✓ Suma-hi el nombre de la carta.
- ✓ Suma-hi 5.
- ✓ Multiplica per 5.
- ✓ Suma-hi 75.
- ✓ Resta-hi 4, si és d'oros; 3, si és de copes; 2, si és d'espases, i 1, si és de bastos.
- ✓ Digues el nombre.

Endevinarà, el mag, la carta i el coll?

Construeix amb el que saps

Argumenta 1 Diries que el mag ha encertat la seva predicció? Per què?

Matematitza 2 Fes el truc 1; si no tens a mà un joc de cartes, pensa un nombre de l'1 al 7. Resol totes les operacions indicades i anota-les a la llibreta. Quin nombre has obtingut al final?

Argumenta 3 Penses que has arribat a aquell nombre per casualitat? Per què? Per comprovar-ho, tria una altra carta (o pensa un altre nombre) i tornar a efectuar les operacions.

Simbolitza 4 Ara, mirarem d'analitzar què passa. Anomena x el nombre de la carta escollida i escriu matemàticament cada una de les operacions que fas. Què obtens, al final?

Professor a casa. Problema resolt (expressió algebraica).

Matematitza 5 Ara fes el truc 2; si no tens a mà un joc de cartes, pensa'n una. Resol totes les operacions indicades i apunta-les a la llibreta. Quin nombre has obtingut al final?

Argumenta 6 Amb el nombre obtingut, com pot endevinar la carta, el mag?

7 Penses que has arribat a aquest nombre per casualitat? Per què? Per comprovar-ho, escull una altra carta (o pensa un altre nombre) i torna a efectuar les operacions.

8 Imagina't que ets el mag i que el voluntari et diu que ha obtingut el nombre 47. Quina carta havia tret?

Simbolitza 9 Ara, mirarem d'explicar què passa. Anomena x el nombre de la carta escollida i escriu matemàticament cada una de les operacions que fas. Què obtens al final?

Ítem 3. El "chinchón"

El "chinchón" és un joc de cartes. S'hi juga amb una baralla espanyola de 40 cartes. Perd el primer jugador que arriba a 100 punts.

Cada jugador té set cartes i l'objectiu del joc és formar grups o escales de tres o més cartes o bé un "chinchón" (set cartes consecutives del mateix coll).

Quan un jugador tanca la partida (les seves set cartes sumen menys de 4 punts), la resta de jugadors mostren les seves cartes i s'anoten els punts a partir d'aquests criteris (hi ha variacions, segons el lloc):

"Chinchón" –50 punts.

Les set cartes agrupades en grups o escales: –10 punts.

Cada carta no col·locada en grup o escala: el seu valor numèric, excepte les figures, que valen 10 punts cadascuna.

Ítem 4. La brisca

La brisca és un joc de cartes que es juga amb la baralla espanyola. El valor de les cartes és el següent:

Carta	As	Tres	Rei	Cavall	Sota	Resta
Punts	11	10	4	3	2	0

Guanya qui més punts té al final de la partida.

Ítem 5. La partida de "chinchón"

Tres amics juguen al "chinchón" i han aconseguit, en cada partida, les puntuacions següents:

Mercè: 3, 11, –10, 1, –10, –10, 27, –10, 34, –10

Eduard: –10, 3, 5, –10, 18, 2, –10, 44, –10, 12

Joan: 4, –10, 1, 4, 6, 22, 12, 3, 38, 26

Construeix amb el que saps

Matematitza (10) Amb les dades de la partida de l'ítem 5, emplena la taula següent per a cada jugador (com a exemple, hi ha l'inici de la Mercè):

Punts	3	11	–10	1						
Total	3	14	4	5						

(11) Quants punts té cada jugador en aquest moment?

Argumenta (12) Hi ha algun jugador eliminat? Per què?

Matematitza (13) Quants punts li falten a la Mercè per quedar eliminada?

Argumenta (14) Quina és la quantitat màxima de punts que es poden aconseguir en una partida de brisca?

Matematitza (15) L'Anna juga una partida de brisca amb dues amigues. Quan acaben, té aquestes cartes: 1 as, 1 dos, 2 tresos, 1 quatre, 2 cincs, 1 sis, 1 set, 1 sota, 3 cavalls i 2 reis. Quants punts té?

Argumenta (16) Amb els punts que té, l'Anna ha guanyat la partida? Raona la resposta.

Matematitza (17) Han canviat les regles del joc i, ara, per cada 2 s'obté un punt negatiu; per cada 4 i per cada 5, dos de negatius, i per cada 6 i cada 7, tres punts negatius. Quina és ara la quantitat total de les 40 cartes?

(18) Amb aquesta nova puntuació, quants punts té l'Anna?

El que has construït

Operes amb **nombres enters**.

Comproves **hipòtesis** davant de situacions reals.

Trasllades enunciats al **llenguatge algebraic**.

Interpretes **fórmules** senzilles.

1. Nombres enters

Apunt 1

Recorda

Per expressar el valor absolut, es fan servir dues barres verticals.

$|-6| = 6 \quad |7| = 7$

Els **nombres enters** són els nombres naturals, juntament amb els negatius i el 0.

L'**oposat d'un nombre** és aquell mateix nombre, però amb el signe contrari.

El **valor absolut** d'un nombre és aquell nombre amb un signe positiu (apunt 1).

2. Regles i ús dels signes

Apunt 2

Regla dels signes

$+ \cdot + = +$

$+ \cdot - = -$

$- \cdot + = -$

$- \cdot - = +$

Aquesta regla serveix tant per a la multiplicació com per a la divisió.

Quan es troben dos signes + i – consecutius, se segueix la **regla dels signes** (apunt 2):

- Si són del mateix signe, el resulta és positiu.
- Si són de signes oposats, el resultat és negatiu.

Dos signes consecutius han d'estar separats per un parèntesi, perquè no es poden escriure dos signes seguits sense res que els separi.

3. Operacions amb nombres enters

- Per sumar dos nombres enters del mateix signe, en sumem els respectius valors absoluts i posem al resultat el signe dels sumands.
- Per sumar dos nombres enters de signe diferent, en restem els respectius valors absoluts i posem al resultat el signe del més gran.
- Per restar dos nombres enters, sumem el primer amb l'oposat del segon i fem servir la regla de la suma.
- Per multiplicar dos nombres enters, multipliquem els respectius valors absoluts i posem al resultat el signe que correspongui, segons la regla dels signes.
- Per dividir dos nombres enters, dividim els seus respectius valors absoluts i posem al resultat el signe que correspongui, segons la regla dels signes.

Professor a casa. Jerarquia de les operacions.

4. Jerarquia de les operacions

L'ordre per realitzar les operacions és el següent (apunt 3):

1r Parèntesis.
2n Potències i arrels.
3r Multiplicacions i divisions.
4t Sumes i restes.

Apunt 3

De vegades es poden resoldre dues operacions alhora, sempre que això no interfereixi entre si els càlculs.

Exemples

1. Regla dels signes:

$5 + (-9) = 5 - 9 \qquad 3 - (-7) = 3 + 7$

2. Sumes i restes amb nombres enters:

$3 + 4 = 7 \qquad 2 - 7 = 2 + (-7) = -5$

$-3 + 8 = 5 \qquad 5 + (-9) = -4$

$-6 + (-9) = -15 \qquad -1 - (-5) = -1 + 5 = 4$

3. Multiplicacions i divisions amb nombres enters:

$3 \cdot (-5) = -15 \qquad (-7) \cdot (-8) = +56$

$-32 : 8 = -4 \qquad (-10) : (-2) = +5$

4. Observa l'ordre de jerarquia en aquesta operació:

$2 - 3 \cdot (4^2 - 3 \cdot 2) + (5 - (3 - 7) =$

$= 2 - 3 \cdot (16 - 3 \cdot 2) + (5 - (-4)) = 2 - 3 \cdot (16 - 6) + (9) =$

$= 2 - 3 \cdot (10) + 9 = 2 - 30 + 9 = -19$

5. Expressions algebraiques

En moltes tasques matemàtiques és necessari treballar amb nombres de valor desconegut o indeterminat. Per fer-ho, es fan servir lletres (es pot usar qualsevol lletra) en lloc de xifres i s'operen amb les mateixes propietats i lleis que en les expressions numèriques.

Una **expressió algebraica** és una combinació de lletres i xifres relacionats per les operacions matemàtiques de suma, resta, multiplicació, divisió, potenciació i radicació (apunt 4).

Apunt 4

Observa aquests exemples d'**expressions algebraiques**:

$$3x - 7$$

$$x^2 - 5x + 4$$

$$\frac{\sqrt{a^2+b}}{3c}$$

Recorda! Quan no hi ha cap símbol entre dues lletres, això vol dir que s'han de multiplicar.

6. Monomis

Les expressions més simples s'anomenen **monomis**. Estan formats pel producte d'un nombre (**coeficient**) i una lletra o el producte de diverses lletres amb exponents naturals (**part literal**). Les lletres s'anomenen **variables**.

El **grau** d'un monomi és la suma dels exponents de les seves variables.

El **valor numèric** d'un monomi és el nombre que resulta de substituir les lletres per nombres i efectuar les operacions.

Dos monomis són **semblants** quan en la part literal de tots dos hi ha les mateixes variables amb els mateixos exponents.

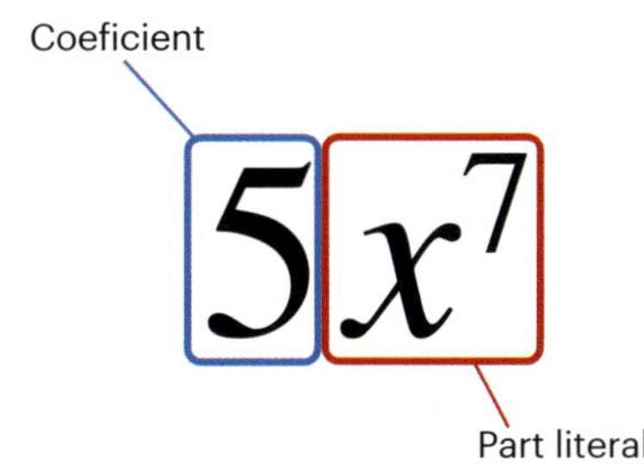

7. Operacions amb monomis

- **Suma/resta.** Per sumar o restar monomis, han de ser semblants. L'operació es du a terme sumant-ne o restant-ne els coeficients i escrivint-ne la part literal.
- **Multiplicació/divisió.** Per multiplicar o dividir monomis, se'n multipliquen o divideixen els coeficients i, pel que fa a la part literal, s'apliquen les propietats de les potències.
- **Potència d'un monomi.** Per elevar un monomi a una potència, s'eleva tant el coeficient com la part literal (apunt 5).

Apunt 5

Propietats de les potències

$$A^n \cdot A^m = A^{n+m}$$

$$\frac{A^n}{A^m} = A^{n-m}$$

$$\left(A^n\right)^m = A^{n \cdot m}$$

Exemples

5. Es pot escriure 3 + 7, perquè coneixem els nombres, però si no sabem exactament de quins nombres es tracta, els hem de substituir per lletres: $a + b$.

6. Observa exemples de monomis: $3x^2$, $12a^2b^3$, x^2yz^3.

7. Elements i valor d'un monomi:

Monomi	Coeficient	Part literal	Grau	Valor numèric $x = 5$, $y = 2$, $z = -1$
$3x^2$	3	x^2	2	$3 \cdot 5^2 = 75$
x^2yz^3	1	x^2yz^3	$2 + 1 + 3 = 6$	$5^2 \cdot 2 \cdot (-1)^3 = -50$

8. Sumes i restes de monomis:

$2x^5 + 6x^5 = 8x^5$ $\quad 9x^4 - x^4 = 8x^4$ $\quad 5x^2 + 4x^3 =$ (No es poden sumar.)

9. Multiplicacions i divisions de monomis:

$2x^3 \cdot 5x^4 = 10x^7$ $\quad 5x^6 \cdot (-3)x^6 = -15x^{12}$ $\quad \dfrac{12x^7}{3x^5} = 4x^2$ $\quad \dfrac{6x^9}{-2x^4} = -3x^5$

10. Potències de monomis:

$$\left(5x^4\right)^3 = 5^3 \cdot \left(x^4\right)^3 = 125 \cdot x^{12}$$

Professor a casa. Operacions amb monomis I.

Professor a casa. Operacions amb monomis II.

Entrena't

1. Resol les operacions següents:

- **a** (+13) + (+19) =
- **b** (−7) + (−4) =
- **c** (+9) + (−15) =
- **d** (−8) + (+16) =
- **e** (+8) − (+17) =
- **f** (+27) − (−34) =
- **g** (−6) − (−15) =
- **h** (−9) − (+99) =

2. Resol les operacions següents:

- **a** $(+7) \cdot (+8) =$
- **b** $(+13) \cdot (-9) =$
- **c** $(+5) \cdot (+15) =$
- **d** $(-14) \cdot (-14) =$
- **e** $(-75) : (-5) =$
- **f** $(-154) : (+11) =$
- **g** $(-108) : (+9) =$
- **h** $(+91) : (-7) =$

3. Resol les operacions combinades següents:

- **a** $4 \cdot (-5) + 11 =$
- **b** $-3 - 2 \cdot (-4) =$
- **c** $-6 \cdot (-3) - 7 \cdot 5 =$
- **d** $35 : (-7) - 2 \cdot (1 - 4) =$
- **e** $-4 + 10 : (-2) + 3 \cdot (8 - 9) =$
- **f** $9 \cdot (-2) + 8 - 5 \cdot 2 =$

4. Resol les operacions següents:

- **a** $5 + 12 - 9 =$
- **b** $6 + 7 - 19 =$
- **c** $3 - 7 + 9 =$
- **d** $5 - 1 + 2 =$
- **e** $-3 + 4 + 6 =$
- **f** $-9 + 2 + 4 =$
- **g** $9 - 5 - 6 =$
- **h** $4 - 7 - 10 =$
- **i** $-3 + 4 - 5 =$
- **j** $-9 + 7 - 5 =$
- **k** $-8 - 6 + 1 =$
- **l** $-3 - 4 - 9 =$
- **m** $-1 - 2 - 3 =$
- **n** $-8 - 4 - 9 =$

5. Resol les següents operacions cominades:

- **a** $2 \cdot 5 + 4 =$
- **b** $3 + 4 \cdot 5 =$
- **c** $-2 + 5 \cdot 3 =$
- **d** $-3 \cdot 7 - 12 =$
- **e** $(3 - 6) \cdot 2 - 5 =$
- **f** $5 - 2 \cdot (8 - 6) - 3 =$
- **g** $3 \cdot 4 - 5 =$
- **h** $5 - 2 \cdot 7 =$
- **i** $-4 \cdot 2 + 3 =$
- **j** $-3 \cdot 7 - 12 =$
- **k** $(7 - 10) \cdot (4 + 1) =$
- **l** $2 \cdot (5 - 7) - 3 \cdot (9 - 4) =$

6. Resol les següents operacions combinades:

- **a** $3 \cdot (5 + 2 \cdot 3 - 14) - 10 =$
- **b** $1 - (7 - 2 \cdot 5) + 3 \cdot 4 =$
- **c** $2 \cdot (7 \cdot 8 - 6 \cdot 9) - 3 \cdot (18 - 3 \cdot 7) =$
- **d** $8 - 5 \cdot (12 - 3 \cdot 5 - 2) - 6 \cdot 7 =$
- **e** $3 \cdot ([4 - 2 \cdot 3] \cdot [1 + 7 \cdot 2]) =$
- **f** $1 + 2 \cdot (3 + 4 \cdot [5 - (6 - 7)]) =$

Banc digital

7. Escriu en llenguatge algebraic els enunciats següents:

- **a** La suma de dos nombres.
- **b** La suma de dos nombres iguals.
- **c** El producte de dos nombres.
- **d** La tercera part de la resta de dos nombres.
- **e** El quadrat de la suma de dos nombres.
- **f** La suma de dos nombres al quadrat.
- **g** El quocient de dos nombres.
- **h** La suma de dos nombres consecutius.

8. Expressa amb les teves paraules el significat de cadascuna de les següents expressions algebraiques:

- **a** $x - 6$
- **b** $2x + 1$
- **c** $\frac{x}{3}$
- **d** $x^2 + 1$
- **e** $x + 2y$
- **f** $3x$
- **g** $2(x - 1)$
- **h** $3x + \frac{x}{2}$
- **i** $(x + 1)^2$
- **j** $\frac{x}{2} \cdot 3y$

9. Indica el grau dels monomis següents:

- **a** $5x^3$
- **b** $-x^4$
- **c** $3x^2y^3$
- **d** $5xy$
- **e** $4y^{11}$
- **f** $-xy^8$
- **g** x^3y^2
- **h** $4x^4y^4$

10. Per a $x = 2$, $y = -1$, indica el valor numèric dels monomis de l'exercici anterior.

11. Resol aquestes sumes i restes amb monomis:

- **a** $2x + 7x$
- **b** $12x - 15x$
- **c** $3x^2 + 5x^2$
- **d** $5x^7 - 9x^7$
- **e** $x^5 + x^5$
- **f** $2x^3 - 4x^3 - 6x^3$

12. Resol aquestes operacions amb monomis:

- **a** $3x^2 \cdot 5x^6$
- **b** $4 \cdot 3x^2$
- **c** $6x^4 \cdot (-7)x$
- **d** $-3x \cdot (-8)x^3$
- **e** $12x^7 : 2x^3$
- **f** $-36x^6 : 6x^3$
- **g** $-20x^4 : (-2)x^4$
- **h** $2x^5 : 4x$

Banc digital

Mates en context

1 AM AL AP Social El mapa del tresor

La Ció i el Xavi han estat de sort: al bagul del germà de l'àvia de la Ció, hi han trobat el que sembla que és un mapa del tresor i ja se n'han anat fins a l'illa que consta en el mapa per mirar de trobar aquell tresor. Hi ha, però, un problema: el pas del temps ha esborrat una paraula crucial de les indicacions.

PDF

> *Busca una creu a la pedra en forma de peix.*
> *Camina .... passos cap al nord i, després, 30 passos cap a l'est.*
> *Ara, camina cap al sud tants passos com vas caminar cap al nord menys 15 i, després, 55 passos cap a l'oest.*
> *Camina, després, tants passos com al principi cap al nord i 10 passos cap a l'est.*
> *Per acabar, camina el doble que al principi, però cap al sud.*
> ***Has arribat al tresor.***
> *Per saber que no t'has equivocat, hauràs hagut de fer 7 vegades el nombre de passos que vas caminar al principi cap al nord.*

Problemes

1. Si anomenem x el nombre de passos que cal fer cap al nord en la primera instrucció, expressa algebraicament el nombre de passos que s'han de fer en cada una de les instruccions següents.
2. Escriu l'equació necessària per resoldre l'enigma i soluciona-la. Quant van caminar en el primer trajecte?
3. Comprova que han caminat 7 vegades més que en el primer trajecte.
4. Escriu les instruccions, però indica-hi de forma numèrica el nombre de passos que han de fer en cada trajecte.
5. Indica a quants passos al nord es troba el tresor. Explica, també, a quants passos a l'est de la pedra en forma de peix hi ha el tresor.
6. Dibuixa uns eixos de coordenades. Agafa com a centre de coordenades la pedra en forma de peix. Partint d'aquest centre, marca-hi el camí que s'ha seguit. Indica les coordenades del punt final de cada recorregut. En quines coordenades es troba el tresor?
7. En grups de quatre, inventeu-vos un mapa en què el tresor estigui en les coordenades (15, −25).

Simbolitza: 1, 2 **Planteja: 2, 4** **Matematitza: 3, 5**
Comunica: 4 **Representa: 6, 7**

2 AM AL AP AA Social El món romà

Al Cesc li encanta la història i vol saber si les persones de l'antiguitat vivien tant com en l'actualitat. Per arribar a saber-ho, elabora una taula de personatges històrics de fa uns 2100 anys (amb signe −, els anys abans de Crist):

Personatge	Neix	Mor	Edat
Cèsar August Emperador romà	−63	14	
Ciceró Intel·lectual i retòric	−106		63
Cleòpatra Reina egípcia		−30	39
Herodes Governador jueu	−21	39	
Horaci Poeta romà	−65		57
Juli Cèsar Polític romà	−100	−44	
Marc Antoni General romà		−31	51
Neró Emperador romà		68	31
Ovidi Poeta romà	−43	17	
Sèneca Filòsof romà	−5		70
Tiberi Emperador romà		37	79
Vespasià Emperador romà	9	79	
Virgili Poeta romà	−70		51
Vitruvi Arquitecte romà	−75	−15	

Problemes

1. Calcula les xifres de les caselles en blanc.
2. Ordena la taula per dates de naixement (del més antic al més modern).
3. Ordena la taula per dates de mort (de la més recent a la més antiga).
4. Ordena la taula per edats (del més vell al més jove).
5. Quina és la mitjana d'edat d'aquests personatges?
6. Què en penses, del dubte del Cesc?

Matematitza: 1, 2, 3, 4, 5 **Argumenta: 6**

Competències matemàtiques: 1, 2, 5, 11 (act. 1); 2, 5 (act. 2).

2 La probabilitat de guanyar

És fàcil guanyar quan es juga?
Quina és la probabilitat de guanyar?

AM AL AP

Social Personal

Aprèn a...

Descriure experiments aleatoris i esmentar tots els resultats possibles, amb l'ajuda de taules, recomptes o diagrames d'arbre senzills.

Calcular la probabilitat d'esdeveniments associats a experiments senzills mitjançant la regla de Laplace.

Ítem 1. El joc del gobelet

En aquest joc de taula hi ha un gobelet i 5 daus de 6 cares. En cada dau, les cares no estan numerades de l'1 al 6, sinó que hi apareixen les figures següents:

- Les negres, que valen 1 punt.
- Les vermelles, que valen 2 punts.
- La jota (J), que val 3 punts.
- La cu (Q,), que val 4 punts.
- La ca (K), que val 5 punts.
- L'as, que val 6 punts (i serveix de comodí).

Una de les variants d'aquest joc presenta 6 rondes (una per cada tipus de figura). Cada ronda consta de 3 tirades. En la primera ronda, s'intenta aconseguir el màxim nombre de negres. Per fer-ho, tires la primera vegada els 5 daus i et quedes amb aquells en què hagin sortit negres (o comodins), de manera que en la segona tirada no disposaràs dels mateixos daus, sinó només d'aquells en què no t'hagin sortit negres (o comodins). Si abans d'arribar a la tercera tirada aconsegueixes tenir 5 figures negres, tornes a introduir tots els daus al gobelet i es continuen sumant. Quan s'acaba la ronda de les negres, es passa a les vermelles, i així en ordre ascendent, fins a arribar als asos.

La puntuació s'obté multiplicant el nombre de figures que hagis obtingut en cada ronda pel valor d'aquella figura. Els comodins valen el mateix que les figures a les quals substitueixen, excepte en la ronda d'asos, en què valen 6 punts.

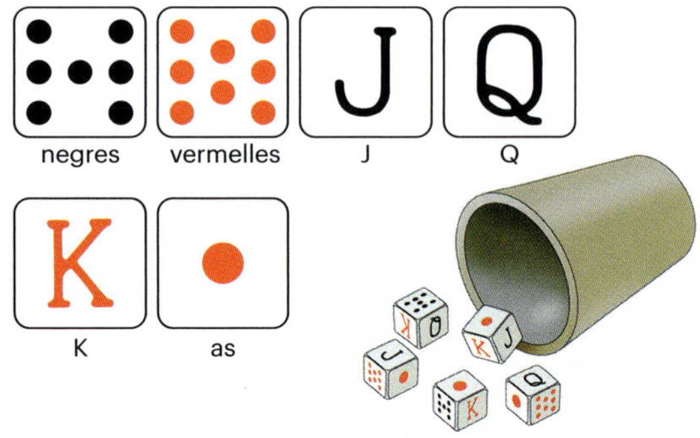

Ítem 2. Puntuacions

Aquesta taula mostra un exemple de les puntuacions en una jugada:

Negres	Vermelles	J	Q	K	As
4	12	9	20	20	18

Ítem 3. Probabilitat d'un esdeveniment

En un experiment aleatori amb esdeveniments elementals equiprobables:

$$P(A) = \frac{\text{nre. de casos favorables}}{\text{nre. de casos possibles}}$$

Construeix amb el que saps

Matematitza

1 Quins serien tots els resultats possibles de tirar dos daus del joc del gobelet? Si no vols descuidar-te cap resultat, anota els valors en una taula.

2 Si ens trobem en la ronda de jotes i hem obtingut 3 jotes en les dues primeres tirades, quina és la probabilitat de treure 2 jotes en la tercera tirada? I de treure només una jota? Et pot servir d'ajuda l'exercici anterior.

Argumenta

3 Quants punts sumaràs si en la ronda de cas n'has aconseguit 4? I si en la ronda d'asos n'has tret 3?

4 És possible sumar 7 punts en la ronda de vermelles? Per què? I és possible sumar 10 punts en la ronda de cus? Per què?

5 Observa la següent taula de resultats:

	Negres	Vermelles	J	Q	K	As
Punts	4	6	7	20	20	21

Diries que han fet trampes? Com ho saps?

Ítem 4. El 7 i mig

El 7 i mig és un joc de cartes molt popular. Consisteix a demanar cartes d'una a una i anar sumant punts fins a obtenir-ne 7 i mig.

Cada carta val el nombre que indica, llevat de les figures (sota, cavall i rei), que valen mig punt.

Si passes de 7 i mig, has perdut. Per tant, el joc consisteix a acostar-se tant com sigui possible a 7 i mig, però sense superar-lo. Quan ja no vulguis demanar més cartes, has de dir que et plantes.

Guanya el jugador que més a prop acabi de 7 i mig (sense superar-lo).

Compte!

Quan et donen una carta, és impossible que pugui tornar a sortir aquella mateixa carta, perquè ja no és en la pila.

Així, si la primera carta ha estat un 2, la probabilitat que la segona també sigui un 2 és aquesta:

$$\frac{\text{nre. de casos favorables}}{\text{nre. de casos possibles}} = \frac{3}{39} = \frac{1}{13}$$

Ítem 5. Baralla espanyola

Construeix amb el que saps

Matematitza

6 Quina és la probabilitat que la primera carta que donin sigui un 7? I que sigui una figura?

7 Quina és la probabilitat que la segona carta sigui una figura, si la primera ha estat un 7? I si la primera també ha estat una figura?

8 Si ja hem tret un 3, un 2 i un rei, quina és la probabilitat de superar el 7 i mig, si demanem una carta més? I quina és la probabilitat d'obtenir un 7 i mig?

Argumenta

9 Quan hi juguen diverses persones, es reparteix una carta a cadascuna i, després, el primer jugador va demanant cartes fins que es planta o supera el 7 i mig, i així fins a arribar al darrer jugador.

Hi jugueu tres persones, ets el tercer i us surten aquestes cartes:

- La teva primera carta ha estat un 5.
- El primer jugador ha obtingut un 2, un cavall i un 6 (és a dir, ha superat).
- El segon jugador s'ha plantat amb la seva primera carta, que ha estat un 6.

a Quina és la probabilitat que tens de guanyar el segon jugador, sense superar el 7 i mig, només amb una carta més?
b Quina és la probabilitat que tens de superar el 7 i mig amb una sola carta?

Planteja

10 A la partida anterior t'ha sortit una sota.

a Quines cartes et poden sortir per guanyar?
b Quina és la probabilitat que tens d'aconseguir 7 i mig?
c Calcula la probabilitat que tens de guanyar.

Matematitza

11 Si en cert moment de la partida tens 5 punts i mig, quines jugades et serveixen per arribar a 7 i mig? Fes un arbre en el qual cada branca sigui la carta següent.

El que has construït

Calcules **probabilitats** fent servir la regla de Laplace.

Determines l'**espai mostral** mitjançant una taula.

Comproves **múltiples** de nombres naturals.

8. Representació de fraccions

En un experiment aleatori, anomenarem:

- **Espai mostral (*E*)** el conjunt de tots els resultats possibles de l'experiment aleatori.
- **Esdeveniment elemental** cada un dels possibles resultats de l'experiment aleatori. Cadascun dels elements que formen l'espai mostral serà un esdeveniment elemental.
- **Esdeveniment** un conjunt d'esdeveniments elementals. S'acostumen a designar mitjançant lletres majúscules.
- **Esdeveniment contrari** d'un esdeveniment *A* el conjunt de tots els esdeveniments elementals que no es troben en l'esdeveniment *A*. Es designa com a $\bar{A}$.
- **Esdeveniment segur** aquell esdeveniment que sempre passa.
- **Esdeveniment impossible (Ø)** aquell esdeveniment que no pot passar mai.

Apunt 6

Podem fer servir un diagrama d'arbre per comptar i determinar tots els esdeveniments elementals d'un experiment compost per dos o més experiments simples; per exemple, llançar una moneda 4 vegades.

Professor a casa.
Recompte d'esdeveniments: diagrama d'arbre.

9. Recompte d'esdeveniments elementals

En alguns experiments, sobretot en aquells que consisteixen a repetir experiments aleatoris simples, l'espai mostral constarà de molts elements i, per comptar-los i determinar-los, es poden fer servir taules o diagrames d'arbre:

- **Taules**. Es fan servir quan tenim un experiment que consta de dos experiments aleatoris simples, com tirar una moneda i, tot seguit, un dau de sis cares, o llançar un dau de sis cares dues vegades.
- **Diagrames d'arbre**. En cada bifurcació de les branques hi haurà els esdeveniments elementals de cada experiment aleatori simple que realitzem. Cada branca en un diagrama d'arbre representa un possible esdeveniment elemental de l'experiment (apunt 66).

Exemples

11. Llançar una moneda i un dau de sis cares:

	1	2	3	4	5	6
Cara (C)	(C,1)	(C,2)	(C,3)	(C,4)	(C,5)	(C,6)
Creu (X)	(X,1)	(X,2)	(X,3)	(X,4)	(X,5)	(X,6)

Així, l'espai mostral estarà format per 12 esdeveniments elementals:

E = {(C,1), (C,2), (C,3), (C,4), (C,5), (C,6),
(X,1), (X,2), (X,3), (X,4), (X,5), (X,6)}

12. Tirar una moneda tres vegades:

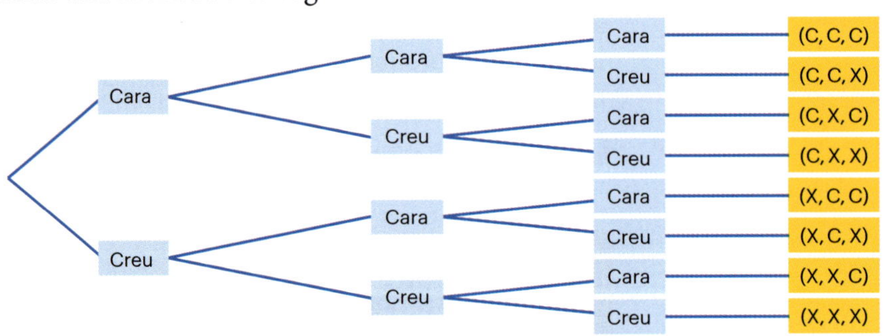

Per tant, l'espai mostral estarà format per 8 esdeveniments elementals:
E = {(C,C,C), (C,C,X), (C,X,C), (C,X,X), (X,C,C), (X,C,X), (X,X,C), (X,X,X)}

10. Propietats de probabilitat

- **Probabilitat d'un esdeveniment A:** $0 \leq P(A) \leq 1$. Com més a prop estigui d'1, més probable és que passi l'esdeveniment A, i al revés, com més a prop estigui de 0, menys probable serà (apunt 7).
- **Probabilitat de l'esdeveniment segur:** $P(E) = 1$.
- **Probabilitat de l'esdeveniment impossible:** $P(\varnothing) = 0$.
- **Probabilitat de l'esdeveniment contrari:** $P(\bar{A}) = 1 - P(A)$.

Apunt 7

La probabilitat de l'espai mostral sempre és 1.

Professor a casa. Càlcul de probabilitats amb la regla de Laplace.

11. Regla de Laplace

La probabilitat d'un esdeveniment A, format per esdeveniments elementals equiprobables, és igual al nombre de casos favorables dividit entre el nombre de casos possibles (apunt 8).

$$P(A) = \frac{\text{nre. de casos favorables}}{\text{nre. de casos possibles}}$$

Apunt 8

En un experiment aleatori, els esdeveniments elementals seran **equiprobables** si cada un té la mateixa probabilitat. En el cas contrari, es diu que els esdeveniments no són equiprobables.

Exemple

13. Si l'experiment aleatori consisteix a llançar un dau de 6 cares, per calcular la probabilitat de l'esdeveniment A = "treure un nombre més gran o igual que 3", s'ha de calcular el nombre de casos favorables ({3, 4, 5, 6}, és a dir, els resultats que compleixen la condició (que són 4) i dividir-los entre el nombre de casos possibles, que són 6 (cada una de les cares del dau). Per tant:

$$P(A) = \frac{\text{nre. de casos favorables}}{\text{nre. de casos possibles}} = \frac{4}{6} = 0{,}67$$

12. Múltiples

Diem que **un nombre *a* és múltiple d'un altre nombre *b*** si el nombre a es pot expressar com a producte de b per un altre nombre; és a dir, si $a = b \cdot c$.

Per tant, perquè a sigui múltiple de b, ha de passar:

1. Que a sigui més gran que b; és a dir, $a > b$.
2. Que la divisió de a entre b sigui exacta; és a dir, que $a : b$ doni com a resultat un nombre enter.

Observació: qualsevol nombre es considera múltiple de si mateix, perquè tot nombre es pot expressar com el producte de si mateix per 1.

13. Divisors

Diem que **un nombre *a* és divisor d'un altre nombre *b*** si la divisió de b entre a és exacta.

Per tant, perquè a sigui divisor de b, ha de passar:

1. Que a sigui més petit que b; és a dir, $a < b$.
2. Que la divisió de b entre a sigui exacta; és a dir, que $b : a$ doni com a resultat un nombre enter.

Observació: l'1 és divisor de qualsevol nombre.

Exemples

14. Els múltiples de 3 són 0, 3, 6, 9, 12, 15... Per saber si 84 també és múltiple de 3, calculem la divisió 84 : 3; com que és exacta, es pot afirmar que 84 és múltiple de 3.

15. Els divisors de 12 són 1, 2, 3, 4, 6 i 12. Per saber si 3 és divisor de 84, calculem la divisió 84 : 3; com que és exacta, es pot afirmar que 3 és divisor de 84.

Entrena't

13. Posa un exemple d'un esdeveniment segur i un altre d'un esdeveniment impossible per a cadascun d'aquests experiments:

a Llançar un dau de sis cares.

b Llançar dues monedes.

c Llançar dos daus de sis cares i sumar-ne els resultats.

d Extreure una bola d'una bossa en la qual hi ha una bola vermella, una altra de groga i una altra de verda.

14. Quin seria l'esdeveniment contrari de cadascun d'aquests esdeveniments?

a Treure un 1 en llançar un dau de sis cares.

b Treure un nombre més gran o igual que 3 en llançar un dau de sis cares.

c Treure una bola de color vermell d'una bossa que conté boles de colors vermell, groc i verd.

15. Es considera l'experiment aleatori de llançar un dau i anotar-ne el resultat. Calcula la probabilitat de:

a Treure un 4.

b Treure un nombre parell.

c Treure un múltiple de 3.

d Treure un divisor de 6.

e Treure un divisor de 5.

f Treure un múltiple de 4.

g Treure un nombre més gran o igual que 2.

h Treure un nombre més petit que 4.

i Treure un nombre primer.

16. En un bingo, es posen al bombo boles numerades de l'1 al 90 i es van traient d'una a una. Calcula la probabilitat de:

a Treure el 5.

b Treure un nombre més gran que 80.

c Treure un nombre més petit o igual que 15.

d Treure un nombre entre 21 i 33, ambdós inclosos.

e Treure un múltiple de 9.

f Treure un divisor de 44.

g Treure un nombre primer.

h Treure un nombre que acabi en 7.

i Treure un nombre que contingui el 6.

PDF Garbell d'Eratòstenes

17. Es fa l'experiment aleatori de llançar dos daus de 6 cares i sumar-ne els resultats.

a Apunta en una taula com aquesta totes les possibilitats:

+	1	2	3	4	5	6
1						
2						
3						
4						
5						
6						

b Determina l'espai mostral.

c Quin et sembla que és el resultat amb més probabilitat? Per què? Calcula'n la probabilitat.

d I quin és el resultat amb menys probabilitat? N'hi ha més d'un? Calcula'n la probabilitat.

e Calcula la probabilitat que la suma sigui 5.

f Calcula la probabilitat que la suma sigui 10 o més.

g Calcula la probabilitat que la suma sigui un múltiple de 4.

18. Dins d'una urna hi ha tres boles blanques, quatre boles negres, dues boles vermelles i quatre boles verdes. Si se'n treu una bola a l'atzar, calcula:

a La probabilitat de treure'n una bola blanca.

b La probabilitat de treure'n una bola negra.

c La probabilitat de treure'n una bola vermella.

d La probabilitat de treure'n una bola verda.

e La suma dels resultats obtinguts anteriorment. Quant surt? És normal?

f La probabilitat de treure una bola que no sigui blanca. Si sumem a aquest resultat la probabilitat de treure una bola blanca, què obtenim?

g La probabilitat que la bola sigui blanca o negra.

h La probabilitat que la bola sigui blava. Com s'anomena aquest esdeveniment?

Banc digital

Mates en context

3 AM AL AP Social La ruleta de la fira

El Carles ha anat a la fira de la seva ciutat i ha trobat una parada on hi ha dues ruletes amb diferents nombres. Pot triar la ruleta que vulgui i, segons el nombre obtingut, es guanya un premi o un altre.

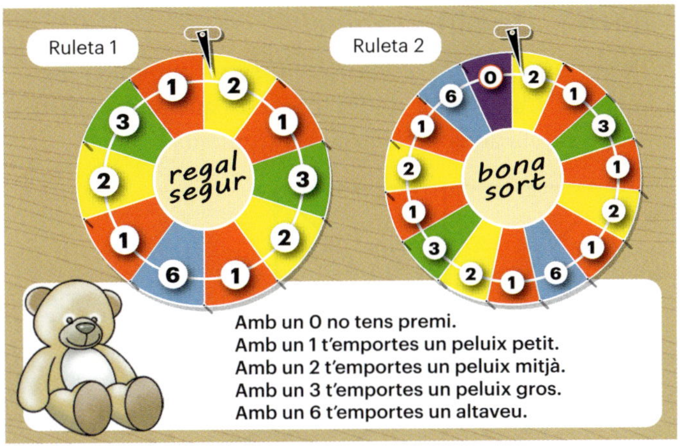

Problemes

1. Quina ruleta triaries? Per què?
2. A la ruleta 1, quin és el premi més difícil d'aconseguir? Per què?
3. A la ruleta 2, quin és el premi més fàcil d'aconseguir? Per què?
4. Quina és la probabilitat de no guanyar res a la primera ruleta? I a la segona?
5. Calcula la probabilitat de guanyar un peluix gros en cada una de les ruletes. En quina és més fàcil aconseguir-lo?
6. Troba la probabilitat de guanyar un peluix de qualsevol mida en cada una de les ruletes. En quina és més fàcil aconseguir un peluix?
7. Calcula la probabilitat de guanyar un altaveu en cada ruleta? En quina és més fàcil aconseguir-lo?
8. Si volem un peluix gros o un altaveu, quina ruleta ens convé triar?
9. Calcula la probabilitat de treure un divisor de 6 en cada ruleta.
10. Calcula la probabilitat de treure un 5 en cada ruleta.
11. Calcula la probabilitat de treure un 1 o un 2 en cada ruleta.
12. Calcula la probabilitat de treure un múltiple de 3 en cada ruleta.

Comunica: 1 **Planteja: 2, 3**

Matematitza: 4, 5, 6, 7, 8, 9, 10, 11, 12

4 AM AL AV Social El menú

Aquest matí la Maria i el Sergi han vist l'anunci d'un restaurant que ofereix un menú a 9,50€ i que permet escollir entre vuit menús diferents. Després de veure l'anunci, la Maria no està gaire convençuda de la seva veracitat. Al menú que mostren a l'entrada ofereixen la possibilitat de triar entre dos primers plats, dos segons plats i dues postres. A més, es pot fer qualsevol combinació d'un primer plat, un segon i unes postres.

Problemes

1. Penses que es poden fer vuit menús diferents?
2. Elabora un diagrama d'arbre amb les diferents opcions de primer plat, segon plat i postres.
3. Assigna una lletra a cada plat o postres (per exemple, es pot fer servir la inicial de cada paraula: a la sopa, assigna-li la lletra *S*; a l'amanida, la lletra *A*; al fricandó, la *F*, etc.) i escriu-ne l'espai mostral.
4. Si la Maria tria el seu menú a l'atzar, calcula la probabilitat que mengi fruita per postres.
5. Si el Sergi tria el seu menú a l'atzar, calcula la probabilitat que mengi fricandó i gelat.
6. Si la Maria i el Sergi volen escollir de postres el gelat, però trien el primer i el segon a l'atzar, calcula la probabilitat que escullin el mateix menú.
7. Si el restaurant afegís una opció més de postres, quants menús diferents es podrien escollir? I si després d'afegir-hi unes postres més, treuen l'opció de la sopa i el primer plat ha de ser una amanida, quants menús diferents es podrien fer ara? Són els mateixos que al començament?

Comunica: 1 **Planteja: 2, 3** **Matematitza: 4, 5, 6, 7**

3 Juguem amb cercles i línies

AM AL AP AA

Es guanya traçant línies?
Sectors i corones circulars al Trivial?

Social

Personal

Aprèn a...

Identificar les propietats geomètriques que caracteritzen els punts de la circumferència i el cercle.

Resoldre problemes relacionats amb angles de figures planes en contextos de la vida real.

Ítem 1. Marro

De ben segur que deus haver jugat alguna vegada a aquest joc. Es necessita ben poca cosa per poder-hi jugar!

Nomes cal un full, un llapis i un company.

S'hi juga amb un tauler que es pot construir en un moment: es tracen en el full dues línies verticals i dues més d'horitzontals, de manera que entre aquestes quedin nou espais.

Un dels jugadors dibuixarà cercles i l'altre dibuixarà creus en cada espai. Guanya el primer que aconsegueix posar els cercles o les creus en línia horitzontal, vertical o diagonal.

Ítem 2. Un altre tauler

També es pot jugar al marro fent servir un tauler com aquest. Cada jugador tindrà tres fitxes que podrà col·locar als punts on coincideixen els segments.

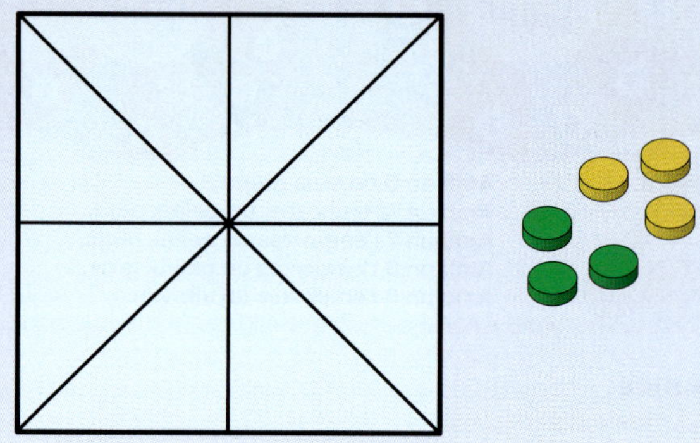

Construeix amb el que saps

Representa (1) Dibuixa un tauler de marro tal com s'indica en l'ítem 1. Com són les línies horitzontals entre si? I les horitzontals respecte de les verticals?

Matematitza (2) Al tauler anterior, dibuixa-hi una jugada en què els cercles guanyen la partida si es col·loquen:

a En horitzontal **b** En vertical **c** De forma obliqua.

Argumenta (3) **a** Quants quadrats hi ha en el segon tauler? Fes-ne el dibuix i numera'ls.

b Un dels quadrats és el que delimita el tauler. Quines línies formen els costats dels altres quadrats? Descriu-les indicant els punts pels quals passen i la seva relació de paral·lelisme o perpendicularitat respecte del costat que tallen.

Representa (4) Dibuixa una circumferència amb centre al punt de tall de les rectes anteriors; agafa com a radi la distància d'aquell punt al de tall d'una d'aquelles rectes amb el costat del quadrat.

a La circumferència és interior o exterior al quadrat?
b Quant mesura el radi d'aquella circumferència?

Comunica (5) Com s'anomenen les línies que uneixen vèrtexs oposats del quadrat del segon tauler?

Representa (6) Aquelles línies han dividit en dos cada un dels angles del quadrat. Són iguals?

Per comprovar-ho, segueix aquests passos:

1. Doblega el full en què has dibuixat el tauler per una d'aquelles línies.
2. Comprova si els daus del quadrat que s'uneixen en aquell vèrtex coincideixen.

(7) Dibuixa una circumferència que tingui el centre al punt de tall d'aquelles línies i el radi de la qual sigui la distància d'aquell punt a un vèrtex del quadrat.

a La circumferència és interior o exterior al quadrat?
b Quant mesura el seu radi?

Ítem 3. Juguem al Trivial?

El Trivial és un joc de taula creat l'any 1979 per dos canadencs: Scott Abbott, editor esportiu del diari Canadian Press, i Chris Haney, fotògraf de la revista *Montreal Gazette*.

El joc es compon d'un tauler, un dau, sis fitxes de jugador, 36 tascons de puntuació (els "formatgets"), i les targetes amb preguntes i respostes, el nombre de les quals depèn de l'edició del joc.

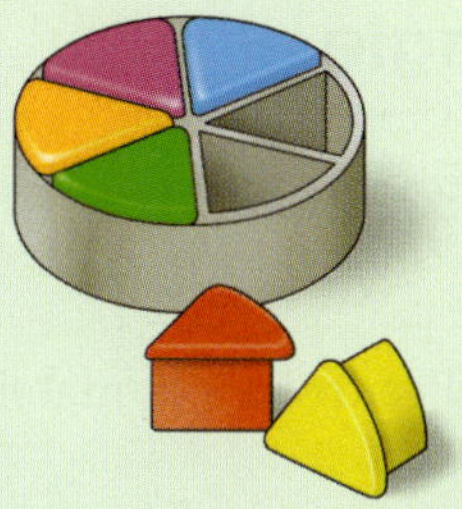

Ítem 4. Circumferència i angles

En una circumferència hi ha dos tipus d'angles:

- **Angle central**, que té el vèrtex al centre de la circumferència.

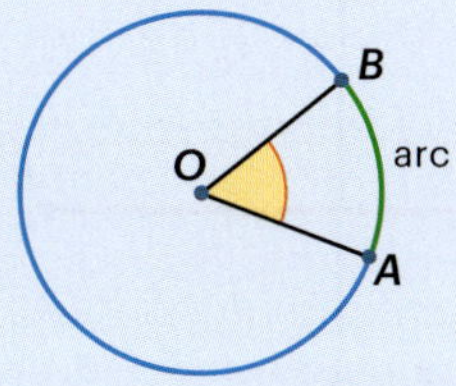

- **Angle inscrit**, que té el vèrtex en un punt de la circumferència.

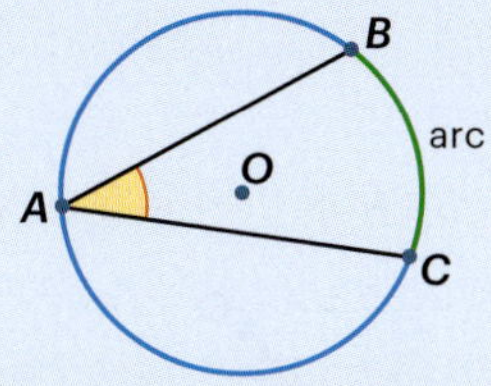

Si un angle central i un angle inscrit que abracen un arc de circumferència són iguals, la mesura del primer és el doble que la del segon.

Construeix amb el que saps

Argumenta

(8) **a** Les fitxes on van els "formatgets" es divideixen en sis parts iguals per tres diàmetres. Quant mesura cadascun dels angles que es formen al centre de la circumferència?

b Si dibuixéssim al tauler amb una sola línia les caselles que constitueixen els radis i que s'ajunten a l'hexàgon central, també formarien angles al centre. Serien més grans, més petits o iguals que els de les fitxes?

Representa

(9) Dibuixa-les a la teva llibreta i calcula l'angle central i l'angle inscrit que inclouen:

a Dos formatgets. **b** Tres formatgets. **c** Un formatget. **d** Mig formatget.

Matematitza

(10) Cada una de les zones en què queda dividida una fitxa de Trivial s'omple amb un tascó o formatget. En matemàtiques, la figura plana que s'observa s'anomena **sector circular**.

Calcula l'àrea de la part superior d'un formatget. Fes servir aquesta relació:

$$\frac{\text{nombre de graus del cercle}}{\text{àrea del cercle}} = \frac{\text{nombre de graus del sector}}{\text{àrea del sector}}$$

(11) A la part circular del tauler del Trivial es poden veure dues circumferències que tenen el centre al mateix punt. La zona que hi ha entre elles s'anomena **corona circular**.

Si el radi de la circumferència exterior mesura 20 cm i el de la interior és de 15 cm, quant mesura la part del cercle que queda entre elles?

El que has construït

Reconeixes **rectes paral·leles i perpendiculars**.

Coneixes i identifiques la **mediatriu d'un segment** i la **bisectriu d'un angle**.

Distingeixes entre **angle central** de la circumferència i **angle inscrit**.

Coneixes la **relació entre un angle central i un angle inscrit** que abracen el mateix arc de circumferència i en calcules un a partir de l'altre.

Identifiques un **sector circular** i una **corona circular** i en calcules les àrees respectives.

14. Mediatriu d'un segment

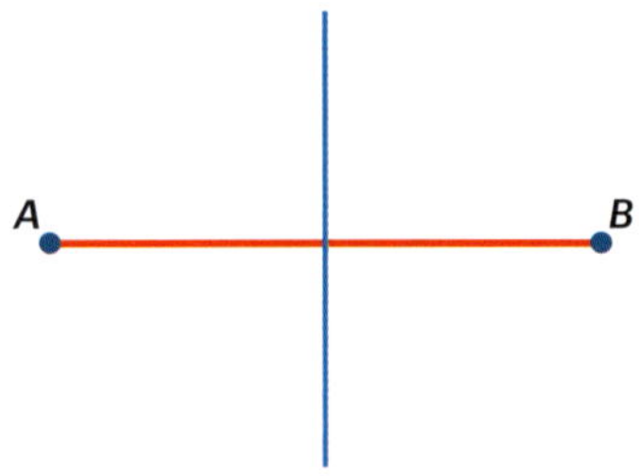

És la recta perpendicular al segment que passa pel seu punt mitjà.

Propietat

Qualsevol punt de la mediatriu es troba a la mateixa distància dels dos extrems del segment.

En un triangle i en un quadrat, el punt de tall de la mediatriu dels seus costats és el centre d'una circumferència que passa pels vèrtexs. Rep el nom de **circumferència circumscrita**.

15. Bisectriu d'un angle

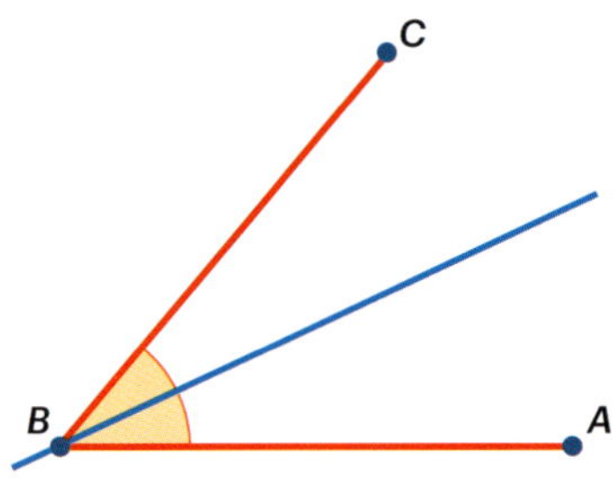

És la recta que passa pel vèrtex de l'angle i el divideix en dos angles iguals.

Propietat

Qualsevol punt de la bisectriu es troba a la mateixa distància dels dos costats de l'angle.

En un triangle i en un quadrat, el punt de tall de la bisectriu dels seus angles és el centre d'una circumferència tangent als costats. Rep el nom de **circumferència inscrita**.

16. Angles d'una circumferència

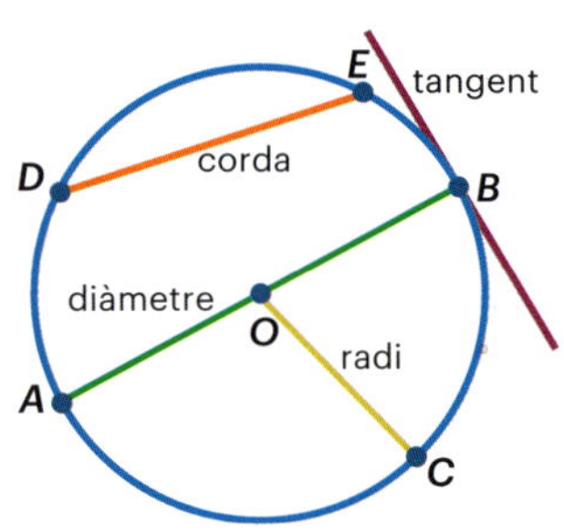

Angle central. Té el vèrtex al centre de la circumferència i els costats són dos radis d'aquesta: $A\hat{O}B$.

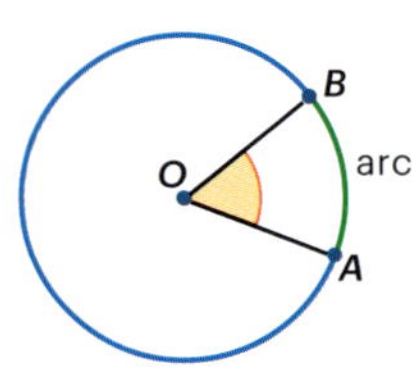

Angle inscrit. El vèrtex és un punt de la circumferència i els costats són cordes d'aquesta circumferència: $B\hat{A}C$.

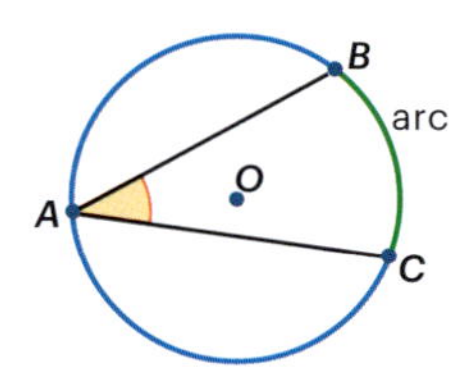

Relació entre angle central i angle inscrit

Si l'arc de circumferència que inclou un angle central i el que inclou un angle inscrit són iguals, la mesura del primer és el doble que la del segon (apunt 9):

$$A\hat{O}B = 2 \cdot B\hat{A}C$$

Apunt 9

El centre d'una circumferència s'acostuma a designar amb la lletra O.

Exemple

16. Calcula els angles α i β que falten en els dibuixos:

a

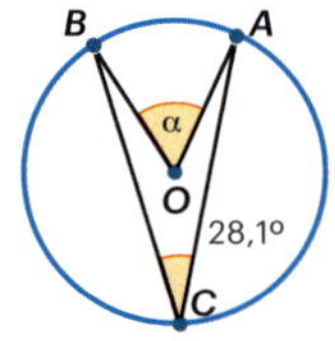

b

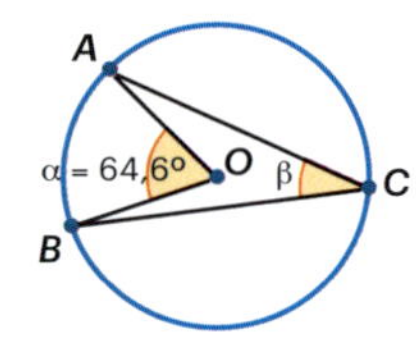

Són angles centrals i inscrits que abracen el mateix arc.

a L'angle central és el doble de l'inscrit: $\alpha = 2 \cdot 28{,}1° = 56{,}2°$.

b L'angle inscrit és, per tant, la meitat del central: $\beta = \dfrac{64{,}6°}{2} = 32{,}3°$.

17. Circumferències concèntriques

Són les que tenen el mateix centre i diferent radi.

Hi pot haver més de dues circumferències concèntriques.

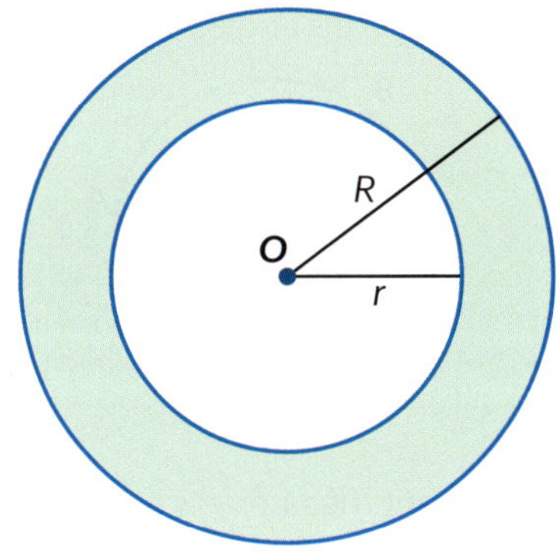

18. Corona circular

És la porció del pla compresa entre dues circumferències concèntriques.

Se n'obté l'àrea restant l'àrea del cercle de radi més petit a l'àrea del cercle de radi més gran:

$$A = \pi R^2 - \pi r^2$$

Si es treu π com a factor comú, s'obté la fórmula que s'acostuma a utilitzar (apunt 10):

$$A = \pi(R^2 - r^2)$$

Exemple

17. Calcula l'àrea de la corona circular formada per dues circumferències concèntriques els radis de les quals mesuren 15 cm i 2 dm.

Com que les unitats de mesura dels radis són diferents, primer es redueixen a la mateixa unitat: 2 dm = 20 cm.

D'aquesta manera, es dedueix que el radi més gran és el de 20 cm i el més petit és el de 15 cm.

S'escriu la fórmula corresponent i se substitueixen les dades:

$$A = \pi(R^2 - r^2) = A = \pi(20^2 - 15^2) = \pi(400 - 225) = 175\pi \text{ cm}^2$$

Apunt 10

Propietat distributiva de la multiplicació respecte de la suma

$$a \cdot (b + c) = a \cdot b + a \cdot c$$

Treure factor comú és el procés contrari a la propietat distributiva:

$$a \cdot b + a \cdot c = a \cdot (b + c)$$

Per exemple, els càlculs en què es fa servir π es poden expressar en funció d'aquella constant. En aquest cas, π s'escriu al final.

19. Sector circular

És la porció del cercle compresa entre dos radis.

Per calcular-ne l'àrea, es fa servir aquesta relació:

$$\frac{\text{nombre de graus del cercle}}{\text{àrea del cercle}} = \frac{\text{nombre de graus del sector}}{\text{àrea del sector}}$$

Si n és el nombre de graus de l'angle central del sector circular, A és l'àrea d'aquell sector i r és el radi del cercle, quan se substitueix en la relació anterior, s'obté que:

$$\frac{360^\circ}{\pi r^2} = \frac{n}{A}$$

Segons la propietat de les proporcions, el producte dels extrems és igual al producte dels mitjans: $360 \cdot A = n\pi r^2$.

Si s'aïlla l'àrea, se n'obté la fórmula: $A = \dfrac{n\pi r^2}{360^\circ}$.

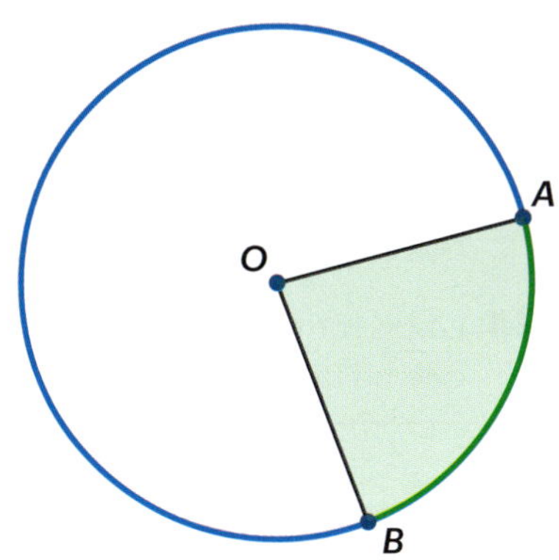

Exemple

18. En un cercle de 16 cm de diàmetre es considera el sector circular amb un angle central que mesuri 82°. Troba'n l'àrea.

En la fórmula es fa servir el radi del cercle, que és la meitat del diàmetre: $r = 8$ cm.

$$A = \frac{n\pi r^2}{360} = \frac{82\pi 8^2}{360} = \frac{82\pi 64}{360} = \frac{5248\pi}{360} = 45{,}8 \text{ cm}^2$$

Entrena't

19. Calcula els angles que falten en cada cas:

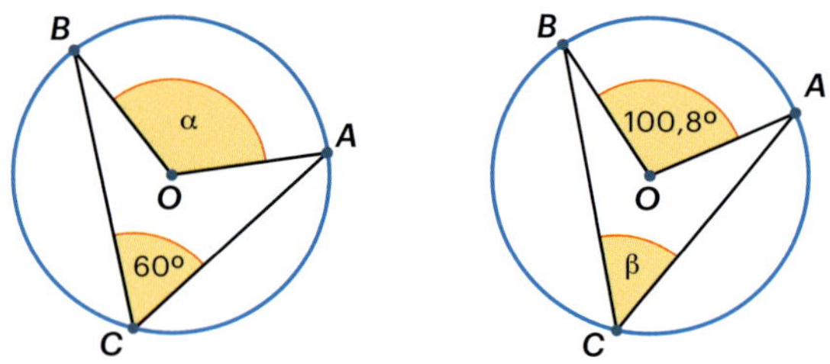

20. Quant mesuren els angles central i inscrit del dibuix?

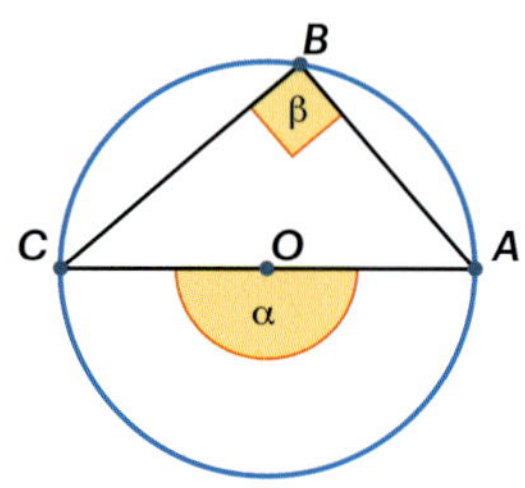

21. Indica quines de les rectes són mediatrius del segment $\overline{AB}$. Raona la resposta.

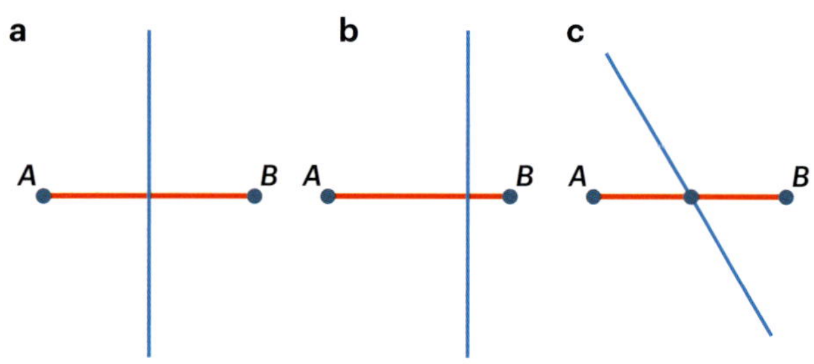

22. Considera un segment d'extrems $\overline{AB}$ i la seva mediatriu. Si *P* és un punt de la mediatriu que es troba a 2 cm de distància del punt *B*, quina és la distància de *P* a l'altre extrem, *A*?

23. En dibuixar la bisectriu d'un angle de 67° s'han format dos angles. Quant mesura cadascun?

24. La bisectriu d'un angle l'ha dividit en dos, de manera que un fa 39,6°. Quina és la mesura de l'angle inicial?

25. Indica si cada una de les afirmacions següents és vertadera o falsa. Raona les respostes:

- **a** La bisectriu d'un angle pla en forma dos de rectes.
- **b** L'angle inscrit que correspon a un de central de 86° mesura 192°.
- **c** La mediatriu d'un segment és una recta perpendicular a aquest segment.
- **d** Un angle central sempre és més gran que el seu inscrit corresponent.

26. En una capsa de formatgets hi ha vuit porcions.

Quant mesura l'angle central que forma cada formatget?

27. Dibuixa un rombe i les seves diagonals.

- **a** Com s'anomenen aquestes rectes respecte dels angles del rombe?
- **b** Quin tipus de polígons es formen en traçar les diagonals del rombe?
- **c** Els angles petits del rombe mesuren 70°. Calcula quant mesuren els altres.
- **d** Quant mesuren els angles dels polígons formats per les seves diagonals?

28. Escriu el nom de les figures següents i calcula'n l'àrea:

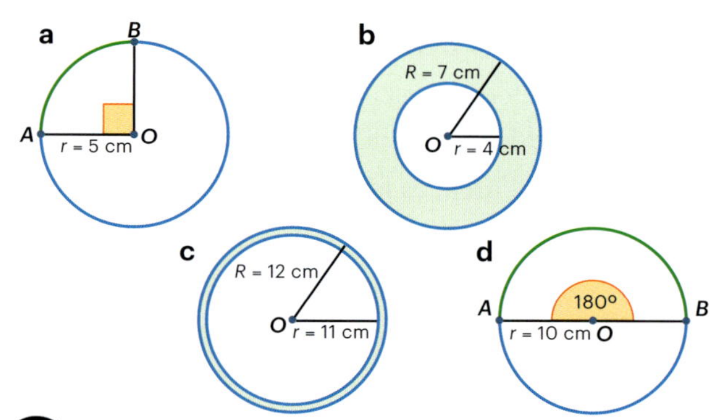

Banc digital

Mates en context

5 AM AL Professional **Logotips**

Si t'agraden els cotxes, segur que et deus haver fixat en els logotips de les diferents marques. Aquí en tens dos exemples, que fan 82 mm de diàmetre.

Problemes

1. Quines figures circulars s'han format en el cercle del primer logotip?
2. ⊕⊖ Calcula la zona que ocupa la zona buida del primer logotip.
3. En el segon logotip, quant mesura cada una de les zones centrals de color blau?
4. ⊕⊖ Si el diàmetre del cercle interior del segon logotip fa 7 cm, quina és l'àrea de la zona negra?

Representa: 1 | **Matematitza: 2, 3, 4** | **Argumenta: 3**

6 AM AL AA Professional Personal Decoració de jardins

La naturalesa és imprescindible per als éssers humans. En els primers temps, només servia per proporcionar aliments, però després es va recórrer a elements de la naturalesa per decorar llocs importants.

Al llarg del temps s'han construït grans jardins dividits en seccions. Es van començar a fer servir **parterres**, paraula que prové del francès i que vol dir 'a la terra'.

Actualment, els parterres també es veuen als petits jardins de les cases.

Problemes

1 Observa la imatge de més amunt i identifica-hi les figures geomètriques que s'han format amb els parterres.

NOTA: A partir de la pregunta següent, fes els dibuixos corresponents a les situacions indicades.

2 Imagina't que tens un jardí de 4 m x 4 m. Quant mesura tota la superfície?

3 Vols posar uns camins just a la meitat dels costats del jardí. Quines línies has de traçar per fer-ho?

4 Els camins faran 1 m d'ample, de manera que hi haurà la mateixa distància a cada costat de les línies anteriors. Quina figura es formarà al centre del jardí? Quines en són les dimensions?

5 Si col·loquessis un parterre circular a l'encreuament dels camins, quant podria fer el radi, com a màxim? Quina superfície ocuparia?

6 Els camins han dividit el jardí en quatre parts iguals. Pensa en una d'aquestes parts i, amb el centre al punt de tall dels camins, construeix dos arcs de circumferència, l'un de 0,5 m de radi i l'altre d'1 m de radi.

a Quina figura es forma amb les línies que delimiten el camí i l'arc de la circumferència més petita? Quant fa l'àrea?

b Troba la mesura de la superfície que ocupa la zona formada pels camins i l'arc de la circumferència més gran.

c Quina superfície ocupa la zona delimitada pels dos arcs de circumferència?

7 Torna a fer amb les altres 3 zones el que has fet en l'exercici 6, però ara pensant en una part del jardí. A la superfície que queda entre els dos arcs de circumferència, s'hi faran parterres. Quina n'és l'àrea?

8 Dissenya un jardí amb el teu company o companya i exposa les teves idees a la resta de la classe.

Matematitza i simbolitza: 1, 2, 3, 4, 5, 6, 7 **Argumenta: 8**

7 AM AL Professional Personal Regar amb aspersors

La piscina municipal d'un poble mesura 50 m x 18 m. Està envoltada per una zona de paviment antilliscant de 2,5 m d'ample. El seu disseny permet que l'aigua que hi cau no vagi a parar a la piscina. També hi ha una zona de 100 m^2 amb gespa artificial i uns quants arbres que proporcionen ombra.

A més, hi ha una piscina per als més petits. Té forma circular i el seu diàmetre fa 350 dm. També s'ha envoltat de paviment antilliscant, però aquest fa 3 m d'ample.

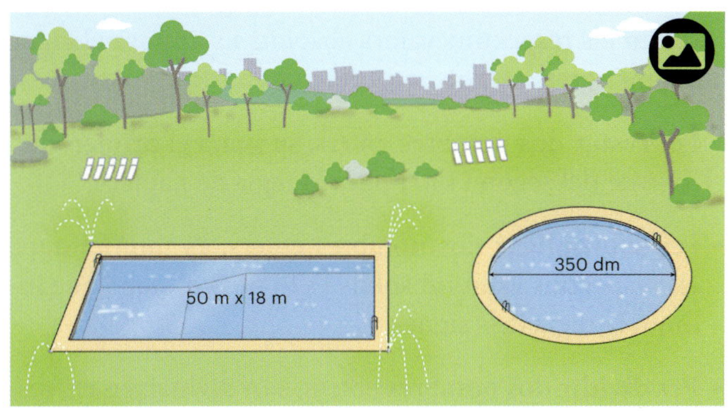

Problemes

1 Es col·loca en un cantó de la piscina rectangular un aspersor que té un radi d'abast d'entre 2,5 m i 4,6 m i un arc de gir ajustable d'entre 45º i 105º.

a Calcula la superfície mínima que pot regar.

b Quina és la superfícia màxima que pot regar?

2 Troba la superfíe mínima i la màxima que podrien regar quatre aspersors, col·locats cadascun en un cantó de la piscina.

3 Amb els quatre aspersors, és possible regar tota la zona de la gespa?

4 Calcula la superfície que ocupa el paviment antilliscant que envolta cada una de les piscines. Per a quina de les dues s'ha necessitat més material?

Matematitza: 1, 2, 3 **Argumenta: 3, 4**

NOMBRES I ÀLGEBRA

Nombres enters

Els **nombres enters** són els nombres naturals, a més dels negatius i del zero.

L'**oposat d'un nombre** és aquell mateix nombre, però amb el signe contrari.

El **valor absolut** d'un nombre és aquest nombre, però amb signe positiu.

Quan es troben dos signes + i – consecutius, se segueix la **regla dels signes**:

- Si són del mateix signe, el resultat és positiu.
- Si són de signes oposats, el resultat és negatiu.

Operacions

- Per **sumar** dos nombres anters del **mateix signe**, se'n sumen els respectius valors absoluts i s'hi posa el signe dels sumands.
- Per **sumar** dos nombres enters de **signe diferent**, se'n resten els respectius valors absoluts i s'hi posa el signe del més gran.
- Per **restar** dos nombres enters, se suma el primer amb l'oposat del segon i s'hi aplica la regla de Laplace.
- Per **multiplicar** dos nombres enters, es multipliquen els respectius valors absoluts i s'hi posa el signe que indiqui la regla dels signes.
- Per **dividir** dos nombres enters, se'n divideixen els respectius valors absoluts i s'hi posa el signe que indiqui la regla dels signes.

Jerarquia de les operacions

L'**ordre** per realitzar les operacions és aquest:

1r Parèntesis.
2n Potències i arrels.
3r Multiplicacions i divisions.
4t Sumes i restes.

Divisibilitat

Un nombre *a* és múltiple d'un altre nombre *b* si $a > b$ i la divisió de a entre b és exacta.

Un nombre *a* és divisor d'un altre nombre *b* si $a < b$ i la divisió de b entre a és exacta.

Àlgebra

Una **expressió algebraica** és una combinació de lletres i xifres relacionades per les operacions matemàtiques de suma, resta, multiplicació, divisió, potenciació o radicació.

Monomis

- Les expressions més simples s'anomenen **monomis**. Estan formats pel producte d'un nombre (**coeficient**) i una lletra o el producte de diverses lletres amb exponents naturals (**part literal**). Les lletres s'anomenen **variables**.
- El **grau** d'un monomi és la suma dels exponents de les seves variables.
- El **valor numèric** d'un monomi és el nombre que resulta en substituir les lletres per xifres i efectuar les operacions.
- Dos monomis són **semblants** quan la part literal té les mateixes variables amb els mateixos exponents.

Operacions amb monomis

- Per **sumar o restar** monomis, han de ser semblants. L'operació es realitza sumant-ne o restant-ne els coeficients i escrivint-ne la part literal.
- Per **multiplicar o dividir** monomis, se'n multipliquen o se'n divideixen els coeficients i, pel que fa a la part literal, s'apliquen les propietats de les potències.
- Per **elevar** un monomi a una potència, s'hi eleva tant el coeficient com la part literal.

GEOMETRIA I MESURES

Construccions geomètriques

- **Mediatriu d'un segment**. És la recta perpendicular al segment que passa pel seu punt mitjà.

  En un triangle i en un quadrat, el punt de tall de les mediatrius dels costats és el centre d'una circumferència que passa pels vèrtexs. S'anomena **circumferència circumscrita**.

- **Bisectriu d'un angle.** És la recta que passa pel vèrtex de l'angle i el divideix en dos d'iguals.

  En un triangle i en un quadrat, el punt de tall de les bisectrius dels angles és el centre d'una circumferència tangent als costats. S'anomena **circumferència inscrita**.

Circumferència

Angles

Angle central. Té el vèrtex al centre de la circumferència i els costats són dos radis d'aquesta circumferència: $A\hat{O}B$.

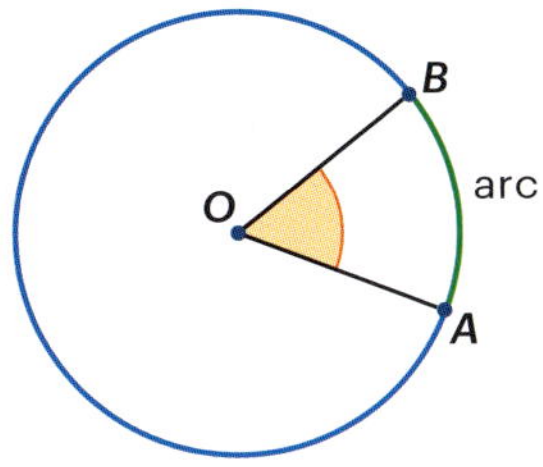

Angle inscrit. El vèrtex és un punt de la circumferència i els costats en són les cordes: $B\hat{A}C$.

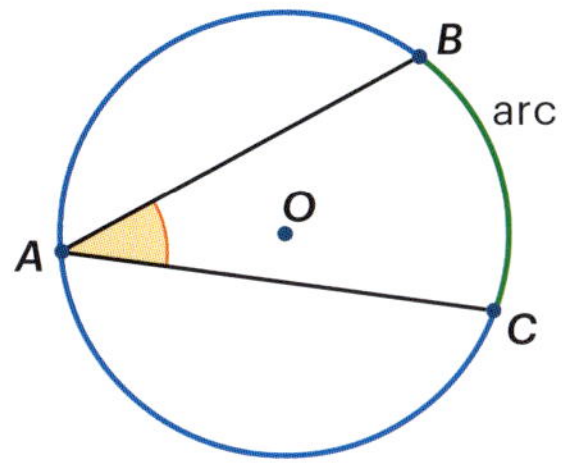

Relació entre aquests: $A\hat{O}B = 2 \cdot B\hat{A}C$.

Posició relativa

- **Concèntriques.** Tenen el mateix centre i radi. N'hi pot haver més de dos.

- **Corona circular.** Porció del pla compresa entre dues circumferències concèntriques: $A = \pi(R^2 - r^2)$.

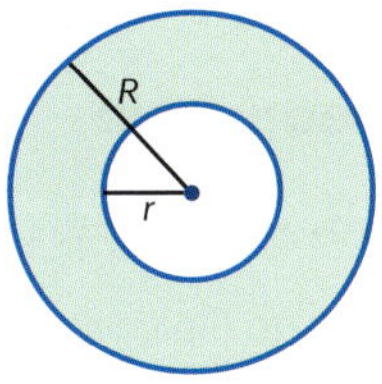

Cercle

Sector circular. És la porció de cercle compresa entre dos radis. Per calcular-ne l'àrea, es fa servir aquesta relació:

$$\frac{\text{nombre de graus del cercle}}{\text{àrea del cercle}} = \frac{\text{nombre de graus del sector}}{\text{àrea del sector}}$$

ESTADÍSTICA I PROBABILITAT

Un **experiment aleatori** és aquell que, amb les mateixes condicions inicials, pot donar lloc a diferents resultats; és a dir, depèn de l'atzar.

Donat un experiment aleatori, definim:

- **Espai mostral** (*E*). És el conjunt de tots els possibles resultats del nostre experiment aleatori.

- **Esdeveniment elemental**. És cada un dels possibles resultats d'un experiment aleatori. En conjunt, formen l'espai mostral.

- **Esdeveniment**. És un conjunt d'esdeveniments elementals. S'acostumen a designar mitjançant lletres majúscules.

- **Esdeveniment contrari a l'esdeveniment *A***. És el conjunt de tots els esdeveniments elementals que no formen part de l'esdeveniment *A*. Es designa com a $\bar{A}$.

- **Esdeveniment segur**. És un esdeveniment que sempre passa.

- **Esdeveniment impossible (ø)**. És un esdeveniment que no pot passar mai.

Tècniques de recompte

Serveixen per ajudar a comptar els possibles resultats en experiments aleatoris més complexos.

Es poden fer servir:

- **Taules**. Es fan servir quan tenim un experiment que consta de dos experiments aleatoris simples, com llançar una moneda i, a continuació, un dau de sis cares dues vegades. Els esdeveniments elementals estan formats per una parella de nombres; el primer correspon al possible resultat del llançament de la moneda; el segon, als resultats possibles de llançar el dau.

- **Diagrames d'arbre**. Són útils quan tenim experiments que s'esdevenen en diverses etapes. Així, en cada bifurcació de les branques hi haurà els esdeveniments elementals d'un dels experiments aleatoris simples que realitzem. Una branca completa en un diagrama d'arbre representa un possible esdeveniment elemental de l'experiment.

- **Propietats de la probabilitat**

  1 Sempre és un nombre entre 0 i 1.

  2 La probabilitat de l'espai mostral és 1.

  3 La probabilitat de l'esdeveniment impossible és 0.

  4 La probabilitat d'un esdeveniment i el seu contrari suma 1.

- **Regla de Laplace**

  La probabilitat d'un esdeveniment *A*, format per esdeveniments elementals equiprobables, és igual al nombre de casos favorables dividit entre el nombre de casos possibles.

$$P(A) = \frac{\text{nre. de casos favorables a } A}{\text{nre. de casos possibles}}$$

Entrena't +

Nombres i àlgebra

29. Resol les operacions següents:

a $3 + 5 - 11 =$
b $6 - 13 + 4 =$
c $-9 + 4 + 6 =$
d $-1 - 2 - 3 =$
e $2 - 9 - 14 =$
f $-3 + 10 - 3 =$
g $-8 - 7 + 6 =$
h $-28 - 37 - 46 =$

30. Resol les següents operacions combinades:

a $3 \cdot 7 + 4 =$
b $5 + 2 \cdot 8 =$
c $4 \cdot 7 + 3 \cdot 8 =$
d $(1 - 7) \cdot 3 - 13 =$
e $2 \cdot 9 - 5 =$
f $6 - 5 \cdot 3 =$
g $2 \cdot 9 - 5 \cdot 7 =$
h $3 \cdot (8 - 11) - 5 \cdot (12 - 7) =$

31. Suma aquests monomis:

a $2x^3 + x^3$
b $8x^2 + 6x^2$
c $x^{11} + x^{11}$
d $x^2 + x$

32. Resta aquests monomis:

a $9x^4 - 10x^4$
b $2x^3 - 4x^5$
c $6x^5 - 9x^5$
d $9x - 15x$

33. Multiplica aquests monomis:

a $x^3 \cdot 4x^5$
b $-5 \cdot 7x^3$
c $5x^2 \cdot (-x^3)$
d $x \cdot x$

34. Divideix aquests monomis:

a $24x^3 : 4$
b $15x^5 : 3x^2$
c $10x^4 : 5x$
d $3x^6 : 6x^5$

35. Eleva aquests monomis:

a $\left(3x^4\right)^2 =$
b $\left(-5x^7\right)^3 =$

Banc digital

Probabilitat

36. L'amplada d'un trencaclosques de 500 peces és de 25 peces i té una altura de 20 peces.

a Quantes peces formen la vora del trencaclosques?
b De les peces que en formen la vora, quantes n'hi ha que siguin angles?
c Quantes peces internes té el trencaclosques si n'eliminem les que formen part de la vora?
d Si s'extreu una peça a l'atzar, quina és la probabilitat que formi part de la vora? I quina és la probabilitat que formi part d'un angle?
e Si la vora està formada per 40 peces de color blau i la resta són verdes, quina és la probabilitat que, en treure una peça a l'atzar, sigui de color blau de la vora? I quina probabilitat hi ha que sigui una peça verda de la vora?

37. Quin seria l'esdeveniment contrari a cadascun d'aquests esdeveniments?

a Treure un nombre més petit que 4 quan es tira un dau de vuit cares.
b Treure una carta d'oros en triar-ne una a l'atzar d'una baralla espanyola de 40 cartes.
c Treure una bola de color verd d'una bossa amb boles de colors vermell, groc i verd.

38. Es considera l'experiment aleatori de llançar un dau de sis cares en què apareixen els divisors de 12.

a Quins nombres apareixen en les cares del dau?
b Calcula la probabilitat de treure:

–Un 4.
–Un nombre parell.
–Un nombre primer.
–Un 7.
–Un nombre més gran que 5.
–Un nombre senar.
–Un nombre diferent de 3

Banc digital

Geometria

39. Observa el dibuix:

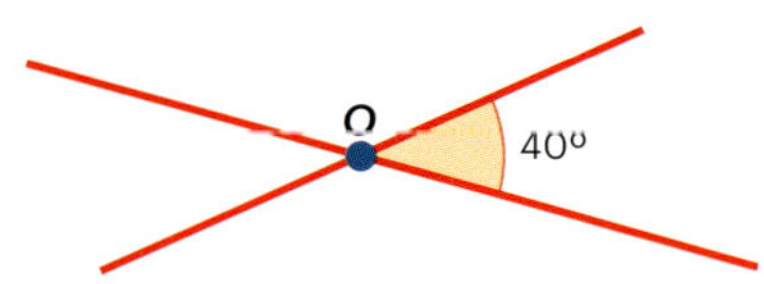

a Calcula la resta dels angles.
b Dibuixa les respectives bisectrius i troba el valor dels nous angles formats.

40. **a** Dibuixa un triangle rectangle els catets del qual mesurin 5 cm i 12 cm.
b Troba el punt del triangle des del qual es pot dibuixar una circumferència circumscrita. Explica com l'obtens i dibuixa-la.

41. Dibuixa dos segments paral·lels de diferent longitud. Quina relació tenen les seves mediatrius?

42. Es vol dividir un cercle de 10 dm de diàmetre en nou parts iguals:

a Quin nom rep cadascuna d'aquestes parts?
b Quant ha de mesurar el seu angle central?
c Troba l'àrea de cada una de les parts.
d Comprova que la suma de l'àrea de totes coincideix amb l'àrea del cercle.

43. Dibuixa dues circumferències concèntriques, una de 6 dm de radi i una altra de 22 cm de diàmetre.

a Com s'anomena la zona compresa entre elles?
b Calcula la mesura d'aquesta superfície.

Banc digital

Mates en context

8 AM AL AP Social Personal La fruiteria més barata

La Cèlia ha de comprar fruita i verdura i dubta entre dues fruiteries que hi ha a prop de casa seva: Tomàquet fred i Enciam boig. La taula següent mostra les quantitats que vol comprar de fruita i verdura i els preus per quilo:

	Quantitat	Tomàquet fred (€)	Enciam boig (€)
Patates	5 kg	0,80	0,85
Tomàquets	2 kg	1,60	1,45
Taronges	4 kg	1,50	1,35
Pastanagues	1 kg	0,75	0,90
Pomes	3 kg	1,30	1,55
Plàtans	1 kg	1,50	1,40
Cebes	2 kg	1,40	1,20

Problemes

1. Només donant un cop d'ull a la taula (sense fer cap càlcul), on et sembla que és més barat comprar?
2. Calcula quant costa la compra en cada una de les fruiteries.
3. On és millor comprar? Quina és la diferència?
4. Ara, buscarem un mètode més ràpid per poder variar la quantitat de cada compra:
   a Afegeix a la taula dues noves columnes de preus.
   b A la primera, apunta-hi la diferència de preus (preu Tomàquet fred – preu Enciam boig).
   c A l'altra, multiplica-hi aquesta diferència per la quantitat que s'ha de comprar.
   d Suma les dades d'aquesta darrera columna.
5. Què hi observes? Concideix la conclusió final –on és millor comprar– amb el que has observat abans?
6. Si la Cèlia decideix comprar la fruita a les dues fruiteries, és a dir, comprar cada producte allà on sigui més barat, quant s'estalviarà respecte del cost en cada fruiteria?

   Les dues fruiteries han decidit abaixar els preus cada dijous, que serà el dia de la fruita: Tomàquet fred els abaixa el 15 % i Enciam boig els abaixa el 10 %.
7. Elabora una taula nova amb sis columnes i els nous preus.
8. On és millor comprar la fruita ara? Quin és l'estalvi?

Comunica: 1, 5 **Matematitza: 2, 4, 7** **Argumenta: 3, 8**

Planteja: 6

9 AM AL Social Personal El mag Ra

El mag Ra està disposat a millorar qualsevol joc de màgia i es disposa a encertar, no pas un nombre, sinó tres nombres alhora. Per fer-ho, dona al voluntari les instruccions següents:

–Llança tres daus.
–Agafa'n un, resta-li 7 i multiplica per 10.
–Suma al resultat un altre nombre i resta-li 7.
–Multiplica la suma per 5.
–Resta-li 7 i multiplica per 2.
–Suma-hi l'últim nombre.
–Suma 1000 al resultat i digues el resultat final.

Encertarà el mag Ra els tres nombres?

El voluntari diu que el nombre que li surt és el 637 i el mag Ra, indubtablement, diu: "Has tret el 4, el 2 i l'1".

L'auditori està entusiasmat. Els ha encertat!

Problemes

1. Et sembla que el mag els pot encertar sempre o aquest cop ha estat per casualitat? Raona la resposta.
2. Com endevina els nombres, el mag Ra? No falla mai!
3. Per intentar saber com endevina els nombres, repeteix diverses vegades el joc i apunta en una taula els nombres que surten i el nombre total obtingut.
4. Fixa't en la taula. Ets capaç de descobrir la regla que segueixen els nombres perquè els pugui encertar sempre?
5. Si no has trobat la regla, agafa la taula i resta 216 als nombres obtinguts. Què hi observes?
6. Converteix-te en mag i digues quins nombres han sortit si, al final, obtens els nombres següents: 739, 538, 827.
7. Ara, intentarem entendre per què funciona aquest joc. Anomena x el primer nombre, y el segon i z el tercer. Resol les operacions indicades en el joc de màgia amb aquestes incògnites i fixa't en el resultat final. Què hi observes?

Argumenta: 1, 2, 4 **Matematitza: 3, 5, 6** **Simbolitza: 7**

10 AM AL AP Social El joc del punyet

El joc del punyet consisteix a encertar el nombre de peces (que solen ser monedes, pedretes o paperets) que tenen diversos jugadors.

Per fer-ho, cada jugador agafa un nombre de peces, entre 0 i 3, i les amaga al puny sense que la resta de jugadors pugui veure quantes n'ha agafat. Tots mostren els punys tancats i diuen, per ordre, la quantitat total de peces que tenen entre tots. No poden repetir el mateix nombre. Després, obren les mans i comproven quantes peces hi ha. El jugador que encerta el nombre és el guanyador.

Problemes

1. Completa la taula següent amb els possibles resultats d'una partida amb dos jugadors:

Suma	0	1	2	3
0				
1				
2				
3				

2. Quin és l'espai mostral?
3. Quin és l'esdeveniment més probable? Calcula'n la probabilitat.
4. Quina és la probabilitat de treure un 0?
5. Calcula la probabilitat de treure un total de 4 peces o més.

   El joc es complica quan augmenta el nombre de jugadors, ja que no hi ha límit.

   Ara, suposem que hi juguen tres persones:

6. Construeix un diagrama d'arbre amb tots els casos possibles.
7. Quin és l'espai mostral?
8. Construeix una taula en què es mostrin els elements de l'espai mostral i, al costat, el nombre de maneres que hi ha d'obtenir aquest valor.
9. Amb les dades de l'exercici anterior, calcula les probabilitats d'obtenir cada un dels valors possibles.
10. Quin és el valor més probable? I el menys probable?

Representa: 1, 6, 8

Matematitza: 2, 3, 4, 5, 9

Argumenta: 7, 10

11 AM AL AP Social La ruleta europea

La ruleta és un joc d'atzar típic dels casinos. Consta d'una roda amb 37 ranures numerades de l'1 al 36 i el 0. N'hi ha 18 de color vermell i 18 de color negre. El 0 és el verd.

La probabilitat de guanyar està determinada per la possibilitat que la bola vagi a parar a la ranura seleccionada. Algunes possibles apostes i premis són els següents (n'hi ha molts més):

Aposta	Es juga a	Premi
Vermell/ negre	S'aposta al **color del nombre** guanyador, vermell o negre.	2
Parell/senar	S'aposta que el nombre on cau la bola serà **parell o senar**.	2
Columna	Es tracta d'apostar a quina **columna** hi haurà el nombre guanyador. L'estora es divideix en tres columnes i cadascuna d'aquestes columnes inclou **12 nombres**.	3
Sisena	Es tracta d'apostar a **6 nombres**. Aquests nombres es troben en dues fileres contigües.	6
Quadre	Es tracta d'apostar a **4 nombres** que formen part d'un quadrat a l'estora.	9
Transversal	Es tracta d'apostar a **3 nombres** d'una filera.	12
Cavall	Es tracta d'apostar a **2 nombres** que són contigus a l'estora.	18
Ple	Es tracta d'apostar a **1 sol nombre**.	36

Si surt el 0, guanya la banca, és a dir, el casino.

Problemes

1. Calcula la probabilitat de cada una de les apostes.
2. Són justos els premis?
3. L'Eugeni aposta en totes les apostes que sortirà el 17, però ha sortit el 13. Indica totes les apostes que ha hagut de fer.
4. Quant s'ha gastat? Quant ha rebut en premis?

Matematitza: 1

Argumenta: 2, 4

Planteja: 3

12 AM AL AP Social Una partida de dards

Per jugar als dards, es fa servir un tauler circular: la diana. Té 20 nombres i dos cercles centrals: l'interior (vermell) val 50 punts i l'exterior (verd) val 25 punts. La franja exterior de ratlles verdes i vermelles multiplica la puntuació per 2 i la franja interior ho fa per 3.

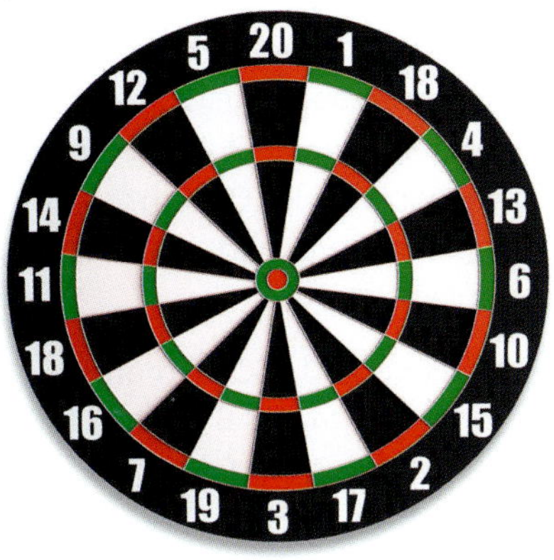

Problemes

1. A la diana hi ha unes zones blanques i negres que parteixen el centre i arriben a la zona que duplica la puntuació.
   - **a** Quantes n'hi ha en total?
   - **b** Quant mesura l'angle que forma cada una de les zones al centre del cercle?
2. Si sabem que el diàmetre del cercle que les delimita és de 20 cm, calcula la superfície que ocupa cada zona.
3. Si se suprimís la franja interior de ratlles verdes i vermelles, les zones blanques i negres arribarien fins a la que triplica la puntuació. Quant valdria en aquest cas l'angle central?
4. Troba l'àrea corresponent a cadascuna d'aquestes zones, tenint en compte que, en aquest cas, el diàmetre del cercle fa 325 mm.
5. Quantes corones circulars observes a la diana?
6. Calcula la mesura de la zona de 50 punts si saps que el diàmetre fa 2,5 cm.
7. Quant mesura l'àrea de 25 punts si el diàmetre del cercle exterior és de 5 cm?
8. A simple vista, quina zona és més gran: la de 50 punts o la de 25 punts? Comprova-ho.
   - **a** En passar de la zona de 50 punts a la de 25, el radi augmenta o disminueix? En quina proporció?
   - **b** Són iguals les àrees que abracen? Si una és més gran, en quina proporció ho és?
9. Explica com es pot construir un tauler quadrat de manera que la circumferència hi quedi inscrita.

Planteja: 1, 5 | **Matematitza: 2, 4, 6, 7, 8** | **Argumenta: 3, 9**

13 AM AL AP Social Construeix un paracaigudes

Materials necessaris:

Cartró, retolador, tisores, corda o fil fort, bossa gran d'escombraries, cola, cinta protectora i un pot de boletes perquè tingui pes.

Instruccions:

1. Lliga un llapis a l'extrem d'una corda. Dibuixa amb el llapis una circumferència de 80 cm de diàmetre.
2. Amb la mateixa longitud del radi, fes sis marques a la circumferència i uneix-les al centre.
3. Traça la bisectriu de cada angle central.
4. Retalla la circumferència i fes un tall en forma de triangle a l'extrem de cada radi que has dibuixat.
5. Estén la bossa d'escombraries (deixa-la doble) i posa-hi el cartró a sobre. Dibuixa-hi la circumferència amb les marques dels extrems dels radis.
6. Talla 12 cordes de 12 cm de longitud cadascuna. Situa un extrem de cada corda a les marques de la circumferència. Enganxa-les amb cola i subjecta-les també amb cinta protectora.
7. Subjecta la bossa amb una mà pel centre de la circumferència del costat de la bossa que no està pintat. Estira-la perquè quedi com una vara.
8. Col·loca-la així sobre la taula, de manera que les cordes quedin estirades. Embolica'n una mica les puntes i lliga-les amb un tros de cinta protectora.

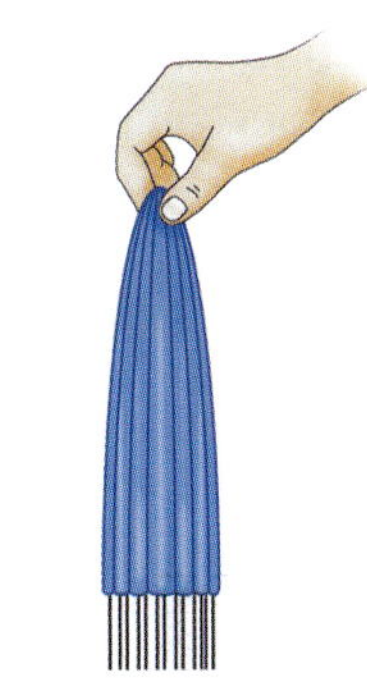

9. Talla una mica les puntes i introdueix-les al pot a través d'un forat fet a la tapa. Fes un nus a les cordes perquè les puntes no surtin.
10. Doblega el paracaigudes en tres parts i lliga'l amb la corda. Ja està a punt per impulsar-lo cap amunt i deixar que caigui sol!

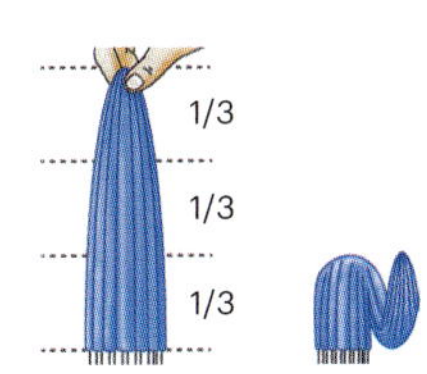

Problemes

1. Abans de començar, és necessari que calculis les mesures del cartró. Quant en necessites per a la circumferència que has de dibuixar?
2. Una altra forma de fer els radis per col·locar les cordes consisteix a calcular la mesura de l'angle central. Quina és?
3. La bossa d'escombraries ha de ser, com a mínim, un quadrat que tingui com a circumferència inscrita la que dibuixes al cartró. Quant ha de mesurar, com a mínim, el seu costat?

Matematiza: 1, 2 | **Argumenta: 3**

1. A un nombre, li sumem el triple; després, li restem el doble del resultat de sumar la seva meitat amb el quadrat d'aquest nombre. Escriu l'operació completa i, després, calcula el resultat respectant la jerarquia de les operacions en els casos següents:

a EL nombre és el 4. **b** El nombre és el 9.

2. Resol les següents operacions combinades:

a $2 - 3 \cdot (5 - 2 \cdot 3 + 4 \cdot [-1]) - (4 - 5) =$
b $2 \cdot (4 - (-2) \cdot (-4) + 3) - (-2) \cdot (1 - 2 \cdot 3) =$

3. Escriu l'expressió algebraica corresponent a l'exercici 1 en el cas que no en coneguem el nombre.

4. Observa la taula següent i respon les preguntes:

$3xy^2$	$4x^2y^2$	xy	$6x^2y^2$	$-2xy^2$
$-x^2y^2$	$-6xy$	xz^4	$-xy^2$	$10xy$
$-4xy$	$-xy$	$5xy^2$	$4x^2y^2$	$-7xz^4$
$10xy^2$	$-2x^2y^2$	$3xz^4$	$-2xz^4$	$-3x^2y^2$

a Agrupa tots els monomis semblants.
b Suma tots els monomis de cada grup de monomis semblants i identifica-hi el coeficient, la part literal i el grau.
c Dels resultats anteriors, multiplica aquells que tenen grau 2 i grau 3. Quin és el grau que en resulta? I el coeficient?

5. Observa aquest rellotge. El radi de la circumferència que delimita la part blanca és de 6 cm i de 8 cm amb el marc del rellotge. Respon aquestes preguntes:

a Quant mesura l'angle que formen les busques a les 02.10 h? I quant mesura l'angle inscrit que abraça el mateix arc?
b Sense comptar el marc, calcula la longitud de la circumferència corresponent. Quina és l'àrea del sector?
c Calcula l'àrea del marc. Quina és l'àrea de la part del marc corresponent a les 02.10 h?
d Escriu diverses hores en què les busques siguin perpendiculars.

6. Els 120 alumnes de 1r d'ESO han anat a una marató de jocs. Hi ha jocs de 2, 4, 5 i 6 jugadors. A quins jocs es poden inscriure perquè no falti ni sobri cap estudiant? Quants grups es formarien en cada cas?

7. Els jocs de 5 jugadors duren 36 minuts i els de 6 duren una hora. Si comencen a la vegada, quant temps ha de passar perquè tornin a començar junts?

8. Si considerem els nombres de l'1 al 20, ambdós inclosos, i en triem un a l'atzar, quina és la probabilitat de treure un nombre primer?

PDF

	4 punts	3 punts	2 punts	1 punt
1. Nombres enters	Identifico els nombres enters i hi opero correctament.	Identifico els nombres enters i hi opero correctament, llevat d'algun cas.	Identifico els nombres enters, però m'equivoco quan hi opero.	No identifico els nombres enters i m'equivoco quan hi opero.
2. Operacions amb enters	Opero correctament amb nombres enters.	Opero correctament amb nombres enters, tot i que amb algun error.	M'equivoco en la majoria de les operacions amb nombres enters.	No opero amb nombres enters.
3. Llenguatge algebraic	Expresso correctament un enunciat en llenguatge algebraic.	Expresso correctament un enunciat amb llenguatge algebraic, tot i que amb algun error.	Expresso un enunciat en llenguatge algebraic amb força errors.	No expresso un enunciat en llenguatge algebraic.
4. Monomis	Identifico les parts d'un monomi i hi opero correctament.	Identifico les parts d'un monomi i hi opero, tot i que amb algun error.	Identifico les parts d'un monomi, però m'equivoco quan hi opero.	No identifico les parts d'un monomi i no hi opero correctament.
5. Angles. Arcs i sectors	Identifico els angles en una circumferència i utilitzo correctament la proporcionalitat per calcular àrees.	Identifico els angles en una circumferència i utilitzo correctament la proporcionalitat per calcular àrees, tot i que amb algun error.	Identifico els angles en una circumferència, però em confonc en el càlcul d'àrees.	No identifico els angles en una circumferència i m'equivoco en el càlcul d'àrees.
6. Criteris de divisibilitat	Conec els criteris de divisibilitat i els aplico a problemes contextualitzats.	Conec els criteris de divisibilitat i els aplico a problemes contextualitzats en la majoria dels casos.	Conec els criteris de divisibilitat, però els aplico a problemes contextualitzats amb força errors de càlcul.	No conec els criteris de divisibilitat i no els aplico a problemes contextualitzats.
7. Múltiples	Entenc el concepte de múltiple i l'aplico per resoldre problemes contextualitzats.	Entenc el concepte de múltiple i l'aplico per resoldre problemes contextualitzats amb algun error.	Entenc el concepte de múltiple i l'aplico per resoldre problemes contextualitzats, tot i que amb força errors.	No entenc el concepte de múltiple i no l'aplico per resoldre problemes contextualitzats.
8. Probabilitat	Identifico els casos favorables i possibles i calculo correctament la probabilitat de l'esdeveniment demanat.	Identifico els casos favorables i possibles i calculo correctament la probabilitat de l'esdeveniment demanat, però em confonc en operar.	Identifico els casos favorables i possibles, però no plantejo correctament el càlcul de la probabilitat.	No identifico casos favorables o possibles i no calculo la probabilitat de l'esdeveniment demanat.

8 A viatjar!

Viatjarem a la Lluna?
Hi ha vida a Mart?

On vas de viatge?
Tens prou pressupost?

Quina distància recorro?
Quant trigo a fer-ho?

Quant trigo a fer el viatge?
Creix o decreix?

BLOCS DE CONTINGUTS	Situació 1	Situació 2	Situació 3	Situació 4
NOMBRES I ÀLGEBRA				
Nombres negatius: significat i ús en contextos reals. Representació, ordenació en la recta numèrica i operacions. Operacions amb calculadora. Valor absolut.	●			
Fraccions en entorns quotidians. Fraccions equivalents. Comparació de fraccions. Representació, ordenació i operacions.	●			
Operacions amb enters i fraccions.	●			
Nombres decimals. Representació, ordenació i operacions.	●			
Relació entre fraccions i decimals. Conversió i operacions.	●			
Càlculs amb percentatges (mental, manual, amb calculadora). Raó i proporció. Repartiments directament proporcionals.	●			
Potències de nombres enters i fraccionaris amb exponent natural. Operacions.		●		
Potències de base 10. Ús de la notació científica per representar nombres grans.		●		
Jerarquia de les operacions.		●	●	
Traducció d'expressions del llenguatge quotidià que representen situacions reals a l'algebraic, i viceversa.			●	
Operacions amb expressions algebraiques senzilles. Transformació i equivalències.			●	
Resolució d'equacions de primer grau amb una incògnita. Interpretació de les solucions. Equacions sense solució. Resolució de problemes.			●	
FUNCIONS				
Creixement i decreixement. Continuïtat i discontinuïtat. Talls amb els eixos. Màxims i mínims relatius. Anàlisi.				●
Funcions lineals. Càlcul, interpretació i identificació del pendent de la recta. Representacions de la recta a partir de l'equació.				●
Funcions lineals. Obtenció de l'equació a partir d'una recta.				●

1 Viatges galàctics

Viatjarem a la Lluna?
Hi ha vida a Mart?

AM AL AP AC Social Personal

Aprèn a...

Calcular amb potències d'exponent natural i aplicar les regles bàsiques de les operacions amb potències.

Utilitzar la notació científica, valorar-ne l'ús per simplificar càlculs i representar nombres molt grans.

Ítem 1. Viatge a la Lluna

El 16 de juliol de 1969, la nau Apol·lo XI es va enlairar des del cap Canaveral (Florida). El 29 de juliol Neil Armstrong es va convertir en la primera persona que va trepitjar la superfície de la Lluna.

Havien recorregut 384 400 quilòmetres, que és la distància mitjana que separa la Terra de la Lluna.

La preparació d'aquest gran projecte va durar 10 anys. Hi van treballar 350 000 persones i s'hi van invertir 24 000 milions de dòlars.

Ítem 2. La Terra i la Lluna

Si es divideix el diàmetre de la Terra, 12 742 km, entre el de la Lluna, 3474 km, es dedueix que el primer és gairebé 4 vegades més gran que el segon.

És la mateixa relació que hi ha entre una pilota de bàsquet i una de tennis.

$$\frac{D}{d} = \frac{E}{e}$$

Ítem 3. Potències d'exponent natural

Una potència de base a i exponent natural n és el resultat de multiplicar la base per si mateixa n vegades.

$$a^n = a \cdot a \cdot a \cdot \ldots \cdot a \text{ (}n\text{ vegades)}$$

Construeix amb el que saps

Simbolitza

1 Les distàncies molts grans són difícils d'imaginar. Per fer-nos-en una idea:

a Tenint en compte la distància entre la Terra i la Lluna, així com el seu diàmetre, calcula quantes vegades es podria col·locar la Terra en aquell espai que les separa.

b Segons l'ítem 2 i la resposta anterior, quantes pilotes de bàsquet s'haurien de col·locar entre una pilota de bàsquet que representés la Terra i una altra de tennis que representés la Lluna? Quants metres són?

Matematitza

2 Ara, pensa en un viatge en cotxe fins a la Lluna. Suposem que es construeix una autovia que va de la Terra a la Lluna. Si anéssim en cotxe a una velocitat constant de 100 km/h i no paréssim cap vegada, quantes hores trigaríem a arribar a la Lluna? Quants mesos són?

3 Expressa en hectòmetres, decàmetres i metres la distància de la Terra a la Lluna i els seus diàmetres. Per quin nombre multipliques els quilòmetres en cada cas?

4 Per fer l'exercici anterior, has fet servir potències de 10. Calcula les sis primeres potències de 10 i escriu amb paraules la xifra que se n'obté.

Comunica

5 A l'ítem 1, hi ha quantitats que són múltiples de 10. Quines són?

Simbolitza

6 Els múltiples de 10 es poden expressar com un nombre per una potència de 10. Fixa't en aquest exemple:

$$120\,000 = 12 \cdot 10\,000 = 12 \cdot 10^4$$

Escriu d'aquesta manera les quantitats dels exercicis 3 i 5.

Ítem 4. Viure a Mart?

Des de fa uns quants anys, s'investiga la possibilitat que hi hagi vida en altres planetes. Perquè això sigui possible, cal que hi hagi aigua (font de vida) i que existeixi una atmosfera prou densa que en protegeixi la superfície de la radiació solar.

El candidat més ferm a complir aquests requisits és Mart, el planeta vermell. Es pot distingir al cel perquè té un color ataronjat, a causa de l'òxid de ferro de les roques de la seva superfície.

Els Estats Units, la Unió Europea i altres països han enviat diverses missions a aquest planeta.

La distància entre la Terra i Mart varia perquè les òrbites dels planetes no són circulars. Quan es troben més a prop, la distància és de 55 milions de quilòmetres, aproximadament, i quan es troben més lluny, és d'uns 400 milions de quilòmetres.

Ítem 5. Distància dels planetes al Sol

Per obtenir aquesta distància d'una manera exacta, els planetes i el Sol haurien d'estar alineats, és a dir, haurien de formar una línia recta. Aquesta situació no es dona en la realitat. Per això, les distàncies són aproximades i corresponen al punt més proper al Sol, que s'anomena *periheli*:

- Terra: 147 milions de km.
- Saturn: 1354 milions de km.
- Venus: 1070 milions de hm.
- Urà: 2 748 000 milions de km.
- Mart: 205 000 000 dam.
- Júpiter: 741 000 000 000 m.
- Mercuri: 46 000 000 km.
- Neptú: 4 453 000 000 km.

Construeix amb el que saps

Simbolitza

(7) Escriu l'exponent de 10 que correspongui per expressar les distàncies màxima i mínima a Mart de diferents formes:

a 400 milions = $400 \cdot 10^{\square} = 40 \cdot 10^{\square\square} = 4 \cdot 10^{\square}$
b 102 milions = $102 \cdot 10^{\square} = 1020 \cdot 10^{\square} = 10{,}2 \cdot 10^{\square} = 1{,}02 \cdot 10^{\square}$

(8) La distància mitjana entre la Terra i Mart és de 225 milions de quilòmetres. Expressa amb un nombre format per unitats i decimals, multiplicat per una potència de 10:

a La distància mitjana entre la Terra i Mart.
b L'equivalent en metres d'aquesta distància mitjana.

Matematitza

(9) **a** Troba la distància en metres de cada planeta respecte del Sol. A continuació, escriu-la com en l'exercici anterior.
b Ordena els valors resultants del més petit al més gran i escriu els noms dels planetes de manera que el primer sigui el més proper al Sol i que l'últim sigui el que en queda més lluny.

(10) La sonda més ràpida que ha llançat la NASA és la New Horizons, dirigida cap a Plutó. Té una velocitat de 58 000 km/h.

a Expressa aquesta velocitat com les quantitats de l'exercici 8.
b Amb les quantitats expressades d'aquesta forma, calcula el temps mínim i el temps màxim que aquesta nau trigaria a aterrar a Mart. (Pista: recorda les propietats de les potències.)

(11) Si es pogués viatjar al Sol i s'enviés la sonda de l'exercici anterior a una velocitat constant durant, aproximadament, 800 hores, des de quin planeta hauria sortit? (Pista: expressa les quantitats com en l'exercici 2 i treballa-hi.)

El que has construït

Expresses els nombres grans amb **potències de 10**.

Utilitzes la **notació científica** per a les quantitats molt grans.

Multipliques i divideixes amb nombres expressats amb notació científica.

1. Potències d'exponent natural

Apunt 1

La **base** d'una potència és el nombre que es multiplica per si mateix.

L'**exponent** indica el nombre de vegades que s'ha de multiplicar la base.

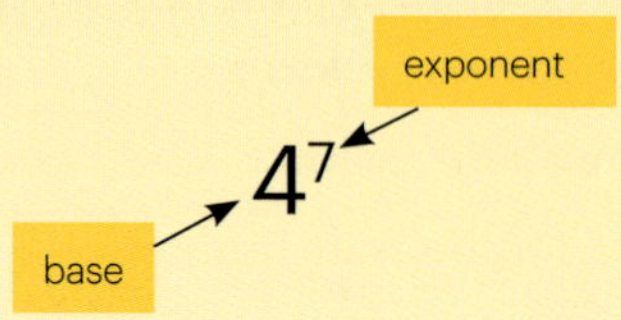

Una **potència d'exponent natural** és una forma abreujada d'escriure la multiplicació d'un nombre per si mateix diverses vegades (apunt 1).

Una potència de **base** *a* i **exponent** *n*, natural, és el resultat de multiplicar la base a per si mateixa *n* vegades.

$$a = \overbrace{a \cdot a \cdot a \cdot \ldots \cdot a}^{n \text{ vegades}}$$

Exemple

1. $3^5 = 3 \cdot 3 \cdot 3 \cdot 3 \cdot 3 = 243$

1.1 Propietats de les potències

1. Qualsevol nombre elevat a 0 és igual a 1, excepte el 0.

$$a^0 = 1$$

2. Qualsevol nombre elevat a 1 és el nombre mateix.

$$a^1 = a$$

3. El producte de dues potències amb la mateixa base és igual a una altra potència que té la mateixa basé i l'exponent de la qual és la suma dels dos exponents:

$$a^n \cdot a^m = a^{n+m}$$

4. El quocient de dues potències amb la mateixa base és una altra potència que té la mateixa base i l'exponent de la qual és la diferència entre l'exponent del numerador i l'exponent del denominador.

$$\frac{a^n}{a^m} = a^{n-m}$$

5. El resultat d'elevar una potència a un exponent és una altra potència que té la mateixa base i l'exponent de la qual és el producte dels exponents.

$$\left(a^n\right)^m = a^{n \cdot m}$$

Exemple

2. Expressa com una única potència aplicant les propietats:

a $4^3 \cdot 4^6 = 4^{3+6} = 4^9$

b $\frac{5^9}{5^8} = 5^{9-8} = 5^1 = 5$

c $(2^6)^3 = 2^{6 \cdot 3} = 2^{18}$

2. Potències de base 10

Apunt 2

Una de les potències de 10 més famoses és el **googol**, que és el nombre 10^{100}.

El nom del conegut cercador d'Internet Google ve del nom d'aquesta potència.

Una potència de base 10 equival a la unitat, 1, seguida de tants zeros com indiqui l'exponent (apunt 2).

$$10^n = \overbrace{10 \cdot 10 \cdot 10 \cdot \ldots \cdot 10}^{n \text{ vegades}} = \overbrace{1000\ldots0}^{n \text{ zeros}}$$

$10^0 = 1$

$10^1 = 10$

$10^2 = 10 \cdot 10 = 100$ (cent)

$10^3 = 10 \cdot 10 \cdot 10 = 1000$ (mil)

$10^4 = 10 \cdot 10 \cdot 10 \cdot 10 = 10\,000$ (deu mil)

$10^5 = 10 \cdot 10 \cdot 10 \cdot 10 \cdot 10 = 100\,000$ (cent mil)

$10^6 = 10 \cdot 10 \cdot 10 \cdot 10 \cdot 10 \cdot 10 = 1\,000\,000$ (un milió)

2.1 Ús de les potències de 10

- En el sistema de numeració decimal. Indiquen el valor posicional d'un nombre.
- En els múltiples de les unitats de mesura (apunt 3).
- De forma general, es fan servir per expressar nombres molt grans.

Exemples

3. $130\,413 = 3 \cdot \underbrace{10^0}_{\text{unitat}} + 1 \cdot \underbrace{10^1}_{\text{desena}} + 4 \cdot \underbrace{10^2}_{\text{centena}} + 0 \cdot \underbrace{10^3}_{\text{unitat de miler}} + 3 \cdot \underbrace{10^4}_{\text{desena de miler}} + 1 \cdot \underbrace{10^5}_{\text{centena de miler}}$

4. **a** 1 km = 1000 = 10^3 m **b** 1 HL = 100 = 10^2 L

5. **a** $60\,000\,000 = 6 \cdot 10\,000\,000 = 6 \cdot 10^7$

b $30\,000 = 301 \cdot 1000 = 301 \cdot 10^3$

Apunt 3

Múltiples del quilogram:

1 miriagram (mag) = 10 kg

1 quintar mètric (q) = 10^2 kg

1 tona (t) = 10^3 kg

El quintar mètric s'acostuma a fer servir per a mesures agrícoles.

Professor a casa. Escriure i operar amb notació científica.

3. Notació científica

És una forma abreujada d'escriure els nombres molt grans i molt petits.

Es fa servir perquè és més fàcil llegir un exponent que comptar molts zeros. A més, la seva escriptura és més breu.

Consisteix a expressar els nombres molt elevats com la multiplicació d'un nombre format per unitats i decimals per una potència de 10. L'exponent d'aquesta potència és igual al nombre de decimals i zeros que té el nombre escrit amb notació decimal normal (fig. 1).

Fig. 1. Arquimedes (segle III aC), en la seva obra *El comptador de sorra,* es va inventar un sistema per representar el nombre de grans de sorra que hi ha a l'Univers. Va arribar fins a $8 \cdot 10^{63}$. És considerat el primer que va intentar fer servir la notació científica actual.

Exemples

6. Observa com s'expressa amb notació científica:

a $820\,000 = 8{,}2 \cdot 10^5$ **b** $2451\,000\,000 = 2{,}451 \cdot 10^9$

7. Observa com s'escriu amb notació decimal:

a $4{,}39 \cdot 10^6 = 4\,390\,000$ **b** $1{,}047 \cdot 10^8 = 104\,700\,000$

3.1 Multiplicar i dividir en notació científica

El producte de dos o més nombres expressats amb notació científica s'obté multiplicant per separat els nomres decimals i les potències de 10. En aquest cas, s'ha d'aplicar la tercera propietat de les potències.

Per dividir, es divideixen els nombres decimals i després les potències de 10; s'aplica la quarta propietat de les potències (apunt 4).

Apunt 4

Quan es fan operacions combinades, **després** de treure els **parèntesis**, s'han de **resoldre les potències.**

Exemple

8. Observa les multiplicacions i les divisions escrites amb notació científica:

a $(2{,}01 \cdot 10^6) \cdot (3{,}2 \cdot 10^4) = (2{,}01 \cdot 3{,}2) \cdot (10^6 \cdot 10^4) = 6{,}432 \cdot 10^{6+4} = 6{,}432 \cdot 10^{10}$

b $\dfrac{3{,}648 \cdot 10^{12}}{1{,}14 \cdot 10^5} = \dfrac{3{,}648}{1{,}14} \cdot \dfrac{10^{12}}{10^5} = 3{,}2 \cdot 10^{12-5} = 3{,}2 \cdot 10^7$

Entrena't

1. Calcula aplicant les propietats de les potències:

- **a** $7^5 : 7^2$
- **b** $(3^8)^2$
- **c** $5^4 \cdot 5$
- **d** $8^4 \cdot 8^3$
- **e** $4^6 \cdot 4^3$
- **f** $2^9 : 2^4$
- **g** $(7^5)^6$
- **h** $6^8 : 6$

2. Resol:

- **a** $(4^6)^0$
- **b** $2^5 : 2^5$
- **c** $3^9 : 3^8$
- **d** $6^0 \cdot 6$

3. Expressa cada quantitat amb un nombre natural per una potència de 10:

- **a** 203 000 000
- **b** 1 600 000
- **c** 97 200
- **d** 3 821 000
- **e** 54 600 000 000
- **f** 1 120 000 000

4. Escriu cada xifra amb notació decimal:

- **a** 642 000
- **b** 12 000 000
- **c** 420 000 000 000
- **d** 5 900 000 000
- **e** 7 210 000
- **f** 81 000 000 000 000

5. Digues quins dels nombres següents estan escrits amb notació científica:

- **a** $325 \cdot 10^{11}$
- **b** $4{,}3 \cdot 10^6$
- **c** $6{,}25 \cdot 10^{20}$
- **d** $74 \cdot 10^3$

6. Expressa aquestes quantitats amb numeració decimal:

- **a** El volum del Sol: $1{,}41 \cdot 10^{28}$ m^3.
- **b** Nombre de bacteris/g de terra: $3 \cdot 10^{12}$.
- **c** Nombre de cèl·lules del cos humà: $3{,}72 \cdot 10^{13}$.
- **d** Massa de Plutó: $1{,}36 \cdot 10^{21}$ kg.

7. Passa a notació científica:

- **a** Nombre de persones del planeta: 7 530 000 000.
- **b** Longitud de l'equador terrestre: 40 070 000 m.
- **c** Tipus d'arbres que hi ha al món: 3 bilions.
- **d** Diàmetre del Sol: 1 400 000 km.
- **e** Longitud del meridià terrestre: 40 000 000 m.

8. Calcula:

- **a** $7 \cdot 6 - 2^3 : (5 - 3)$
- **b** $(4 + 3^2) \cdot (4^0 + 2)$
- **c** $9 + 3 \cdot 7 - 5^2$
- **d** $8 \cdot 2^4 + 6 : 3^0 - 9$
- **e** $5^2 \cdot 3 - 2^3 \cdot 3^2 + 18 : 6$
- **f** $(8 - 5)^2 + (7 + 2)^2$

Banc digital

Mates en context

1 AM AL AP Personal Un hort a casa

En Pau i el seu pare han decidit fer un petit hort al pati de casa.

Han fet servir 4 testos grossos per posar-hi tomàquets. Cada test té 4 plantes de tomàquet.

En uns altres 3 testos, hi han plantat carbassons, 3 plantes en cada test.

En 2 testos més, hi han posat 2 plantes de síndria.

Problemes

1. Si cada planta donés 4 tomàquets, expressa només amb dos nombres i l'operació adequada la quantitat de tomàquets que podrien recol·lectar.
2. Suposant que obtinguessin 3 carbassons per planta, torna a calcular el que es demana en la pregunta anterior però per a aquest cas.
3. Torna a repetir l'exercici per al cas de les plantes de síndria, suposant que cadascuna donés 2 fruits.
4. Escriu les operacions que permetin calcular:
   - **a** El nombre de plantes que s'han sembrat.
   - **b** El nombre de fruits que s'obtindran.
5. Troba el resultat de les operacions anteriors en l'ordre correcte.

Simbolitza: 1, 2, 3 **Matematitza: 4, 5**

2 AM AL AV AC Professional El Nil o l'Amazones?

No és fàcil determinar amb precisió la longitud d'un riu. Per mesurar-la, cal tenir en compte el lloc on neix i el lloc on té la desembocadura (sigui un riu, el mar o l'oceà) i l'escala de mesura.

Durant molts anys s'ha considerat que el Nil és el riu més llarg del món, amb 6650 km de longitud. Fa uns quants anys, però, un grup de científics va viatjar durant catorze dies per trobar el lloc exacte del naixement del riu Amazones. Van descobrir que es trobava al sud del Perú, i no pas al nord, com s'havia pensat fins aleshores.

Actualment, la longitud i el cabal dels deu rius més llargs del món són els següents:

Riu	Longitud	Cabal (m^3/s)
Lena	$4{,}26 \cdot 10^6$ m	$1{,}64 \cdot 10^4$
Obi	$5{,}41 \cdot 10^8$ cm	$1{,}25 \cdot 10^4$
Mississipí	$6{,}27 \cdot 10^3$ km	16 790
Nil	$6{,}671 \cdot 10^5$ dm	2830
Mackenzie	$4{,}24 \cdot 10^4$ hm	$97 \cdot 10^2$
Groc	$5{,}464 \cdot 10^8$ cm	$25{,}71 \cdot 10^2$
Amazones	$7{,}02 \cdot 10^3$ km	$2{,}19 \cdot 10^4$
Congo	$4{,}38 \cdot 10^4$ hm	41 800
Amur	$4{,}41 \cdot 10^6$ m	$1{,}14 \cdot 10^4$
Iangtsé	$6{,}8 \cdot 10^4$ dam	$21{,}9 \cdot 10^3$

Problemes

1. La informació d'una de les columnes de la taula anterior està expressada amb notació científica. De quina es tracta?
2. Escriu tots els nombres de l'altra columna amb notació científica i ordena els rius del més gran al més petit.
3. Ordena els rius de la columna expressada amb notació científica en ordre decreixent.
4. Quin és el riu més llarg? I quin és el més cabalós?
5. Digues el continent en el qual es troben aquests rius.

a Quin continent té més rius?
b Hi ha algun continent que no tingui algun dels deu rius més llargs?
c Si poguéssim col·locar el riu més llarg a la línia de l'equador terrestre, quantes vegades ho podríem fer? (Calcula les operacions amb notació científica.)
d I si s'hi posés el riu més curt de tots els de la taula anterior?
e El riu més llarg de la península Ibèrica és l'Ebre, que té uns 930 km de longitud. Expressa aquesta xifra amb notació científica i compara-la amb la del riu més llarg del món.

Simbolitza: 1, 2 **Matematitza: 3, 4, 5**

3 AM AL Científic El Sol

El Sol té, aproximadament, la mateixa edat que el sistema solar, 4 mil milions i mig d'anys. Aquesta dada es coneix gràcies a l'estudi d'algunes roques antigues, com les de la Lluna. Segons l'evolució d'altres estrelles semblants al Sol, s'estima que duri 5 mil milions d'anys més.

Té un diàmetre de 1400 milions de km.

Problemes

1. Escriu amb notació científica els anys actuals del Sol i els que li queden de durada. Quina edat es preveu que tindrà el Sol en el moment d'extingir-se?
2. Es considera que fa uns 2,5 milions d'anys que els humans (gènere *Homo*) van aparèixer a la Terra. Quina és l'expressió d'aquesta quantitat amb notació científica? Quants anys més vell és el Sol que la Terra?
3. Expressa amb notació científica el diàmetre del Sol i calcula la longitud del seu equador.
4. Si aproximem el diàmetre de la Terra a 12 700 km, quantes vegades és més gran el diàmetre del Sol que el de la Terra? (Usa les quantitats amb notació científica.)
5. Si l'alçada mitjana de l'ésser humà és d'uns 172 cm, quantes persones es necessitarien per obtenir el diàmetre de la Terra? I el del Sol?

Simbolitza: 1, 2, 3 **Matematitza: 4, 5**

2 Creuem l'oceà?

On vas de viatge?

Tens prou pressupost?

AM AL AP AS Social Personal

Aprèn a...

Conèixer el significat dels nombres i el seu ús en diferents contextos.

Utilitzar la proporcionalitat i els percentatges aplicats al càlcul de quantitats en contextos reals.

Ítem 1. Distribució de despeses

El Rafael i la Rosa celebren les seves noces d'argent i han decidit viatjar a l'altra banda de l'oceà. Volen visitar els Estats Units, tot i que encara no han triat a quina ciutat aniran.

De tot el pressupost de què disposen, han pensat destinar-ne $\frac{3}{10}$ al vol, $\frac{1}{5}$ a l'allotjament, $\frac{1}{10}$ a desplaçaments per la ciutat, $\frac{1}{4}$ a àpats i la resta a museus i compres.

Ítem 2. Destinacions desitjades i preus

Els costa decidir-se, de manera que han consultat diverses opcions i han organitzat la informació en aquesta taula:

Ciutat	Hotel (per nit)	Vol (A/T)	Hotel + vol (7 nits)
Nova York	123€	1073€	1382€
Chicago	52€	1644€	2677€
Los Angeles	122€	1701€	2136€
San Francisco	193€	1332€	1794€

Construeix amb el que saps

Matematitza

1 Observa l'ítem 2 i respon:

a Quina és la ciutat més cara per allotjar-s'hi? I la més barata? Calcula el preu de l'allotjament en cada una de les ciutats per a les set nits.
b A quina ciutat resulta més car arribar?

2 Calcula el cost total entre el vol i l'hotel per a cada una de les ciutats.

3 En relació amb el cost total, calcula el percentatge que destinen a l'hotel i el que es gastarien en el vol a cada ciutat. Arrodoneix el resultat a dues xifres decimals.

Argumenta

4 Amb les dades anteriors, què acaba sent més car, l'allotjament o el desplaçament a les ciutats? A quina ciutat el desplaçament i l'allotjament estan igualats?

5 Observa els preus si es contracta el paquet «hotel + vol». És rendible en tots els casos? Justifica la resposta.

Matematitza

6 Calcula el percentatge de descompte o d'increment de l'oferta per a cada ciutat.

7 Amb el preu del paquet complet i els percentatges que has trobat en l'exercici 3, calcula els diners que, proporcionalment, es destinen al vol i a l'hotel amb l'oferta. Arrodoneix els resultats a dues xifres decimals.

Argumenta

8 Observa l'ítem 1. Quina fracció del pressupost es dedicarà a l'allotjament? I a l'avió?

Matematitza

9 Calcula els diners que han d'haver estalviat, com a mínim, per poder anar a cada una de les ciutats.

Comunica

10 Tria la destinació que més t'agradaria conèixer i calcula quants diners hauries d'estalviar, com a mínim, per poder anar-hi. Comparteix-ho amb els companys i les companyes.

Ítem 3. *New York, New York!*

Finalment, el Rafael i la Rosa se'n van de viatge a Nova York, que és una de les ciutats amb més habitants del món. La diversitat cultural que presenta és tan gran que inclou, aproximadament, cent setanta llengües. El 49 % dels habitants de Nova York fan servir un idioma diferent de l'anglès per comunicar-se. Les llengües més utilitzades són l'anglès i l'espanyol, per la gran quantitat de llatinoamericans que viuen en aquesta ciutat.

Ítem 4. Turisme a Nova York

- Estàtua de la Llibertat i Ellis Island Inmigration Museum: 18,50 $
- Empire State: 39 $
- Museum of Modern Art (MoMa): 25 $
- 9/11 Memorial Museum: 26 $
- Museu Americà d'Història Natural: 23 $
- Musical de Broadway: 115 $
- Passeig en vaixell pel riu Hudson: 55 $

Construeix amb el que saps

Matematitza

11 Observa l'ítem 1. Quina fracció del pressupost destinen a museus i a compres?

12 Calcula el percentatge de cada concepte del pressupost.

Argumenta

13 Quina percentatge es gastaran en museus, tenint en compte que és el doble que per a compres?

Matematitza

14 Amb les dades anteriors i tenint en compte que el pressupost per al vol i per a l'hotel és la meitat de totes les despeses, calcula en euros els diners que tenen per a cada activitat.

15 Per moure's per Nova York, la millor solució és agafar el metro, que, a més, funciona nit i dia. Un bitllet senzill costa 3 $ i la MetroCard per a set dies, amb viatges il·limitats, val 32 $. A partir de quants viatges compensa comprar la MetroCard?

16 Passa a euros les quantitats de l'ítem 4. Per fer-ho, considera que 1 euro equival a 1,18 dòlars. Arrodoneix el resultat a dos decimals.

17 Segons l'ítem 4, quants diners es gastaran fent turisme per la ciutat? Tenen prou diners amb el pressupost inicial? Calcula-ho en euros.

Argumenta

18 Destinaran a compres els diners que els sobren de desplaçaments. Quin percentatge del total representa aquesta nova quantitat? I quin percentatge correspon a desplaçaments per la ciutat? Arrodoneix el resultat a dos decimals. Expressa aquests percentatges en forma de nombre decimal i de fracció irreductible.

Matematitza

19 Copia i completa una taula com la següent per organitzar les despeses en euros i en dòlars. Fes servir la taxa de canvi de la pregunta 16.

Moneda	Pressupost total (una persona)	Vol + hotel	Turisme	Metro	Àpats	Compres
Euros						
Dòlars						

El que has construït

Fas servir **diferents tipus de nombres** en situacions quotidianes i els relaciones entre si.

Calcules **percentatges i proporcions**.

4. Nombres naturals

Els **nombres naturals** sorgeixen per la necessitat de comptar. El conjunt de nombres naturals es representa amb la lletra $\mathbb{N}$.

$$\mathbb{N} = \{1, 2, 3, 4... 30...\}$$

Encara que el 0 és una xifra que es fa servir per expressar nombres naturals, no és pròpiament un nombre natural.

- Si es fan servir per comptar o numerar els elements d'un conjunt (un, dos, tres...), s'anomenen **cardinals**.
- Si es fan servir per ordenar els elements d'un conjunt (primer, segon, tercer), s'anomenen **ordinals**.

Les característiques d'aquest conjunt són les següents:

- Té un primer element, l'1.
- Cada element té el seu següent, que s'obté sumant-hi una unitat. Per tant, el següent del 20 és $20 + 1 = 21$.
- És un conjunt ordenat, ja que cada element és més petit que el següent i més gran que l'anterior: $34 < 35 < 36$.

Apunt 5

El terme ***dígit*** prové de la paraula llatina *digitus*, que vol dir 'dit'.

Els dígits 0, 1, 2, 3... (apunt 5) no sempre s'han escrit de la mateixa manera; la representació que coneixem actualment prové de l'escriptura àrab.

A mesura que es va necessitar escriure quantitats més grans, es van crear els **sistemes de numeració**. El que es fa servir actualment és el sistema de numeració decimal, d'origen hindú, que va arribar a Europa al segle XII, gràcies als musulmans.

5. Nombres enters

Els **nombres enters** es creen, sobretot, per la necessitat d'expressar deutes. El conjunt dels nombres enters es representa mitjançant la lletra $\mathbb{Z}$ i està format pels nombres naturals, els nombres negatius (que són els naturals amb el signe menys al davant) i el zero.

$$\mathbb{Z} = \{... -3, -2, -1, 0, 1, 2, 3...\}$$

Regla dels signes

· / :	+	−
+	+	−
−	-	+

Signes iguals: +

Signes diferents: −

El **valor absolut** d'un nombre enter és el nombre natural que resulta en treure-li el signe i representa la seva distància respecte del 0. Així, $|-3| = 3$, $|0| = 0$.

L'**oposat** d'un nombre enter és aquell que es troba a la mateixa distància del zero. Per tant, serà un altre nombre enter amb el mateix valor absolut, però de signe diferent.

$$\text{Op}(-3) = 3, \text{Op}(3) = -3$$

Per operar amb aquests nombres, cal tenir present la regla dels signes.

6. Nombres fraccionaris

En moltes situacions de la vida necessitem expressar unitats incompletes o parts de la unitat. En aquest cas, es fan servir els **nombres fraccionaris**, que es poden escriure com una **fracció** o com un **nombre decimal**.

Exemple

9. He comprat mig quilo de pomes, que puc expressar així: $\frac{1}{2}$ kg de pomes o 0,5 kg de pomes.

Una **fracció** és un nombre que expressa les porcions que s'agafen d'un tot dividit en parts iguals. La fracció s'escriu separant el nombre de porcions del tot mitjançant una barra, generalment horitzontal.

$\frac{a}{b}$ ← a: Numerador (porcions que s'agafen); b: Denominador (parts iguals en què es divideix el tot)

Un **nombre decimal** està format per una part entera i per una altra part inferior a la unitat, separada de la primera per una coma.

part entera → 25, 521 ← **part decimal**

Qualsevol fracció es pot expressar com a decimal. Per fer-ho, n'hi ha prou de dividir el numerador entre el denominador. Per tant, $\frac{13}{2}$ representa la mateixa quantitat que 6,5, ja que 13 : 2 = 6,5.

Igualment, els nombres decimals, tant si són exactes com si són periòdics, es poden expressar mitjançant una fracció.

Exemple

11. Observa la conversió d'un nombre decimal a una fracció:

$$12{,}5 \rightarrow \frac{\text{nombre sense coma}}{\text{la unitat seguida de tants zeros com xifres decimals}} = \frac{125}{10}$$

A continuació, s'ha de simplificar la fracció per escriure-la com a fracció irreductible: $\frac{125}{10} = \frac{25}{2}$. Observa que 125 : 10 = 25 : 2 = 12,5.

7. Nombres racionals

El conjunt dels nombres enters més els nombres fraccionaris formen el conjunt dels **nombres racionals** i s'expressa mitjançant la lletra $\mathbb{Q}$ (fig. 2).

8. Operacions

L'**aritmètica** és la disciplina matemàtica que estudia els nombres racionals i s'ocupa de les operacions definides entre aquests nombres.

Jerarquia de les operacions

Indica l'ordre en què hem d'efectuar les operacions:

1. Parèntesis i claudàtors.
2. Potències i arrels.
3. Multiplicacions i divisions.
4. Sumes i restes

9. Percentatges

Un **percentatge** o tant per cent és la quantitat que es considera de cada 100 unitats. Es representa amb el símbol %.

20 % significa que de cada 100 unitats me'n quedo 20; per tant, també ho podem expressar com una fracció o com un decimal: $20\,\% = \frac{20}{100} = \frac{1}{5} = 0{,}2$.

Per calcular el percentatge d'una quantitat, operem d'aquesta manera:

$$20\,\% \text{ de } 1400 = \frac{20}{100} \cdot 1400 = \frac{20 \cdot 1400}{100} = 280$$

Exemple

10. La fracció que representa la part acolorida és $\frac{2}{6}$.

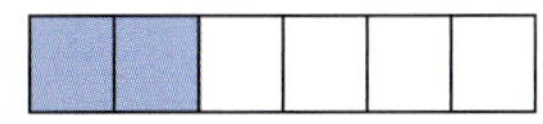

Professor a casa. Expressar els decimals com a fracció.

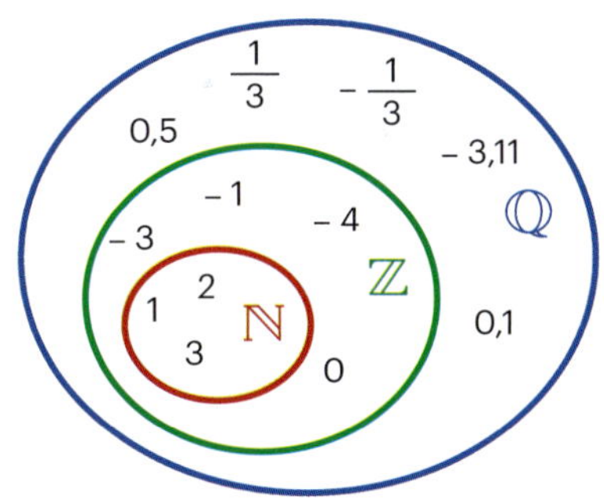

$\mathbb{N}$: Nombres naturals
$\mathbb{Z}$: Nombres enters
$\mathbb{Q}$: Nombres racionals

Fig. 2. Representació dels diferents conjunts de nombres.

Exemple

12. Observa com s'aplica la jerarquia de les operacions.

$2 - 3 \cdot (5 - 4 \cdot 2 - ([-1]) =$

$= 2 - 3 \cdot (5 - 8 + 1) =$

$= 2 - 3 \cdot (-2) = 2 + 6 = 8$

Entrena't

9. Observa el quadre següent i planteja i resol les operacions que s'hi demanen:

−6	2	−3	1	−2
2	1	−2	−5	4
−1	3	−5	−1	2
3	−1	−2	−3	1
5	−3	2	−1	4

a Quant suma cada filera? I cada columna? I quant sumen les diagonals principals?

b Ara, en cada filera i en cada columna, multiplica per 2 els quadres grocs i per −1 els quadres blancs. Suma un altre cop les fileres, les columnes i les diagonals.

c Resta per a cada filera, columna i diagonal els resultats dels apartats *a* i *b*, i completa aquesta taula:

Diferència											
Fileres					Columnes					Diagonals	
1a	2a	3a	4a	5a	1a	2a	3a	4a	5a	1a	2a

10. Resol les operacions següents:

a $\frac{5}{2}-\frac{3}{2}\cdot\left(\frac{1}{4}-\frac{2}{3}+2\cdot\frac{5}{12}\right)=$

b $\frac{3}{7}-\frac{2}{7}\cdot\left(\frac{1}{4}:\frac{-5}{2}+4-\frac{-3}{2}\right)=$

c $1-\frac{1}{3}\cdot\left(4+\frac{1}{4}-\frac{7}{5}+(-3)\cdot\frac{10}{20}\right)=$

11. Escriu el decimal associat a les fraccions següents:

a $\frac{123}{25}=$ **b** $\frac{-212}{36}=$ **c** $\frac{7}{56}=$

12. Resol les operacions següents:

a $(0{,}2 - 3{,}8) \cdot 2{,}5 - (-11{,}2 + 2{,}4) : 4 =$

b $2 - 3 \cdot (4 - 5 \cdot 3 + (-4) \cdot (-2) - 1) : 2 =$

c $1 - (-2) \cdot (0{,}4 + 9{,}6) : 5 + (-4) \cdot (-2) - 5 =$

Banc digital

13. Calcula els percentatges següents:

a 35 % de 600 =

b 40 % de 150 =

c 26 % de 400 =

d 78 % de 700 =

14. Copia i completa aquesta taula al teu quadern:

Percentatge	Fracció irreductible	Decimal
15 %	$\frac{15}{100}=\frac{3}{20}$	0,15
		0,27
	$\frac{16}{25}$	
72 %		

15. El preu sense IVA d'un viatge és de 750 €. Si s'hi aplica el 21 % d'IVA, quant costa el viatge?

16. Una excursió costava 118 € i hem trobat una oferta amb el 16 % de descompte.

a Quant costa ara?

b Quants diners ens hem estalviat?

17. En un viatge hi van 153 nois, que representen el 30 % del total dels viatgers. Quantes noies van al viatge?

18. El nombre de persones que viatge en un creuer ha augmentat el 20 % en relació amb l'any anterior. Si ara hi ha 432 persones, quants hi van viatjar l'any passat?

19. He recorregut 252 km dels 550 km que té el meu viatge.

a Quin percentatge he recorregut del viatge? Quants me'n falten per recórrer? Arrodoneix el resultat a dos decimals si no dona una xifra exacta.

b Reprenc la marxa i avanço el 15 % dels quilòmetres que em quedaven. Quants quilòmetres he avançat? Quants me'n falten per arribar?

c Calcula el percentatge del viatge que falta per recórrer.

20. Sobre un viatge de 1300 €, hi han aplicat el 15 % de descompte i, després, el 10 %. És el mateix que si hi haguessin aplicat el 25 %? Justifica la resposta.

Mates en context

4 AM AL AS Social L'Empire State Building

L'Empire State Building va ser el primer edifici de més de 100 plantes. Va ser inaugurat l'any 1931. Té una alçada de 381 m i un total de 102 pisos. El 1953 s'hi van instal·lar la torre d'emissió i l'antena, que li van donar una alçària de 443,2 m. A la planta 86, a 320 m d'alçària, hi ha un observatori de la ciutat.

Disposa de 73 ascensors, 8 dels quals són d'alta velocitat, que oscil·la entre els 183 i els 427 m/min. Té 1860 graons, 6500 finestres i allotja al voltant de 1000 empreses.

Per les escales de l'Empire State Building hi fan una cursa molt famosa que arriba fins a la planta 86. Els corredors més ràpids pugen els 1576 graons en uns 10 minuts.

Problemes

1. Quants anys van passar des que es va inaugurar fins que s'hi van instal·lar la torre d'emissió i l'antena?
2. Quant mesuren entre totes dues?
3. Quant fa d'alt, aproximadament, cada pis? Calcula-ho de dues formes diferents.
4. Quanta estona es triga a pujar al pis 86 en un ascensor d'alta velocitat, si va a 183 m/min? I si va a la velocitat màxima?
5. Calcula el temps aproximat que triguen els corredors més ràpids a pujar 396 graons. Quant trigarien si pugessin tots els graons?
6. Un dels ascensoristes ha decidit apuntar els moviments de l'ascensor. Pots descriure amb una operació de nombres enters aquests moviments? Suposem que l'ascensor surt de la planta 36.

   Puja 7 plantes dos cops seguits, baixa 5 plantes tres vegades i puja 4 plantes cinc vegades. Després, baixa 6 plantes tres vegades seguides.

   A quina planta es troba?

Matematitza: 1, 2, 3, 4, 5 **Argumenta: 6**

5 AM AL AS Social Habitants de la ciutat de Nova York

L'estat de Nova York és un dels cinquanta que conformen els Estats Units d'Amèrica. És el centre financer, comercial i industrial més gran. La ciutat de Nova York, que es troba a l'extrem sud de l'estat, és la més gran dels Estats Units. Té al voltant de 8,5 milions d'habitants.

El 23 % dels seus ciutadans són immigrants.

La composició de la població de la ciutat inclou:

- Melanesis, el 0,07 %.
- Nadius americans (no hispans), el 0,52 %.
- Mestissos (no hispans), el 4,92 %.
- Asiàtics, el 9,83 %.
- Altres, el 13,42 %.
- Afroamericans, el 26,59 %.
- Hispans (de totes les nacionalitats), el 26,98 %.
- Blancs, el 44,65 %.

Problemes

1. Quants habitants són immigrants?
2. Quin és el percentatge d'hispans? Calcula el nombre d'hispans.
3. Quin és el percentatge de no hispans respecte de la població total? Calcula'n el nombre.
4. Quants habitants blancs hi ha? I asiàtics? Calcula el nombre d'habitants de cada origen. Si no obtens un resultat exacte, arrodoneix-lo al nombre enter més proper.
5. Quin percentatge de mestissos hi ha en relació amb el total? Calcula el percentatge d'aquest grup ètnic respecte del total. Arrodoneix el resultat a dos decimals.
6. Si es mantinguessin els resultats de les races entre els hispans, quants individus hi hauria de cada una?

Matematitza: 1, 2, 3, 4, 5 **Argumenta: 6**

3 Viatgem amb amics i companys

Quina distància recorro? Quant trigo a fer-ho?

AM AL AP

Social Personal

Aprèn a...

Comprovar si un nombre és solució d'una equació determinada.

Formular algebraicament una situació de la vida real mitjançant equacions de primer grau, resoldre-les i interpretar-ne el resultat.

Ítem 1. Velocitats màximes permeses

PDF

Velocitats (reglament nou)	Autopistes i autovies	Carreteres convencionals	Carreteres convencionals amb plataforma inferior a 6,5 m	
			Amb marca longitudinal	Sense marca longitudinal
Turismes i motocicletes	120	90	70	50
Autobusos (norma general)	100	80	70	50
Amb passatgers drets o que no portin el cinturó de seguretat	80	70	70	50
Transport escolar de menors (amb cinturó)	90	70	60	50
Transport escolar de menors (sense cinturó)	70	60	60	50

Ítem 2. Organitza el viatge

A l'institut Salvador Dalí, l'alumnat de 1r d'ESO estan organitzant una excursió. Hi aniran en un autobús escolar (amb cinturons de seguretat, per descomptat).

Els estudiants han descobert que durant la meitat del recorregut aniran per una autopista, un terç del camí el faran per carreteres convencionals (amb voral) i la resta del viatge (45 km) el faran per carreteres comarcals (sense voral, és a dir, amb plataforma inferior a 6,5 m i amb marca longitudinal).

Ítem 3. Fórmula de l'espai recorregut

L'espai recorregut per un mòbil és igual a la seva velocitat pel temps invertit:

$$e = v \cdot t$$

Ítem 4. Equacions equivalents

Si es multipliquen o es divideixen els dos termes d'una equació per un mateix nombre, s'obté una equació equivalent (és a dir, que té la mateixa solució).

Construeix amb el que saps

Matematitza

1. Quina fracció del recorregut han fet per carreteres comarcals?
2. Quants quilòmetres recorren per carreteres amb voral? I per l'autopista?
3. Quina distància ha recorregut l'autobús en total?

Argumenta

4. Quanta estona trigaran a recórrer cada tram, si l'autobús circula a la velocitat màxima permesa, excepte a la carretera amb voral, en què, com que té molts revolts, circulen a 75 km/h?

Matematitza

5. Quina serà la durada total del viatge? (Expressa-la en hores i minuts.)

Simbolitza i planteja

6. Anomena x el recorregut total i intenta plantejar l'equació que resolgui aquesta situació. (Pista: observa que la suma de tots els trams ha de ser igual al recorregut total del viatge.)

Simbolitza

7. Resol l'equació que has plantejat i comprova que has obtingut el mateix resultat que amb els càlculs precedents.

Matematitza

8. Substitueix a l'equació la solució obtinguda per comprovar un cop més que l'has resolt correctament.

Ítem 5. Preu de l'autocar

El preu dels autocars d'una companyia depèn del nombre de places i dels quilòmetres que s'hagin de recórrer. L'empresa cobra una quantitat fixa per cada vehicle, a la qual s'ha d'afegir una altra quantitat per cada quilòmetre recorregut.

Els preus són aquests:

Nombre de places	Fix	Km recorreguts
30	300€	0,5 (menys de 1000 km) 0,4 (més de 1000 km)
40	360€	
50	400€	

Ítem 6. Sortim amb retard

El dia de l'excursió de l'institut, els bessons Jesús i Pilar han d'anar al metge.

Perquè no es perdin l'excursió, el seu pare els porta en cotxe fins a l'autocar.

Per sort, el metge ha estat puntual i ràpid, i surten de la consulta només mitja hora més tard.

Construeix amb el que saps

Matematitza (9) Finalment, l'autocar ha costat 495€. De quantes places era? (Fixa't en l'ítem 5.)

Argumenta (10) Si cada estudiant ha hagut de pagar 15€, quants alumnes han anat a l'excursió?

Matematitza (11) Mira de plantejar l'exercici anterior amb una equació. Anomena x el nombre d'alumnes que van a l'autocar.

Matematitza Argumenta (12) Al final, tres alumnes no poden anar a l'excursió i, per tant, llogaran un autocar més petit.

a Quant els costarà ara l'autocar?
b Quant haurà de pagar cada estudiant?

(13) Els alumnes de 4t d'ESO també volen anar d'excursió i han organitzat diverses activitats per recollir diners. Si aconsegueixen 560€, quina és la distància màxima a la qual podran arribar? (Pista: tingues en compte la diferent capacitat dels autocars.)

(14) Ara, planteja i resol el problema anterior amb una equació. Anomena x el nombre de quilòmetres que podran recórrer.

(15) Fixa't en l'ítem 6 i indica la distància que haurà recorregut l'autocar quan surt el cotxe.

(16) Si sempre va a la velocitat màxima permesa, quants quilòmetres per hora va més ràpid el cotxe que l'autocar?

Matematitza (17) Quant trigarà el cotxe a recórrer la distància que el separa de l'autocar?

Planteja (18) L'atraparà a l'autopista?

(19) Intenteu plantejar el problema com una equació. Anomeneu x el temps que triga el cotxe a arribar a l'autocar. Si no sou capaços de resoldre-ho, podeu seguir aquestes pistes:

1. Els espais recorreguts pel cotxe i per l'autocar han de ser iguals.
2. Ítem 3.
3. L'autocar ha recorregut una distància abans que el cotxe hagi engegat.

El que has construït

Resols equacions amb denominadors i sense.

Planteges equacions que resolen problemes de la vida real.

Comproves que la **solució** és **correcta** i que compleix les condicions de l'enunciat del problema.

Controles **conceptes fàcils de física**.

10. Equacions

Apunt 6

Tot i que en matemàtiques es fa servir sobretot la lletra *x* (o les últimes lletres de l'alfabet) per indicar la incògnita, es pot fer servir qualsevol lletra.

Una **equació** és una igualtat entre dues expressions algebraiques, que s'anomenen membres, en què apareixen elements coneguts (**dades**) i elements desconeguts (**incògnites**), relacionats entre si mitjançant operacions (apunt 6).

El **grau** d'una equació és el grau més gran dels monomis que conté.

Les equacions de primer grau (grau 1) s'anomenen **equacions lineals**.

Exemple

13. Observa les equacions següents:

$3x + 2 = 2x - 7$ és una equació de primer grau.

$x^2 + 10 = 7x$ és una equació de segon grau.

$x^3 + 5x = x + 4x^2$ és una equació de tercer grau.

11. Solucions d'una equació

S'anomena **solució** de l'equació el nombre o els nombres que, quan és o són substituïts per la incògnita, converteixen la igualtat resultant en correcta.

12. Nombre de solucions d'una equació lineal

En general, una equació lineal té només una solució; no obstant això, hi ha equacions que no tenen solució i n'hi ha altres que tenen infinites solucions, és a dir, que tenen com a solució tots els nombres (apunt 7).

Apunt 7

Durant l'edat mitjana, si una equació tenia una solució negativa, es deia que no tenia solució o que la solució era «rara».

Exemple

14. Observa les equacions següents i les seves solucions:

L'equació $5x - 2 = 2x + 10$ només té una solució; en aquest cas, $x = 4$, ja que $\begin{cases} 5 \cdot 4 - 2 = 18 \\ 2 \cdot 4 + 10 = 18 \end{cases}$ coincideixen els dos membres de l'equació.

L'equació $x + 4 = x - 2$ no té cap solució, perquè és impossible trobar un nombre que, en sumar-li 4, doni el mateix resultat que en restar-li 2.

L'equació $2x - 3 = 2 \cdot (x - 4) + 5$ té infinites solucions, perquè, en substituir la incògnita per qualsevol nombre, es compleix la igualtat.

13. Equacions equivalents

Apunt 8

Recorda que la prioritat de les operacions s'aplica sempre, tant per comprovar solucions com per resoldre equacions.

Dues equacions són **equivalents** si tenen la mateixa solució.

Qualsevol equació es transforma en una altra d'equivalent quan s'executen operacions elementals en tots dos membres (apunt 8). És a dir:

- Si se suma (o es resta) una mateixa quantitat als dos membres d'una equació.
- Si els dos membres d'una equació es multipliquen o es divideixen per una mateixa quantitat (no nul·la).

Per obtenir equacions equivalents, nomes es poden efectuar les operacions indicades.

Exemple

15. Les equacions $2x + 3 = 13$ i $3\,x = x + 10$ són equivalents, perquè totes dues tenen com a solució el valor $x = 5$.

14. Equacions amb denominadors

Quan en una **equació** hi ha **denominadors**, el primer pas per resoldre-la ha de ser treure'ls, per tal de poder obtenir una equació equivalent sense denominadors.

Per treure denominadors d'una equació, considerem dos casos:

1. **Equacions amb un únic denominador**. Es multipliquen els dos membres de l'equació pel denominador.
2. **Equacions amb diversos denominadors**. Es multipliquen els dos membres de l'equació pel mínim comú múltiple dels denominadors (apunt 9).

Professor a casa. Resolució d'equacions amb denominadors.

Apunt 9

El **mínim comú múltiple (m. c. m.)** de dos o més nombres és el nombre més petit que és múltiple de tots aquells nombres.

Exemple

16. Tenim l'equació $\frac{x+1}{3}=x+1$. Per resoldre-la, multipliquem tota l'equació pel denominador, és a dir, per 3 (apunt 10):

$\frac{x+1}{3}\cdot 3=(x+1)\cdot 3 \Rightarrow x+1=3x+3$

A partir d'aquí, es continua resolent l'equació:

$x+1-3=3x+3-3 \Rightarrow x-2=3x \Rightarrow x-x-2=3x-x \Rightarrow$

$\Rightarrow -2=2x \Rightarrow \frac{-2}{2}=\frac{2x}{2} \Rightarrow -1=x$

Tenim l'equació $\frac{3x+2}{4}+\frac{x+8}{6}=x+2$. Per resoldre-la, multipliquem tota l'equació per 12, que és el m. c. m. de 4 i 6:

$\left(\frac{3x+2}{4}+\frac{x+8}{6}\right)\cdot 12=(x+2)\cdot 12 \Rightarrow \frac{12(3x+2)}{4}+\frac{12(x+8)}{6}=12x+24 \Rightarrow$

$\Rightarrow 3(3x+2)+2(x+8)=12x+24 \Rightarrow 9x+6+2x+16=12x+24 \Rightarrow$

$\Rightarrow 11x+22=12x+24$

A partir d'aquí, es continua resolent l'equació:

$11x+22-24=12x+24-24 \Rightarrow 11x-2=12x \Rightarrow$

$\Rightarrow 11x-2-11x=12x-11x \Rightarrow -2=x$

Apunt 10

Propietat distributiva

$a\cdot(b+c)=a\cdot b+a\cdot c$

Apunt 11

Recorda els passos que s'han de seguir per resoldre una equació:

1r Es treuen els denominadors.

2n S'operen els parèntesis i es treuen.

3r S'agrupen les incògnites en un membre de l'equació i els termes independents a l'altre.

4t S'aïlla la incògnita.

15. Comprovar solucions

Comprovar la solució d'una equació consisteix a substituir el valor obtingut com a solució en l'equació inicial i comprovar que la igualtat es compleix. Sempre que resolguem una equació, se n'ha de comprovar el resultat, ja que, d'aquesta manera, podem saber si hem resolt bé tots els càlculs.

Exemple

17. Ara comprovarem les solucions de l'últim exemple:

Equació: $\frac{x+1}{3}=x+1$. Solució: $x=-1$. Substituïm: $\begin{cases}\frac{-1+1}{3}=0\\ -1+1=0\end{cases}$. Coincideixen; per tant, és solució.

Equació: $\frac{3x+2}{4}+\frac{x+8}{6}=x+2$. Solució: $x=-2$. Substituïm: $\begin{cases}\frac{3\cdot(-2)+2}{4}+\frac{-2+8}{6}=\frac{-4}{4}+\frac{6}{6}=0\\ -2+2=0\end{cases}$. Coincideixen; per tant, és solució.

Entrena't

21. Escriu amb llenguatge algebraic els enunciats següents:

a La meitat d'un nombre.
b La tercera part d'un nombre.
c La meitat del triple d'un nombre.
d Un nombre més la seva meitat.
e La meitat d'un nombre menys la seva cinquena part.
f La meitat d'un nombre més un.
g La meitat d'un nombre més un.
h La quarta part de la suma de dos nombres diferents.
i La tercera part de la resta de dos nombres diferents.
j El quocient entre dos nombres.

22. Explica, amb les teves paraules, el significat d'aquestes expressions algebraiques:

a $\frac{x}{4}$ **e** $2x+\frac{x}{3}$

b $\frac{2x}{5}$ **f** $\frac{x\cdot y}{2}$

c $\frac{x+2}{3}$ **g** $\frac{x}{4}\cdot\frac{y}{5}$

d $\frac{x}{3}+2$ **h** $\frac{x+1}{y-1}$

23. Comprova que –2 és solució de les equacions següents:

a $3x+7=2x-1$

b $4(5+x)-2(3-x)=x+4$

c $\frac{5+x}{3}+x=2x+3$

d $\frac{2x+4}{5}-3x=\frac{10-4x}{3}$

24. Resol les equacions següents:

a $\frac{x}{4}=8$ **e** $\frac{3x+1}{2}+1=15$

b $\frac{x+1}{5}=2$ **f** $6+\frac{7-2x}{5}=4x+3$

c $\frac{2x+1}{3}=x$ **g** $4-\frac{6-x}{5}=3x$

d $\frac{3x-6}{5}=x-2$ **h** $2-\frac{x+3}{3}=3-x$

Banc digital

Mates en context

6 AM AL AP Social Professional **Examen tipus test**

Els exàmens tipus test són molt habituals. Hi ha estudiants que es pensen que poden respondre a l'atzar, sense haver estudiat, i aprovar fàcilment. Per evitar això, sovint es penalitzen amb punts negatius les respostes errònies.

En un institut, el professor planteja qüestionaris de 100 preguntes amb la puntuació següent: 10 punts per encert, –2 punts si la pregunta no es respon i –5 si la resposta no és correcta.

Per aprovar, fan falta 500 punts, ja que es divideixen entre 100 els punts obtinguts per determinar la nota.

Problemes

1 La taula següent mostra els resultats d'alguns alumnes. Quina nota obtindran? (Fixa't que primer has de completar les dades que falten a la taula.)

	Encerts	Errors	No respon
Andreu	60		40
Queralt	65	15	
Cèlia	70		15
David	85	15	
Eduard	65		10
Fàtima	75	15	
Gemma		10	15

Per als problemes següents, planteja l'equació (anomena x el nombre d'encerts), resol-la i comprova que els resultats siguin correctes, tant el de l'equació com el del problema plantejat.

2 Si respons totes les preguntes, quantes n'has d'encertar per aprovar?

3 Si només respons les preguntes que saps, quantes n'has de saber per aprovar?

4 La Magda ha respost totes les preguntes i ha aconseguit 790 punts. Quantes preguntes ha respost correctament?

5 La Raquel només ha contestat aquelles preguntes que sabia i ha obtingut 736 punts. Quantes preguntes ha contestat?

Matematitza: 1 **Argumenta: 2, 3**

Simbolitza: 2, 3, 4, 5 **Planteja: 4, 5**

7 AM AL Social Científic Jeroglífic matemàtic

Segur que alguna vegada deus haver rebut per WhatsApp un jeroglífic amb figures que, sumades, donen un nombre i has d'endevinar el nombre resultant de l'última operació.

Els enigmes d'aquest tipus són habituals en les xarxes socials.

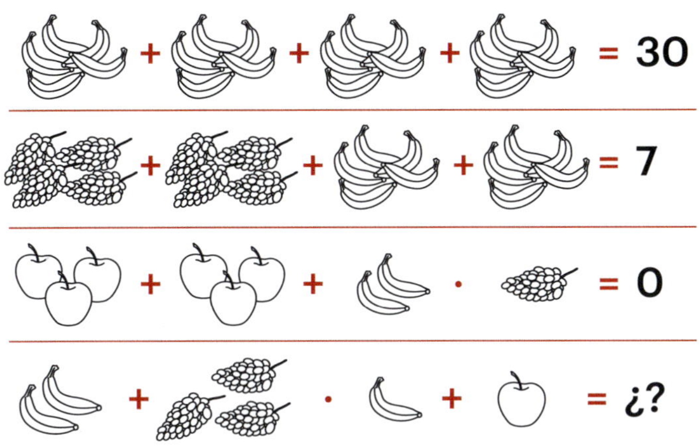

N'hi ha molts que es poden resoldre de cap, perquè es tracta de nombres molt fàcils. Per fer-ho, cal anar resolent línia per línia el valor de les figures i fer servir aquell resultat en la línia següent.

Però s'ha d'anar alerta, perquè normalment l'última de les qüestions del dibuix o la jerarquia de les operacions presenten algun parany.

En canvi, quan els nombres resultants no són tan fàcils o el resultat no és un nombre natural (com passa en el cas del dibuix), cal recórrer a l'àlgebra i a les equacions per trobar-ne la solució.

Problemes

Per respondre les preguntes, intenta resoldre les operacions de cap, però després planteja l'equació i resol-la.

1. Quant val cada grup de 5 plàtans? I un sol plàtan?
2. Quant val cada grup de carrolls de raïm? I quant val un únic carroll?
3. Quant val cada grup de pomes? I només una poma?
4. Quina és la resposta final?
5. Amb les dades obtingudes, comprova cada línia per assegurar-te que no t'has equivocat.
6. Busca a Internet problemes d'aquest tipus i intenta resoldre'ls mitjançant equacions.

Planteja: 1, 2, 3, 4, 6 **Simbolitza: 1, 2, 3**

Argumenta: 4 **Matematitza: 5**

8 AM AL AP Social La granja de l'oncle Vicenç

L'oncle Vicenç té gallines (que ponen ous) i ovelles (que fan llet) a la seva granja. Com que el negoci va bé, ha aconseguit aplegar 200 animals entre gallines i ovelles, però no sap quants n'hi ha de cada espècie, perquè és una mica despistat. Sí que sap, però, que hi ha 568 potes d'animals, ja que li agrada molt comptar.

Problemes

1. Abans de resoldre el problema de quantes gallines i quantes ovelles té l'oncle Vicenç, mirem d'entendre el problema. Per fer-ho, emplena aquesta taula:

Gallines	Ovelles	Potes de gallines	Potes d'ovelles	Total de potes
40				
	70			
		100		
			360	
75				
	160			
		320		
			620	

2. Si anomenem *x* el nombre de gallines:

   a Quin és el nombre d'ovelles?
   b Quantes potes de gallines hi ha?
   c Quantes potes d'ovelles hi ha?

3. Amb aquestes dades, expressa l'equació per resoldre quantes gallines i quantes ovelles hi ha a la granja.
4. Resol l'equació. Quantes gallines hi ha? I quantes ovelles?
5. A partir dels resultats, comprova que s'obté el nombre de potes que planteja el problema.
6. Dilluns passat, l'oncle Vicenç va sortir amb la furgoneta per anar a vendre els ous a 1,8 € la dotzena. Però va topar amb un cotxe i en va perdre 16 dotzenes. Com que no volia perdre diners, va decidir vendre les dotzenes que li quedaven a 2,1 € i, així, poder obtenir els mateixos diners que havia calculat. Quantes dotzenes d'ous portava inicialment per vendre l'oncle Vicenç?

Matematitza: 1, 4, 5 **Simbolitza: 2, 6**

Planteja: 3, 6 **Argumenta: 6**

4 De vacances a la platja

Quant trigo a fer el viatge?

Creix o decreix?

AM AL AP AV Social Personal

Aprèn a...

Analitzar una gràfica i reconèixer-ne les propietats.

Obtenir l'equació d'una recta a partir de la gràfica o la taula de valors corresponent.

Estudiar situacions reals i trobar el model matemàtic adequat per explicar-les.

Ítem 1. De Madrid a Barcelona

Els membres d'una família que viu a Madrid han decidit visitar Barcelona.

En primer lloc, han de triar el mitjà de transport amb el qual viatjaran. Han buscat ofertes i han fet càlculs per comparar:

- Cotxe. El viatge durarà 6 hores més 1 hora en què pararan per dinar.
- Autocar. El viatge durarà 7 hores més 30 minuts perquè faran una parada per dinar i tres parades intermèdies de 10 minuts abans d'arribar a Barcelona.
- AVE. El viatge durarà 3 hores.

Un altre dels aspectes fonamentals que han de decidir abans d'anar-se'n de vacances és l'hotel on s'allotjaran. Han trobat aquestes quatre opcions:

- Hotel 1: 20 € més 90 € per dia.
- Hotel 2: 30 € més 80 € per dia.
- Hotel 3: 100 € per dia.
- Hotel 4: 10 € més 90 € per dia.

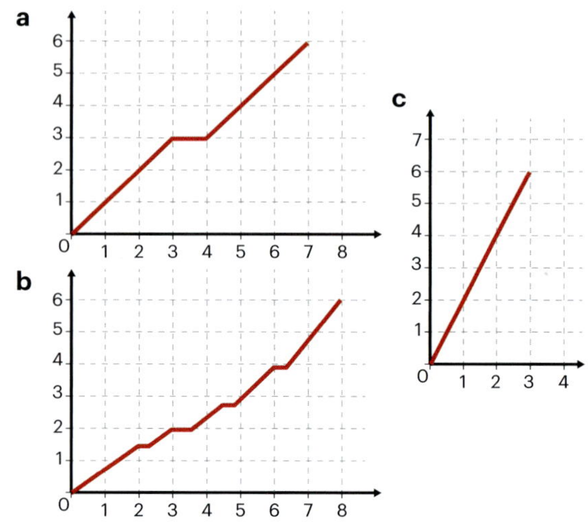

Ítem 2. Funcions

Una **funció** és una relació entre dues magnituds en què a cada valor de la primera magnitud li correspon un únic valor de la segona (o cap).

Construeix amb el que saps

Representa

1 Observa les gràfiques que reflecteixen la relació entre el temps i la distància en els tres mitjans de transport de l'ítem 1. Relaciona cada gràfica amb el mitjà de transport corresponent.

2 Les funcions de l'exercici anterior tenen trams creixents i alguna té trams constants. Digues per a cada gràfica els trams de temps en què és creixent i els trams en què és constant. A què es deuen els trams en què les funcions són constants?

Matematitza

3 L'hotel més barat dependrà del nombre de dies que s'hi quedin. Elabora una taula de valors per a cada hotel amb el preu que haurien de pagar en funció de la durada de l'estada.

Dies	1	2	3	4	5
Preu					

Argumenta

4 Interpreta les dades de la taula de l'exercici anterior i digues quin hotel surt més barat en funció de la durada de l'estada.

5 Dibuixa la funció lineal que representen les dades anteriors en uns eixos de coordenades. (Pista: observa que la variable independent és el nombre de dies i la variable dependent és el preu.)

6 En l'exercici anterior, hi ha cap recta paral·lela a una altra? Quines són paral·leles? Per què et sembla que és així?

7 Anomena x el nombre de dies i intenta plantejar l'equació que determini el preu (y) de cada hotel.

Ítem 3. Temperatura a Barcelona

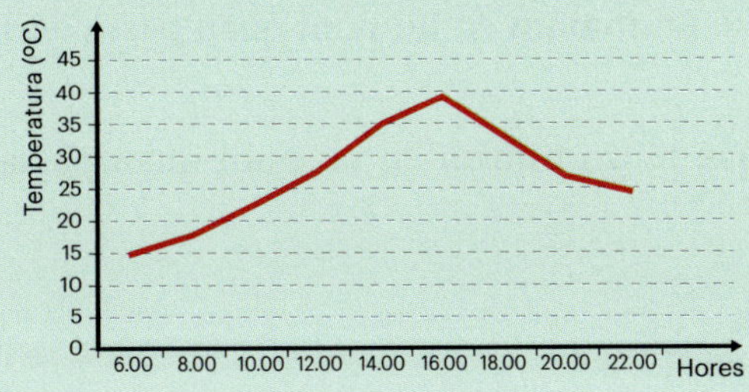

Ítem 4. Restaurant de Barcelona

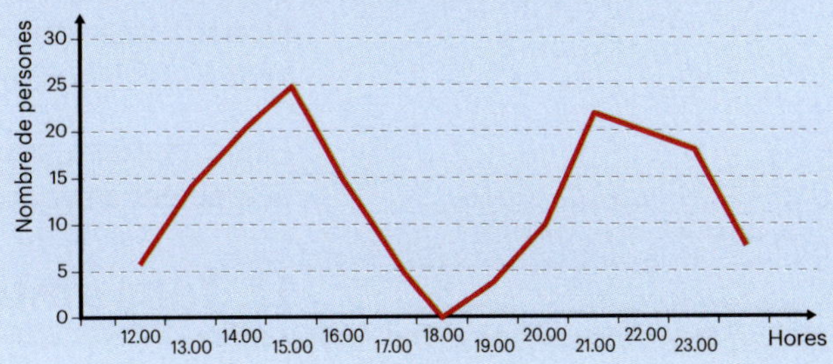

Ítem 5. Tipus de gràfiques

- Una **gràfica** és **creixent** si, en augmentar una magnitud (x), augmenta l'altra (y).
- Una **gràfica** és **decreixent** si, en augmentar una magnitud (x), l'altra disminueix (y).
- Una **gràfica** és **constant** si, en variar una magnitud (x), l'altra (y) no ho fa.

Ítem 6. Tipus de variables

Una variable és un símbol que pot ser reemplaçat o que adopta un valor numèric en una funció o una equació.

- **Variable independent**. En triem el valor. No depèn de cap altra variable.
- **Variable dependent**. Es calcula a partir del valor de la variable independent.

Construeix amb el que saps

Argumenta
Matematitza

(8) Un cop instal·lats a l'hotel, planifiquen el primer dia de les vacances. Una de les coses que els fa més il·lusió és anar a la platja. Amb aquesta idea, consulten una gràfica de les temperatures d'aquells dies. Observa la gràfica de l'ítem 3 i respon:

a Entre quines hores augmenta la temperatura?
b Entre quines hores disminueix la temperatura?
c A quina hora la temperatura és més alta? Quants graus hi ha en aquella hora?
d A quina hora la temperatura és més baixa? Quants graus hi ha en aquella hora?

Matematitza

(9) A les 10 del matí se'n van cap a la platja. Tenen la intenció de passar-hi tota l'estona que puguin, sempre que la temperatura no superi els 35 °C (per evitar cremar-se amb el sol) i no sigui inferior a 20 °C (per no passar fred si no porten jaqueta). Quanta estona es podran estar a la platja? S'hi podran estar tota l'estona seguida? Si només hi poguessin anar o bé al matí o bé a la tarda, quan s'hi podrien estar més hores?

(10) Com que ja és pràcticament l'hora de dinar, han decidit anar a un restaurant, però, per no anar-hi en hora punta, han consultat un gràfic de les persones que normalment hi ha en aquell restaurant en funció de l'hora. Observa la gràfica de l'ítem 4 i respon:

a A quina hora hi ha més gent?
b A quina hora hi ha menys gent?
c Hi ha més d'una hora en què el restaurant estigui molt ple? Quines hores són? Per què et sembla que és així?
d Si els és igual dinar a qualsevol hora entre les 13.00 h i les 16.00 h, quan hi haurien d'anar per trobar-hi el mínim nombre de persones possible?

El que has construït

Interpretes **gràfiques**.

Obtens **dades** de les gràfiques.

Extreus **conclusions** a partir de l'anàlisi de gràfiques.

Calcules **màxims i mínims** a partir de l'anàlisi de gràfiques.

16. Màxims i mínims

Donada una funció, direm que té un **màxim** en un punt quan passa de ser creixent a ser decreixent.

De la mateixa manera, direm que té un **mínim** en un punt quan passa de ser decreixent a ser creixent.

17. Talls amb els eixos

Apunt 12

Recorda

L'**eix d'abscisses** és el que representa la variable independent (normalment anomenada *x*) i és horitzontal.

L'**eix d'ordenades** és el que representa la variable dependent (normalment anomenada *y*) i és vertical.

Interactiu. Funcions lineals i afins.

Les funcions tenen punts notables, que són aquells que destaquen d'entre la resta. Els punts de tall amb els eixos (apunt 12) són exemples de punts notables:

- El punt de tall amb l'eix x és el punt en què la funció talla l'eix d'abscisses (eix horitzontal).
- El punt de tall amb l'eix y és el punt en què la funció talla l'eix d'ordenades (eix vertical).

Una funció pot tallar l'eix x una vegada, cap vegada o diverses vegades, però només talla una vegada (o cap) l'eix y.

18. Funcions lineals i funcions afins

- Una **funció lineal** és aquella la gràfica de la qual és una línia recta que passa per l'origen de coordenades.
  La seva fórmula és del tipus $y = m \cdot x$, en què x i y són les variables; m és el pendent i mesura la inclinació de la recta.
  La funció es creixent si m és positiu ($m > 0$) i decreixent si m és negatiu ($m < 0$).
- Una **funció afí** és aquella la gràfica de la qual és una línia recta que no passa per l'origen de coordenades.
  La seva fórmula és $y = m \cdot x + n$, en què x i y són les variables; m i n són dos nombres. El punt n és l'ordenada a l'origen.

Exemples

18. Observa que aquesta funció té el màxim en el punt (3, 5) i el mínim en el punt (1, 2).

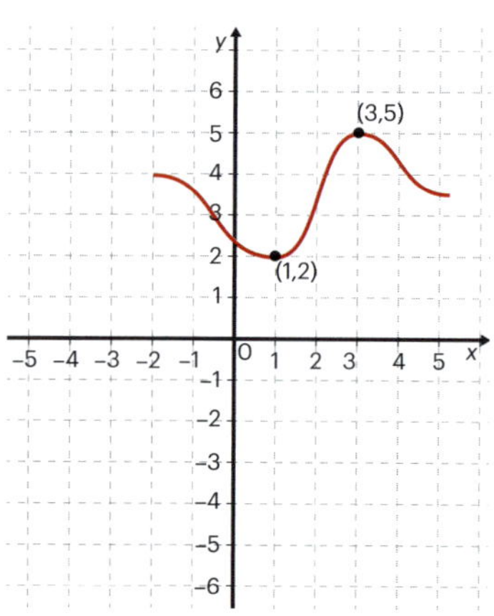

19. Observa que aquesta funció talla l'eix x (abscisses) en els punts (1, 0) i l'eix y (ordenades) en el punt (0, 3).

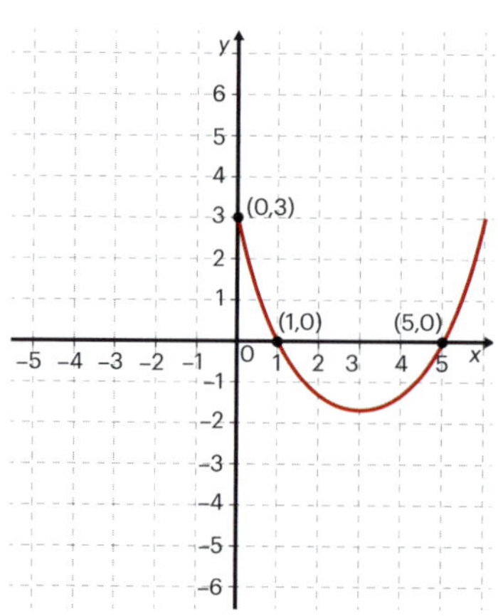

20. Observa aquests exemples de funcions:

Funció lineal: $y = 0{,}5 \cdot x$
Funció afí: $y = x - 2$

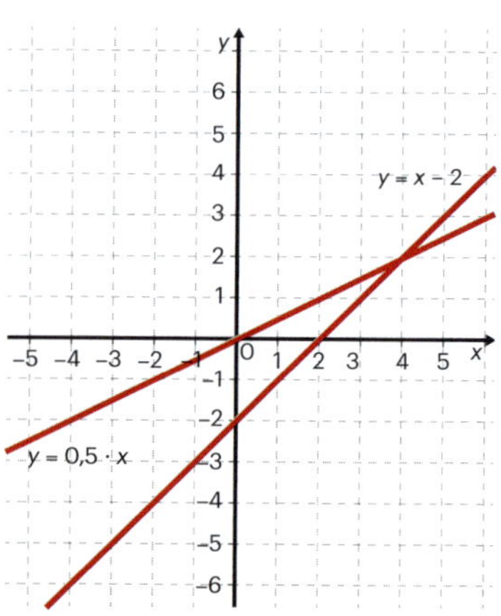

19. Rectes paral·leles

Fig. 3. Encara que no ho sembli, les línies horitzontals d'aquest dibuix són rectes paral·leles. Es tracta d'una il·lusió òptica que provoca que sembli que les rectes tenen diferents inclinacions.

Dues rectes són paral·leles entre elles si **no es tallen en cap punt**. Cal tenir en compte que les rectes són infinites, de manera que pot ser que en el dibuix no es tallin, però que, si allarguem més les rectes, sí que s'arribin a tallar.

Perquè dues rectes no es tallin, han de tenir la mateixa inclinació, és a dir, han de tenir el mateix pendent (fig. 3).

El dibuix d'una funció afí és una recta; per tant, perquè dues rectes siguin paral·leles el pendent de la primera recta ha de ser igual que el pendent de la segona recta.

Exemple

21. En aquest dibuix es pot veure de dues formes que les rectes són paral·leles:

- **Gràficament**. Si allarguem les rectes, no es tallen (a més, la distància entre les rectes és igual en tots els punts).
- **Analíticament**. En les funcions que determinen les rectes respectives, el pendent de la primera recta és $m_1 = 3$ i el pendent de la segona recta és $m_2 = 3$. Com que els pendents són iguals, les rectes són paral·leles.

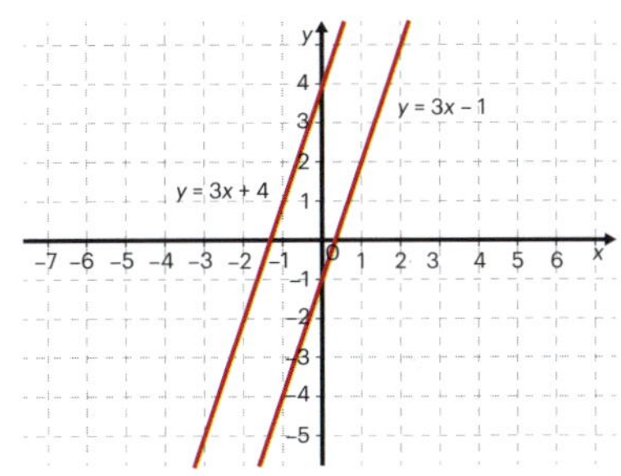

20. Equació de la recta donats dos punts

Per trobar l'equació d'una recta, necessitem saber-ne el **pendent** (***m***) i la seva **ordenada a l'origen** (**n**).

Professor a casa. Obtenció de l'equació d'una recta donats dos punts.

El pendent és un valor que indica la inclinació de la recta. Dit d'una altra manera, és el nombre d'unitats que puja (o baixa) una recta quan ens desplacem una unitat cap a la dreta.

Per calcular el pendent d'una recta donats dos punts, (x_1, y_1) i (x_2, y_2), s'aplica la fórmula següent:

$$m = \frac{y_2 - y_1}{x_2 - x_1}$$

Aquesta fracció és una relació entre allò que es mou verticalment i allò que es mou horitzontalment.

Per calcular l'ordenada a l'origen, n'hi ha prou de mirar en quin punt la recta talla l'eix d'ordenades.

Professor a casa. Identificació de rectes segons el seu pendent i la seva ordenada.

Exemple

22. Donada la recta del dibuix, trobem dos punts dels quals sabem les coordenades. Per exemple, (0, 2) i (3, –1).

L'ordenada a l'origen és el punt on talla l'eix d'ordenades, és a dir: $n = 2$.
Per calcular el pendent, fem servir la fórmula, tenint en compte l'ordre i els signes:

$$m = \frac{(-1)-(2)}{(3)-(0)} = -1$$

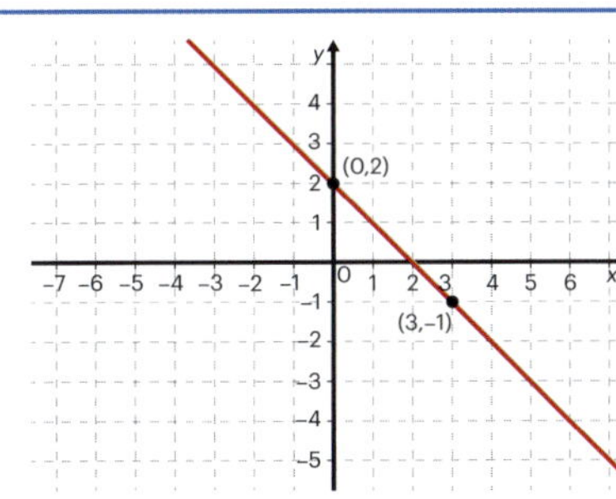

Entrena't

25. Copia les gràfiques a la teva llibreta i digues on són creixents les funcions i on són decreixents. Indica'n també els màxims i els mínims, si en tenen.

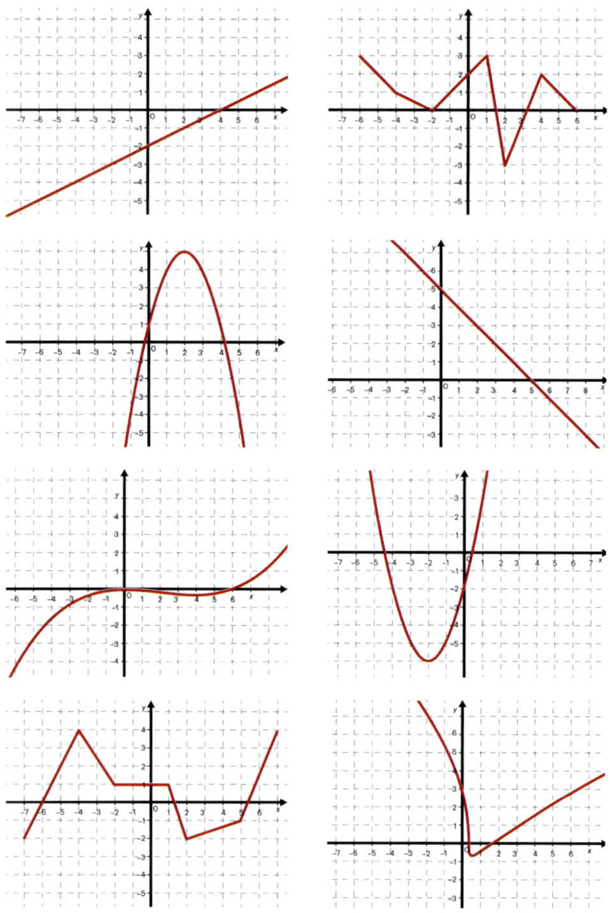

26. Copia les gràfiques a la teva llibreta i indica on tallen aquestes funcions els eixos de coordenades.

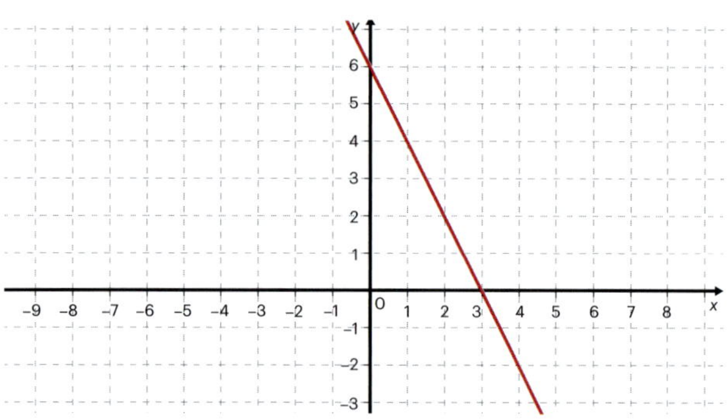

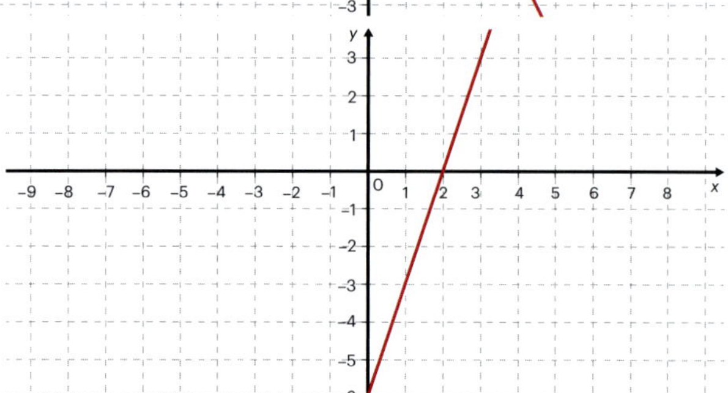

27. Donades les gràfiques següents, relaciona-les amb les seves funcions. Observa si els pendents són positius, negatius o zero i fixa't en l'ordenada a l'origen.

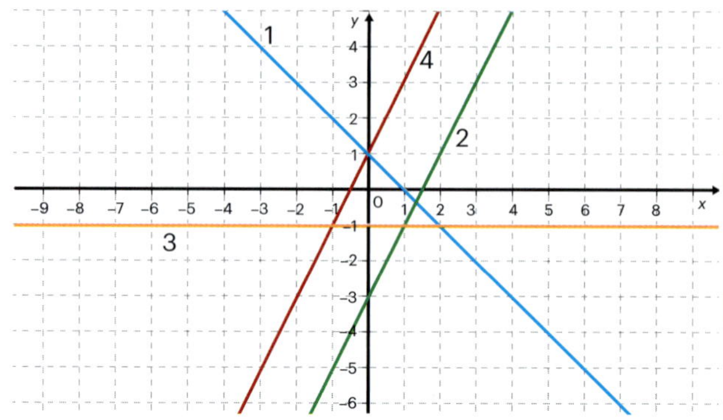

a $y = 2x + 1$

b $y = 2x - 3$

c $y = -x + 1$

d $y = -1$

28. Indica quines de les rectes següents són paral·leles entre si:

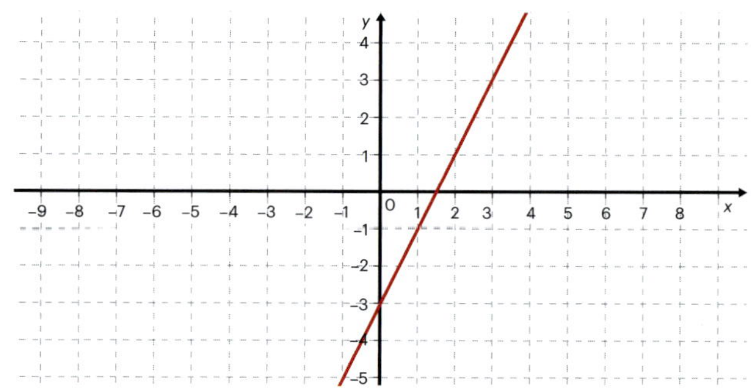

a $y = 2x + 1$

b $y = 2x - 3$

c $y = -x + 3$

d $y = -x + 1$

e $y = -1$

f $y = 2$

29. Donades les rectes següents, elabora una taula de valors i representa-les en els eixos de coordenades:

a $y = 2x + 1$

b $y = -x + 1$

30. Donada la gràfica d'una funció afí, troba un parell de punts d'aquesta funció i determina'n el pendent i l'ordenada a l'origen.

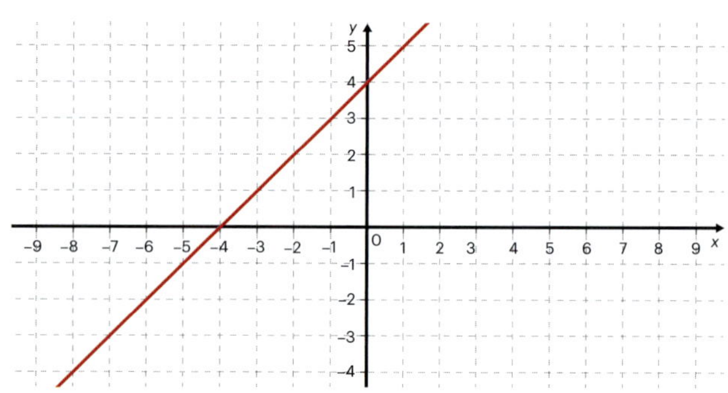

Banc digital

Mates en context

9 AM AL AP Social De passeig

El Damià, la Rut, el Lluís i l'Amanda utilitzen la bicicleta o la moto per anar de casa seva a la platja que hi ha al costat de la ciutat.

Problemes

1. Si per a cada amic dibuixem una gràfica en què la variable independent és el temps i la variable dependent és la distància, com indicarem que la Rut ha hagut de tornar a casa?
2. Com representarem que el Lluís ha continuat caminant després de quedar-se sense gasolina?
3. Si aquestes són les gràfiques que representen els trajectes, quina correspon al viatge de la Rut, quina al del Lluís i quina al del Damià?

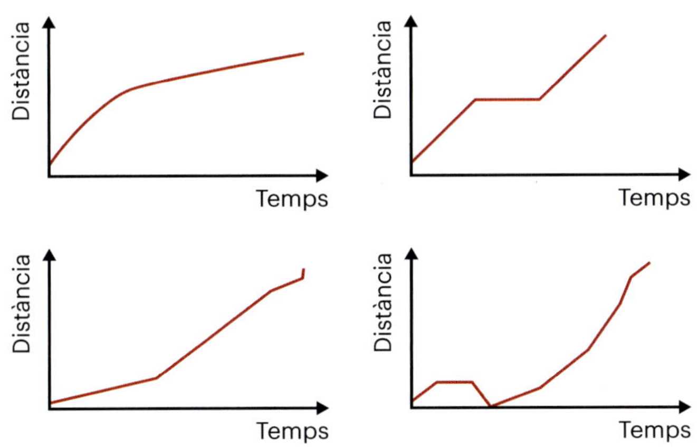

4. En l'exercici 3 hi ha una gràfica que representa el trajecte de l'Amanda. Què havia dit ella sobre el seu desplaçament?
5. Un altre dia també els acompanyen el Pau i la Clàudia. El Pau va en bicicleta a velocitat constant i la Clàudia es desplaça en moto, també a velocitat constant, però surt una mica més tard que el Pau. Representa en els mateixos eixos com seria el viatge d'aquests dos amics.

Argumenta: 1, 2, 3, 4 **Representa: 2, 5**

Comunica: 4

10 AM AL AV Científic Social Alcohol a la sang

El control d'alcoholèmia o test d'alcoholèmia mesura la concentració d'alcohol a la sang.

A Espanya, la llei no permet la conducció de vehicles si la taxa d'alcoholèmia supera els 0,5 g/L a la sang, excepte en els casos de conductors amb menys de dos anys de carnet o els professionals, en els quals la concentració màxima admesa és de 0,3 g/L d'alcohol a la sang.

La corba d'alcoholèmia és la representació de la concentració d'alcohol a la sang al llarg del temps després d'ingerir alcohol. La segona gràfica mostra la taxa d'alcoholèmia després d'haver begut una ampolla de vi (75 cL).

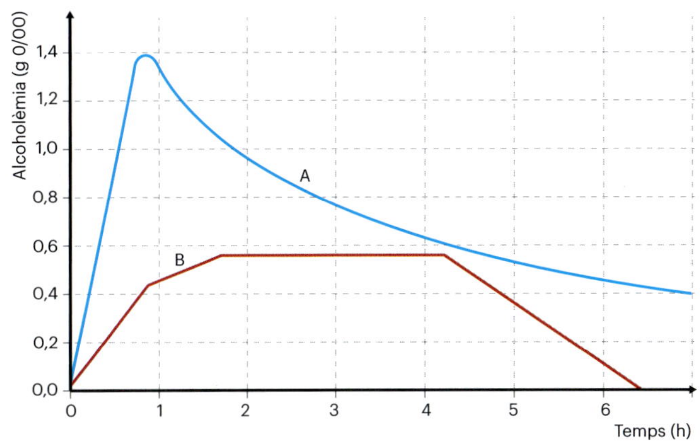

Temps a partir de la ingestió de 3/4 de litre de vi de 10 graus.
A: home adult en dejú
B: home adult a mig àpat

Com es pot observar, l'alcohol triga força temps a desaparèixer de l'organisme.

Problemes

Si un adult beu alcohol sense menjar res:

1. Quant triga la corba a assolir el màxim?
2. Indica en les gràfiques quan la funció és creixent i quan és decreixent. És constant algun cop?
3. Quant de temps cal esperar per poder tornar a conduir?
4. Quant triga a desaparèixer l'alcohol de la sang?
5. En un control d'alcoholèmia després d'un àpat, a partir de quants grams d'alcohol sortiria positiu? Quantes copes són? (Una copa són 15 cL.)
6. Torna a respondre totes les preguntes anteriors tenint en consideració que s'ingereix l'alcohol durant un àpat.

(Recorda que els menors d'edat no han de consumir alcohol.)

Argumenta: 1, 3, 4, 5, 6 **Matematitza: 2, 6**

NOMBRES

Naturals

El conjunt dels nombres naturals es crea a partir de la necessitat de comptar. Es representa mitjançant la lletra $\mathbb{N}$.

$$\mathbb{N} = \{1, 2, 3, 4 \ldots 30 \ldots\}$$

El 0 no és un nombre natural.

Les característiques d'aquest conjunt són aquestes:

- Té un primer element, el 1.
- Cada element en té un de següent, que s'obté sumant-li la unitat.
- És un conjunt ordenat; cada element és més petit que el següent i més gran que l'anterior.

Enters

El conjunt dels nombres enters es representa mitjançant la lletra $\mathbb{Z}$ i està format pels nombres naturals, els nombres negatius (que són els naturals amb el signe de menys al davant) i el zero.

$$\mathbb{Z} = \{\ldots -3, -2, -1, 0, 1, 2, 3 \ldots\}$$

Els nombres enters es creen per la necessitat d'expressar dubtes.

El **valor absolut** d'un nombre enter és el nombre natural que resulta de treure-li el signe i representa la seva distància respecte del 0. Per tant, $|-3| = 3$, $|0| = 0$.

L'**oposat** d'un nombre enter és aquell que es troba a la mateixa distància del zero. Per tant, serà un altre nombre enter amb el mateix valor absolut, però signe diferent.

$$\text{Op}(-3) = 3, \text{Op}(3) = -3$$

Per operar-hi, s'ha de respectar la regla dels signes.

Fraccions

Una **fracció** és un nombre que expressa les porcions que s'agafen d'un tot dividit en parts iguals. La fracció s'escriu separant el nombre de porcions del tot mitjançant una barra, generalment horitzontal.

$$\frac{a}{b} \quad \begin{matrix} \leftarrow \text{Numerador} \\ \leftarrow \text{Denominador} \end{matrix}$$

Les fraccions es poden expressar sempre com a nombres decimals, dividint el numerador entre el denominador. I a la inversa: els nombres decimals es poden expressar mitjançant una fracció.

El conjunt dels **nombres racionals** s'expressa amb la lletra $\mathbb{Q}$ i està format pel conjunt dels nombres enters (que inclou els naturals) juntament amb els fraccionaris.

Regla dels signes

Per multiplicar i dividir nombres cal tenir en compte la regla dels signes:

· / :	+	−
+	+	−
−	-	+

Jerarquia de les operacions

Indica l'ordre en què cal operar:

1r Parèntesis i claudàtors.
2n Potències i arrels.
3r Multiplicacions i divisions.
4t Sumes i restes.

Potències d'exponent natural

Una potència d'exponent natural és una forma abreujada d'escriure la multiplicació d'un nombre per si mateix diverses vegades.

Una potència de **base** a i **exponent** n, natural, és el resultat de multiplicar la base a per si mateixa n vegades.

$$a = \overbrace{a \cdot a \cdot a \cdot \ldots \cdot a}^{n \text{ vegades}}$$

Propietats de les potències

$a^0 = 1$ $\quad$ $a^1 = a$

$a^n \cdot a^m = a^{n+m}$ $\quad$ $\dfrac{a^n}{a^m} = a^{n-m}$ $\quad$ $\left(a^n\right)^m = a^{n \cdot m}$

Potències de base 10

Una potència de base 10 equival a la unitat, 1, seguida de tants zeros com indiqui el seu exponent.

$$10^n = \overbrace{10 \cdot 10 \cdot 10 \cdot \ldots \cdot 10}^{n \text{ vegades}} = 1\overbrace{000 \ldots 0}^{n \text{ zeros}}$$

Notació científica

Consisteix a expressar nombres molt grans com la multiplicació d'un nombre format per unitats i decimals per una potència de 10. L'exponent d'aquesta potència és igual al nombre de decimals i zeros que té el nombre escrit amb notació decimal normal.

Multiplicar i dividir amb notació científica

El producte (o la divisió) de dos nombres expressats amb notació científica s'obté després de multiplicar (o dividir) per separat els nombres decimals i les potències de 10 i d'aplicar a aquestes potències la tercera propietat de les potències (multiplicació) o la quarta (divisió).

ÀLGEBRA

Equacions

Una **equació** és una igualtat entre dues expressions algebraiques, anomenades membres, en què apareixen uns elements coneguts, les **dades**, i uns altres de desconeguts, les **incògnites**, relacionats entre ells mitjançant operacions.

El **grau** d'una equació és el grau més gran dels monomis que conté.

Les equacions de primer grau (grau 1) s'anomenen **equacions lineals**.

Solucions d'una equació

Una **solució** d'una equació és el nombre o nombres que, en substituir la incògnita, converteixen la igualtat resultant en correcta.

Equacions equivalents

Dues equacions són **equivalents** si tenen les mateixes solucions.

Qualsevol equació es converteix en una altra d'equivalent quan s'executen operacions elementals iguals en tots dos membres. És a dir:

- Si se suma (o es resta) la mateixa quantitat als dos membres d'una equació.
- Si els dos membres d'una equació es multipliquen (o es divideixen per) una mateixa quantitat (no nul·la).

Equacions amb denominadors

Quan en una equació hi ha denominadors, el primer pas per resoldre-la és treure'ls i obtenir una equació equivalent sense denominadors.

Per treure denominadors d'una equació, es tenen en compte dos casos:

1. **Equacions amb un únic denominador.** Es multipliquen els dos membres de l'equació pel denominador.
2. **Equacions amb diversos denominadors.** Es multipliquen els dos membres de l'equació pel mínim comú múltiple dels denominadors.

Comprovar solucions

Comprovar la solució d'una equació consisteix a posar-hi el valor obtingut en resoldre-la i comprovar que la igualtat es compleix.

Sempre que resolguem una equació, cal comprovar-ne el resultat.

FUNCIONS

Màxims i mínims

El **màxim** d'una funció és el punt en què passa de ser creixent a ser decreixent.

El **mínim** d'una funció és el punt en què passa de ser decreixent a ser creixent.

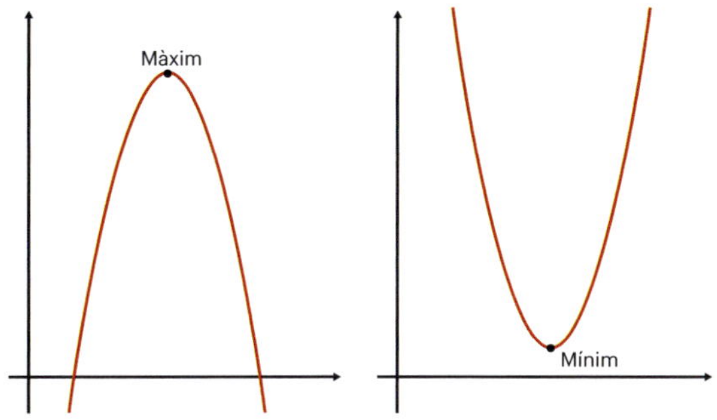

Talls amb els eixos

Els **punts notables** de les funcions són els que destaquen d'entre la resta, com ara els punts de tall amb els eixos.

- El punt de tall amb l'eix x és el punt en què la funció talla l'eix d'abscisses (horitzontal).
- El punt de tall amb l'eix y és el punt en què la funció talla l'eix d'ordenades (vertical).

Funcions lineals i afins

- Una **funció lineal** és aquella la gràfica de la qual és una línia recta que passa per l'origen de coordenades. La seva fórmula és del tipus $y = m \cdot x$, en què x i y són les variables, i m és el pendent, que mesura la inclinació de la recta. La funció és creixent si m és positiu ($m > 0$) i decreixent si m és negatiu ($m < 0$).
- Una **funció afí** és aquella la gràfica de la qual és una línia recta que no passa per l'origen de coordenades. La seva fórmula és $y = m \cdot x + n$, en què x i y són les variables i m i n són dos nombres. El valor de n és l'ordenada a l'origen.

Rectes paral·leles

Dues rectes són paral·leles entre elles si **no es tallen en cap punt**.

Perquè dues rectes no es tallin, han de tenir la mateixa inclinació, és a dir, el pendent ha de ser igual en totes dues.

El dibuix d'una funció afí és una recta; per tant, perquè dues rectes siguin paral·leles el pendent de la primera recta ha de ser el mateix que el pendent de la segona recta.

Entrena't +

Nombres i àlgebra

31. Fent servir les propietats de les potències, redueix aquestes potències a una de sola:

a $\left(2^3\right)^5$ **b** $4^9 : 4^3$ **c** $3^2 \cdot 3^5$ **d** $\left(5^4\right)^2 : 5^6$

32. Troba el resultat de:

a $(5 + 4) \cdot 3 - 8^2 : 4$
b $6 \cdot 2^3 + (9 - 4)^2$
c $7 + 6^2 - (9 + 6) : 3$
d $3^4 - 12 : (2 + 4)$
e $15 - 3 \cdot 2^2 + 16 : 2$
f $(4-3)^8 + 5 \cdot 2^4 - 12 : 4$

33. Escriu amb numeració decimal:

a $4{,}2 \cdot 10^5$ **c** $2{,}16 \cdot 10^{12}$ **e** $3{,}05 \cdot 10^8$
b $5 \cdot 10^{10}$ **d** $9{,}3 \cdot 10^{11}$ **f** $1{,}24 \cdot 10^9$

34. Passa a notació científica:

a 7 010 000
b 52 300 000
c 209 000 000 000
d 1 500 000 000
e 600 000 000
f 380 000 000 000

Banc digital

35. Observa els nombres següents i respon les preguntes:

−2	0,45	$\frac{1}{2}$	2	−1	−3	$\frac{1}{4}$
$\frac{1}{5}$	−2	$\frac{1}{5}$	$\frac{1}{2}$	−6	0,45	$-\frac{1}{2}$
−6	$-\frac{1}{4}$	1,26	2,25	−3	−15	5
−1	−3	4	0	$-\frac{1}{4}$	−10	$-\frac{1}{4}$
2	$\frac{1}{2}$	−2	$-\frac{1}{5}$	5	−3,15	12
6	$\frac{1}{4}$	2	−8	$\frac{1}{2}$	$\frac{4}{2}$	−3,15

a Escriu en cada conjunt els nombres corresponents:
$\mathbb{N} = \{\ \}$ $\mathbb{Z} = \{\ \}$ Fraccionaris = { }
b Suma els enters (positius i negatius). Calcula el valor absolut i l'oposat del resultat.
c Quant als nombres fraccionaris, per una banda suma les fraccions i, per l'altra, els decimals.
d Quant sumen tots els nombres? Escriu el resultat en forma decimal i en forma de fracció irreductible.
e Escriu en forma de fracció irreductible els nombres decimals.
f Escriu tots els nombres de la taula que compleixen que $-3 < a < 5$. Ordena'ls del més petit al més gran.

Banc digital

36. Comprova (sense resoldre-les) si la solució de les equacions següents és −1 o $\frac{1}{2}$:

a $x+5=1-3x$
b $5x+4=3x+5$
c $2(1+x)-2(3-x)=2x-3$
d $3(x-1)+2(1+x)=6x$
e $\frac{3+x}{2}-x=x+3$
f $\frac{2x+2}{2}+x=4x$

37. Resol les equacions de l'exercici anterior i comprova'n el resultat.

38. Resol les equacions següents i comprova que el resultat estigui bé:

a $\frac{3x}{2}=5$
b $\frac{2x+1}{3}=0$
c $\frac{4+2x}{3}=x+2$
d $\frac{x+5}{4}+1=1$
e $2+\frac{1-x}{3}=x+1$
f $1-\frac{6+5x}{2}=4x$

Banc digital

Funcions

39. Indica el pendent i l'ordenada a l'origen de cada una de les funcions següents:

a $y = 3x - 7$
b $y = 5 - x$
c $y = 0{,}25\,x + 1$
d $y = x$
e $y = -5x + 21$
f $y = \frac{4x-7}{5}$

40. Digues quines d'aquestes rectes són paral·leles entre elles:

a $y = 2x - 3$
b $y = 5 + 2x$
c $y = 3 - x$
d $y = 1 + x$
e $y = -x + 11$
f $y = x + 8$

41. Uneix cada gràfic amb la seva funció:

$y = 2x + 1$

$y = 2x - 1$

$y = -2x - 1$

$y = x - 1$

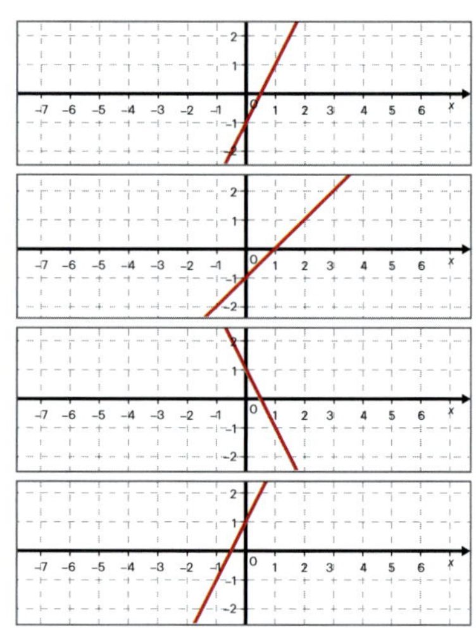

Banc digital

Mates en context

11 AM AL Científic Les cèl·lules de la sang

La medul·la òssia genera tres tipus de cèl·lules sanguínies a partir de les cèl·lules mare: glòbuls vermells, glòbuls blancs i plaquetes.

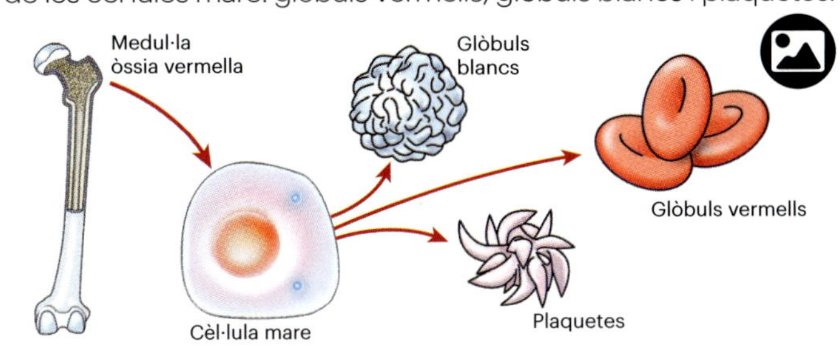

Els **glòbuls vermells** també s'anomenen hematies i eritròcits. Tenen la funció de portar l'oxigen dels pulmons als teixits, per una banda, i el diòxid de carboni dels teixits als pulmons, per l'altra, perquè sigui expulsat a l'exterior. Els homes tenen entre 4,5 i 6 milions/mm^3 de sang i les dones en tenen entre 4 i 5,5 milions/mm^3. Poden durar 120 dies.

Els **glòbuls blancs** o leucòcits defensen l'organisme de les infeccions. N'hi ha de diversos tipus i el més normal és que n'hi hagi entre 5000 i 10 000 per mil·límetre cúbic. Viuen a la sang unes 12 hores. Una persona produeix cada dia al voltant de 100 000 milions de leucòcits.

Les **plaquetes** o trombòcits participen en la coagulació de la sang quan es trenca un vas sanguini. En condicions normals, una persona té entre 150 000 i 450 000 plaquetes per mm^3. Poden durar uns 10 dies.

Problemes

1. Expressa amb notació científica la quantitat normal, la mínima i la màxima, de cada tipus de cèl·lula sanguínia en els humans.

2. Si suposem que una persona sana té 5 milions de glòbuls vermells per mil·límetre cúbic de sang i que cada glòbul viu 120 dies, quants glòbuls vermells produirà en un any?

3. **a** Expressa amb notació científica el nombre de leucòcits que produeix una persona al dia i el nombre de segons que té un dia.
   b Si cada hora es creés el mateix nombre de leucòcits, quants se'n formarien cada segon?

4. Si una persona sana tingués 300 000 plaquetes/mm^3 de sang i cadascuna durés 10 dies, quantes en produiria en un any?

5. De mitjana, una persona té entre 4,5 i 5,5 litres de sang. Calcula quantes cèl·lules sanguínies de cada tipus té en total.

Simbolitza: 1, 3 **Argumenta: 2, 4** **Matematitza: 5**

12 AM AL AC Científic Social M'agrada

Els estudiants de Ciències de la Terra i el medi ambient han d'elaborar un treball de final de curs. El treball consisteix a enregistrar un vídeo relacionat amb un dels temes que han de penjar a YouTube. Per aprovar, han d'aconseguir almenys 500 "M'agrada".

La Mariona ha demanat ajuda als seus dos millors amics. Els ha enviat per WhatsApp un enllaç al vídeo i els ha demanat que hi indiquin "M'agrada". Cadascun d'ells l'ha reenviat a dues persones més, i cada una d'aquestes persones que l'ha rebut també l'ha reenviat a dos amics més, i així successivament.

Problemes

1. Quants amics indiquen "M'agrada" quan la Mariona envia el primer missatge? I quants, cada vegada que un amic el reenvia? Quants ho saben després del tercer reenviament?

2. Completa la taula amb el nombre d'amics en forma de potència:

Enviaments	1	2	3	4	5
Nre. d'amics					

3. Quants enviaments cal fer, com a mínim, per aconseguir els 500 "M'agrada"?

4. Si el vídeo dura 3 minuts i 26 segons i entre llegir el missatge i reenviar-lo es triga 34 minuts més, quants segons tarda la Mariona a aconseguir l'aprovat? Escriu el resultat amb notació científica.

5. La Mariona ha tingut molt d'èxit i, al final, ha aconseguit més de 4000 "M'agrada", però menys de 5000. Quants enviaments van fer falta?

   Animada per aquest èxit, enregistra un altre vídeo per intentar aconseguir l'excel·lent, de manera que organitza la mateixa cadena, però de tres en tres amics, en lloc de fer-ho de dos en dos.

6. Elabora una taula com la del problema 2 per a aquest cas.

7. +− Si per a l'excel·lent són necessaris 10 000 "M'agrada", quants enviaments caldran?

8. Aquest vídeo dura 4 minuts i 56 segons. Quants segons trigarà la Mariona a aconseguir l'excel·lent? Escriu el resultat amb notació científica.

Matematitza: 1, 2, 8 **Argumenta: 3, 4, 5, 7** **Simbolitza: 6**

13 AM AL AP Social La gran cita en bici

La Maria i la Muriel s'han conegut a través de les xarxes socials, perquè els uneix la seva gran afició: anar en bicicleta. Per conèixer-se en persona, han decidit sortir un dia en bicicleta amb els seus amics i reunir-se, però no saben on.

Tenen aquesta mateixa informació l'una de l'altra: viuen a 110 km l'una de l'altra; el grup de la Maria acostuma a recórrer una mitjana de 18 km/h cada vegada que surt a muntar en bicicleta, mentre que el grup de la Muriel és més ràpid i arriba als 24 km/h.

Professor a casa. Problema resolt (velocitat).

Problemes

1. Quant trigarà a arribar el grup de la Maria si decideixen quedar a la ciutat de la Muriel?
2. Quant trigarà el grup de la Muriel si decideixen quedar a la ciutat de la Maria?

   Al final, han decidit trobar-se en un punt intermedi; per arribar-hi, cada grup sortirà a les 8 del matí de la seva ciutat, en direcció cap a l'altra.

3. Quanta estona trigaran a veure's?
4. A quina distància de casa de la Maria es reuniran?

   Com has pogut comprovar, el problema és fàcil, perquè els resultats són molt exactes. Però no sempre és així i sovint és més convenient plantejar equacions per resoldre'l.

5. Anomena x el temps que triguen a trobar-se i mira de plantejar l'equació corresponent, tenint en compte que la suma de les distàncies que recorre cada grup ha de ser igual que la distància que separa les dues ciutats.
6. Resol l'equació i comprova si t'ha donat el mateix resultat que abans.

   El dia que han quedat per sortir, l'Alba ha tingut un problema que ha provocat que el grup sortís 45 minuts més tard del que havien previst. Per compensar la pèrdua de temps, fan un esforç i aconsegueixen anar a 22 km/h.

7. Quina distància havia recorregut el grup de la Muriel quan va sortir el grup de la Maria? I quina distància els separa en aquell moment?
8. Quanta estona triguen a trobar-se des que surt el grup de la Maria?
9. A quina distància de la casa de la Maria es veuran?
10. Anomena x el temps que triguen a reunir-se des que surt el grup de la Maria i planteja l'equació corresponent.
11. Resol l'equació i comprova si t'ha donat el mateix resultat que abans.
12. Ara, anomena x el temps que triguen a trobar-se des que surt el grup de la Muriel i planteja l'equació corresponent.
13. Resol l'equació i comprova si t'ha donat el mateix resultat que abans.
14. Per què no coincideix la solució x d'aquest problema amb la dels exercicis 10 i 11?

Matematitza: 1, 2, 4, 9 **Argumenta: 3, 7, 8, 14**
Planteja: 5, 6, 11, 13 **Simbolitza: 5, 10, 12**

14 AM AL Social En ruta

Has visitat Londres i has arribat al següent encreuament de camins:

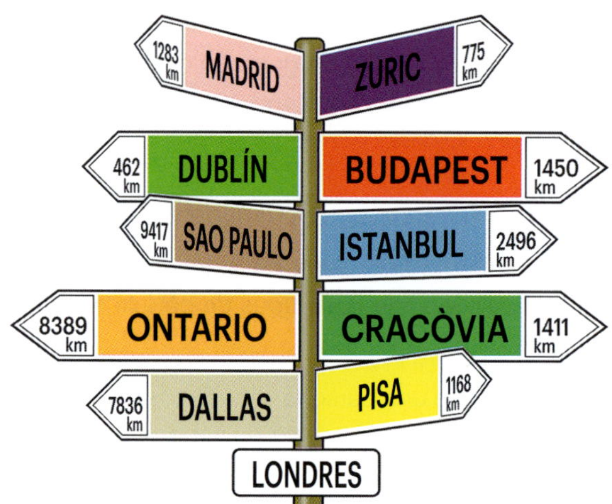

Problemes

1. Quina és la ciutat més propera? I la més allunyada de Londres?
2. Quina és la distància entre Dublín i Budapest?
3. Podries calcular la distància més curta entre Madrid i Zuric fent servir el cartell?
4. Si condueixo el meu cotxe a 90 km/h, quant trigaré a arribar a cada una de les ciutats?
5. Si el meu cotxe consumeix 5,2 litres cada 100 km, quin consum de combustible tindré per arribar a cada ciutat?

Matematitza: 1, 2 **Argumenta: 3** **Planteja: 4, 5**

Competències matemàtiques: 1, 2, 7, 12 (act. 13); 2, 5 (act. 14).

15 AM AL Social La torre Eiffel

La torre Eiffel és una estructura de ferro que fa més de 300 m d'alçària. Va ser construïda amb motiu de l'Exposició Universal de 1889 a París. És el monument més visitat del món, ja que acull 7,1 milions de turistes l'any. Després d'acabar la seva funció com a part de les exposicions universals dels anys 1889 i 1900, es va fer servir en proves de l'exèrcit francès i, avui, a banda del seu atractiu turístic, serveix com a emissora de programes radiofònics i televisius.

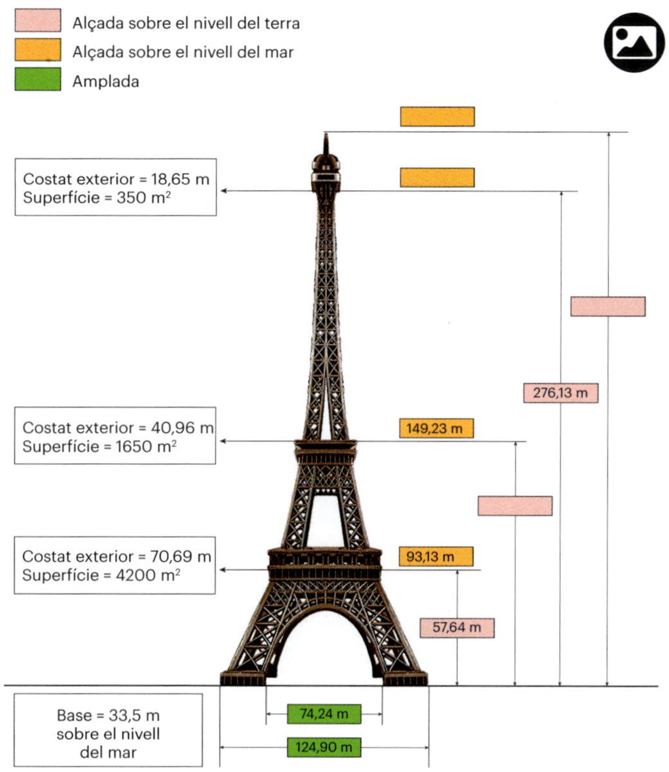

Problemes

1. Quant fa d'ample cada peu de la torre?
2. Quina és la diferència entre el nivell del mar i el nivell del terra?
3. Quina és l'alçada de la segona planta sobre la base?
4. Quina és l'alçària de la tercera planta sobre el nivell del terra?
5. L'altura de l'antena és de 47,87 m. Calcula l'altura d'aquesta última part de la torre sobre el nivell del mar i sobre el nivell del terra.
6. Quina és la superfície total de la torre?
7. Imagina't que vols dibuixar la torre Eiffel a la teva llibreta. Si fas servir una escala de 500:1, la podràs dibuixar? Passa totes les mesures a les que hauries de dibuixar a la llibreta.

Matematitza: 1, 2, 3, 4, 5, 6 **Argumenta: 7**

16 AM AL AP Social Científic L'escultura rectangular

El Tomàs és un escultor que ha decidit crear una obra amb rectangles d'un metre de perímetre, perquè pensa que així utilitzarà la mateixa quantitat de fusta en cada peça.

Però, quan ha començat a preparar les peces, s'ha adonat que això no és així i s'ha sorprès.

A més, ha mesurat les diagonals de les primeres peces i ha descobert que tampoc no mesuren el mateix!

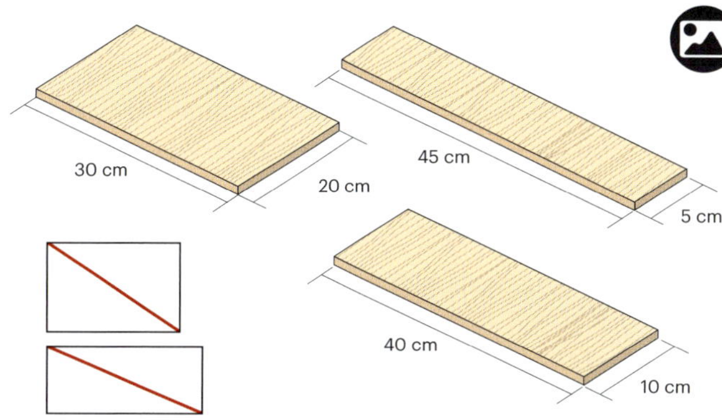

Problemes

1. Completa una taula com la següent:

Llarg	Ample	Àrea	Diagonal
1	49	49	49,01
2			

2. Fins a quina mesura de la longitud pots fer la taula? Justifica la resposta.
3. Fixa't en les àrees i respon:
   a Què en dedueixes, de la variació del seu valor?
   b Quan creix? I quan decreix?
   c Quan arriba al seu valor mínim?
4. Ara, fixa't en les diagonals i respon:
   a Què observes sobre la variació del valor?
   b Quan creix? I quan decreix?
   c Quan arriba al seu valor màxim?
5. Representa gràficament la variació de l'àrea en funció de la longitud de la base. Se'n poden unir els punts?
6. Representa gràficament la variació de la longitud de la diagonal en funció de la longitud de la base. Se'n poden unir els punts?

Matematitza: 1 **Argumenta: 2, 3, 4** **Representa: 5, 6**

1. Resol aquestes operacions amb fraccions i decimals:

a $\left(2{,}5+\frac{3}{4}\right)\cdot5-2\cdot\left(\frac{1}{2}-0{,}25\right)$

b $-2-3\left(\frac{1}{6}-1\right)+0{,}75\cdot\left(-2{,}4+\frac{7}{5}\right)$

2. Un llibre d'aventures val 18 €, però té una rebaixa del 25 %. Si pago amb un bitllet de 20 €, quin canvi m'han de tornar?

3. Escriu com una sola potència aquestes expressions:

a $7^2\cdot7^6:7^4$ **b** $\left(2^3\right)^4:2^9$

4. Un any llum és la distància que recorre un raig de llum en un any. Si sabem que la llum té una velocitat de 300 000 km/s, calcula quants quilòmetres són un any llum i expressa-ho amb notació científica.

5. Resol les equacions següents:

a $2+3\cdot(3x-5)=7-x$

b $\frac{2x+3}{5}+x=2$

6. Comprova les següents solucions d'aquestes equacions:

a $x=-2$ és solució de $\frac{1-x}{3}-x=2x+7$.

b $x=\frac{1}{3}$ és solució de l'equació $\frac{7x+9}{2}-x=5+x$.

7. Donada la gràfica de la funció següent, indica quan és creixent, quan és decreixent i quins en són els punts de tall amb els eixos.

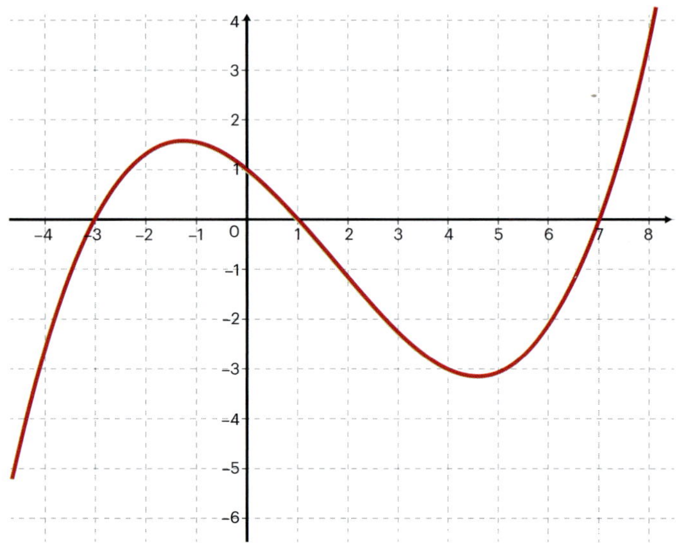

	4 punts	3 punts	2 punts	1 punt
1. Operacions amb fraccions i decimals	Resolc correctament totes les operacions, respecto la jerarquia d'operacions i obtinc el resultat que es demana.	Resolc correctament totes les operacions, però m'equivoco en passar els decimals a fraccions.	Cometo algun error en les operacions o no en respecto la jerarquia.	No resolc correctament les operacions amb fraccions i no respecto la jerarquia d'operacions.
2. Percentatges	Resolc correctament totes les operacions i obtinc el resultat que es demana.	Resolc correctament totes les operacions, però no obtinc el resultat que es demana.	Resolc les operacions, però m'equivoco en algun càlcul.	No resolc el percentatge correctament.
3. Operacions amb potències	Resolc bé les diferents operacions i aplico correctament les propietats de les potències.	Aplico correctament les propietats de les potència, però m'equivoco quan opero amb els exponents.	No aplico correctament alguna de les propietats de les potències.	No aplico les propietats de les potències.
4. Notació científica	Resolc correctament les operacions i escric bé el resultat amb notació científica.	No responc correctament totes les operacions, però escric bé el resultat amb notació científica.	Resolc correctament les operacions, però no escric bé el resultat amb notació científica.	No resolc bé les operacions ni escric el resultat amb notació científica.
5. Resolució d'equacions	Resolc bé les equacions i indico clarament el resultat.	Aplico bé les propietats per resoldre equacions, però m'equivoco en treure denominadors.	Aplico bé les propietats, però m'equivoco a l'hora d'aïllar o operar.	No resolc les equacions.
6. Comprovació de solucions	Comprovo correctament les solucions i resolc bé totes les operacions.	Comprovo correctament les solucions, però m'equivoco a l'hora de resoldre alguna operació.	Comprovo correctament les solucions, però m'equivoco quan opero amb fraccions i nombres negatius.	No sé comprovar les solucions i m'equivoco en les operacions.
7. Gràfiques de funcions	Indico correctament els intervals de creixement i decreixement i tots els punts de tall.	Indico correctament els intervals de creixement i decreixement, però no tots els punts de tall.	Només indico quan la funció és creixent i decreixent, però no en calculo els punts de tall.	No indico correctament els intervals de creixement i decreixement ni els punts de tall.

PDF

9 Matemàquines

Quants píxels té la pantalla d'un mòbil? És el mateix la resolució que la definició?

Angles en un rellotge? Amb què es mesuren els angles?

Quants nens tenen mòbil? Per a què es fan servir els mòbils?

BLOCS DE CONTINGUTS	Situació 1	Situació 2	Situació 3
NOMBRES I ÀLGEBRA			
Càlculs amb percentatges (mental, manual, amb calculadora).			●
Quadrats perfectes. Arrels quadrades. Estimació i obtenció d'arrels aproximades.	●		
Jerarquia d'operacions.		●	
GEOMETRIA I MESURA			
Angles i les seves relacions.		●	
Mesura i càlcul d'angles de figures planes.		●	
Triangles rectangles. El teorema de Pitàgores. Justificació geomètrica i aplicacions.	●		
ESTADÍSTICA I PROBABILITAT			
Freqüències absolutes i relatives.			●
Organització en taules de dades recollides en una experiència.			●
Diagrames de barres i de sectors. Polígons de freqüències.			●
Mesures de tendència central.			●

1 Experts en pantalles

Quants píxels té la pantalla d'un mòbil?
És el mateix la resolució que la definició?

AM AL AP AD Social Científic Personal

Aprèn a...

Fer servir els quadrats perfectes i les arrels quadrades.

Operar amb els nombres aplicant la jerarquia de les operacions.

Ítem 1. Píxel

La paraula *píxel* té l'origen en el mot anglès *pixel*, que es va crear com un acrònim dels termes *pix* (forma col·loquial de *picture*, 'imatge') i *element* (traduït com a 'element').

Es fa servir per anomenar la superfície homogènia més diminuta que forma part d'una imatge.

Ítem 2. Resolució d'una pantalla

Una imatge digital es mesura en nombre de píxels, que estan repartits en files i en columnes.

Per tant, quan es diu que una imatge té una resolució de 200 x 400 píxels, vol dir que té 200 files i 400 columnes de píxels.

Contràriament al que es pot pensar, el nombre de píxels no expressa la nitidesa ni la definició amb què es veu la imatge.

Ítem 3. Quadrats perfectes

Els nombres que són el resultat d'elevar al quadrat els nombres naturals s'anomenen **quadrats perfectes**.

Així, 9 és un quadrat perfecte, perquè $9 = 3^2$, però 15 no és un quadrat perfecte.

Construeix amb el que saps

Argumenta (1) En els televisors, el nombre de píxels de la imatge és de 1280 × 720 i en els mòbils, de 480 × 800.

Fixa't en l'ítem 2. Quantes files i columnes de píxels té la imatge en tots dos casos? Calcula el nombre de píxels totals en el cas dels televisors i dels mòbils.

Planteja (2) Ara, dissenyarem una estratègia per saber si el nombre de píxels obtinguts en l'apartat anterior són quadrats perfectes. Primer, observa l'exemple i, després, aplica'l als teus nombres.

134 000 és un quadrat perfecte?

Calculem per tempteig 100^2 i 500^2 per veure el nombre de xifres que té el nombre natural que, elevat al quadrat, s'aproximarà a 134 000.

$500^2 = 5^2 \cdot 100^2 = 25 \cdot 10\,000 = 250\,000$ $\quad 400^2 = 4^2 \cdot 100^2 = 16 \cdot 10\,000 = 160\,000$

$300^2 = 3^2 \cdot 100^2 = 9 \cdot 10\,000 = 90\,000$

Per tant, el nombre estarà comprès entre 300^2 i 400^2.

Com que està més a prop de 160 000, ho provem amb $360^2 = 129\,600, 366^2 = 133\,956$ i

$367^2 = 134\,689$, que el supera. Així doncs, 134 000 no és un quadrat perfecte.

Fent servir l'estratègia anterior, comprova si els nombres de píxels de l'apartat anterior són quadrats perfectes.

Argumenta (3) Podria existir una imatge quadrada amb el nombre de píxels de la televisió? Si fos possible, quantes files i quantes columnes de píxels tindria? Com és aquest nombre? Què passa si en calcules l'arrel quadrada?

Planteja (4) Respon les mateixes preguntes de l'apartat anterior, però aplicant-les al mòbil.

Ítem 4. La mida de les pantalles

La mida de les pantalles es dona mitjançant la mitjana de la diagonal expressada en polzades.

Així, quan es diu que un televisor és de 32 polzades (32"), vol dir que la seva diagonal mesura això.

1 polzada = 2,54 cm

Ítem 5. Definició o nitidesa d'una pantalla

La **definició** o nitidesa d'una imatge depèn de la densitat de píxels que té per cada polzada.

Això vol dir que, amb la mateixa resolució d'imatge, la definició o la nitidesa serà pitjor com més gran sigui la pantalla, perquè en cada polzada hi ha menys píxels.

Ítem 6. Teorema de Pitàgores

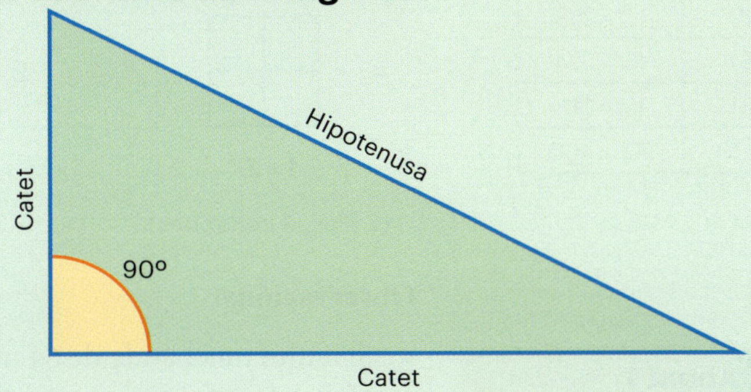

La hipotenusa al quadrat és igual a la suma del quadrat dels catets.

Construeix amb el que saps

Matematitza

5 Quant mesura la diagonal d'un televisor que fa 50 cm d'ample i 50 cm de longitud? Arrodoneix a les centèsimes.

6 Expressa el valor de la diagonal en polzades i arrodoneix a les centèsimes.

Argumenta

7 Les especificacions tècniques d'un model de telèfon indiquen que té una resolució de 720 x 1280 píxels. Les d'un altre model estableixen que té 640 x 960 píxels. Quin mòbil et sembla que tindrà una pantalla més nítida? Tens prou dades per respondre aquesta pregunta?

Matematitza

8 Calcula el nombre de píxels que hi haurà en la diagonal de cada imatge.

Argumenta

9 Si la mida del primer model és de 4,65 polzades i la del segon és de 3,15 polzades, quin dels dos té més píxels per polzada? Fes servir tots els decimals de la calculadora en els càlculs.

10 A partir del resultat de l'exercici anterior, digues en quin dels dos mòbils la imatge és més nítida.

Matematitza

11 Tal com vam veure en l'exercici 1, la resolució de la imatge en els televisors és de 1280 x 720 píxels. Calcula la definició o la nitidesa per a pantalles de 21 polzades, 32 polzades i 50 polzades.

Comunica

12 Busca la resolució d'un mòbil i calcula'n la nitidesa. Compara els resultats amb els de la resta de companys.

El que has construït

Utilitzes el **teorema de Pitàgores** per calcular la diagonal d'un rectangle.

Coneixes els **quadrats perfectes**.

Saps que l'**arrel** d'un quadrat perfecte és un nombre enter.

1. Quadrats perfectes

Un **quadrat perfecte** és un nombre que resulta d'elevar a 2 un nombre natural.

Així, 36 és un quadrat perfecte perquè és el resultat d'elevar a 2 el 6. En canvi, 27 no és un quadrat perfecte, perquè $5^2 = 25$ (no hi arriba) i $6^2 = 36$ (el passa).

Si un nombre és un quadrat perfecte, es pot representar formant un quadrat:

Primers quadrats perfectes

$1^2 = 1$	$11^2 = 121$
$2^2 = 4$	$12^2 = 144$
$3^2 = 9$	$13^2 = 169$
$4^2 = 16$	$14^2 = 196$
$5^2 = 25$	$15^2 = 225$
$6^2 = 36$	$16^2 = 256$
$7^2 = 49$	$17^2 = 289$
$8^2 = 64$	$18^2 = 324$
$9^2 = 81$	$19^2 = 361$
$10^2 = 100$	$20^2 = 400$

4 → 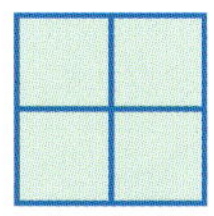

$4 = 2^2$

(2 files, 2 columnes)

9 → 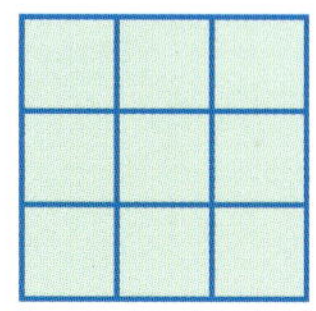

$9 = 3^2$

(3 files, 3 columnes)

16 → 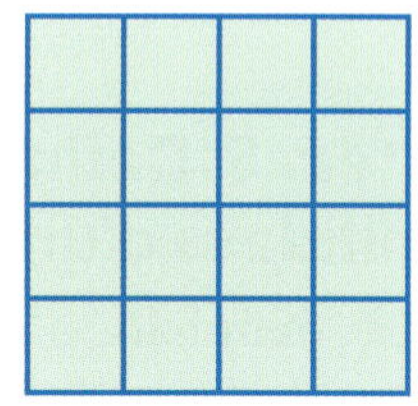

$16 = 4^2$

(4 files, 4 columnes)

Observacions:

- Si tenim una banda de 64 músics, els podem distribuir en 8 files i 8 columnes. Ho podem fer així perquè 64 és un quadrat perfecte: $64 = 8^2$.
- Alguns quadrats perfectes són molt fàcils d'identificar: 2500 és el quadrat perfecte de 50, perquè $2500 = 25 \cdot 100 = 5^2 \cdot 10^2 = (5 \cdot 10)^2 = 50^2$. I, 4900 és el quadrat perfecte de 70, 6400 el de 80… (apunt 1).

Apunt 1

Recorda

$a^0 = 1$

$a^n \cdot a^m = a^{n+m}$

$a^n : a^m = a^{n-m}$

$a^n \cdot b^n = (a \cdot b)^n$

$a^n : b^n = (a : b)^n$

2. Arrel quadrada

Calcular l'**arrel quadrada** és fer l'operació inversa a la d'elevar al quadrat (apunt 2).

2.1 Arrel quadrada exacta

L'**arrel quadrada exacta** d'un nombre *a* és un altre nombre *b* que, en elevar-lo al quadrat, resulta *a*; és a dir: $\sqrt{a} = b$ *si* $b^2 = a$. Es llegeix "l'arrel quadrada de *a* és igual a *b*".

El que s'escriu dins de l'arrel, és a dir, *a*, s'anomena **radicand** i *b* és l'**arrel**.

Els únics nombres que tenen arrel quadrada exacta són els quadrats perfectes.

Apunt 2

El símbol de l'arrel no sempre ha estat el que coneixem ($\sqrt{\ }$).

Antigament s'escrivia una *r* per indicar l'operació. Per exemple: *r*4 + 5.

Però aquesta notació provocava confusió, perquè es podia interpretar:

$(r4) + 5 = 7$

o bé

$r(4 + 5) = 3$

Al segle XVI es va allargar la ratlleta superior de la *r* per incloure-hi, a sota del símbol, el nombre l'arrel quadrada del qual es volia calcular i evitar, així, confusions: $r \rightarrow \sqrt{\ }$.

Exemples

1. Si l'àrea d'un quadrat és 64 cm², quant mesura el costat? Per respondre aquesta pregunta hem de fer servir l'arrel quadrada.

$\sqrt{64} = \sqrt{8^2} = 8$ perquè $8^2 = 64$; per tant, el costat del quadrat fa 8 cm.

2. Al terra d'un magatzem de planta quadrada hi caben 900 caixes de base quadrada sense apilar. Quantes files de caixes hi caben? Quantes caixes hi ha en cada filera?

Per resoldre aquestes qüestions, hem de respondre la pregunta següent: quin nombre elevat al quadrat dona 900? És a dir, hem de resoldre aquesta operació: $\sqrt{900} = \sqrt{30^2} = 30$.

Per tant, al magatzem, hi caben 30 files de caixes amb 30 caixes en cada fila.

2.2 Arrel quadrada entera

Sovint hem de calcular una arrel el radicand de la qual no és un quadrat perfecte. Vegem-ne un exemple.

Volem col·locar 39 cromos d'una col·lecció en un àlbum quadrat, amb tantes files com columnes.

Segons el que hem vist fins ara, hem de calcular $\sqrt{39}$.

$6^2 = 36$ (no hi arriba) i $7^2 = 49$ (el passa). Això passa perquè 39 no és un quadrat perfecte. Per tant, $39=6^2+3 \Rightarrow \sqrt{39}=6$ resta 3 i s'escriurà $6<\sqrt{39}<7$.

Aquest tipus d'arrels s'anomenen **arrels quadrades enteres**.

La solució al problema és que podem fer 6 files i 6 columnes, de manera que hi podríem col·locar 36 cromos i ens en sobrarien 3.

L'arrel quadrada entera d'un nombre *b* és el nombre enter més gran el quadrat del qual és més petit que *b*: $\sqrt{b}=a$ si $a^2<b$.

La **resta** d'aquesta arrel és la diferència entre el nombre i el quadrat de la seva arrel quadrada, és a dir, $\boldsymbol{r = b - a^2}$.

2.3 Càlcul per tempteig d'arrels quadrades enteres

Si, per exemple, volem calcular $\sqrt{8016}$, cal seguir aquests passos:

1. Estimar el nombre de xifres que tindrà l'arrel entera.
   $10^2 = 100$ i $100^2 = 10\,000$; per tant, l'arrel entera tindrà dues xifres.
2. Aproximar a la desena.
   $80^2 = 6400$ i $90^2 = 8100$; per tant, queda més a prop de 90.
3. Calculem els quadrats per veure quin és el que s'aproxima.
   $88^2 = 7744$ i $89^2 = 7921$. Com que $90^2 = 8100$, que el passa, l'arrel entera de 8016 és 89. La resta és $8016 - 7921 = 95$.

Exemple

3. Observa com es calcula una arrel quadrada entera: $\sqrt{78}=8$

I la resta $= 78 - 8^2 = 78 - 64 = 14$

Professora a casa.
Algoritme per al càlcul de l'arrel quadrada.

Exemple

4. Es volen plantar 3527 testos de manera que formin un quadrat. Es poden col·locar tots? Si no és possible, quants en sobren? Quantes files hi haurà i quants testos tindrà cada fila?

Hem de calcular $\sqrt{3527}$.

1. L'arrel entera tindrà dos nombres.
2. Com que $50^2 = 2500$ i $60^2 = 3600$, el nombre està comprès entre 50 i 60. A més, observem que està més a prop de 60.
3. Ho provem amb $59^2 = 3481$. Per tant $\sqrt{3527} = 59$ i la resta és $3527 - 3481 = 46$.

No es poden col·locar tots; en sobren 46. Podem fer 59 files i en cada fila hi haurà un total de 59 testos.

3. Jerarquia de les operacions

Indica l'ordre em què hem de fer les operacions:

1r Parèntesis i claudàtors.

2n Potències i arrels.

3r Multiplicacions i divisions.

4t Sumes i restes

Exemple

5. Observa aquestes operacions:

$2^3\cdot(3-1)^2:\sqrt{4}+\left(\sqrt{49}-2\cdot3^2\right)^2:11=$

$=2^3\cdot2^2:\sqrt{4}+(7-2\cdot9)^2:11=$

$=2^3\cdot2^2:2+(7-18)^2:11=$

$=2^5:2+(-11)^2:11=$

$=2^4+121:11=16+11=27$

Entrena't

1. Copia i completa aquesta taula:

Nombre	És quadrat perfecte de	Perquè
400	20	$20^2 = 400$
900		
	60	
8100		
	70	

2. Copia la taula següent i pinta de color groc les caselles que contenen quadrats perfectes. Quina lletra pots llegir amb les caselles pintades?

990	2500	441	14	106
57	3136	624	333	444
432	225	2025	2000	37
4520	841	10	54	99
7	1089	88	3456	2027

3. Calcula l'arrel quadrada dels quadrats perfectes de l'exercici anterior.

4. Copia i completa a la llibreta:

a $\sqrt{200} \rightarrow$ ___ < 200 < ___

L'arrel entera de 200 és ___ i la resta és ___.

b $\sqrt{717} \rightarrow$ ___ < 717 < ___

L'arrel entera de 717 és ___ i la resta és ___.

c $\sqrt{a} \rightarrow 44^2 <$ ___ $< 45^2$

L'arrel entera de ___ és ___ i la resta és 23.

d $\sqrt{a} \rightarrow 36^2 <$ ___ $< 37^2$

L'arrel entera de ___ és ___ i la resta és 21.

5. Calcula les arrels quadrades dels següents nombres. Indica si són exactes o enteres i, en el cas que siguin enteres, calcula'n la resta:

a 26 **d** 49 **g** 111

b 355 **e** 289 **h** 400

c 576 **f** 728 **i** 1089

6. Calcula en cada cas el valor del radicand:

a $\sqrt{a} = 8$ **c** $\sqrt{a} = 625$ **e** $\sqrt{a} = 1024$

b $\sqrt{a} = 1225$ **d** $\sqrt{a} = 2025$ **f** $\sqrt{a} = 3249$

Banc digital

7. Calcula un nombre si saps que l'arrel quadrada entera i la resta són, respectivament:

a 6 i 3 **b** 8 i 6 **c** 11 i 37

8. Calcula:

a $\left(\sqrt{25}-\sqrt{9}\right)^3 =$

b $\left(-\sqrt{64}+2^5:2^2\right)^{254} =$

c $\left(-4+2\cdot\sqrt{36}-\sqrt{81}\right)^{50} =$

d $\left(1-\sqrt{4}\cdot\sqrt{25}+\sqrt{81}\right)^3 =$

9. Efectua les següents operacions combinades:

a $50-\left(\sqrt{64}+3^2\right)=$

b $3^2-\sqrt{(11-8)^2}\cdot 3^2 =$

c $3^2\cdot\sqrt{3^2}-\sqrt{4}\cdot 2^3 =$

10. Digues si les igualtats següents són certes o falses i justifica la resposta:

a $\sqrt{(13-5)^2}=13-5$ **c** $\sqrt{13^2-5^2}=13-5$

b $\sqrt{2^2}+\sqrt{3^2}=2+3$ **d** $\sqrt{2^2\cdot 3^2}=2\cdot 3$

11. El go és un joc asiàtic amb un tauler quadrat, semblant al dels escacs, que té 361 quadrats. Quants quadrats té cada costat?

12. Els cromos d'una col·lecció estan col·locats en un àlbum de forma quadrada. La col·lecció té 81 cromos.

a Quants cromos s'haurien de treure per formar un quadrat amb una fila que tingués 2 cromos menys?

b Quants se n'hi haurien d'afegir per formar un quadrat amb 5 files més?

13. Quants nombres verifiquen que $b^2 = 169$? Justifica la resposta.

14. La foto familiar dels Puig-Prat és quadrada i té una superfície de 6400 cm^2. Quant mesura el costat? I quant fa el perímetre?

15. La superfície dels dos triangles rectangles és de 162 cm^2. Calcula el costat del quadrat que formen. Quant mesura el perímetre? I la diagonal del quadrat?

Mates en context

1 AM AL Personal El mòbil de la Virgínia

La Virgínia té un mòbil amb una pantalla rectangular de 72 cm^2 de superfície. Es vol comprar una funda nova per al mòbil, però s'ha oblidat la vella a casa.

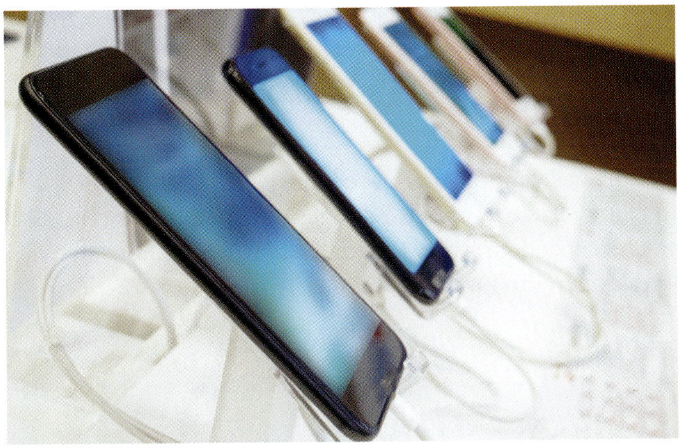

Problemes

1) Quines poden ser les dimensions de la funda?

2) Si sap que la longitud és el doble de l'amplada, quines dimensions té la funda?

3) Si doblega la funda per la meitat, queden dos quadrats?

4) Quant mesura la superfície de cada quadrat?

5) La mesura de la pantalla d'un mòbil s'expressa en les polzades que té la seva diagonal (1 polzada = 2,54 cm).

   a Calcula quant mesura la diagonal del telèfon en centímetres.

   b Expressa en polzades la mida de la pantalla del telèfon.

Planteja: 1 | Argumenta: 2, 3 | Matematitza: 4, 5

2 AM AL Personal La col·lecció del Dídac

El Dídac té col·locada una col·lecció de cromos en forma de quadrat, amb 15 cromos per filera. El Dani se n'ha emportat alguns i el nombre de cromos que li queden al Dídac té una arrel entera de 14 i la resta és de 35.

Problemes

1) Això és possible? Justifica la resposta.

2) Quins són els valors que ha de tenir la resta?

3) Si la resta és 17, quants cromos s'ha emportat el Dani?

Argumenta: 1, 2, 3

3 AM AL AD Científic Quin va ser el primer videojoc de la història?

Si considerem que la definició formal de videojoc és «qualsevol dispositiu analògic o digital amb un dispositiu d'entrada i un senyal de vídeo com a sortida», el primer videojoc de la història va ser OXO, creat per Alexander Shafto Douglas.

Douglas va ser professor d'informàtica a la Universitat de Cambridge. Quan feia el doctorat es va interessar per la interacció entre humans i màquines, i necessitava un projecte com a complement de la seva tesi doctoral.

Fent servir un telèfon de disc com a dispositiu d'entrada, un ordinador anomenat EDSAC, de la mida d'una habitació i amb una pantalla amb capacitat per mostrar una matriu de 35 punts horitzontals per 16 punts verticals, Douglas va passar a la història com el creador del primer videojoc: un joc del tres en ratlla que va anomenar OXO.

Problemes

1) Quants punts en total té la pantalla de l'ordinador EDSAC?

2) El resultat és un quadrat perfecte? Si és així, calcula'n l'arrel exacta; si no ho és, calcula'n l'arrel entera i la resta.

3) Quants punts té la diagonal? Arrodoneix el resultat a les centèsimes.

4) La data de creació del videojoc es coneix a partir d'aquesta pista: "La seva arrel quadrada entera és 44 i li falten 73 anys".

   Quina n'és la data de creació?

Matematitza: 1, 2, 3 | Planteja: 4

2 Mesurem angles

Angles en un rellotge?

Amb què es mesuren els angles?

AM AL AP AS Social Personal Científic

Aprèn a...

Resoldre problemes relacionats amb angles de figures planes, en contextos de la vida real, fent servir les eines tecnològiques i les tècniques geomètriques més escaients.

Ítem 1. Els rellotges

Vídeo: Els inventors.

Al llarg de la història hi ha hagut una gran preocupació per mesurar el temps. L'instrument que es va inventar per fer-ho és el rellotge.

Els primers rellotges que es van fer servir van ser els de sol. Després es van inventar el rellotge d'aigua (clepsidra) i el de sorra. Amb els rellotges mecànics, es va assolir més precisió i, amb els de quars, els rellotges es van fer més petits. El rellotge atòmic ha aconseguit mesurar el temps amb la màxima precisió: endarrereix 1 segon cada 15 000 milions d'anys (l'Univers té uns 14 000 milions d'anys). Actualment, els rellotges donen molt més que l'hora.

Rellotge de sol

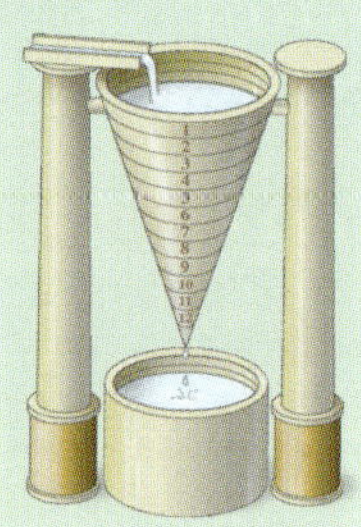
Clepsidra

Rellotge de sorra

Rellotge mecànic

Rellotge de quars

Rellotge actual

Construeix amb el que saps

Matematitza

1 **a** Observa atentament els rellotges de l'ítem 1 i apunta a la llibreta tots els angles que hi trobis.

b Primer, classifica'ls en còncaus i convexos; a continuació, en rectes, aguts i obtusos.

2 Ara, fixa't en el rellotge de sol.

a Observa les línies que marquen les VI i les XII. Quin angle formen? I les línies de les VI i les IX?

b Tenint en compte que els angles formats per dues línies consecutives són iguals, quant mesura cadascun? Quant mesuren dos d'aquests angles?

Argumenta

3 En un rellotge mecànic o de quars, les busques sempre formen dos angles.

a Troba l'angle que es forma a les 12 h, a les 2 h 15 min, a les 12 h 30 min i a les 12 h 45 min.

b Calcula l'angle que es formaria a les 12 h 1 min.

c Quins dos angles formen les busques del rellote mecànic de l'ítem 1?

d I les del rellotge de quars?

e Troba l'angle que forma la busca secundària amb cada una de les busques del rellotge de quars.

(Nota: en aquest exercici, no tinguis en compte el moviment que va fent l'agulla horària a mesura que avança l'hora.)

Planteja

4 Calcula l'angle que es mou l'agulla horària en avançar una hora.

Ítem 2. Les tasques de casa

El Joan ha explicat als seus amics que durant el cap de setmana va redecorar la seva habitació.

Va ajudar els seus pares a col·locar uns prestatges a la paret. Va observar que, si no formen un angle de 90° amb la paret, les coses que s'hi posen a sobre cauen. Després, van instal·lar un llum nou i, en posar-hi la bombeta, es va adonar que l'havia de cargolar seguint l'angle de gir.

Finalment, va ajudar a muntar un moble i va tenir problemes perquè no col·locava el cargol o el clau perpendicularment al prestatge.

Ítem 3. Mesurem angles

A la classe de Matemàtiques d'avui, el Joan i els seus companys han mesurat diversos angles (**a**) amb un instrument semicircular, el transportador.

També han conegut altres instruments per mesurar angles:

- El **goniòmetre** (**b**), que es fa servir per mesurar angles als cristalls que formen les roques i per mesurar els angles de les articulacions i detectar-hi malformacions o lesions.
- El **sextant** (**c**), que mesura l'angle format per dos punts de l'espai. Antigament es feia servir en la navegació.

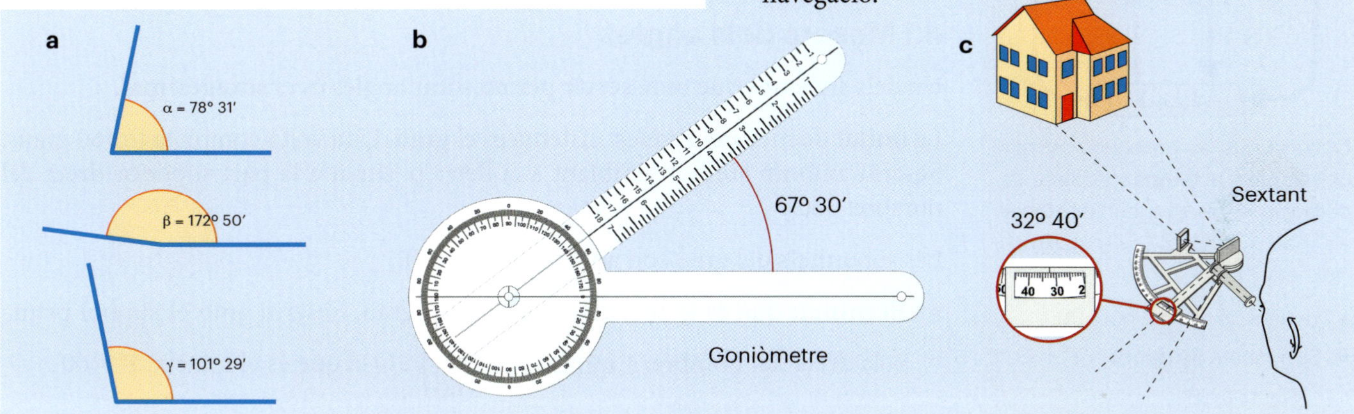

Construeix amb el que saps

Argumenta

(5) **a** Suma els angles α i γ del dibuix **a**. Per fer-ho, suma per separat els graus i els minuts.
b Amb els minuts restants, quants graus es formen? Afegeix-los als graus de la suma.
c Quin tipus d'angle s'obté amb la suma? Per tant, com són els angles α i γ?

Matematitza

(6) **a** Calcula α + β.
b Amb els minuts que en resulten, quants graus es poden formar? Quants minuts sobren? Suma'ls als que ja hi havia.
c Ara, expressa el resultat de α + β de manera que el nombre de minuts sigui inferior a 60.

(7) Troba α + β + γ i expressa'n el resultat com a l'apartat **c** de l'exercici anterior.

Argumenta

(8) Ara, calcula γ − α. Per fer-ho, els graus i els minuts del minuend, γ, han de ser més grans que els del subtrahend, α. Com que no és així, segueix aquests passos:

1. Treu un grau a γ, passa'l a minuts i suma'ls als que ja tenia γ.
2. Ara, fes la resta i indica'n el resultat.

Matematitza

(9) Calcula el resultat de:

a β − (α + γ).
b Sumar a l'escaire l'angle del sextant.
c Restar a l'escaire l'angle del goniòmetre.
d Sumar els angles del goniòmetre i el sextant.

El que has construït

Resols **operacions bàsiques amb angles** expressats en el sistema sexagesimal.

Reconeixes els principals **instruments de mesura d'angles**.

Mesures angles amb un **transportador**.

Apunt 3

Unitats de mesura d'angles

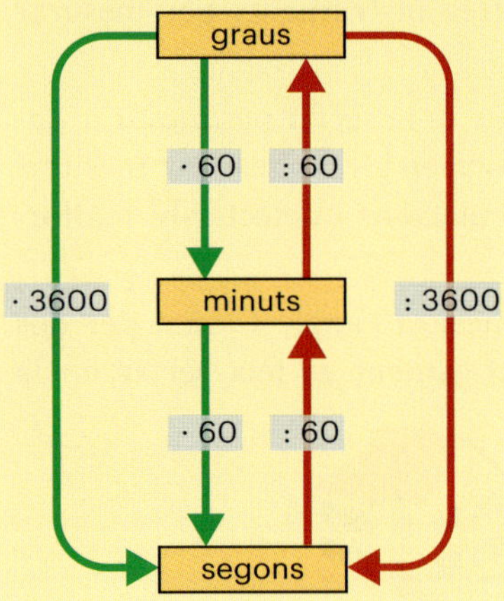

Observa que les unitats de mesura dels **angles** i el **temps** són diferents, però que les seves subunitats tenen els mateixos noms i la mateixa relació entre elles:

- Unitats de temps: hora (h).
- Subunitats de temps:
  - Minuts (min).
  - Segons (s).
- Equivalències:

  1 h = 60 min

  1 min = 60 s

Professor a casa. Pas de forma incomplexa a forma complexa.

Apunt 4

També hi ha **transportadors** que tenen forma de cercle i que mesuren angles entre 0° i 360°.

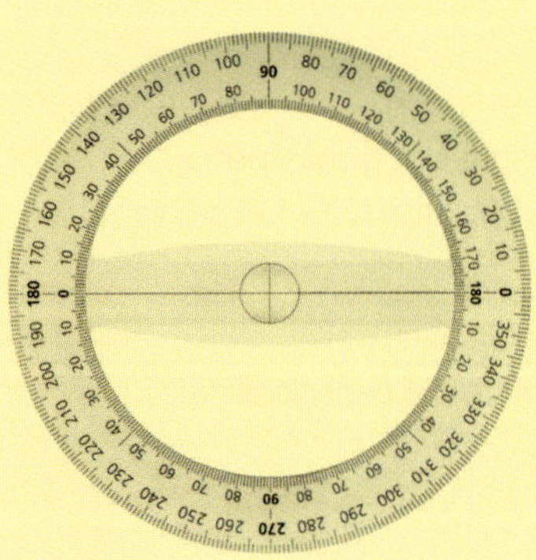

4. Angles

Un **angle** és la regió del pla compresa entre dues semirectes.

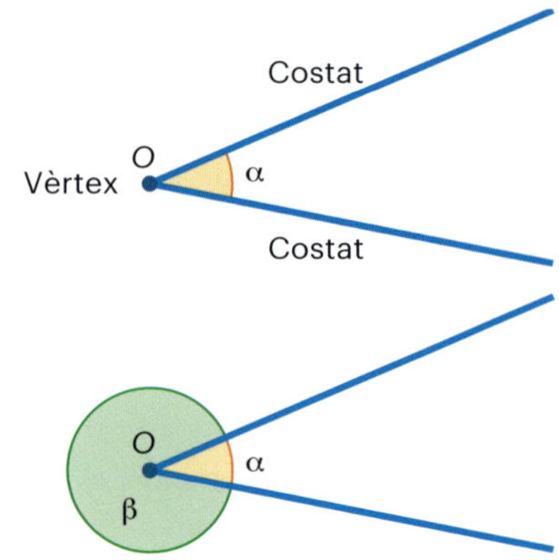

El punt on s'uneixen les semirectes s'anomena **vèrtex**, O.

Les semirectes que el formen són els **costats**.

Dues semirectes sempre formen dos angles, α i β, un de convex i un de còncau, la suma des quals fa 360° (una volta sencera).

4.1 Mesura dels angles

Un dels **sistemes** que es fa servir per mesurar angles és el **sexagesimal**.

La **unitat** de mesura d'aquest sistema és el **grau**. Una volta completa té 360 graus. S'escriu amb un símbol semblant a la lletra *o*, situat a la part superior dreta del nombre: 360°.

Les subunitats del grau són aquestes (apunt 3):

- El **minut**, que és la seixantena part d'un grau. S'escriu amb el símbol prima a la dreta del nombre: $1 \text{ minut} = 1' = \left(\frac{1}{60}\right)^{\circ}$. O el que és el mateix: $1° = 60'$.
- El **segon**, que és la seixantena part del minut. S'escriu amb dues primes a la dreta del nombre: $1 \text{ segon} = 1'' = \left(\frac{1}{60}\right)'$. O també: $1' = 60''$.

Exemples

6. Observa com s'expressen aquests angles en minuts:

a $39° = 39 \cdot 60' = 2340'$ **b** $240'' = 240 : 60' = 4'$

7. Observa com s'expressen aquests angles en segons:

a $47' = 47 \cdot 60'' = 2820''$ **b** $16° = 16 \cdot 60' = 960' = 960 \cdot 60 = 57\,600''$

També es pot fer directament: $16° = 16 \cdot 3600'' = 57\,600''$

8. Observa com s'expressen aquests angles en graus:

a $121' = 120 : 60° = 2°$ **b** $14\,000'' = 14\,400 : 60' = 240' = 240 : 60° = 4°$

També es pot fer directament: $14\,400'' = 14\,400 : 3600° = 4°$

5. Instruments per mesurar angles

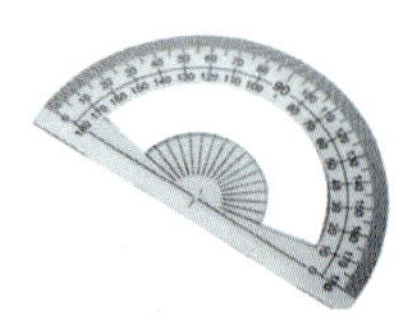

Per mesurar angles a l'aula, es fa servir el **transportador**. És un estri que, generalment, té forma de semicercle i està graduat entre 0° i 180° (apunt 4).

Per mesurar un angle, se situa el centre dels transportador al vèrtex i s'alinea la marca dels 0° amb un dels costats. L'altre costat quedarà dins del transportador i marcarà una de les seves línies de mesura. La mesura de l'angle serà la que aparegui en aquella marca.

6. Operacions amb angles

Professor a casa.
Suma d'angles.

Professor a casa.
Resta d'angles.

Amb els angles es poden fer les quatre operacions bàsiques: suma, resta, multiplicació i divisió. En totes, s'opera amb els graus, els minuts i els segons per separat.

- **Suma**. El resultat ha de ser un angle que tingui menys de 60 minuts.

Exemple

9. Observa com es fa la suma d'aquests angles:

$$\begin{array}{rrrr} & 83^\circ & 48' & 53'' \\ + & 106^\circ & 59' & 37'' \\ \hline & 189^\circ & 107' & 90'' \end{array}$$

Els minuts i els segons han de ser inferiors a 60. Es comença pels segons, que es divideixen entre 60 (vegeu l'operació al marge). S'obtenen **1 minut** (el quocient) i **30 segons** (la resta).

$$\begin{array}{r|l} 90 & 60 \\ \hline 30 & 1 \end{array}$$

Aquest minut se suma als que s'havien obtingut: 107 + 1 = 108. A continuació, es repeteix l'operació anterior (vegeu-ho al marge) i s'obtenen **1 grau** (el quocient) i **48 minuts** (la resta).

$$\begin{array}{r|l} 108 & 60 \\ \hline 48 & 1 \end{array}$$

Els minuts s'afegeixen als que ja s'havien obtingut i el resultat final és **189° 48′ 30″**.

- **Resta**. Per restar angles, els nombres del minuend han de ser més grans que els del subtrahend. Si no passa això amb els minuts i els segons, s'agafa una unitat immediatament superior i s'afegeix a la inferior.

Exemple

10. Observa com es calcula la resta 79° 23′ 14″ – 65° 49′ 56″.

Com que el nombre de minuts del minuend, 23, és més petit que el del subtrahend, es treu un grau als que hi ha i es passa a minuts. L'angle serà de 78° 83′ 14″. I es repeteix el que s'ha vist abans passant un minut a segons:

$$\begin{array}{rrrr} & 78^\circ & 82' & 74'' \\ - & 65^\circ & 49' & 56'' \\ \hline & 13^\circ & 33' & 18'' \end{array}$$

79° – 1° = 78°
1° = 60′
23′ + 61′ = 83′
83′ – 1′ = 82′
1′ = 60″
14″ + 60″ = 74″

- **Multiplicació**. S'efectua com la resta d'operacions i se n'expressa correctament el resultat.

- **Divisió**. En dividir un angle expressat en graus, el resultat s'ha de donar en graus i minuts, llevat que la divisió sigui exacta.

Exemples

11. Per calcular 64° 26′ 53″ · 5:

$$\begin{array}{rrrr} & 64^\circ & 26' & 53'' \\ & & \times & 5 \\ \hline & 320^\circ & 130' & 265'' \end{array}$$

Solució: 322° 14′ 25″

12. Observa aquesta divisió d'angles:

$$\begin{array}{r|l} 296 & 3 \\ \hline 26 & 98 \\ 6 & \end{array}$$

Resta: 2° = 120′
Es divideix: 120′ : 3 = 40′
Solució: 98° 40′

Entrena't

16. Dibuixa els angles següents:

a 40° **b** 97° **c** 120° **d** 28°

17. Fes servir el transportador i indica la mesura dels angles:

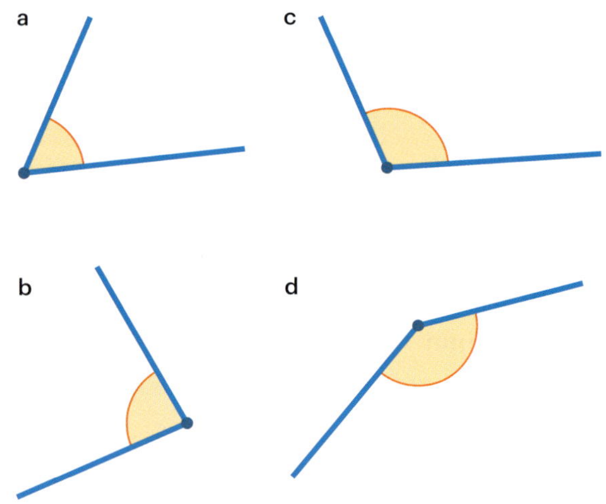

18. Troba els graus als quals equivalen:

a 1801′ **c** 721′ **e** 36 000″
b 75 600″ **d** 5401′ **f** 600 000″

19. Expressa en segons:

a 93° **c** 87′ **e** 235°
b 59′ **d** 16′ **f** 307°

20. Calcula a quants minuts equivalen:

a 2580″ **c** 143° **e** 2820″
b 360° **d** 3240″ **f** 95°

21. Resol:

a 73° 38′ 12″ + 85° 4′ 36″
b 24° 32′ 49″ − 23° 15′ 42″
c 104° 29′ 17″ + 27° 23′ 34″ − 45° 34′ 28″
d 2 · 207° 19′ 28″
e 4 · 16° 8′ 12″
f 5 · 43° 6′ 9″
g 3 · 98° 18′ 3″

22. Expressa en graus o en graus i minuts el resultat:

a 128° : 2 **c** 680° : 5 **e** 749° : 2
b 2146° : 4 **d** 342° : 3 **f** 8594° : 3

23. Donats els angles: α = 325° 26′ 48″, β = 97° 54′ i γ = 200° 7′ 15″, calcula:

a $\alpha + \beta + \gamma$ **c** $5\beta - \alpha$ **e** $\gamma - \beta$
b $\gamma - \alpha$ **d** $\alpha - \beta$ **f** $2\alpha + \gamma$

Banc digital

Mates en context

4 AM AL AP Professional **Escales, escalinates, rampes... Quina diferència hi ha?**

Segons el diccionari de l'Institut d'Estudis Catalans, una escala és un "sèrie d'esglaons des d'un nivell a un altre que permet de pujar o davallar caminant de l'un a l'altre".

Segons l'angle d'inclinació de les escales amb l'horitzontal, n'hi ha de diversos tipus:

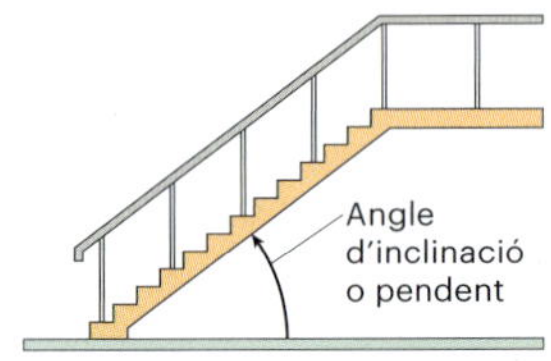

Rampa (de 0° a 11°)

Escalinata (de 11° a 26°)

Escala (de 26° a 42°)

Passos alterns (de 42° a 75°)

Marinera (de 75° a 89°)

De gat (de 90°)

Problemes

1. Calcula la diferència entre l'angle més gran i el més petit dels diferents tipus d'escales.
2. Com que hi ha sis tipus d'escales, si s'haguessin dividit els 90° en parts iguals per classificar-les, entre quins valors quedaria comprès cada tipus?
3. Si una escalinata té 12° d'inclinació, quin tipus d'escala en té el doble? I quines en tenen el triple i el quíntuple?
4. Per quina quantitat mínima s'hauria de multiplicar l'escalinata anterior perquè es convertís en marinera?

Matematitza: 1, 2, 3 **Argumenta: 4**

5 AM AL AS AA Professional Torres inclinades

Els humans han construït edificis molt alts que, amb el pas del temps, s'han anat inclinant. Això acostuma a passar perquè la base sobre la qual s'han edificat no era del tot sòlida.

Altres vegades, el disseny de l'obra ja es va planejar amb una inclinació determinada. En aquests casos, la solidesa de la construcció ha permès que la inclinació no s'alteri amb el pas del temps.

Un exemple del primer cas és la torre de Pisa i un exemple del segon cas són els gratacels que formen la Porta d'Europa de Madrid, més coneguts amb el nom de Torres Kio.

Però encara n'hi ha més:

Torres	País	Inclinació
Torre de Pisa	Itàlia	3,97°
Pagoda de Yunyan	Xina	3°
Dues torres de Bolonya	Itàlia	4° y 1,3°
Torre de l'església de Nostra Senyora de la Muntanya	Alemanya	4,8°
Big Ben	Anglaterra	0,26°
Torres Kio	Espanya	14,3°
Torre de l'estadi olímpic	Mont-real	45°
Torre de la capella Suurhusen	Alemanya	5,19°
Capital Gate	Emirats Àrabs Units	18°

Problemes

1. Entre les torres que mostra la taula anterior, podries distingir les que s'han desviat amb el temps de les que ja es van construir inclinades?
2. **a** Passa els graus d'inclinació a minuts.
   b Amb els minuts obtinguts, ordena les torres de més a menys inclinació.
3. Una de les torres que no s'ha mogut després d'haver-se construït és la més inclinada del món. De quina torre es tracta?
4. Expressa en graus i minuts els angles que tenen valors decimals.
5. Suma (en graus i minuts) els angles d'inclinació de les torres que es van dissenyar així i els de les torres que s'han anat inclinant a poc a poc. Quina suma és més gran? Quina diferència hi ha?
6. Calcula la diferència (en graus i minuts) entre la desviació de:
   a La torre de Pisa i la capella de Suurhusen.
   b Les dues Torres de Bolonya.
   c La torre de Nostra Senyora de la Muntanya i el Big Ben.
7. Si el moviment de la torre de Pisa s'ha produït en 800 anys, quants segons s'ha desplaçat cada any?

Planteja: 1 **Matematitza: 2, 4, 6, 7** **Argumenta: 3, 5**

6 AM AL Científic La tècnica per posar una injecció

Posar una injecció no és tan fàcil com administrar un altre tipus de medicament. Si una injecció no es posa bé, en el lloc correcte i amb la higiene necessària, pot esdevenir perillosa.

Qualsevol professional sanitari coneix bé els diferents tipus d'injeccions. Segons el tipus, cal tenir en compte la profunditat i l'angle correcte en què s'ha d'introduir i de treure.

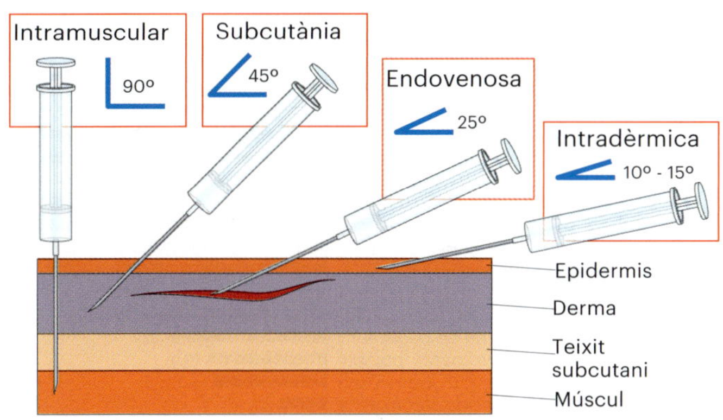

Problemes

1. Per què s'ha de canviar l'angle d'inclinació de la xeringa segons el tipus d'injecció que es posi?
2. Quina relació tenen els angles de la injecció intramuscular i la subcutània?
3. Si se sumen dos angles de la injecció intradèrmica, s'obté l'angle corresponent a l'endovenosa? (Tingues en compte que hi ha un valor mínim i un valor màxim per a la intradèrmica.)
4. Quins dos angles s'han de restar per obtenir el de la injecció intradèrmica?
5. Quants angles de la injecció intradèrmica són necessaris per aconseguir-ne un de la injecció intramuscular? (Recorda'n el mínim i el màxim.)

Argumenta: 1 **Matematitza: 2, 3, 4, 5**

3 Mòbils: les màquines del futur

AM AL AP AD

Social

Quants nens tenen mòbil?
Per a què es fan servir els mòbils?

Personal Professional

Aprèn a...

Organitzar dades en taules i representar-les gràficament.

Interpretar gràfiques estadístiques senzilles recollides en mitjans de comunicació.

Utilitzar les TIC per comunicar informació resumida i rellevant.

Ítem 1. Pagaments amb el mòbil

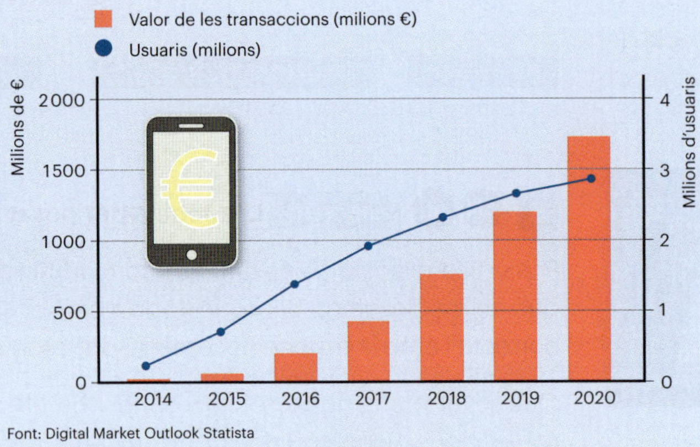

Ítem 2. Mòbils i internet en menors

Segons l'Institut Nacional d'Estadística (INE), fa servir l'ordinador el 92,4 %; internet, el 95,1 %, i el telèfon mòbil, el 69,1 % (dels menors de 15 anys).

Pel que fa al telèfon mòbil, el fan servir el 25 % dels nens de 10 anys. Amb 11 anys, tenen mòbil el 45,2 % dels nens; amb 12 anys, el 75 %; amb 13, el 83,2 %; amb 14, el 92,8 %, i amb 15, el 94 %.

Ítem 3. L'ús d'internet

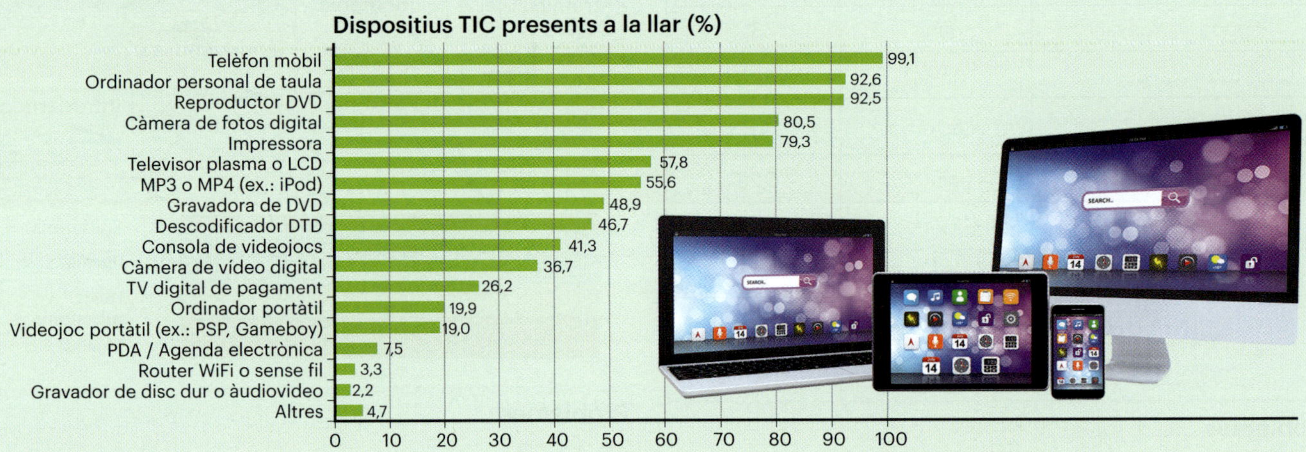

Possibilitat de resposta múltiple

Font: INTECO

Construeix amb el que saps

Matematitza
Representa
Argumenta

1. Fixa't en l'ítem 1 i respon:

a Quants usuaris de pagament amb mòbil hi va haver, aproximadament, l'any 2018? Quants diners van pagar amb aquest sistema?

b Elabora una taula que indiqui el nombre aproximat d'usuaris de pagament amb mòbil i la seva despesa, en funció de l'any.

2. **a** Elabora unes taules de valors amb les dades que es mostren en l'ítem 3.

b Construeix un diagrama de barres de l'estudi que apareix en aquest ítem.

3. Fixa't en l'ítem 3 i respon:

a Quin és el dispositiu TIC més habitual a les llars?

b A Espanya hi ha, aproximadament, 18,5 milions de llars. Passa els percentatges de la gràfica a nombres de llars.

c Quantes llars no tenen telèfon mòbil?

Ítem 4. Quan ens canviem el mòbil?

Cicle de vida dels mòbiles per països (en nombre de mesos)

	EUA	Xina	UE5	França	Alemanya	Gran Bretanya	Itàlia	Espanya
2016	22,7	20,2	21,6	22,2	20,3	23,4	21,6	20,5
2015	21,6	19,5	20,4	21,6	18,8	23,5	17,7	20,0
2014	20,9	21,8	19,5	19,4	18,2	22,0	18,7	18,2
2013	20,5	18,6	18,3	18,0	17,1	20,0	18,6	16,6

Font: Kantar Worldpanel ComTech, febrer 2017

Ítem 5. Ús del mòbil mentre s'estudia

Usos del mòbil a l'hora d'estudiar

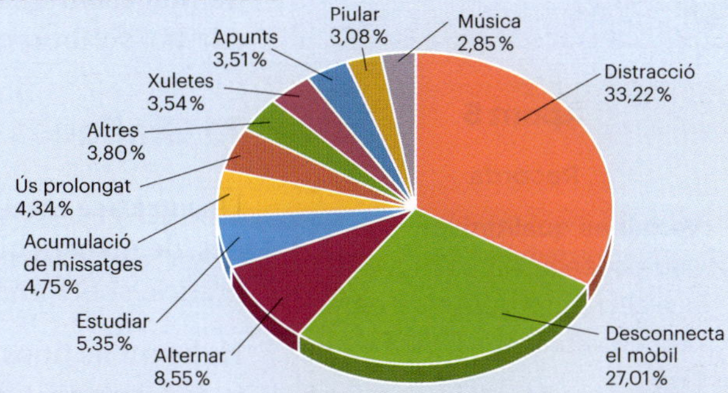

Ítem 6. Xarxes socials

Usuaris mensuals de diverses xarxes socials, 2018

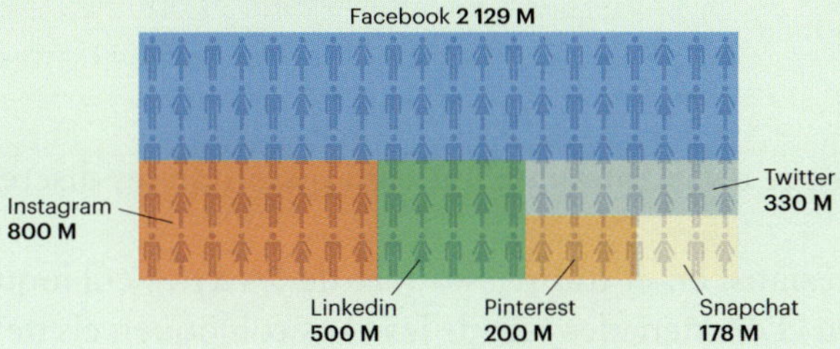

Font: Empreses, mitjans de comunicació, Statista

Construeix amb el que saps

Argumenta **Matematitza**

(4) Fixa't en l'ítem 4 i respon:

a A quins països es canvia més sovint de mòbil? Indica-ho per a cada any.

b A quin país es canvia amb menys freqüència de mòbil?

c Calcula la mitjana mundial de temps que es triga a canviar de mòbil (troba una mitjana per any i una mitjana global de tots els anys).

Matematitza **Representa** **Argumenta**

(5) Fixa't en l'ítem 5 i respon:

a Quin és l'ús més freqüent del mòbil, quan la gent estudia?

b A Espanya hi ha 2,5 milions d'estudiants d'ESO i Batxillerat. Quants fan servir el mòbil per estudiar? I quants desconnecten el mòbil?

Matematitza **Representa** **Argumenta**

(6) Fixa't en l'ítem 6 i respon:

a Quina és la xarxa social que més es fa servir?

b Elabora un diagrama de sectors amb aquestes dades. On es veu millor la proporció d'usuaris, en el pictograma o en el diagrama de barres?

Comunica **Argumenta**

(7) Fes una enquesta a la classe per esbrinar quants companys i companyes tenen mòbil. Quin tant per cent en té? Coincideix amb les dades globals?

Planteja **Argumenta**

(8) Per parelles, elaboreu cadascun una pregunta per gràfica de cada ítem. Tot seguit, intercanvieu el qüestionari amb el company o la companya i responeu-lo.

El que has construït

Interpretes **gràfiques estadístiques** i n'obtens dades.

Fas servir **dades estadístiques** per extreure'n conclusions.

Dibuixes **gràfiques estadístiques** de diferents tipus.

7. Tractament de la informació

Professor a casa. Tipus de gràfiques.

Apunt 5

Recorda

- **Variables qualitatives**. Són les que poden agafar com a valors qualitats o categories i no es poden expressar mitjançant nombres.
- **Variables quantitatives**. Són les que s'expressen mitjançant nombres.
  - **Variables quantitatives discretes**. Són aquelles en les quals entre dos valors consecutius no n'hi pot haver cap altre. És a dir, només es pot tenir en compte un nombre finit de valors.
  - **Variables quantitatives contínues**. Són aquelles en les quals entre dos valors donats sempre n'hi pot haver un altre de possible. Per tant, es pot tenir en compte un nombre infinit de valors.

En un estudi estadístic es treballen moltes dades i això fa que, a simple vista, no percebem una informació clara i ràpida dels resultats obtinguts. Per solucionar-ho, s'elaboren gràfiques estadístiques.

7.1 Gràfiques estadístiques

Una **gràfica estadística** és una representació visual (dibuix) de les dades obtingudes, de manera que proporciona tota la informació possible. En observar aquesta gràfica, s'obté una idea global de les dades i se'n poden extreure conclusions.

Hi ha molts tipus de gràfiques estadístiques i cadascuna és adequada per a un estudi determinat, ja que no sempre es pot fer servir la mateixa per a tots els casos. Els principals tipus de gràfiques són diagrames de barres, polígons de freqüències, diagrames de sectors i pictogrames.

DIAGRAMA DE BARRES

- Es fa servir principalment per a variables qualitatives i quantitatives discretes (apunt 5).
- S'elabora en els eixos cartesians; en el d'abscisses (eix de les x) es col·loquen els valors de la variable i en el d'ordenades (eix de les y) es col·loquen els de les freqüències.
- De vegades els eixos s'intercanvien: en el d'abscisses s'escriuen les freqüències i en el d'ordenades s'escriuen els valors.
- En cadascun dels valors de la variable, partint de l'eix x, es dibuixa un rectangle de base molt petita i l'altura del qual és la freqüència que correspon a aquell valor.

Exemple

13. Observa aquests diagrames de barres:

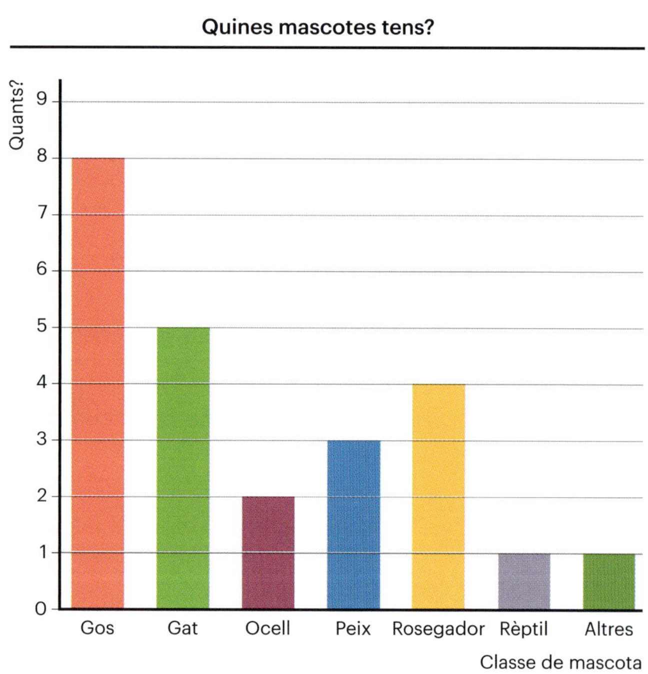

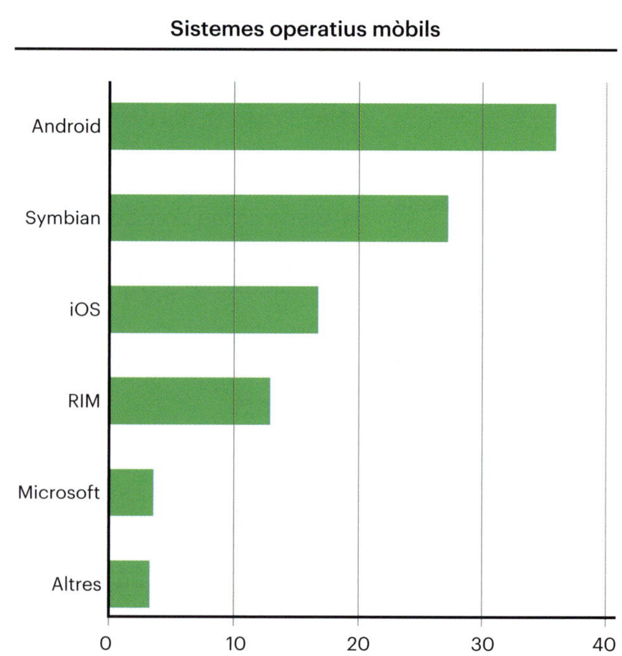

POLÍGON DE FREQÜÈNCIES

- Només es pot fer servir per a variables quantitatives contínues.
- Igual que en el diagrama de barres, es construeix en els eixos cartesians; en l'eix d'abscisses es col·loquen els valors de la variable i en el d'ordenades, els valors de les freqüències.
- En cada valor de la variable es marca el punt corresponent a la freqüències del valor i, després, s'uneixen aquests punts mitjançant segments.
- Es pot fer servir qualsevol dels tipus de freqüències que es coneixen, fins i tot la freqüència acumulada (molt utilitzada en economia).

Exemple

PDF

14. Observa aquest polígon de freqüències:

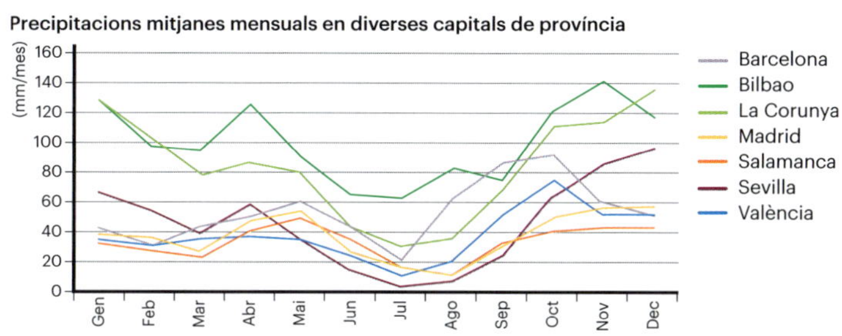

Apunt 6

Recorda

f_i: freqüència absoluta.

h_i: freqüència relativa.

N: nombre de dades.

DIAGRAMA DE SECTORS

- Es fa servir generalment amb variables qualitatives.
- S'elabora en un cercle dividit en sectors. L'angle que correspon a cada sector és proporcional a la freqüència relativa del valor que es representa (apunt 6).
- Aquest angle central s'escriu a_i i s'obté amb les fórmules: $\alpha_i = h_i \cdot 360$ o $\alpha_i = \frac{f_i}{N} \cdot 360$.

Professor a casa. Pas de taula a gràfica de sectors.

Exemple

15. Observa aquest diagrama de sectors:

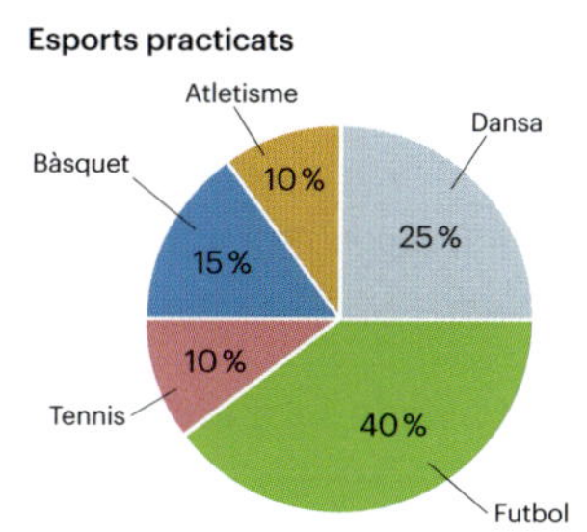

PICTOGRAMA

- Es fa sevir generalment amb variables qualitatives.
- S'hi representen les dades amb dibuixos que fan al·lusió a l'estadística estudiada.
- Poder ser de dos tipus:
  - La mida del dibuix utilitzat varia segons la freqüència: com més freqüència, més gran és el dibuix. Han de ser dibuixos proporcionals en àrea. Malauradament, acostumen a ser proporcionals en altura i això distorsiona la informació.
  - Hi ha un dibuix que representa una quantitat fixa (una freqüència) i es repeteix tantes vegades com calgui per completar la freqüència.

Exemple

16. Observa aquests pictogrames:

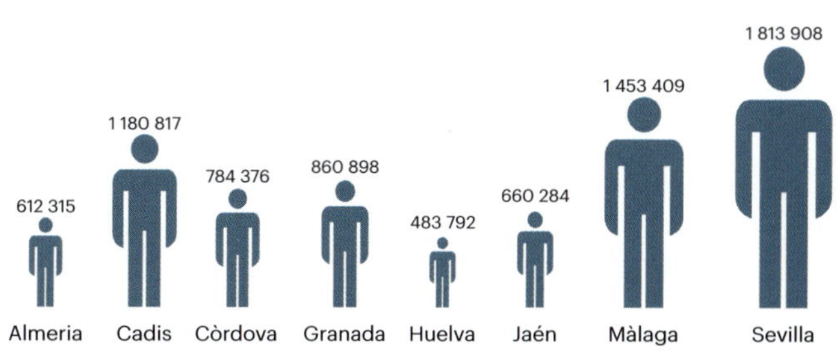

Mes	Nombre de persones
Gener	CINE CINE CINE CINE
Febrer	CINE CINE CINE CINE CINE
Març	CINE CINE CINE CINE CINE
Abril	CINE CINE
Maig	CINE CINE CINE CINE CINE CINE
Juny	CINE CINE CINE CINE CINE CINE CINE

Entrena't

24. Calcula la mitjana aritmètica en els casos següents:

a 8, 10, 12, 246

b 12, 19, 16, 17, 15

c 21, 21, 21, 21, 21, 21

d 15, 51, 15, 51, 15, 51

e 1, 2, 3, 4, 5, 6, 7, 8, 9

f 1, 3, 5, 7, 9, 11, 13, 15, 17, 19

g 1, 1, 2, 2, 2, 3, 4, 4, 5, 6, 6, 6, 6, 6, 7, 7, 7, 8, 8, 9

h 5, 5, 5, 5, 5, 5, 5, 5, 5, 5, 5, 5, 9, 9, 9, 9, 9, 9, 9, 9

25. En una classe, al final de la segona avaluació, els alumnes tenen aquesta quantitat de suspensos:

0, 0, 1, 4, 2, 0, 1, 0, 5, 2, 0, 1, 1, 1, 3, 4, 3, 3, 0, 0, 0,
2, 1, 0, 3, 2, 0, 1, 1, 0

a Elabora una taula en què es mostrin les freqüències absolutes del nombre de suspensos de la classe.

b Quants estudiants hi ha a la classe?

c Quin és el nombre més gran de suspensos?

d Quants estudiants ho han aprovat tot?

e Calcula la mitjana aritmètica del nombre de suspensos.

f Representa les dades en un diagrama de barres.

g Pots fer un polígon de freqüències? Per què?

h Representa les dades en un diagrama de sectors.

26. S'ha estudiat el nombre de vegades que un grup de nens de 12 anys es renten les dents.

La taula següent recull les dades que s'han obtingut:

Nombre de vegades	0	1	2	3
Freqüència	7	21	84	138

a Quants nens van participar en l'estudi?

b Quina és la mitjana aritmètica del nombre de vegades que es renten les dents?

c Representa en un diagrama de barres horitzontal (les freqüències es col·loquen a l'eix *x*) els resultats de l'estudi.

d Elabora un diagrama de sectors amb aquestes dades.

27. La gràfica següent mostra el nombre de germans que té l'alumnat de dues classes de 1r d'ESO:

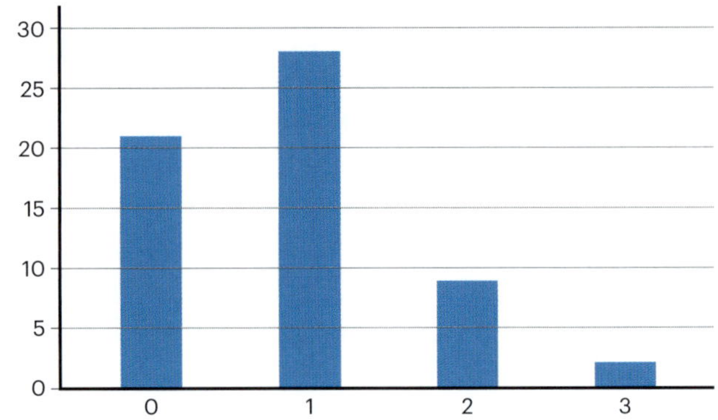

Si saps que cada classe té 30 alumnes:

a Posa nom als eixos.

b Quants són fills únics?

c Construeix una taula que indiqui la freqüència de cada valor.

d Per ser família nombrosa cal tenir com a mínim tres fills. Quantes famílies nombroses hi ha a 1r d'ESO?

e Construeix un diagrama de sectors.

f Si pots, dibuixa un polígon de freqüències.

28. El següent polígon de freqüències mostra la temperatura màxima en una ciutat determinada:

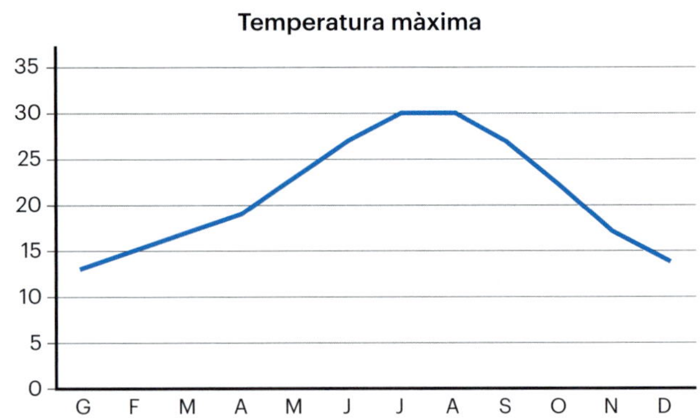

a Quin mes es va assolir la temperatura màxima? I la mínima?

b Quins mesos es van superar els 25 °C?

c Quins mesos no es va passar dels 20 °C?

d Elabora una taula amb les dades màximes de cada mes.

e Amb aquestes dades, dibuixa un diagrama de barres.

Banc digital

Mates en context

7 AM AL AV Professional Pressupostos Generals de l'Estat

A Espanya, els pressupostos públics es regeixen per la llei de Pressupostos Generals de l'Estat. Es considera la llei més important de les que es promulguen anualment, perquè determina la política en la majoria dels àmbits, a banda de ser la base sobre la qual recolzarà l'economia de l'Estat aquell any.

En els Pressupostos Generals de l'Estat, que inclouen totes les despeses i tots els ingressos del sector públic, també s'hi consigna l'import dels beneficis fiscals que afecten els tributs de l'Estat.

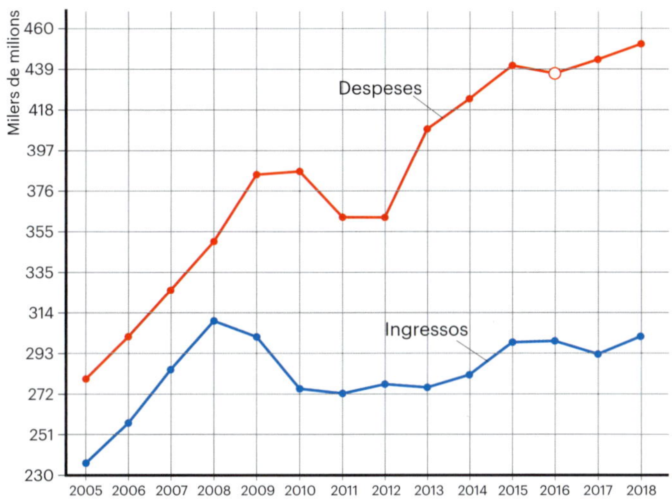

Problemes

1. Elabora una taula que reflecteixi (aproximadament) els ingressos i les despeses, segons els diferents anys.
2. Calcula la diferència entre despeses i ingressos de cada any.
3. Dibuixa un diagrama de barres amb les dades obtingudes en el problema anterior.
4. A partir de les dades de la gràfica i de la taula, respon aquestes preguntes:
   - **a** Quins anys van descendir les despeses?
   - **b** Quins anys van augmentar els ingressos?
   - **c** Quin any hi va haver una diferència més gran entre despeses i ingressos?
   - **d** Quin any aquesta diferència va ser més petita?
   - **e** Quins anys els ingressos van ser de 290 000 milions d'euros?
5. Calcula la mitjana aritmètica dels ingressos i de les despeses durant els anys que mostra la gràfica.

Matematitza: 1, 2, 5 | **Representa: 3** | **Argumenta: 4**

8 AM AL AV Professional Com es gasten els nostres impostos?

Els ingressos públics que perceben les administracions públiques es fan servir per executar els pressupostos de l'any en les diferents polítiques de despesa. En la gràfica següent es pot observar com s'han gastat cada 100 euros dels ingressos públics durant l'últim any.

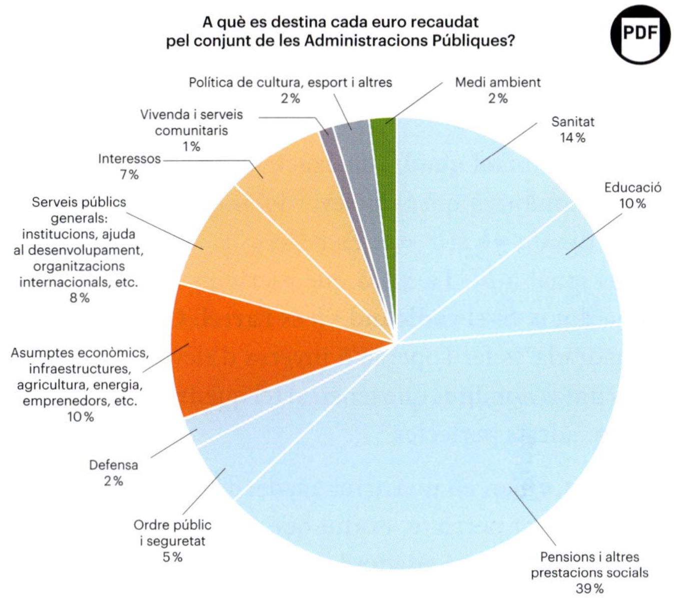

L'any 2018, es van ingressar aproximadament 300 000 milions d'euros.

Problemes

1. A partir de l'observació de la gràfica, respon aquestes preguntes:
   - **a** A quina partida es dediquen més diners?
   - **b** Quin percentatge s'inverteix en educació?
   - **c** Quin percentatge es destina a pagar els interessos del deute públic?
   - **d** Quin tant per cent es dedica als serveis públics bàsics (educació, sanitat, pensions, defensa i ordre públic)?
2. Ordena de la més gran a la més petita la quantitat assignada a cada partida de despeses.
3. Elabora una taula que mostri quina quantitat dels diners recaptats es dedica a cada apartat.
4. Construeix un diagrama de barres amb aquestes dades.
5. A partir de la taula, respon:
   - **a** Quants diners es dediquen a pensions?
   - **b** Quants diners es dediquen a educació?
   - **c** Quants diners es dediquen a cultura?

Argumenta: 1, 5 | **Matematitza: 2, 3** | **Representa: 4**

NOMBRES I ÀLGEBRA

Quadrats perfectes

Els **quadrats perfectes** són nombres que resulten en elevar a 2 els nombres naturals.

Els primers quadrats perfectes són 1, 4, 9, 16, 25, 36, 49, 64, 81, 100, 121, 144, 169, 196, 225, 256, 289, 324, 361, 400.

Arrel quadrada

- **Exacta**. L'**arrel quadrada exacta** d'un nombre a és un altre nombre b que, en elevar-lo al quadrat, resulta a, és a dir: $\sqrt{a} = b$ si $b^2 = a$. Es llegeix "l'arrel quadrada de a és igual a b". La xifra que escrivim dins de l'arrel, és a dir, a, és el **radicand** i b és l'**arrel**. Calcular l'arrel quadrada és fer l'operació inversa d'elevar al quadrat. Els únics nombres que tenen arrel quadrada exacta són els quadrats perfectes.
- **Entera**. Quan en una arrel quadrada el radicand no és un quadrat perfecte, es diu que és una **arrel quadrada entera**. L'arrel quadrada entera d'un nombre b és el nombre enter més gran el quadrat del qual és més petit que b: $\sqrt{b} = a$ si $a^2 < b$. La **resta** d'aquesta arrel és la diferència entre el nombre i els quadrats de la seva arrel quadrada entera, és a dir, $\boldsymbol{r = b - a^2}$.

Jerarquia d'operacions

Indica l'ordre en el qual s'han d'efectuar les operacions:

1r Parèntesis i claudàtors.

2n Potències i arrels.

3r Multiplicacions i divisions.

4t Sumes i restes.

GEOMETRIA I MESURA

Angles

Un **angle** és la regió del pla compresa entre dues semirectes.

El punt on es troben les semirectes s'anomena **vèrtex**, O.

Les semirectes que el formen són els **costats**.

Dues semirectes sempre formen dos angles, un de convex i un altre de còncau, la suma dels quals és 360°.

Mesura d'angles

Un dels **sistemes** que es fan servir per mesurar angles és el sexagesimal**.**

La unitat de mesura en aquest sistema és el **grau**. Una volta completa té 360 graus. S'escriu amb el símbol de grau a la part superior dreta del nombre: 360°.

Les subunitats del grau són aquestes:

- El minut: seixantena part d'un grau. S'escriu amb una prima a la dreta del nombre:

$$1 \text{ minut} = 1' = \left(\frac{1}{60}\right)^{\circ} \Rightarrow 1^{\circ} = 60'.$$

- El segon: seixantena part del minut. S'escriu amb dues primes a la dreta del nombre:

$$1 \text{ segon} = 1'' = \left(\frac{1}{60}\right)' \Rightarrow 1' = 60''.$$

Operacions amb angles

Amb els angles es poden fer les operacions de suma i resta d'angles i la multiplicació i la divisió del seu angle per un nombre. En totes s'opera amb graus, minuts i segons per separat.

Suma

Se sumen primer els segons; si el resultat és superior a 60", es converteixen aquests 60" a 1' i se sumen als minuts. Després, es fa el mateix amb els minuts i, finalment, se sumen els graus.

Resta

Per efectuar-la, els nombres del minuend han de ser més grans que els del subtrahend. Si no passa això amb els minuts i els segons, s'agafa una unitat immediatament superior i s'afegeix a la inferior.

Multiplicació

Es multipliquen els segons, els minuts i els graus pel nombre. Després, cada 60" sobrants es converteixen en 1' i se sumen als minuts; cada 60' es converteixen en un grau i se sumen.

Divisió

Es divideixen, en aquest ordre, els graus, els minuts i els segons. La resta dels graus es multiplica per 60 per convertir-los en minuts abans de dividir-los. Es fa el mateix amb els minuts de la resta per passar-los a segons.

ESTADÍSTICA I PROBABILITAT

Gràfiques estadístiques

Una **gràfica estadística** és un dibuix que representa totes les dades obtingudes, de manera que proporcioni tota la informació possible. A partir de l'observació de les gràfiques, ha de ser possible obtenir una idea global de les dades i extreure'n conclusions. Hi ha molts tipus de gràfiques estadístiques i cadascuna és adequada per a un estudi determinat.

Les principals gràfiques estadístiques són aquestes:

Diagrama de barres

- Es fa servir principalment per a variables qualitatives i quantitatives discretes.
- Es construeix en els eixos cartesians: en el d'abscisses (eix de les x) es col·loquen els valors de la variable i en el d'ordenades (eix de les y), el de les freqüències.
- De vegades els eixos s'intercanvien: en el d'abscisses es col·loquen les freqüències i en el d'ordenades, els valors.
- En cada valor de la variable, partint de l'eix x, es dibuixa un rectangle de base molt petita i l'altura del qual és la freqüència que correspon a aquell valor.

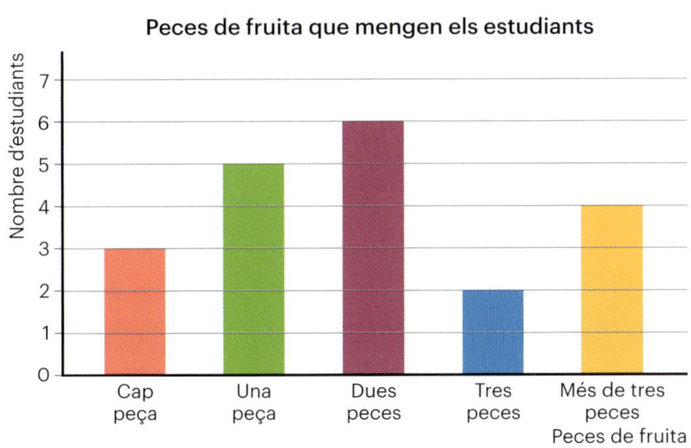

Polígon de freqüències

- Només es pot utilitzar per a variables quantitatives contínues.
- Igual que en diagrama de barres, es construeix en els eixos cartesians: en el d'abscisses es col·loquen els valors de la variable i en el d'ordenades, el de les freqüències.
- En cada valor de la variable es marca el punt corresponent a la freqüència del valor i després s'uneixen aquests punts mitjançant segments.
- Es pot utilitzar qualsevol dels tipus de freqüències que es coneixen, fins i tot la freqüència acumulada (molt utilitzada en economia).

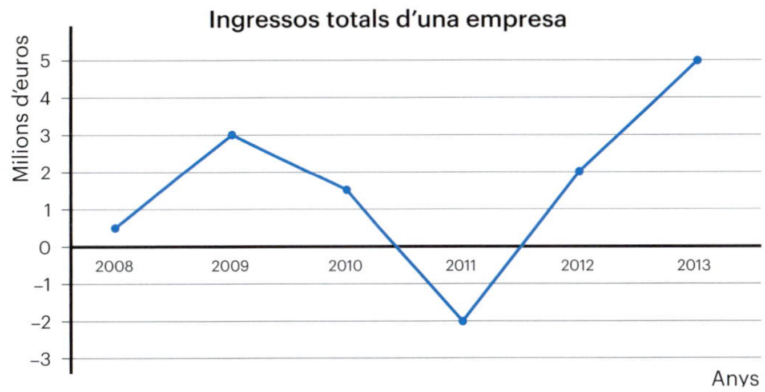

Diagrama de sectors

- Generalment, es fa servir amb variables qualitatives.
- Es construeix en un cercle que es divideix en sectors. L'angle que correspon a cada sector és proporcional a la freqüència relativa del valor que es representa.
- Aquest angle central s'escriu α_i i s'obté amb les fórmules:
  $\alpha_i = h_i \cdot 360$ o $\alpha_i = \dfrac{f_i}{N} \cdot 360$.

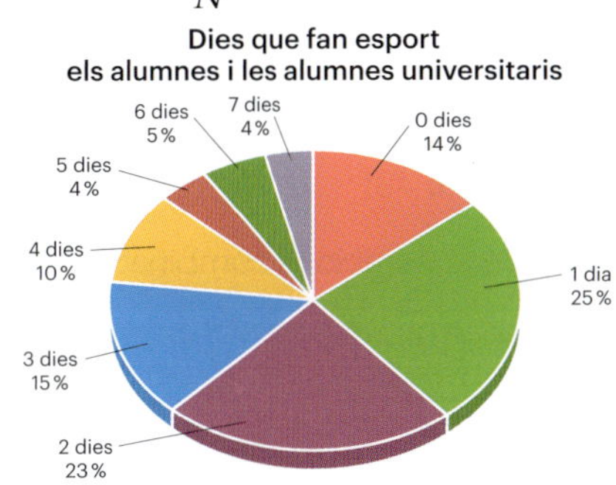

Pictograma

- Generalment, es fa servir amb variables qualitatives.
- Es representen les dades amb dibuixos que fan al·lusió a l'estadística estudiada.
- Pot ser de dos tipus:
  - El dibuix utilitzat varia la mida en funció de la freqüència: com més freqüència, més gran és el dibuix. Han de ser dibuixos proporcionals en àrea. Malauradament, acostumen a ser proporcionals en altura i això distorsiona la informació.
  - Hi ha un dibuix que representa una quantitat fixa (freqüència) i es repeteix tantes vegades com calgui per completar la freqüència.

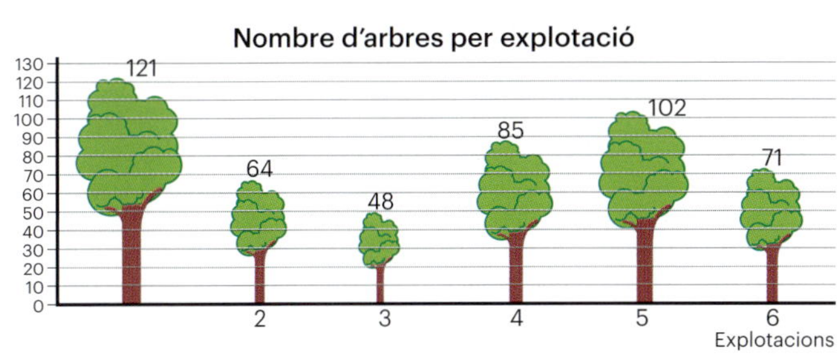

Entrena't +

Nombres i àlgebra

29. Indica quins d'aquests nombres són quadrats perfectes: 25, 38, 49, 53, 64, 81, 121, 229, 347, 1024, 3016.

30. Calcula les següents arrels quadrades i, en aquelles que no siguin exactes, indica'n la resta.

a $\sqrt{655}$ **b** $\sqrt{9823}$ **c** $\sqrt{17\,300}$

31. Quantes lloses d'un metre quadrat es necessiten per cobrir un pati de 18 m de costat?

32. La superfície d'una finca quadrada és de 2916 m^2. Calcula la longitud del costat i la longitud de la diagonal. Arrodoneix el resultat a les centèsimes.

33. Es volen plantar 68 ametllers en una finca de manera que formin un quadrat. Quants ametllers hi haurà en cada costat? En sobra cap? Quants se n'han de comprar per poder plantar-los tots en forma de quadrat?

34. Calcula entre quins dos nombres naturals es troba l'arrel dels nombres següents:

a 95 **b** 136 **c** 431 **d** 527 **e** 1456 **f** 5634

35. Resol aquestes operacions combinades:

a $3-2^0\cdot 2^3+\sqrt{100}-\left(\sqrt{9}+3^2\right)=$

b $1-2^2\cdot 2^0-\sqrt{(6-3)^2}\cdot 3^2=$

36. Calcula en cada cas el valor del radicand:

a $\sqrt{a}=121$ **c** $\sqrt{a}=144$ **e** $\sqrt{a}=1024$

b $\sqrt{a}=225$ **d** $\sqrt{a}=10\,000$ **f** $\sqrt{a}=3600$

Banc digital

Mesures d'angles

37. Dibuixa un triangle amb un angle:

a De 100° **b** Recte **c** De 85°

38. Mesura els angles dels vèrtexs d'aquests polígons:

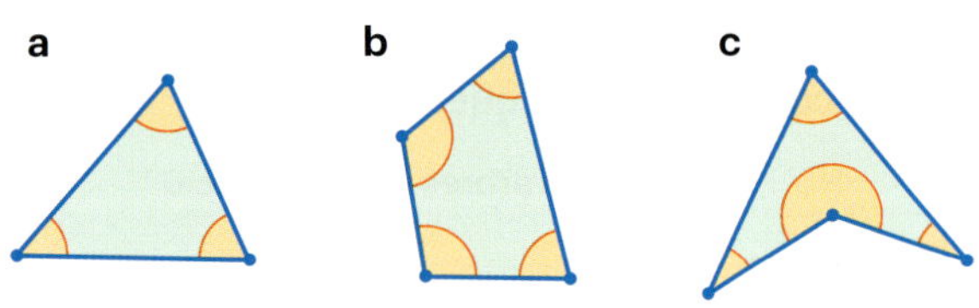

39. Expressa:

a En minuts 540''. **c** En graus 190 800'' .

b En segons 75° . **d** En graus i minuts 631'.

Operacions amb angles

40. Estudia si els següents parells d'angles són complementaris, suplementaris o ni d'un tipus ni de l'altre:

a 40° 56' i 119° 4' **c** 76° 25' i 14° 35'

b 38° 47' i 61° 13' **d** 97° 54' i 82° 6'

41. Si un angle fa 75° 12' 43'', quant mesura el seu complementari? I el seu suplementari?

42. Calcula:

a 95° 36' 40'' + 60° 23' 20'' **c** 4 · 8° 3' 12''

b 27° 18' 32'' − 13° 9' 18'' **d** 3 · 21° 11' 9''

43. Expressa en graus i minuts el resultat:

a 237° : 3 **b** 350° : 6 **c** 197° : 4

44. Considera α = 89° 53' 42'', β = 140° 21' 36'' i γ = 300° 17' 24''. Calcula:

a $\gamma-(\alpha+\beta)$ **b** $2\cdot(\beta-\alpha)$ **c** $\gamma-3\alpha$

Banc digital

Estadística

45. Les notes d'un grup d'estudiants en un examen de Matemàtiques han estat les següents: 8, 4, 5, 7, 3, 6, 7, 8, 2, 2, 6, 7, 7, 9, 5, 6, 7, 4, 6, 2, 8, 5, 6, 5, 5, 6, 8, 6, 5, 7.

a Elabora'n la taula de freqüències.
b Quants estudiants han aprovat?
c Quina ha estat la nota que més han tret? I la mitjana?
d Elabora un diagrama de barres i un altre de sectors.

46. En el diagrama següent es mostra un estudi sobre les vegades que la gent va al cinema:

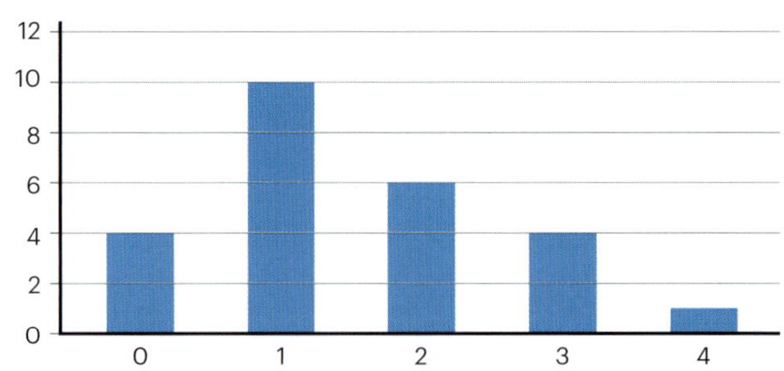

a Amb quantes persones es va fer l'estudi estadístic?
b Construeix una taula de freqüències amb les dades expressades en els diagrama de barres.
c Dibuixa un diagrama de sectors amb aquestes dades.
d Quina és la mitjana d'assistència al cinema d'aquest grup de persones?

Banc digital

Mates en context

9 AM AL AA Social El concert de piano

El David i la Carolina oferiran un concert de piano. Per això han decidit llogar una sala i totes les que han vist són quadrades. Faran càlculs per saber quina els convé reservar.

El preu del lloguer de les sales depèn del nombre de places, i el preu de cada plaça és de 2€.

Problemes

1. Com que les cadires han de formar un quadrat, quin ha de ser el nombre de files i de columnes?
2. Poden col·locar qualsevol nombre de cadires sense que en falti ni en sobri cap? Per què?
3. Ara, suposem que col·loquen 4 files i 4 columnes de cadires. Quantes persones hi podran assistir? I si col·loquen 5 files i 5 columnes?
4. Han vist cinc sales i, segons els seus càlculs, a la primera hi caben 100 persones; a la segona n'hi caben 121; a la tercera, 250; a la quarta, 361, i a la cinquena, 625. Són correctes tots els seus càlculs? Justifica la resposta.
5. Calcula el cost de cada sala de l'apartat anterior.
6. Han repartit publicitat del concert i és un èxit. De moment, han venut 215 entrades. Quants seients ha de tenir la sala que han de llogar perquè hi càpiguen tots els assistents? Quantes entrades més han de vendre perquè l'aforament estigui complet? Indica el nombre de files i de columnes de cadires de la sala.
7. Si cobren l'entrada a 5€, calcula el benefici per entrada en el cas que aconsegueixin completar l'aforament. Quants diners guanyaran en total?
8. Imagina't que no aconsegueixen completar l'aforament. Calcula el benefici per entrada en aquest cas. Arrodoneix el resultat a dos decimals. Calcula el percentatge de pèrdua que tenen.

Argumenta: 1, 2, 4, 6 **Matematitza: 3, 5, 7, 8**

10 AM AL Social Reformes a casa

A l'Àngela li encanten les reformes i aquest any ha decidit renovar el menjador, que té forma quadrada. Ha pensat canviar les finestres, posar rajoles a terra, sòcol i pintar les parets.

El preu dels materials és el següent:

- Marc de finestra: 3€/m.
- Vidres: 99€/m^2
- Rajoles: 6€ la unitat.
- Sòcol: 2,25€/m.
- Pintura: 15€/pot de 5 litres.

Problemes

1. L'Àngela no troba el plànol per saber quina és la superfície del terra, però recorda que fa entre 17 i 30 m^2 i que és un nombre natural. Quina és la superfície del menjador? Raona la resposta.
2. A terra, hi vol posar unes rajoles quadrades de mig metre quadrat cadascuna. Quantes fileres en posarà? Quantes rajoles tindrà cada filera? Calcula el nombre total de rajoles que ha de fer servir i el cost que tindran.
3. Calcula la superfície d'una rajola i multiplica-la pel nombre de rajoles que es faran servir. És correcte? Explica la resposta.
4. A més, hi afegirà sòcol al voltant. Quants metres de sòcol necessitarà? Calcula quant costarà posar-lo.
5. Les finestres són quadrades i la mida del costat és un nombre natural. Poden tenir una superfície de 140 dm^2? La superfície té entre 122 i 150 dm^2 i és un nombre natural. Calcula en metres les dimensions de les finestres.
6. Per muntar una finestra es necessita un vidre de la mateixa superfície i un marc per envoltar-la. Calcula els metres de marc que necessita i el cost de posar la finestra.
7. Per fora de la finestra, hi vol col·locar una reixa amb els barrots separats 2 dm entre l'un i l'altre. Quantes files i columnes es formen? Quants barrots necessita? Raona la resposta.

Argumenta: 1, 3, 4, 5, 7 **Matematitza: 2, 6**

11 AM AL Professional Els llançaments en atletisme

L'atletisme és un esport que té diverses modalitats, entre les quals hi ha quatre tipus de llançament: de disc, de javelina, de pes i de martell.

Com tots els esports, el llançament requereix la tècnica adequada per aconseguir bons resultats i que l'esportista no pateixi lesions.

La superfície sobre la qual ha de caure l'objecte és un sector circular. En el disc té un angle de 40°; en la javelina és d'uns 29°, i en el disc i el martell, de 34,92°.

En els llançaments, els angles també són molt importants. L'angle de llançament de la javelina ha de fer entre 32° i 36° i el del martell, 45°.

En la tècnica també hi ha angles. En el llançament de disc es comença amb un moviment en què el peu esquerre gira 120°. La tècnica de llançament rectilini de pes (o d'O'Brian) consisteix a formar, en el moment de llançar, un angle de 45° amb la direcció del llançament amb el peu esquerre i un angle de 135° amb el peu dret.

Problemes

1. Expressa l'angle del sector en el qual cau el martell en graus, minuts i segons.
2. Suma l'angle dels tres sectors. Formen un angle recte, agut o obtús?
3. Suma els angles que formen els peus amb la direcció del llançament de pes. Quina relació tenen?
4. L'angle de llançament del martell és més gran que el de javelina; quant més? (Fixa't en els dos valors del llançament de javelina.)
5. Calcula els angles complementaris dels angles en el llançament de javelina i de martell.
6. Si pots, troba el complementari i el suplementari de l'angle de gir del peu en el llançament de disc.
7. Suma tots els angles que apareixen en l'enunciat. Obtens una volta completa? Si la resposta és negativa, quina és la diferència?

Matematitza: 1, 2, 3, 4 **Planteja: 5, 6, 7**

12 AM AL Personal Juguem a ser mariners

La Sara i el seu germà Pau van fer un creuer durant l'estiu passat. Quan estaven a punt d'arribar al segon port, van demanar al seu pare que els ensenyés a fer servir el sextant que havien comprat a la primera ciutat on van parar.

Van mesurar l'angle originat entre les direccions formades en observar el cim de dues muntanyes. Un cim es trobava a l'esquerra del vaixell (punt *A*) i l'altre, a la dreta (punt *B*). L'angle feia 26° 18'.

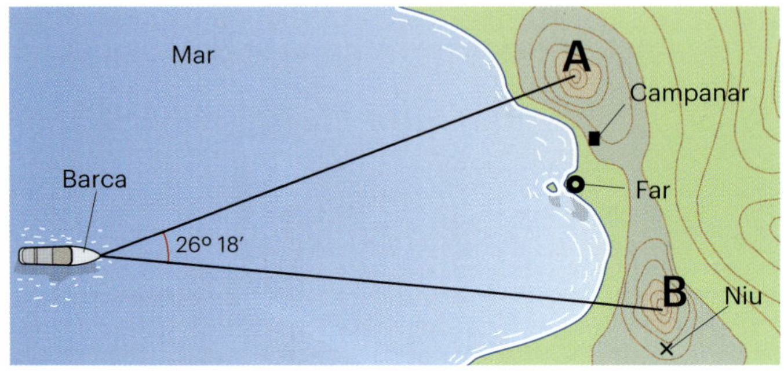

Problemes

1. Calcula l'angle que forma la direcció al far amb les dels punts *A* i *B*.
2. Troba l'angle format per les direccions següents:
   a La del punt *A* i la del campanar.
   b La del punt *B* i la del niu.
   c La del niu i la del campanar.
   d La del far i la del campanar.
3. A mesura que el vaixell s'acosta al port, els angles anteriors augmenten o disminueixen?

Matematitza: 1 **Planteja: 2** **Argumenta: 3**

13 AM AL AP Professional Prevenció i seguretat

Segons la normativa de l'Institut Nacional de Seguretat i Higiene al Treball, l'angle màxim que poden tenir unes escales de tisora és de 30°. En les escales que es recolzen a la paret, la inclinació respecte del terra ha d'estar compresa entre 75,5° i 70,5°.

Problemes

1. Si unes escales de tisora estan obertes amb un angle de 30°, quant mesuren els angles que formen amb el terra?
2. Si unes escales es recolzen a la paret, formen un triangle amb la paret i el terra. Quant mesuren els seus angles? (Considera les opcions màxima i mínima.)

Planteja: 1, 2

14 AM AL AV Social Professional Donacions i transfusions de sang

Durant l'últim any, a l'hospital Princesa d'Astúries s'ha registrat el següent nombre de donacions de sang i de transfusions.

	Gener	Febrer	Març	Abril
Donacions	641	521	538	677
Transfusions	619	608	636	534

	Maig	Juny	Juliol	Agost
Donacions	808	453	477	539
Transfusions	591	670	568	532

	Setembre	Octubre	Novembre	Desembre
Donacions	733	471	713	433
Transfusions	668	512	554	627

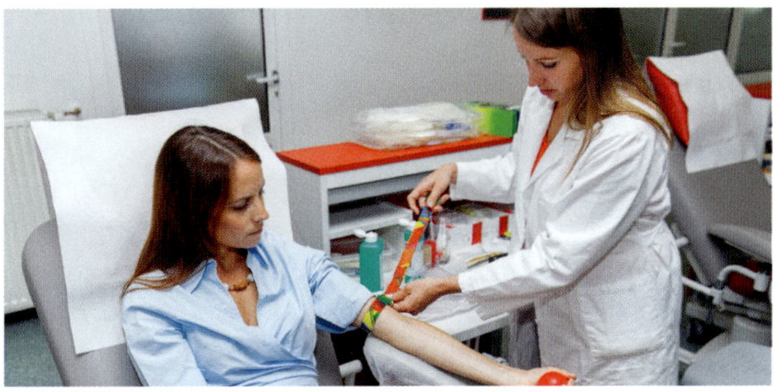

Com es pot observar, alguns mesos es cobreix la demanda amb les donacions, però altres mesos no.

També cal tenir en compte que la sang té data de caducitat: 42 dies després d'haver estat donada.

Problemes

1. Calcula el nombre total de donacions i transfusions que hi va haver aquell any.
2. Va ser deficitari en sang aquest hospital?
3. Quin mes hi va haver més transfusions?
4. Quin mes hi va haver més donacions?
5. Quins mesos hi va haver més transfusions que donacions?
6. Suposant que el sobrant d'un mes es pot fer servir al mes següent, quins mesos va caldre demanar ajuda a altres centres per falta de sang?
7. Representa en una mateixa gràfica un polígon de freqüències per a les transfusions i un altre per a les donacions.
8. Dibuixa un diagrama de barres que mostri la diferència entre donacions i transfusions.

Matematitza: 1 **Argumenta: 2, 3, 4, 5** **Planteja: 6** **Representa: 7, 8**

15 AM AL AS Social Professional L'oli d'oliva al món

La producció mundial d'oli d'oliva varia cada any en funció de les condicions climàtiques. La mitjana dels últims anys és, aproximadament, de tres milions de tones.

La distribució mundial de la producció d'oli d'oliva queda reflectida en aquesta gràfica:

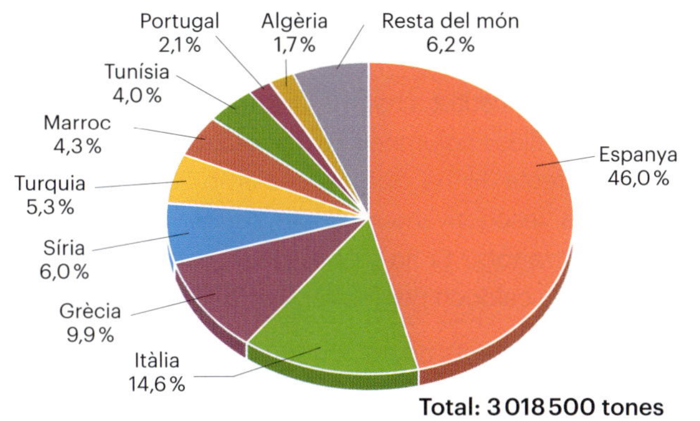

A Espanya, el 80 % de la producció prové d'Andalusia, on destaca la província de Jaén, amb, aproximadament, el 50 % de la producció espanyola. La primera província no andalusa productora d'oli és Ciudad Real, gairebé amb el 5 % de la producció.

Problemes

1. Quants milers de tones d'oli d'oliva es produeixen a Espanya?
2. Quin percentatge de la producció mundial surt dels tres països més productors?
3. Quantes tones produeixen aquests tres països? Escriu-ne el resultat en quilograms expressat amb notació científica.
4. Quant mesura cada angle central del diagrama de sectors?
5. Prepara una taula en què es mostrin els països productors i la quantitat d'oli d'oliva (en milers de tones) que produeix cadascun.
6. Dibuixa un diagrama de barres amb les dades de la taula.
7. Quina quantitat d'oli d'oliva es produeix a Andalusia? Expressa'n el resultat en tones.
8. Calcula aproximadament quant d'oli d'oliva es produeix a Jaén i a Ciudad Real.
9. Quin percentatge de la producció mundial prové de Jaén?

Matematitza: 1, 2, 3, 4, 5, 7, 8 **Representa: 6** **Argumenta: 9**

1. Indica si les igualtats següents són vertaderes o falses:

a $5^2+8^2=(5+8)^2$ **c** $3^2+4^2=5^2$
b $6^2+6^2=12^2$ **d** $8^2+8^2=8^4$

2. Digues quines de les arrels següents són exactes i, en aquests casos, calcula'n el valor:

a $\sqrt{1000}$ **b** $\sqrt{961}$ **c** $\sqrt{625}$ **d** $\sqrt{10\,000}$

3. Indica entre quins dos nombres enters es troba el valor de les arrels següents:

a $\sqrt{150}$ **b** $\sqrt{500}$ **c** $\sqrt{222}$ **d** $\sqrt{1000}$

4. Al pati d'un institut s'han de distribuir els alumnes de 1r d'ESO en files i columnes de manera que formin un quadrat perfecte. Hi ha cinc classes amb 28, 25, 32, 31 i 33 alumnes, respectivament. Poden formar un quadrat perfecte entre tots? Si no és possible, quants en sobraran? Quants en caldrien per formar un quadrat perfecte?

5. Resol les següents operacions combinades:

a $5^2\cdot\sqrt{5^2}-\sqrt{9}\cdot3^3\cdot3^0=$ **b** $3^2-2^2+\sqrt{3^2+4^2}-\left(\sqrt{36}+6^0\right)=$

6. Calcula:

a L'angle que formen les busques del rellotge a dos quarts de cinc.
b Els graus que avança la busca dels minuts 35 minuts després de l'hora anterior.
c Els graus que avança la busca del rellotge passats 45 minuts.

7. Donats els angles $\alpha = 67°\ 43'\ 52''$ i $\beta = 115°\ 32'\ 49''$, calcula:

a $\alpha+\beta$ **b** $\beta-\alpha$ **c** 2α

8. Pregunten als alumnes d'una classe quants ordinadors tenen a casa i s'obté aquesta gràfica:

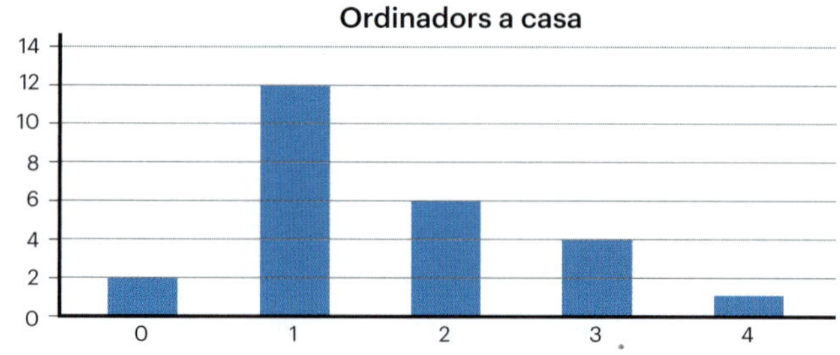

Quants estudiants hi ha a classe?
Calcula la mitjana aritmètica del nombre d'ordinadors.

9. Es pregunta a 100 estudiants pel nombre de mascotes que tenen a casa i s'obté aquesta gràfica:

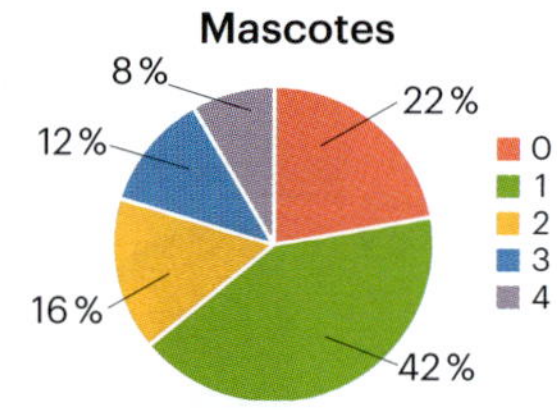

a Construeix una taula de freqüències que indiqui el nombre de persones que tenen 0, 1, 2, 3 i 4 mascotes.
b Quantes mascotes tenen en total els 100 estudiants?
c Quin és el nombre de mascotes que més estudiants tenen?
d Quina és la quantitat mitjana de mascotes que tenen aquests estudiants?

	4 punts	3 punts	2 punts	1 punt
1. Operacions amb potències	Sé aplicar les propietats i efectuo correctament els càlculs.	Aplico les propietats, però m'equivoco en resoldre els càlculs.	Conec les propietats, però no les aplico totes correctament.	No conec les propietats ni les aplico.
2. Arrels exactes	Reconec quan una arrel és exacta i soc capaç de calcular-la.	Reconec quan una arrel és exacta i soc capaç d'obtenir-la, però m'equivoco en els càlculs.	Reconec quan una arrel és exacta, però no soc capaç de calcular-la.	No distingeixo una arrel exacta de la que no ho és i no soc capaç de calcular-la.
3. Arrels enteres	Reconec quan una arrel és entera i soc capaç d'aproximar-la entre dos nombres.	Reconec quan una arrel és entera i soc capaç d'aproximar-la, però m'equivoco en alguna operació.	Reconec quan una arrel és entera, però no soc capaç d'aproximar-la entre dos nombres.	No sé què és una arrel entera ni la distingeixo d'una d'exacta.
4. Mesures d'angles	Soc capaç d'obtenir correctament el valor d'un angle.	Soc capaç d'obtenir correctament el valor d'un angle, però m'equivoco en alguna operació.	Soc capaç d'obtenir correctament el valor d'un angle, però no converteixo bé les unitats.	No soc capaç d'obtenir correctament el valor d'un angle.
5. Operacions amb angles	Resolc correctament qualsevol operació amb angles i en dono la solució en les unitats correctes.	Resolc correctament qualsevol operació amb angles, però no en dono la solució en les unitats correctes.	Sé operar amb angles, però m'equivoco en algunes operacions i en alguns càlculs.	No sé operar amb angles.
6. Representació gràfica	Interpreto correctament una gràfica, n'obtinc les dades i n'extrec conclusions.	Interpreto correctament una gràfica i n'obtinc les dades, però no n'extrec conclusions.	Interpreto correctament una gràfica, però m'equivoco en obtenir-ne alguna dada.	No soc capaç d'interpretar una gràfica estadística.
7. Mitjanes aritmètiques	Calculo una mitjana aritmètica amb les dades donades.	Sé calcular una mitjana aritmètica, però m'equivoco amb alguna dada.	Sé calcular una mitjana aritmètica, però no sempre utilitzo bé les dades.	No sé calcular la mitjana aritmètica.

Annex

Taula de continguts

		PRIMER TRIMESTRE		
	CONTINGUTS	**El meu entorn i jo**	**La llista d'anar a comprar**	**Educació viària**
NOMBRES	**Divisibilitat**			
	Divisibilitat dels nombres naturals. Criteris de divisibilitat.			
	Nombres primers i compostos. Descomposició d'un nombre en factors primers.			
	Múltiples i divisors comuns a diversos nombres.			
	Màxim comú divisor i mínim comú múltiple de dos o més nombres naturals.			
	Nombres enters			
	Nombres negatius. Significat i ús en contextos reals.			
	Nombres enters. Representació, ordenació en la recta numèrica i operacions. Operacions amb calculadora.			
	Valor absolut d'un nombre.			
	Els nombres racionals. Operacions amb nombres racionals			
	Fraccions en entorns quotidians. Fraccions equivalents.			
	Comparació de fraccions. Representació, ordenació i operacions.			
	Nombres decimals. Representació, ordenació i operacions.			
	Relació entre fraccions i decimals. Conversió i operacions.			
	Significat i propietats dels nombres en contextos diferents del càlcul: nombres triangulars, quadrats, pentagonals.			
	Potències de nombres enters i fraccionaris amb exponent natural. Operacions.			
	Potències de base 10. Ús de la notació científica per representar nombres grans.			
	Quadrats perfectes. Arrels quadrades. Estimació i obtenció d'arrels aproximades.			
	Raons i proporcions. Percentatges			
	Càlculs amb percentatges (mental, manual, amb calculadora).			
	Augments i disminucions percentuals.			
	Raó i proporció. Magnituds directament i inversament proporcionals. Constant de proporcionalitat.			
	Repartiments directament proporcionals.			

SEGON TRIMESTRE		
Històries matemàtiques	Més ràpid, més alt, més fort	Mengem nombres

TERCER TRIMESTRE		
Jocs numèrics	A viatjar!	Matemàquines

Taula de continguts

	CONTINGUTS	PRIMER TRIMESTRE		
		El meu entorn i jo	La llista d'anar a comprar	Educació viària
	Llenguatge algebraic			
ÀLGEBRA	Iniciació al llenguatge algebraic.			
ÀLGEBRA	Traducció d'expressions del llenguatge quotidià, que representen situacions reals, a l'algebraic, i viceversa.			
ÀLGEBRA	El llenguatge algebraic per generalitzar propietats i simbolitzar relacions.			
ÀLGEBRA	Obtenció de fórmules i termes generals basada en l'observació de pautes i regularitats. Valor numèric d'una expressió algebraica.			
ÀLGEBRA	Operacions amb expressions algebraiques senzilles. Transformació i equivalències. Identitats. Operacions amb polinomis en casos senzills.			
ÀLGEBRA	**Equacions**			
ÀLGEBRA	Equacions de primer grau amb una incògnita (mètodes algebraic i gràfic). Resolució. Interpretació de les solucions. Equacions sense solució. Resolució de problemes.			
GEOMETRIA	**Elements bàsics de la geometria del pla. Figures planes**			
GEOMETRIA	Elements bàsics de la geometria del pla. Relacions i propietats de figures en el pla. Paral·lelisme i perpendicularitat.			
GEOMETRIA	Angles i les seves relacions.			
GEOMETRIA	Construccions geomètriques senzilles: mediatriu, bisectriu. Propietats.			
GEOMETRIA	Figures planes elementals: triangles, quadrats, figures poligonals.			
GEOMETRIA	Classificació de triangles i quadrilàters. Propietats i relacions.			
GEOMETRIA	**Àrees i perímetres**			
GEOMETRIA	Mesura i càlcul d'angles de figures planes.			
GEOMETRIA	Càlcul d'àrees i perímetres de figures planes.			
GEOMETRIA	Càlcul d'àrees per descomposició en figures simples.			
GEOMETRIA	Circumferència, cercle, arcs i sectors circulars.			
GEOMETRIA	Triangles rectangles. El teorema de Pitàgores. Justificació geomètrica i aplicacions.			
GEOMETRIA	Semblança: figures semblants. Criteris de semblança. Raó de semblança i escala. Raó entre longituds, àrees i volums de cossos semblants.			
GEOMETRIA	Poliedres i cossos de revolució. Elements característics, classificació. Àrees i volums.			
GEOMETRIA	Propietats, regularitats i relacions dels poliedres. Càlcul de longituds, superfícies i volums del món físic.			

SEGON TRIMESTRE		
Històries matemàtiques	Més ràpid, més alt, més fort	Mengem nombres

TERCER TRIMESTRE		
Jocs numèrics	A viatjar!	Matemàquines

Taula de continguts

		PRIMER TRIMESTRE		
	CONTINGUTS	**El meu entorn i jo**	**La llista d'anar a comprar**	**Educació viària**
FUNCIONS	Coordenades cartesianes: representació i identificació de punts en un sistema d'eixos de coordenades.			
	El concepte de funció: variable dependent i independent.			
	Formes de presentació (llenguatge habitual, taula, funció, gràfic, fórmula).			
	Creixement i decreixement. Continuïtat i discontinuïtat. Talls amb els eixos. Màxims i mínims relatius. Anàlisi.			
	Funcions lineals. Càlcul, interpretació i identificació del pendent de la recta. Representacions de la recta a partir de l'equació.			
	Funcions lineals. Obtenció de l'equació a partir d'una recta.			
ESTADÍSTICA	Població i individu. Mostra. Variables estadístiques.			
	Variables qualitatives i quantitatives.			
	Freqüències absolutes i relatives.			
	Organització en taules de dades recollides en una experiència.			
	Diagrames de barres i de sectors. Polígons de freqüències.			
	Mesures de tendència central.			
	Mesures de dispersió.			
PROBABILITAT	Fenòmens deterministes i aleatoris.			
	Formulació de conjectures sobre el comportament de fenòmens aleatoris senzills i disseny d'experiències per comprovar-les.			
	Freqüència relativa d'un esdeveniment i la seva aproximació a la probabilitat mitjançant la simulació o l'experimentació.			
	Esdeveniments elementals equiprobables i no equiprobables.			
	Espai mostral en experiments senzills. Taules i diagrames d'arbre senzills.			
	Càlcul de probabilitats mitjançant la regla de Laplace en experiments senzills.			

SEGON TRIMESTRE		
Històries matemàtiques	Més ràpid, més alt, més fort	Mengem nombres

TERCER TRIMESTRE		
Jocs numèrics	A viatjar!	Matemàquines

Els codis del llibre

ELS ÀMBITS

AM Àmbit matemàtic
Les competències d'aquest àmbit s'indiquen a peu de pàgina.

AD Àmbit digital

AP Àmbit personal i social

AC Àmbit cientificotecnològic

AL Àmbit lingüístic

AS Àmbit social

AV Àmbit cultura i valors

AA Àmbit artístic

ELS RECURSOS MULTIMÈDIA

Interactiu

Vídeo

Enllaç

Imatge

Professor a casa

Banc digital

PDF Document

PROCESSOS I HABILITATS MATEMÀTICS (PISA)

Processos matemàtics		
Formular (1)	Formular i usar 1	Formular, usar i interpretar 1

Habilitats de la competència matemàtica						
Comunica	**Matematitza**	**Representa**	**Argumenta**	**Planteja**	**Simbolitza**	**Tecnifica**

LES ACTIVITATS

Grupal

Oral

Calculadora

Els vídeos "Professor a casa"

Editorial Casals, fundada el 1870

Llibre adaptat als continguts que prescriu el Decret 187/2015 de 25 d'agost d'ordenació dels ensenyaments de l'educació secundària obligatòria.

Les activitats d'aquest llibre es proposen com a models d'exercicis que cada alumne/a ha de resoldre a la seva llibreta o quadern. No les ha de fer, en cap cas, al llibre.

Coordinació editorial: Laura Domínguez
Revisió lingüística: Mercè Estévez, Mònica Montserrat
Revisió tècnica: Antoni Bancells
Disseny de la coberta: Miquel Puig
Disseny de l'interior: Bassa & Trias
Maquetació: Joan Boldó
Il·lustració: Jaume Farrés, Òscar Julve
Fotografia: Album, Fondo Antiguo de la Biblioteca de la Universidad de Sevilla,
iStock, photoaisa, James St. John.

Casp 79, 08013 Barcelona
Tel.: 902 107 007
Fax: 93 265 68 95
editorialcasals.com
ecasals.net

Primera edició: febrer del 2019
ISBN: 978-84-218-6624-5
Dipòsit legal: B-2058-2019
Printed in Spain
Imprès a Índice, SL